现代半导体存储器系统及其应用

吕　辉　杨春勇　汪胜祥　张　锋 等　编著

科 学 出 版 社

北　京

内 容 简 介

本书是基于湖北工业大学芯片产业学院“信息存储技术”课程多年的教学实践精华与讲义智慧精心编撰而成，深刻贯彻产教融合的教育理念，旨在平衡理论深度与实践应用的双重需求。

全书深度剖析主流半导体存储器（SRAM、DRAM、ROM、Flash）及四种新型存储器（RRAM、FeRAM、PRAM、MRAM），不仅系统阐述这些存储技术在材料、器件结构、机理、性能及应用等方面的核心知识，还重点介绍最新的技术研究成果、技术发展脉络、面临的关键挑战、最新应用领域及未来的发展趋势。

本书既适合作为高校集成电路、微电子学及电子工程等相关专业高年级本科生或研究生的教材，也可作为芯片设计人员、产品工程师及芯片制造技术人员等专业人士的参考资料。

图书在版编目（CIP）数据

现代半导体存储器系统及其应用 / 吕辉等编著. -- 北京 : 科学出版社, 2025. 6.
ISBN 978-7-03-081900-0

Ⅰ. TP333.5

中国国家版本馆 CIP 数据核字第 2025NG5171 号

责任编辑：吉正霞　郭依蓓 / 责任校对：高　嵘
责任印制：彭　超 / 封面设计：无极书装

科学出版社 出版
北京东黄城根北街 16 号
邮政编码：100717
http://www.sciencep.com
武汉市首壹印务有限公司印刷
科学出版社发行　各地新华书店经销
*
2025 年 6 月第　一　版　开本：787×1092　1/16
2025 年 6 月第一次印刷　印张：15 3/4
字数：398 000

定价：68.00 元

（如有印装质量问题，我社负责调换）

前　言 >>>

FOREWORD

存储器作为信息处理和存储的核心部件，占据了整个集成电路产业四分之一的市场份额。随着信息技术的日新月异，其在现代科技与经济中的地位愈发凸显。对我国而言，存储器不仅是经济腾飞的助推器，更是国家战略的基石。

尽管我国在全球存储器市场中占据重要位置，但在高端存储器领域仍面临严峻挑战。核心技术的缺失，如自主知识产权、顶尖人才和先进制造装备的匮乏，导致我国高端存储器高度依赖进口。这不仅增加了企业的运营成本，削弱了企业的市场竞争力，更在全球贸易环境日益复杂的背景下，给我国信息安全与产业链稳定带来了潜在的威胁。因此，加速自主可控存储器产业的发展，强化自主创新能力，已成为我国迫在眉睫的战略任务。这既是应对外部挑战、保障国家安全的必要之举，也是推动我国集成电路产业升级、实现高质量发展的必由之路。

为积极应对上述挑战，我国政府近年来出台了一系列强有力的政策举措，构建了全面的支持体系。通过国家科技重大专项及国家大基金等扶持计划，为存储器产业注入强劲动力，推动产业转型升级。在此背景下，武汉新芯、合肥长鑫、长江存储等具有国际竞争力的存储器企业迅速崛起，成为推动我国存储器产业蓬勃发展的关键力量。

本书旨在通过系统阐述存储器技术的核心知识，并结合多学科交叉融合，培养学生的综合能力与创新意识，以期在快速变化的科技领域激发他们的探索热情与创新能力。

全书分为 3 部分，共 10 章，全面而深入地探索现代半导体存储器系统的广阔领域。第 1 部分基础篇（第 1～5 章）：第 1 章综述半导体存储器基础知识，包括其发展史、基本概念以及未来发展趋势；第 2 章和第 3 章分别主要讲解 SRAM 和 DRAM 的存储单元、器件基本结构及发展趋势；第 4 章主要介绍几种只读存储器的发展过程、基本原理；第 5 章主要阐述闪存的基本结构、工作机制及 3D 闪存基本结构与最新技术等。第 2 部分是先进存储器篇，包括第 6～9 章，分别主要对阻变存储器、铁电存储器、相变存储器和磁随机存储器的材料与器件结构、工作原理、制备方法、性能表征、应用及发展趋势等进行详尽的分析讲解。第 3 部分为应用技术篇，即第 10 章，详细介绍存储器在前沿应用场景中的应用，展示其在实际应用中的价值。

本书由湖北工业大学芯片产业学院的多位教学经验丰富的资深教师精心编撰。具体分工为：张锋负责第 1 章和第 7 章，同时与何超合作完成第 9 章；王晗负责第 2 章和第 3 章，并与贺晶合作完成第 10 章；胡阳森负责第 4 章和第 5 章；贺晶负责第 6 章；何超负责第 8 章。全书稿件由湖北工业大学的吕辉教授统一整理，并经过中南民族大学的杨春勇教授、武汉纺织大学的汪胜祥教授及湖北工业大学的张锋副教授细致审校。尽管我们已竭尽全力确保内容的准确性，但由于编者水平所限，书中难免存在不足之处，敬请广大读者批评指正！

本书不仅承载着存储器技术的深厚底蕴，还致力于为读者构建坚实的存储器基础知识框架，深入解析核心技术，为有志于投身半导体存储器领域的读者铺平职业道路。我们希望通过本书培养出更多专业人才，为我国存储器产业的蓬勃发展贡献力量。

吕　辉

2024 年 7 月 28 日于武汉南湖

目 录 >>>

CONTENTS

第1部分 基 础 篇

第 2 部分 先进存储器篇

第3部分 应用技术篇

第 1 部分

基　础　篇

第1章
绪　　论

本章教学目标与要求

- 了解存储技术的发展历程。
- 熟悉存储器的相关概念。
- 理解存储器的主要性能指标及多级存储系统。
- 掌握现代存储器的分类与各自特征。
- 了解存储器技术的发展趋势。

本章知识架构

进入21世纪，以计算机科学与互联网技术为引领的信息技术革命，正以前所未有的速度和广度，深刻影响着全球的政治、经济、文化、军事及科技格局，也极大推动了科学技术的进步，塑造了一个全新的信息时代[1]。在这个时代里，视频、音频、图像与文本等多种形式的数据文件，如同信息时代的细胞，广泛渗透并深刻影响着人们的日常生活、工作学习乃至社会交往的每一个角落。数据的保存与管理，是信息技术得以持续发展的关键环节。而这一过程，离不开数据存储技术的支持。存储器，作为数据存储的核心载体，在现代微机系统中扮演着至关重要的角色。它不仅是数据与程序的栖息地，更是信息处理与运算结果的临时或永久存放地。因此，存储器被誉为电子行业的“基础原料”，其重要性堪比现代工业中的钢铁，是支撑信息技术大厦的基石之一。

历经多次信息技术革命与存储技术的迭代演进，半导体存储技术凭借其独特的优势，逐渐从众多存储技术中脱颖而出，成为当今数据存储领域的主流技术[2]。然而，随着物联网技术的广泛应用、大数据产业的蓬勃发展及人工智能技术的持续创新，全球数据量呈现出爆炸式增长态势，对存储器的性能与容量提出了更高的要求，如高集成度、快速读写、低功耗和高存储容量等[3, 4]。因此，需要开发基于新材料、新原理的存储技术，以期突破现有技术的局限，满足未来信息社会对数据存储的更高要求。

1.1 存储技术发展史

自人类文明诞生以来，人类就一直在寻求更为有效的信息存储方式，其在人类文明的发展和传承中发挥着极为重要的作用。存储方式和技术，也随着时代发展而不断进步。

1.1.1 第一阶段：人类早期信息存储技术发展阶段

最初人类依靠大脑中的神经突触来存储信息，但由于生物记忆存在一定的相对短暂性和不稳定性，因此，在一些特定场合下人类需寻求生物体之外的信息存储方式。

原始社会人类便开始了对信息存储的探索和使用。根据考古发现，早期人类采用的结绳记事的方法便是信息存储的一种方式（图1.1.1）。

图1.1.1 结绳记事：“文”和“字”[1]

此外，原始信息方式还包括在坚硬载体表面进行创作，如4万多年前的印度尼西亚洞穴岩画［以天然燃料绘制于岩石表面，见图1.1.2（a）］、公元前1300年前商朝的甲骨文［通过刻凿方式记录于龟甲兽骨之上，见图1.1.2（b）］。这些早期记录媒介受限于材料特性，其信息承载容量与表现维度均存在显著局限。随着人类社会的进步，人类开始在陶器、金石、竹简［图1.1.2（c）］、木牍、绢帛［图1.1.2（d）］等物体表面记录信息。

(a) 洞穴岩画

(b) 甲骨文

(c) 竹简

(d) 绢帛

图1.1.2 雕刻记事

我国东汉时期（公元105年）蔡伦改进的造纸术（图1.1.3），使得信息记录、传播和传承有了革命性的进步，极大促进了人类文明和文化传播。纸的普及为后续印刷术等知识传播技术奠定了基础。

图1.1.3 造纸术工艺流程图

1.1.2 第二阶段：近代信息存储技术发展阶段

早期信息存储方式主要以纯手工为主，随着人类对工具的掌握和发展，近代存储技术开始了自动化的尝试。

1. 机械化存储

随着机械技术的发展，结合机械操作的存储开始出现在早期的机械结构设计中。其中，纸作为机械存储的重要介质，开始运用到信息存储中。

1725 年，法国纺织工人巴西尔・布雄（Basile Bouchon）发明了穿孔纸带［图 1.1.4（a)]，他用在纸上打孔的形式来存储图案，用于控制纺织机进行图案织造，这标志着人类机械化信息存储形式的开端。

1801 年，约瑟夫・马里・雅卡尔（Joseph Marie Jacquard）将这种设计的打孔卡按照一定顺序捆绑，应用于提花织机［图 1.1.4（b)]，这就是打孔卡片［图 1.1.4（c)］的雏形。

1846 年，亚历山大・贝恩（Alexander Bain）使用穿孔纸带发送电报。

18 世纪末期到 19 世纪后期，穿孔磁带和穿孔卡片被广泛用于“程序化”的织机和其他工业机器。至 1890 年，美国统计学家赫尔曼•霍勒里斯（Herman Hollerith）创造性地将该技术引入人口普查领域，其设计的标准化打孔卡片系统（采用矩形孔排列方案）实现了数据处理效率的革命性突破。基于这项创举，霍勒里斯于 1896 年创立了制表机［图 1.1.4（d)］公司，这也是后来大名鼎鼎的 IBM 公司的前身。基于打孔卡和穿孔纸带的机械化存储技术，持续了 2 个多世纪。例如现代早期计算机的 Fortran 程序也使用了打孔卡。

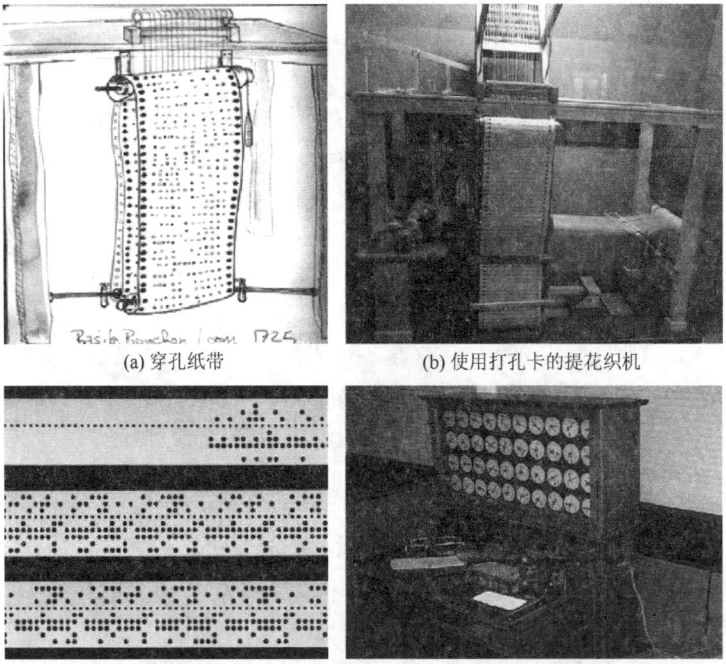

(a) 穿孔纸带　(b) 使用打孔卡的提花织机

(c) 打孔卡片　(d) 打孔卡制表机

图 1.1.4　机械式存储

2. 磁性存储

随着电磁学的发展，从机械自动化逐步发展到电气自动化，一种新型存储技术逐渐开始崛起，那就是磁介质存储，其存储核心是利用两个状态二进制来表征数据信息。

1928 年，德国工程师弗里茨·普夫劳姆（Fritz Pfleumer）发明了录音磁带，如图 1.1.5 所示。其工作原理很简单：将四氧化三铁（Fe_3O_4）磁性粉末涂覆在塑料基带上，制备成磁带；磁带在移动过程中，随着音频信号强弱，磁带被磁化程度也会发生变化，从而记录声音。这标志着磁性存储时代的正式开启。

(a) 弗里茨·普夫劳姆和他的磁带录音机　　(b) 磁带

图 1.1.5　录音磁带

1932 年，奥地利工程师古斯塔夫·陶舍克（Gustav Tauschek）发明了磁鼓存储器，如图 1.1.6 所示，它包含一个大型金属圆柱体，外表面涂有铁磁记录材料，在磁芯存储器出现之前广泛用于计算机内存，同时也用作二级存储，被认为是硬盘驱动器的前身。与硬盘驱动器一样，磁鼓的磁头固定排列，数据读取依赖鼓体旋转使目标扇区对准磁头，无需磁头移动录道。原始磁鼓存储器的容量约为 500 000 bit，即 62.5 KB。

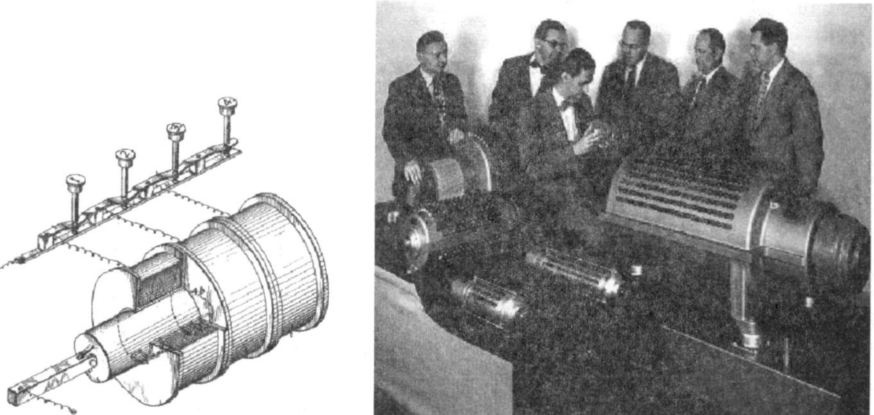

(a) 磁鼓的专利鼓内存示意图　　(b) UNIVAC计算机上的磁鼓内存

图 1.1.6　磁鼓存储器

1.1.3 第三阶段：现代信息存储技术发展阶段

1951 年，由美国雷明顿兰德公司发售的 UNIVAC-1（通用自动计算机）——第一台商用计算机系统诞生［图 1.1.7（a）］，开发者为约翰•普雷斯伯•埃克脱（John Presper Eckert）和约翰•威廉•莫奇利（John William Mauchly），标志着计算机进入了商业应用时代，继而也拉开了现代信息存储发展序幕。

1956 年，世界上第一个硬盘驱动器 IBM 350［图 1.1.7（b）］，被应用在美国 IBM 公司的 RAMAC 305 计算机上（第一台提供随机存取数据的计算机，同时还使用了磁鼓和磁芯存储器），这标志着磁盘存储时代的开始，该驱动器约两个冰箱大小，重达 1 t。相比以前，它已经能存储 5 MB 的“巨量”信息，数据传输速度为 10 KB/s。

1962 年，IBM 公司发布了第一个可移动硬盘，它有六个 14 in（1 in = 2.54 cm）的盘片，可存储 2.6 MB 数据。

1973 年，IBM 公司发明了温彻斯特硬盘，其特点是工作时磁头悬浮在高速转动的盘片上方，而不与盘片直接接触，这便是现代硬盘的原型。

1965 年，美国物理学家罗素（Russell）发明了第一个数字-光学记录和回放系统，这就是后来风靡一时的 CD（compact disc，小型光盘）/DVD（digital versatile disc，数字通用光盘）的前身。1982 年，日本索尼公司和荷兰飞利浦公司发布了世界上第一部商用 CD 音频播放器 CDP-101［图 1.1.7（c）］，光盘开始普及。1995 年，IBM 公司牵头将高容量光盘标准统一合并，DVD 诞生。光盘的容量此时已经达到了 4.7 GB。

1966 年，IBM 公司的托马斯•约翰•沃森（Thomas John Watson）研究中心的罗伯特•登纳德（Robert Dennard）发明了 DRAM（dynamic random access memory，动态随机存储器）。1969 年，美国 Advanced Memory System 公司生产了第一款 DRAM 芯片，容量仅为 1 KB。1970 年，美国英特尔公司推出 Intel 1103，这是第一个商用 DRAM 芯片，DRAM 取代磁芯存储器成为个人电脑的标准存储芯片［图 1.1.7（d）］。至今，DRAM 仍是最常用的随机存取器——作为个人电脑和工作站中的内存（即主存储器）。DRAM 内存能够问世，主要是基于半导体晶体管和集成电路技术的发展。

1967 年，IBM 公司推出世界上第一张软盘（直径 32 in）；1971 年，IBM 公司发布第一张只读的 8 in 软盘，容量为 80 KB。1980 年，索尼公司开发了 3.5 in 软盘［图 1.1.7（e）］，并成为市场标准。从 1971 年到 20 世纪 90 年代的近 30 年内，软盘一直被用于存储和交换数据，并带动了计算机行业的快速发展。

(a) 第一台商用计算机系统UNIVAC-1

(b) 世界上第一个硬盘驱动器IBM 350

(c) 飞利普公司发布的第一张CD

(d) Intel 1103 DRAM 存储器(1 KB)　(e) 索尼公司开发的3.5英寸软盘（1.44 MB）　(f) 东芝公司开发的NAND Flash

图 1.1.7　现代信息存储技术发展里程碑

1980 年，日本人增冈富士雄（Fujio Masuoka）为日本东芝公司工作时发明了 NAND Flash 技术，英特尔公司于 1988 年推出第一款商用型 NOR Flash 芯片，东芝公司于 1989 年发布了世界上第一个 NAND Flash 产品［图 1.1.7（f）]。

1999 年，日本松下、东芝和美国闪迪公司共同研制了 SD 卡。

2000 年，新加坡 Trek 公司发布了世界上第一个商用 USB 闪存驱动器（U 盘）(U 盘专利权较复杂，多家公司声称拥有其专利，中国朗科公司在 1999 年获得了 U 盘的基础性专利)。

进入 21 世纪，单位存储器容量和数据读写速度仍在持续上升，其中单盘容量已可达 TB 级别（图 1.1.8），而存储器单位物理体积在显著缩小。如 2007 年日立公司推出了第一款达到 1 TB 容量的硬盘，这是一个里程碑式的跨越。在此基础上，2012 年硬盘容量就突飞猛进地达到了 4 TB。

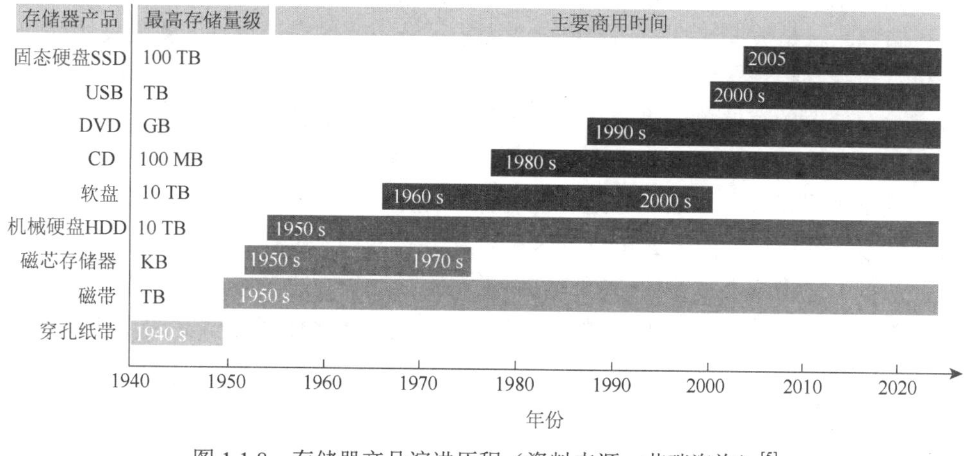

图 1.1.8　存储器产品演进历程（资料来源：艾瑞咨询）[5]

随着大数据、云计算、物联网等技术的兴起，需要存储分析的信息呈爆炸式增长，单块存储器单元所能提供的存储容量和速度已经远远无法满足实际业务需求，新型存储器和存储架构应运而生并得以广泛地应用。

1.2　存储器的基本特征

存储器是记忆信息的实体，是数字计算机具备存储数据和信息能力，能够自动连续执行程序，进行广泛的信息处理的重要基础。

1.2.1 相关概念

存储器是计算机系统的核心组件，其核心功能在于高效、自动地存储程序和各类数据。作为“记忆”的载体，存储器运用具备两种稳定状态（通常标记为“0”和“1”）的物理元件作为记忆单元，这些元件也被称为记忆元件[6]，它们共同构建了存储信息的基石。

在计算机体系内，所有信息，包括原始数据、程序代码乃至字符信息（如英文字母、标点符号、运算符号等），特别是日常使用的十进制数，均需先被统一编码为二进制形式（即由 0 和 1 组成的序列），确保信息的统一性与可处理性，方能在计算机内部进行存储、传输及处理，以适配存储器的存储机制。这一标准化的信息表示方法极大地简化了计算机内部的信息处理逻辑，是计算机能够高效、准确执行各类指令和任务的基础。

存储器：存放程序和数据的器件。

存储位：存放一个二进制数位的存储单元，是存储器最小的存储单位，或称记忆单元。

存储字：一个数（n 位二进制位）作为一个整体存入或取出。

存储单元是存储器中可独立寻址的最小数据单位，通常存储 1 bit（如 DRAM 单元）或 1 个字（如寄存器文件），具体实现依赖存储技术。

存储体由多个存储单元组成，可指物理上的独立存储阵列（如 DRAM Bank），或逻辑上的连续地址空间。

存储单元地址：一个存储器里面往往有许多相同大小的存储单元，在进行数据读入或写出时，一个存储单元就是数据交换的基本单位。为了区分不同的存储单元，我们使用编码后的存储单元的位置也就是地址。

编址：给存储器的存储单元确定一个地址码。编址也叫作地址分配。

地址译码：凭借地址的若干位确定芯片的地址范围。

寻址：由地址寻找数据，从对应地址的存储单元中访存数据。

串行与并行：数据通信的方式可以分为串行和并行两种。串行是指在数据通道上，每次传输一个位元数据，并连续重复上述过程。适用于长距离通信，速度慢。并行是指一次传输若干位元数据。类似于多条路并一起，同时多车并排跑。适用于短距离通信，速度快。

1.2.2 主要性能指标

衡量一个半导体存储器的综合性能时，需全面考虑存储容量、存取速度及存储器带宽这三大核心指标，并兼顾可靠性、体积和功耗及性能价格比等辅助指标[7, 8]，以选出最适合特定应用场景的存储器产品。

1. 存储容量

存储器芯片的容量是以存储 1 位（bit）二进制数为单位的，因此存储器的容量即指每个存储器芯片所能存储的二进制位数。通常，存储容量越大，则系统能够保存的信息量就越大，相应计算机系统的功能就越强。

存储器芯片容量 = 存储单元数×每个单元中的位数。如某存储器芯片中含有 4096 个存储单元，每个单元存放一个 8 bit 的二进制数，则该芯片的存储容量是 4096×8 bit。

当前广泛应用的存储容量单位包括字节（B）、千字节（KB）、兆字节（MB）、吉字节（GB）、太字节（TB）乃至更高级别的存储单元，如拍字节（PB）、艾字节（EB）和泽字节（ZB）等，以应对全球范围内数据量的爆炸性增长趋势（如图 1.2.1 所示），这一增长态势彰显了信息时代数据规模的急剧膨胀。存储容量各单位之间的换算关系为：

1 B = 8 bit，1 KB = 1024 B，1 MB = 1024 KB，1 GB = 1024 MB，1 TB = 1024 GB，

1 PB = 1024 TB，1 EB = 1024 PB，1 ZB = 1024 EB。

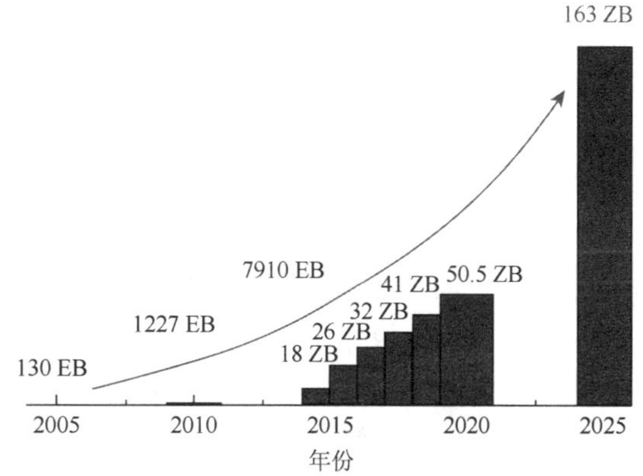

图 1.2.1　全球数据存储量统计数据（数据来源于 IDC）

2. *存取速度*

存储器的存取速度，作为微机系统性能的关键指标，直接关联着系统的整体运行速度。该速度具体量化为执行一次完整的存储器读/写操作所需的时间周期，即被业界广泛称为“读/写时间”。这一过程始于存储器接收到 CPU（central processing unit，中央处理器）发送的地址信号，直至该地址处数据被成功读取或写入为止，全程耗时即为存储器的存取速度。

（1）存取时间（T_a，亦称访问时间）。指从存储器接收到 CPU 发出的读/写指令开始，到该指令指定的信息被成功读取或写入存储介质，并完成包括数据校验、状态确认在内的所有必要操作所需的全过程时间。这一时间主要受制于存储介质的固有物理特性以及寻址机制的结构设计，如图 1.2.2 所示。

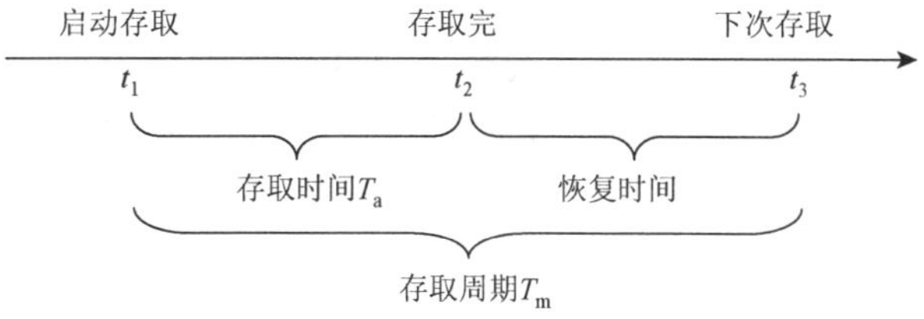

图 1.2.2　存储器的各存取时间关系

（2）存取周期（T_m，又称读/写周期或访问周期）。指在连续读/写操作模式下，存储器完成一次完整的读取或写入操作所需的时间周期，也代表了 CPU 连续两次有效访问同一存储器时

的最小时间间隔。此周期除了包含基本读/写操作时间外，还涉及一些必要的附加动作时间，如数据刷新、缓存恢复时间等，如图 1.2.2 所示。因此，T_m 通常会略长于纯粹的 T_a。

3. 存储器带宽

存储器带宽，作为衡量计算系统中数据传输能力的核心指标，精确定义为单位时间内，存储器系统能够完成的数据读取或写入操作的速度。此性能参数以每秒传输的比特数或字节数为量化标准，直接反映了数据在存储器与处理器间流通的效率，常见度量单位为 GB/s。

在涉及大规模数据处理的场景中，如高强度计算、精密建模及大数据分析等任务，存储器带宽的显著性尤为凸显，其大小直接决定了数据交换的速率，进而影响整个计算任务的执行效率与速度。因此，提升存储器带宽成为优化计算系统性能、加速数据处理流程的关键途径之一。

4. 可靠性

可靠性是衡量存储器在面临电磁场干扰、温度变化等外部因素时保持稳定运行，以及在高速操作环境下仍能保持正确存取能力的关键指标，这一特性通常被称作电磁兼容性与动态可靠性的综合体现。可靠性的量化评估依赖于 MTBF（mean time between failures，平均故障间隔时间）这一参数，它精确描述了存储器在连续使用过程中，两次故障事件之间所经历的平均时间长度，以此科学评估存储器的长期稳定运行能力。

5. 体积和功耗

从实用角度出发，用户对存储器的期望不仅限于其性能，还涵盖了物理尺寸的小型化、轻量化以及能效的优化。因此，存储器的集成度（即单位面积内的存储容量）与功耗水平成为备受关注的性能指标。具体而言，半导体存储器的功耗构成可细分为“维持功耗”与“操作功耗”两大类，前者指存储器在保持数据状态时所消耗的能量，后者则涉及读/写操作过程中的能耗。在追求高效能的同时，降低功耗成为设计优化的关键，尤其需聚焦于减少“维持功耗”，以在确保存取速度不受影响的前提下，实现能源利用的最大化。

6. 性能价格比

存储器的性能价格比综合考量了存储元件及其配套外围电路的成本效益。具体而言，存储器总价格由存储元件成本及支持其运行的外围电路费用共同决定，呈现出与存储容量成正比、与存取速度呈正相关的特性。在存储体系架构中，主存储器（如随机存储器）因其在数据处理中的核心地位而价格相对较高；相反，辅助存储器（如硬盘、固态硬盘）虽存取速度稍逊，但凭借其大容量与成本效益，在价格上显著低于主存储器，为数据存储提供了经济高效的解决方案。

1.2.3 多级存储系统

在微型计算机系统中，按照速度、容量和单位比特成本（价格/位）可将其存储器划分为多级存储，分别是：寄存器≥缓存（Cache）≥主存≥磁盘≥光盘，如图 1.2.3 所示[9]。

其中，寄存器是 CPU 中的一个存储器，CPU 实际上是拿寄存器中的数据进行运算和控制，它的速度最快、价格最高；而缓存也被设置于 CPU 中。

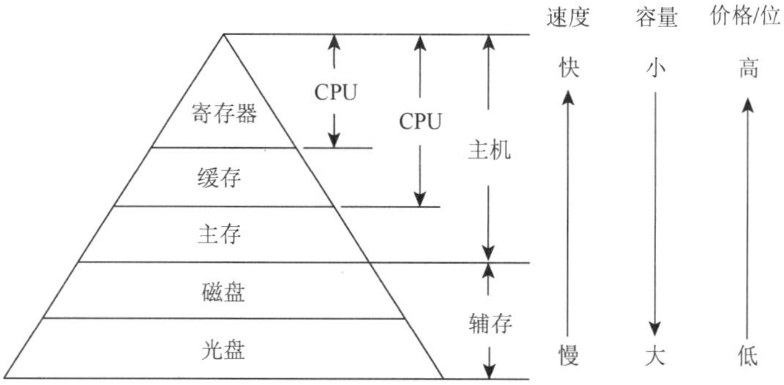

图 1.2.3 存储器三个主要特性的关系

在性能上，越是上层的存储器其速度越快、容量越小、价格/位越高；越是下层的存储器其速度越慢、容量越大、价格/位越低。

为解决存储系统大容量、高速度和低成本三个相互制约的矛盾，在计算机系统中，通常采用多级存储器结构，如图 1.2.4 所示。

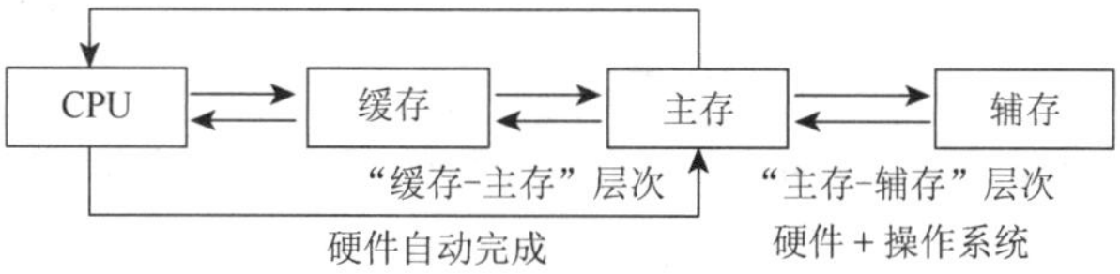

图 1.2.4 多级存储器结构

存储器层次结构的核心设计理念在于利用不同层次存储器的特性，以优化整体系统的性能与成本。存储系统的层次结构主要体现在“缓存-主存”和“主存-辅存”这两个存储层次上。

“缓存-主存”层次旨在缓解 CPU 与主存之间的速度鸿沟，通过引入速度更快的缓存作为主存的高速数据缓冲区。该层次的工作原理在于，将 CPU 近期可能访问的数据预先从主存加载至缓存中，使得 CPU 能够直接、快速地从缓存中获取所需数据，从而减少等待时间，提升数据访问效率，并有效降低 CPU 的空闲率。此设计使得系统在实际运行中 CPU 的访问速度显著提升，接近缓存的访问速度，同时保持了接近主存的存储容量与成本效益。

“主存-辅存”层次则聚焦于解决存储系统的容量扩展需求。辅存（如硬盘或固态硬盘）虽然访问速度不及主存，但其容量巨大且成本相对较低。该层次的设计思路在于，当 CPU 需要执行程序或访问大量数据时，系统首先将必要的数据从辅存调入主存，再由 CPU 从主存中访问这些数据。这一机制使得从程序员的角度来看，他们所面对的是一个容量接近辅存但访问速度接近主存的虚拟存储环境，既满足了大规模数据存储的需求，又保证了程序执行的效率。

因此，从整个存储系统来看，通过两个存储层次的作用，可达到速度快、容量大、位价低的优化效果。

1.3 现代存储器的分类

随着计算机系统结构和存储技术的发展，存储器的种类日益增多，根据其特征和用途等不同可对存储器进行分类。

1.3.1 按存储介质分类

按照存储介质的不同，现代数字存储器主要分为磁介质存储器、光学存储器和半导体存储器三类。

1. 磁介质存储器

磁介质存储器，作为计算机外部存储的重要组成，是利用均匀涂布于金属或塑料基底之上的磁性材料实现信息存储的，典型代表包括磁带、软盘及硬盘等。其显著优势如大容量存储能力、低廉的单位存储成本、数据的可重复读写性以及长久的数据保持性，使其成为外部存储领域的主力军。

然而，相较于半导体存储器，磁介质存储器在读/写速度上稍显逊色，机械结构的复杂性增加了其设计和维护的难度，且对操作环境的要求较为严苛，这些因素共同限制了其在某些高性能或特殊需求场景下的广泛应用。

磁介质存储器的读/写机制核心在于磁头这一电磁转换元件，它实现了电信号与磁信号之间的双向转换：将电脉冲编码的二进制数据转换为磁记录介质上的磁化模式（电→磁），反之亦然（磁→电）。此过程中，磁记录介质与固定位置的磁头之间发生相对运动，通常由介质自身运动驱动，以实现数据的读/写。

衡量磁介质存储器的主要技术指标有记录密度、存储容量、平均存取时间和数据传输率等。

2. 光学存储器

光学存储器，作为一种利用激光技术在磁光介质上执行数据读/写操作的数据存储媒介，以其非易失性存储特性、卓越的耐用性和极高的记录密度著称。这一技术特性恰好契合了多媒体应用日益增长的数据存储需求，包括但不限于高质量音频信息、高清视频（涵盖图像、色彩及全文本信息的综合处理）以及计算机系统中的大规模数据存储与高效检索功能，从而成为当代极为普及的外部存储解决方案。

图 1.3.1 光盘实物图

光学存储器的产品形态多样，涵盖了从早期的 CD 到更为先进的 DVD 以及高清时代的 BD（blu-ray disc，蓝光光盘）等多种类型，每种格式均以其独特的优势服务于不同层次的数据存储需求。图 1.3.1 直观展示了这些光盘的实物形态，进一步体现了光学存储器在现代数据存储技术中的重要地位。

1）光盘的种类

光盘产品的种类较多，按其读/写数据的性能可分为以下种类。

（1）CD。CD 是最早的光盘格式之一，其特点是存储信息不可擦去。最常见的是音频 CD、数据 CD、只读 CD（CD-ROM）和可重写 CD（CD-RW）。音频 CD 可以存储音乐和其他声音内容，而数据 CD 可以存储各种数字数据，如文档、图像、视频等。CD-ROM 是只读光盘，其中的数据在制造过程中被预先记录，用户无法更改或写入，是存放永久性多媒体信息的理想介质。CD-RW 在写入信息之后，还可以擦掉重写新的信息。用于这类光盘的介质有晶相结构可变化的记录介质和磁光记录介质等。

（2）DVD。DVD 是一种高容量的光盘格式，制作数字化的、压缩的视频信息以及其他大容量数字数据技术。DVD 又可以分为只读 DVD（DVD-ROM）、可写 DVD（DVD-R、DVD + R）和可重写 DVD（DVD-RW、DVD + RW）等不同类型。

（3）BD。BD 是一种高清晰度视频和高容量数据存储介质。它利用激光技术，具有比 DVD 更大的存储容量和更快的数据传输速度。BD 又可以分为只读 BD（BD-ROM）、可写 BD（BD-R）和可重写 BD（BD-RE）等不同类型。

2）光盘技术的应用

光盘技术在信息工作中展现出广泛的应用潜力，能够支持构建多元化、多功能的数据库体系，涵盖二次文献数据库、专利文献数据库及声像资料数据库等，为信息资源的系统化管理与利用提供了坚实基础。如在信息检索领域，CD-ROM 信息检索系统不仅允许用户反复实践检索策略，直至获得满意结果，而且促进了检索技能的精进与优化。此外，光盘技术还促进了联机检索的革新，通过构建分布式原文提供系统，有效降低了通信成本，实现了经济效益与效率的双重提升。而在咨询服务行业利用光盘数据库系统，能快速响应客户需求，精准检索信息，提供专业咨询，确保信息及时、全面、准确。因此，光盘技术在推动信息服务现代化、提升信息获取效率与质量方面发挥了不可替代的作用。

3. 半导体存储器

半导体存储器，作为集成电路技术的关键组成部分，其核心在于利用半导体材料作为电荷存储介质，实现信息的数字化存储与读取。这类存储器的基本单元能够表征两种稳定状态——“0”与“1”，分别对应不同的电荷存储状态，从而编码并存储各类信息。其显著优势包括紧凑的体积设计、高速的数据存取能力、高密度的存储效率以及与逻辑电路间无缝衔接的便捷性。

1）半导体存储器的优点

（1）高度集成与接口简化。半导体存储器的核心优势在于其存储单元阵列与主要外围逻辑电路能够高度集成于同一硅芯片之上。这种设计不仅减少了元件间的物理距离，降低了信号传输的延迟与干扰，还使得存储器的输出和输入电平能够轻松与片外电路实现兼容和精确匹配。这一特性极大地简化了计算机运算/控制单元与存储单元之间的接口设计，提高了系统的整体效率与可靠性。

（2）高速存取性能。与磁介质存储器相比，半导体存储器在数据的存入和读取速度上展现出压倒性的优势，通常快出约三个数量级。这种高速存取能力对于提升计算机的整体运算速度至关重要，使得处理器能够更快地获取所需数据，从而加速计算过程，满足现代应用对于实时性和高性能的苛刻要求。

（3）高密度与低成本。随着半导体技术的不断进步，大容量半导体存储器的实现成为可能。这些存储器在保持小巧体积的同时，提供了巨大的存储容量，使得存储体的物理尺寸显著缩小，成本显著降低。这对于提升计算机系统的性价比、促进信息技术的普及具有重要意义。

2）与磁介质存储器的区别

半导体存储器与磁介质存储器在多个维度上存在显著差异。首先，半导体存储器以其惊人的存取速度著称，远超磁介质存储器，成为追求高性能计算的首选。其次，半导体存储器在存储容量和体积上也展现出明显优势，能够在更小的空间内提供更大的存储容量。最后，半导体存储器的集成化设计使得存储单元阵列与外围逻辑电路能够紧密结合，进一步简化了系统结构，提高了整体性能。因此，在计算机高速存储领域，半导体存储器已全面取代磁介质存储器，成为主流存储技术。

3）与光学存储器的区别

尽管光学存储器以其非接触式读/写、长寿命和高可靠性等特点在某些特定领域得到应用，但与半导体存储器相比仍存在显著差异。首先，半导体存储器的存取速度远快于光学存储器，因为光学存储器的读/写过程涉及光的发射、传输和接收等多个环节，这些环节均会产生一定的时间延迟。其次，半导体存储器在体积和功耗上也具有明显优势，能够更好地适应现代便携式电子设备的需求。最后，半导体存储器的读/写操作更为灵活，支持随机访问和快速擦写，而光学存储器的数据写入和擦除过程则相对复杂且耗时较长。因此，在大多数需要高速、大容量、低功耗存储的场合中，半导体存储器仍是首选方案。

1.3.2 按存取方式分类

1. 随机存储器

RAM（random access memory，随机存储器），亦称读写存储器，其核心特性在于允许 CPU 在执行过程中无限制地、独立地对任意存储单元执行读取或写入操作，此过程不受存储单元物理位置的影响，展现出高度的随机访问能力。然而，RAM 的运作依赖于持续电力供应，一旦电源关闭，其所存储的数据将全部丧失，因此具有易失性特征。微机系统的核心存储组件——内存（主存），正是采用此类 RAM 技术构建，确保了高速、灵活的数据处理与存储能力。

2. 只读存储器

ROM（read-only memory，只读存储器），是一种特殊类型的存储介质，其设计初衷在于一旦数据被编程或写入后，便不可通过常规手段进行更改或重写。ROM 的核心特性在于其内容的非易失性与只读性，即存储在其中的数据即使在电源关闭的情况下也能保持不变，且用户无法直接修改这些数据。这种特性使得 ROM 广泛应用于需要永久存储程序或关键参数的场合，如嵌入式系统、计算机固件及部分消费电子产品中。

3. 串行访问存储器

SAM（serial access memory，串行访问存储器），其显著特点在于对存储单元的访问必须严格遵循物理位置的顺序。这种顺序性体现在，无论是读取还是写入操作，都必须从存储介质的起始点开始，逐一访问直至目标位置。因此，SAM 的数据访问效率受存储单元物理位置的影响显著，访问时间随着距离起始点距离的增加而增加。

典型的 SAM 包括磁带，其读/写操作均需按照从头至尾的顺序进行。此外，还有部分存储设备如磁盘，虽在初始阶段通过直接定位到特定磁道实现了快速定位，但随后仍需在该磁道内串行访问具体扇区，这类存储器被称为 DAM（direct access memory，直接存取存储器），其访问模式结合了直接访问与串行访问的特点。

1.3.3 按在计算机系统中的作用分类

根据在计算机系统中所起的作用，存储器可分为主存储器、高速缓冲存储器、外存储器等，见表 1.3.1。

表 1.3.1 主存储器、高速缓冲存储器和外存储器的特点和用途

名称	简称	特点	用途
主存储器	主存	存取速度快，存储容量不大	存放计算机运行期间的大量程序和数据
高速缓冲存储器	缓存	存取速度快，但存储容量小	高速存取指令和数据
外存储器	辅存	存储容量大，价格/位低	存放系统程序和大型数据文件及数据库

为了解决存储器要求容量大、速度快和成本低三者之间的矛盾，目前通常采用多级存储器体系结构，即主存储器、高速缓冲存储器和外存储器共同使用。

1.3.4 按信息的可保存性分类

根据被断电后其数据是否会丢失存储器可分为易失性存储器和非易失性存储器。

1. 易失性存储器

易失性存储器是一类断电后所存储的数据便会消失的存储器。主要有以下类型。

（1）SRAM（static random access memory，静态随机存储器）。SRAM 的每个基本单元通常由 6 个晶体管构成，但近年来技术演进也有 8 个晶体管结构的 SRAM 单元。其显著特点是数据访问速度极快，然而，相较于其他类型，SRAM 单元在集成电路上的资源占用更为显著，空间效率较低。因此，它常被用作高性能计算组件如 CPU 和 GPU（graphics processing unit，图形处理器）的缓存部分，以加速数据处理过程。关于其详细运作机制，将在第 2 章深入阐述。

（2）DRAM。DRAM 单元的核心结构包含 1 个晶体管与 1 个电容，后者在高度集成的电路中有时可通过 2 个晶体管来模拟实现。尽管 DRAM 数据访问速度相对于 SRAM 较慢，且需定期执行刷新操作以维持数据完整性，但 DRAM 仍以其较低的资源占用率和空间效率著称。计算机的主存储器（即通常所说的“内存”）主要由 DRAM 构成，以内存条形式安装于计算机中。DRAM 颗粒常以 4 位或 8 位位宽设计，而单个内存条则通过集成多个颗粒以达到 64 位或更高位宽的数据传输能力。其技术细节将在第 3 章详细介绍。

（3）寄存器。作为计算机处理器内部的核心存储组件，寄存器承担着存储指令、数据以及运算过程中的中间结果的重要职责。其优势在于极高的访问速度，几乎无延迟地响应处理器的需求，但受限于物理空间和设计复杂度，其存储容量相对较小。寄存器直接参与处理器的运算与控制流程，是 CPU 内部架构不可或缺的一部分。

鉴于寄存器高度专业化的应用场景和技术复杂性，本书在此仅对其作简要提及，不深入展开具体技术细节。

2. 非易失性存储器

非易失性存储器是一类在断电后仍能保留存储数据，重新供电时可立即访问这些数据的存储器。其主要种类涵盖广泛，具体包括以下类型。

（1）磁盘存储。这一类别包含硬盘驱动器、软盘驱动器及磁带机等传统存储介质，它们通过物理介质上的磁化模式来存储数据，具备长期保持信息的能力。

（2）ROM。ROM 主要包含 MROM（mask read-only memory，掩模型只读存储器）、PROM（programmable read-only memory，可编程只读存储器）、EPROM（erasable programmable read-only memory，可擦可编程只读存储器）、EEPROM（electrically erasable programmable read-only memory，电可擦可编程只读存储器）等，以长期保存程序或数据。第 4 章会作详细介绍。

（3）Flash。Flash（闪存）分为 NOR Flash 与 NAND Flash 两大主流。NOR Flash 以其快速的读取速度和随机访问能力，在嵌入式系统中常用于代码的直接执行，如固件和启动代码的存储。而 NAND Flash 则凭借其高密度、低成本和高速写入特性，在固态硬盘、USB 闪存盘、存储卡及移动设备内置存储等领域占据主导地位。第 5 章会作详细介绍。

（4）新型存储器。随着技术的进步，RRAM（resistive random access memory，阻变存储器）、FeRAM（ferroelectric random access memory，铁电存储器）、PRAM（phase-change random access memory，相变存储器）和 MRAM（magnetic random access memory，磁随机存储器）等新型非易失性存储器不断涌现，它们各自在速度、密度、耐久性和功耗等方面展现出独特优势，预示着存储技术未来的发展方向。第 6～9 章会作详细介绍。

在当前的存储技术市场中，DRAM、NAND Flash 与 NOR Flash 构成了三大支柱产品。DRAM 作为易失性存储器的代表，以其高速访问能力支撑着计算系统的运行；而 NAND Flash 与 NOR Flash 则作为非易失性存储器的典范，分别在数据存储与嵌入式系统代码执行中发挥着不可替代的作用。尽管存储芯片种类繁多，但上述三种存储器无疑是全球存储器产业最为关注的焦点，引领着整个行业的发展趋势。

1.4 存储器技术的发展趋势

在摩尔定律的持续驱动及海量数据存储需求的推动下，存储器技术正加速向大容量、高密度、高速、节能与长寿命的演进路径迈进。然而，随着制程节点逼近原子尺度，传统平面存储架构遭遇了前所未有的性能瓶颈与可靠性挑战，同时新工艺的研发成本飙升，经济效益面临压缩。

面对此困境，存储器技术领域呈现出两大转型趋势：一是深化硅基技术，通过垂直堆叠技术突破特征尺寸的物理限制，实现从二维平面到三维立体的结构革新，关键在于攻克多层（32层到300层甚至500层以上）连续堆叠的技术难题，并确保每层存储器电气特性的高度一致与精确控制；二是探索新材料与新结构，开发基于全新物理机制的新型传感器技术，此路径需克服生产工艺适配性、材料兼容性、性能优越性以及长期可靠性等多维度挑战，确保新技术不仅不会干扰现有生产线，还能显著提升存储性能并保障数据安全。

随着新材料探索、先进结构设计及物理效应理解的深入，一系列前沿存储器技术迅速崛起，它们聚焦于显著提升存储容量、削减能耗、加速数据访问、延长数据保存期限及强化数据安全，成为支撑未来数据存储需求的基石[10, 11]。这些技术展现出如下独特的优势与特性。

1. 极致速度与低延迟性能

面对计算与数据处理需求的井喷式增长，存储器技术不断进化，以DRAM为例，从DDR3到DDR5的迭代显著提升了带宽与效率。同时，诸如NVMe（non-volatile memory express）快速闪存与3D XPoint内存级存储技术的出现，更是以超乎寻常的速度与近乎即时的访问延迟，为高性能计算与实时数据处理领域注入了强劲动力。

2. 高密度与极致紧凑性

设备小型化趋势促使存储器技术向更高密度与更小体积发展。3D NAND Flash技术通过垂直堆叠存储单元，实现了存储密度的飞跃式增长，而多层集成技术则进一步推动了存储器的紧凑化设计，满足了现代电子设备对空间利用的极致追求。

3. 超大容量存储

半导体工艺的持续精进与存储单元微缩技术的突破，共同推动了存储器容量从KB级向TB级乃至更高量级的跨越式发展。未来，随着技术的不断进步，存储器容量还将继续增加，为大数据、云计算、人工智能等前沿应用提供坚实的支撑。

4. 新兴存储器技术

除传统存储器技术之外，一系列新兴技术，如存储级内存、STT-MRAM（spin-transfer torque-magnetic random access memory，自旋转移力矩磁随机存储器）和RRAM等正崭露头角。这些技术凭借介于传统内存与存储之间的独特优势，或是基于全新物理机制的存储原理，为存储器市场注入了新的活力与可能。

5. 能效优化与可持续发展

在移动设备与物联网设备广泛普及的背景下，低功耗、长续航成为存储器技术的重要发展方向。新型非易失性存储器通过优化功耗表现与延长电池寿命，满足了市场对高效能与环保并重的迫切需求。同时，采用环保材料与绿色制造工艺，也为存储器技术的可持续发展奠定了坚实基础。

总之，存储器技术的快速发展正引领着数据存储领域的深刻变革，其不断突破的性能极限与日益丰富的技术形态，将为各行各业带来前所未有的创新机遇与挑战。

参 考 文 献

[1] 中国信通院：《2021 年数据价值化与数据要素市场发展报告（PPT）》[R/OL].（2021-06-03）[2024-05-12]. http://www.100ec.cn/detail--6594184.html.

[2] MING L. WHOF 110：Non-volatile memory technology[J]. Frontiers of Optoelectronics in China，2017，10（1）：a7-a7.

[3] 林伟捷. 3D NAND Flash 可靠性提高与预测[D]. 杭州：浙江大学，2020.

[4] 刘明. 半导体存储器技术[J].科技导报，2019，37（3）：62-65.

[5] CHOE J D. 2022 and beyond for memory technology[DB]. Tech Insights Inc.，2022.

[6] 唐朔飞. 计算机组成原理：学习指导与习题解答[M]. 2 版. 北京：高等教育出版社，2012.

[7] 赵巍胜，尉国栋，潘彪，等. 集成电路科学与工程导论[M]. 2 版. 北京：人民邮电出版社，2022.

[8] 邵虞. 世界存储器大观[J]. 电子产品世界，2005，12（7）：20-22，24-26.

[9] KAGI A，GOODMAN J R，BURGER D. Memory bandwidth limitations of future microprocessors[C]//23rd Annual International Symposium on Computer Architecture（ISCA'96）. Philadelphia，PA，USA. IEEE，2005：78.

[10] 金圣东. 半导体技术的现状和发展趋势[J]. 半导体技术，1993，18（6）：1-6.

[11] 屈丹. 半导体存储器研究进展[J]. 课程教育研究，2013（9）：252-253.

第 2 章

静态随机存储器

本章教学目标与要求

- 理解静态随机存储器存储单元的基本电路结构和工作机制。
- 掌握静态随机存储器存储单元电路的读/写约束和版图布局。
- 理解静态随机存储器的器件结构和电路设计。
- 熟悉静态随机存储器的性能参数。
- 了解静态随机存储器的发展。

本章知识架构

在过去几十年中，存储器一直是CMOS（complementary metal-oxide-semiconductor，互补金属氧化物半导体）技术快速发展的驱动力之一。SRAM作为一种重要的存储器类型，在现代信息技术领域扮演着重要的角色。现如今，SRAM工艺与标准硅基半导体制造技术兼容，其存储器已被广泛应用于微处理器和专用集成电路。由于SRAM具有高速数据读/写能力，并且在工艺和工作电压上与逻辑电路兼容，所以它可以作为高速存储模块集成在高性能处理器中，比如CPU、GPU、NPU和DSP等处理器，其中一个典型的应用是充当CPU的二级缓存，在处理器和内存间起到数据缓冲效果。可以预测，随着云计算服务和物联网终端的蓬勃发展，高速SRAM的应用也将快速增长，并在存储系统中占据不可替代的作用。

近年来，随着半导体工艺和设计技术不断进步，芯片性能不断提升，单位芯片上集成的处理器核数越来越多，芯片功耗越来越大，如何减小芯片功耗成为设计中最为关切的问题之一。而SRAM同样具有低功耗、低工作电压的特性，如今，低电压SRAM的工作电压可以降至0.3 V，芯片功耗很小，再结合动态电压频率调整技术可以进一步压缩。在我们生活中低电压SRAM已经被大量应用于便携式电子器件、生物芯片和医疗电子芯片等超低功耗芯片。

2.1 静态随机存储器存储单元电路

SRAM存储单元是保存二进制信息的核心部件，其存储原理是利用双稳态触发器保存信息。SRAM半导体存储器，按照存储单元电路类型可分为双极型和MOS（metal-oxide-semiconductor，金属-氧化物-半导体）型，其中双极型又可以分为TTL（transistor-transistor logic，晶体管-晶体管逻辑）和ECL（emitter-coupled logic，射极耦合逻辑）；MOS型又有NMOS（n-metal-oxide-semiconductor，N型金属-氧化物-半导体）、PMOS（p-metal-oxide-semiconductor，P型金属-氧化物-半导体）和CMOS三种电路结构类型，分为静态MOS型和动态MOS型两种工作模式。静态MOS电路只要不断电信息就不会丢失，动态MOS电路需要不断刷新以防止电荷泄漏，导致信息丢失。

双极型TTL和ECL电路虽然工作速度快，但功耗大、集成度低、性价比低，已经被淘汰；而MOS型电路功耗小、集成度高、价格低，成为目前主流器件类型。因此这里以MOS型电路作为主要对象来分析其结构和原理。早期的静态MOS存储单元由带多晶硅电阻负载的4T NMOS SRAM存储单元电路组成，后来随着CMOS工艺的发展，带有NMOS和PMOS晶体管的6T CMOS SRAM存储单元电路被开发出来并得到广泛应用。

2.1.1 静态随机存储器存储单元电路结构

1. R-S触发器电路结构

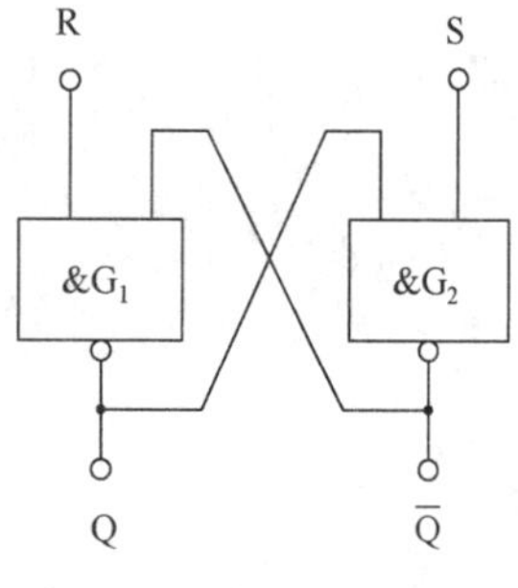

图2.1.1 R-S触发器结构图

SRAM存储单元基于双稳态触发器工作原理进行信息储存，是一种利用电路结构实现存储的存储器。R-S触发器是一种最基本的双稳态触发器，由两个交叉耦合的或非门组成，如图2.1.1所示为R-S触发器结构图。其中，输入端为R和S端口，输出端为Q和$\overline{Q}$端口。正常情况下，输出端Q和$\overline{Q}$电压状态相反，并以Q端逻辑电平定义为触发器状态，即Q =“1”（高电位）和$\overline{Q}$=“0”（低电位）时，称为高电位“1”状态；反之当 Q =“0”和 $\bar{Q}$ =“1”时称为低电位“0”状态。

R-S 触发器的输入输出逻辑关系如表 2.1.1 所示。当输入 R =“1”和 S =“0”时，输出 Q = “0”，此时触发器置“0”或复位；当 R =“0”和 S =“1”时，输出 Q =“1”，触发器置“1”或置位。可以看到当输入端变化后，输出端随之改变并在之后保持不变，也就是说触发器具有某种记忆功能，能够存储一位二进制码“1”或“0”，直至输入端再次发生变化。另外，当两输入端同时为“1”或“0”时，输出端电位保持不变或处于不确定状态。这个电路结构是 SRAM 存储单元电路的基础。

表 2.1.1　R-S 触发器的输入输出逻辑关系表

R	S	Q	$\bar{Q}$	功能
1	0	0	1	置 0
0	1	1	0	置 1
1	1	不变	不变	保持
0	0			输出状态不确定

2. 4T NMOS SRAM 单元电路结构

1）4T NMOS SRAM 存储单元电路结构

早期 SRAM 存储单元电路采用 N 沟道增强的 MOS 晶体管，电路内部含有两个多晶硅电阻负载，称为带多晶硅电阻负载静态 4T NMOS SRAM 存储单元电路，4T 代表着这个电路结构的核心是四个 N 型 MOS 单元。

4T NMOS SRAM 存储单元的电路结构如图 2.1.2 所示。其中，T_1 和 T_2 晶体管形成两个 MOS 反相器，两个多晶硅电阻 R_L 分别为反相器的负载。两个反相器通过彼此交叉反馈，构成一个双稳态触发器，类似于上述 R-S 触发器，从而将二进制信息保存在电路中的 A、B 两节点。T_3 和 T_4 晶体管为两个门控管，由字线 WL 控制其通断。字线 WL 又称为地址线，用于选取 SRAM 存储整列中指定的存储单元。当字线 WL 为高电位时，T_3 和 T_4 管导通，通过一组位线 BL 和 $\overline{\mathrm{BL}}$ 对双稳态电路进行信息读/写操作；当字线 WL 为低电位时，T_3 和 T_4 管断开，位线与存储单元内部电路脱离，双稳态电路进入信息保存状态。位线 BL 和 $\overline{\mathrm{BL}}$ 又称为数据线，是存储单元的数据写入和读出通道。

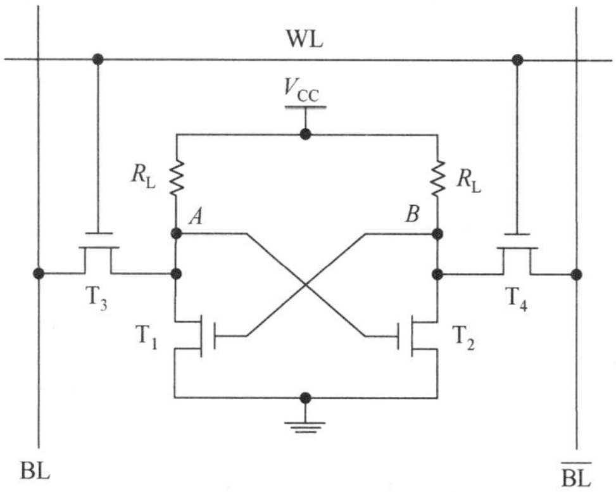

图 2.1.2　4T NMOS SRAM 存储单元电路结构图

存储单元存在两种稳态：若 T_1 管截止，T_2 管导通，A 点高电位，B 点低电位，此时存入的信息为“1”；若 T_1 管导通，T_2 管截止，A 点低电位，B 点高电位，此时存入的信息为“0”。

2）4T NMOS SRAM 存储单元读/写

下面简单介绍多晶硅电阻负载静态 4T NMOS SRAM 存储单元的写入、读出和保持操作过程。

（1）写入。字线 WL 上加高电位，T_3 和 T_4 门控管导通。若位线 BL 为高电位，$\overline{BL}$ 为低电位，则单元电路内 A 点电位拉高，B 点电位降低，从而 T_1 管截止，T_2 管导通，此时写入信息“1”；若位线 BL 为低电位，$\overline{BL}$ 为高电位，则 A 点电位降低，B 点电位提升，从而 T_1 管导通，T_2 管截止，此时写入信息“0”。

（2）读出。字线 WL 上加高电位，T_3 和 T_4 门控管导通。若存储单元内存放信息为“1”，即 A 点高电位，B 点低电位，通过 T_3、T_4 管位线 BL 输出高电平，$\overline{BL}$ 输出低电平，再经过灵敏放大器检测出“1”信号；若存储单元内存放信息为“0”，即 A 点低电位，B 点高电位，通过 T_3、T_4 管位线 BL 输出低电平，$\overline{BL}$ 输出高电平，再经过灵敏放大器检测出“0”信号。

由于读出前后 A、B 两点电位没有明显变化，读出操作并不影响存储单元原来的状态，因此属于非破坏性读出。

（3）保持。当字线 WL 上加低电位，T_3 和 T_4 门控管截止，即该存储单元未被选中，只要 V_{CC} 不断电，双稳态触发器电路依靠自身的交叉反馈保持原有状态不变。但如果 V_{CC} 断电，则原有信息必定丢失。

在 4T NMOS SRAM 存储单元中，多晶硅电阻负载 R_L 用于降低 T_1、T_2 晶体管在断开状态时的漏电流。对于 R_L，其电阻值需设计得尽可能大，以维持合理的静态噪声容限，即限制“0”电平上升并降低静态功耗；但是，R_L 的电阻值太高又会导致 A、B 两点电压切换时的延迟增加，并增加整个存储单元面积，因而设计并制造恰当的多晶硅电阻负载就显得非常重要。

随着半导体制造技术向着深亚微米和 CMOS 工艺的发展，4T NMOS SRAM 存储单元的局限性开始显现出来[1]：多晶硅电阻负载并不能随晶体管尺寸等比例缩小，否则会引起电路低电压功耗增加和稳定性变差；多晶硅电阻负载的制造工艺与标准 CMOS 逻辑工艺流程不兼容。因此，带有 NMOS 和 PMOS 晶体管的 6T CMOS SRAM 存储单元电路被开发出来。

3. 6T NMOS SRAM 存储单元电路结构

将图 2.1.2 中的两个多晶硅电阻负载替换成两个 NMOS 晶体管，该晶体管的一端分别连接 A、B 两点，另一端和栅极则同时连接着 V_{CC}，从而形成负载晶体管（等效于多晶硅电阻负载），称为静态 6T NMOS SRAM 存储单元电路，其结构如图 2.1.3 所示。

由于 6T NMOS SRAM 电路单元的面积比多晶硅电阻负载静态 4T NMOS SRAM 电路单元大了约 30%，不利于芯片集成度的提升，所以早期 SRAM 主要采用带多晶硅电阻负载的四管单元。

4. 6T CMOS SRAM 存储单元电路结构

将图 2.1.2 中的两个多晶硅电阻负载用 PMOS 晶体管代替，形成由 NMOS 和 PMOS 组成的 6T CMOS SRAM 电路，称为静态 6T CMOS SRAM 存储单元电路，其结构如图 2.1.4 所示。

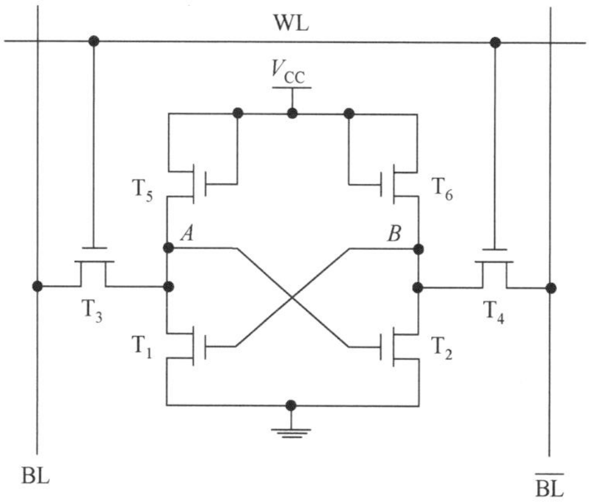

图 2.1.3 6T NMOS SRAM 存储单元电路结构图

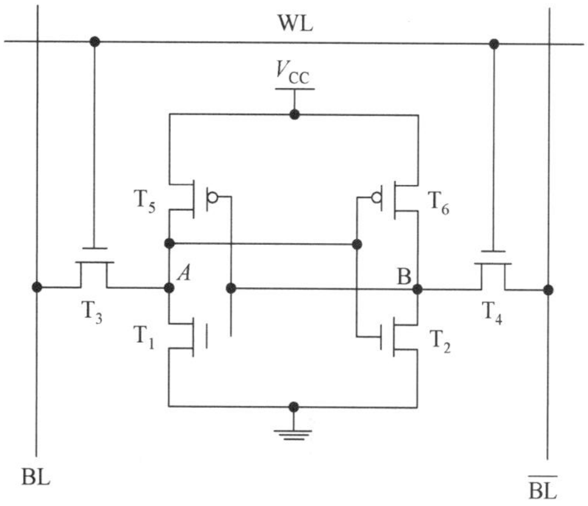

图 2.1.4 6T CMOS SRAM 存储单元电路结构图

该电路存储核心是一对完全对称、首尾相连、交叉耦合的反相器构成的双稳态触发器，其中 PMOS 管 T_5 和 NMOS 管 T_1 构成一个反相器，PMOS 管 T_6 和 NMOS 管 T_2 构成另一个反相器，两个反相器交叉耦合形成正反馈，从而将信息存储在单元电路内 A、B 两个节点。正常情况下，A、B 两点的电压值相反。同上述 4T NMOS SRAM 存储单元，T_3 和 T_4 为两个门控管，它们的栅极与字线 WL 相连并受其控制通断；位线 BL、$\overline{BL}$ 经由 T_3、T_4 管连接到双稳态电路中 A、B 两点，从而进行信息的读/写操作。

6T CMOS SRAM 存储单元具有优越的鲁棒性、低功耗和低电压特性，因而成为当前最流行的 SRAM 存储单元。

2.1.2 静态随机存储器存储单元电路读约束

上一小节中简单阐述了 4T NMOS SRAM 存储单元的读操作过程，这里将基于 6T CMOS SRAM 存储单元详细讲解 SRAM 存储单元的读操作工作机理，并给出读约束的概念。当存储单元处于保持状态时，字线 WL 置于“0”，位线 BL 和 $\overline{BL}$ 均预充为“1”，此时两个门控管 T_3、T_4 截止，信息经由交叉耦合的双稳态触发器保存。

当对 6T CMOS SRAM 存储单元进行读操作时，V_{CC} 设置为高电位，字线 WL 预充为高电位，两个 NMOS 门控管 T_3、T_4 导通，此时两条位线 BL、$\overline{BL}$ 处于悬空状态。

假设此时存储单元保存的数据为“1”，即 A 点为高电位，B 点为低电位。图 2.1.5 为 6T CMOS SRAM 存储单元的读操作电路示意图和电压运行波形图。可以看到，在保存“0”信息这一侧，PMOS 管 T_6 和下拉 NMOS 管 T_2 栅极连接着 A 点为高电位，前者关闭后者打开，此时位线 $\overline{BL}$ 与地之间通过门控管 T_4 和下拉管 T_2 形成了一条低阻通路，产生读出电流；而在保存“1”信息一侧，PMOS 管 T_5 和 NMOS 管 T_1 栅极连接着 B 点为低电位，前者打开后者关闭，并且由于位线 BL 和节点 A 均处于高电位，虽然 NMOS 门控管 T_3 打开，但位线 BL 上并没有产生读出电流。由于节点 B 的信息为“0”，位线 $\overline{BL}$ 通过 T_2 管和 T_4 管对地放电，当位线 $\overline{BL}$ 上的电压被下拉到一定数值时，两条位线 BL 和 $\overline{BL}$ 之间就会形成一个正电压差，而这个电压差值会被 SRAM 的灵敏放大电路捕捉到，然后进行信号放大输出，完成数据“1”读出操作。同理，当存储单元中保存的数据为“0”时，节点 A 为低电位，节点 B 为高电位，数据读出过程与上述类似，最终在位线 BL 和 $\overline{\text{BL}}$ 间形成一个负电压差，再通过灵敏放大电路捕捉和放大输出，实现数据“0”的读出。

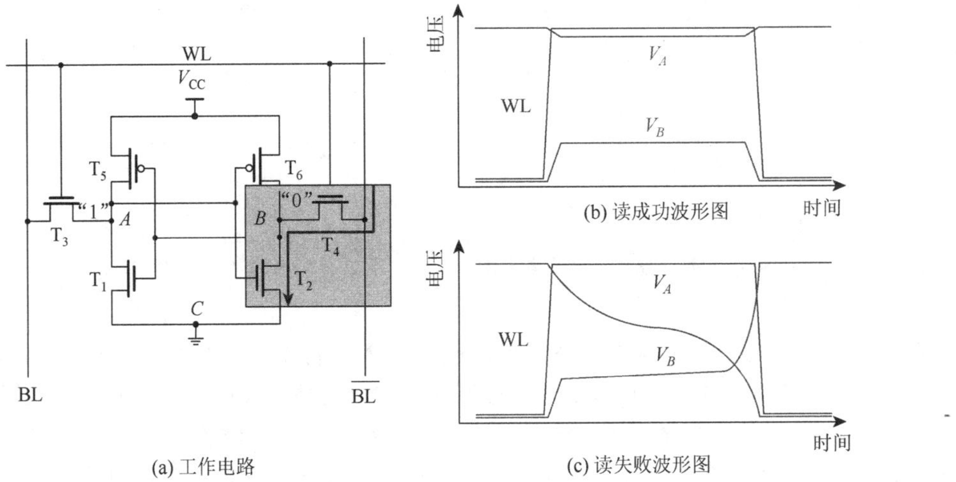

图 2.1.5 6T CMOS SRAM 存储单元读操作

在数据“1”的读操作过程中，由于位线 BL 与节点 A 电压相等，所以 A 点电压 V_A 基本保持不变。而节点 B 与位线 $\overline{\text{BL}}$ 之间存在一个较大的电压差，使得 B 点电压 V_B 在读操作过程中会获得一定的抬升，如图 2.1.5（a）所示，电压抬升的幅度由下拉管 T_2 和门控管 T_4 间的电流驱动能力比决定。若下拉管 T_2 的驱动能力小于门控管 T_4，则经由 T_2 管 B 点电压下降的速度小于经由 T_4 管 B 点电压上升的速度，从而电压 V_B 会不断抬升直到大于或等于 T_1 管和 T_5 管的阈值电压时，NMOS 管 T_1 就会打开，PMOS 管 T_5 关闭，存储在 A 点的高电位就会被 C 点下拉。由于存储单元的正反馈，读操作过程中的误差电压不断地放大，直至 A、B 两个节点的电压发生翻转，出现读失败，节点 A、B 电压变化情况如图 2.1.5（c）所示。若下拉管 T_2 的驱动能力大于门控管 T_4，则电压 V_B 只会抬升到一个很低的值，不足以产生数据翻转，待读操作完成后，存储在节点 B 的电压又恢复到原来状态，此时读操作成功，该过程中节点 A、B 电压变化情况如图 2.1.5（b）所示。若存储单元中保存的数据为“0”并对其进行读操作，因下拉管 T_1 和门控管 T_3 之间的驱动能力比不同，同样会出现读取成功或失败。

因此，将下拉管 T_2 和门控管 T_4（或下拉管 T_1 和门控管 T_3）之间的驱动能力比称为读约束，记为 β，如式（2.1.1）所示（假设下拉管与门控管的载流子迁移率 μ_n 相同，栅极氧化层单位面积电容 C_{OX} 相等）：

$$\beta = \frac{W_D/L_D}{W_P/L_P} \tag{2.1.1}$$

式中：W_D 和 L_D 分别为下拉管 T_1 或 T_2 的栅极宽度和沟道长度；W_P 和 L_P 分别为门控管 T_3 或 T_4 的栅极宽度和沟道长度。一般情况下，β 值取为 2～3。

2.1.3　静态随机存储器存储单元电路写约束

当对 6T CMOS SRAM 存储单元进行写操作时，V_{CC} 设置为高电位，字线 WL 置于高电位，位线 BL 和 $\overline{BL}$ 上分别输入相反的电压，比如若要写入数据“0”，位线 BL 下拉到“0”，$\overline{BL}$ 保持为“1”；若写入数据“1”，则位线 BL 保持为“1”，$\overline{BL}$ 下拉到“0”。

若存储单元之前保存的数据为“1”，即 A 点为高电位，B 点为低电位，现向其写入数据“0”，如图 2.1.6 所示为 6T CMOS SRAM 存储单元的写操作电路和电压工作波形图。由于字线 WL 为高电位，门控管 T_3 和 T_4 导通，此时 A 点向位线 BL 放电，电压 V_A 下降；位线 $\overline{BL}$ 向 B 点充电，电压 V_B 上升，经过双稳态触发器的正反馈，A 点电压迅速下拉到“0”，B 点电压抬升到“1”，从而完成信息“0”写入。若存储单元保存的数据为“0”，现向其写入数据“1”，写入机理同上，此处不再重复阐述。

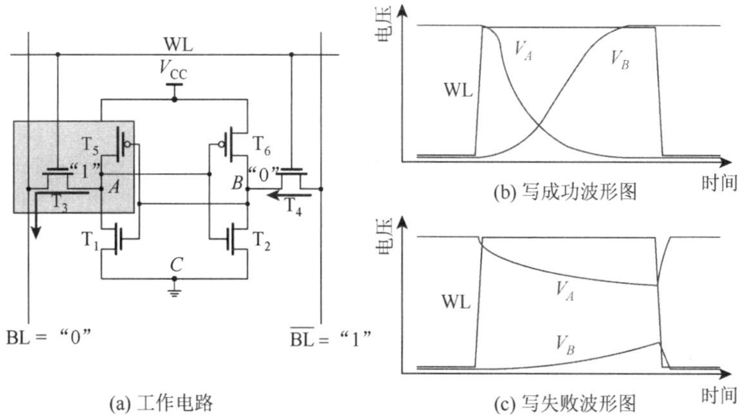

图 2.1.6　6T CMOS SRAM 存储单元写操作

在数据“0”的写入过程中，A 点电压下降的幅度由 NMOS 门控管 T_3 和 PMOS 上拉管 T_5 之间的驱动能力比决定。若门控管 T_3 的驱动能力小于上拉管 T_5，由于 PMOS 管的强传“1”特性，电压 V_A 受到 V_{CC} 的上拉作用大于位线 BL 的下拉作用，电压 V_A 不能在写周期内（字线 WL 处于高电平时）被拉至“0”；在节点 B 这一侧，因 A 点电压不为“0”，PMOS 管 T_6 关闭，NMOS 管 T_2 开启，虽然 B 点电压会被位线 $\overline{BL}$ 抬升，但是受到读约束影响电压 V_B 很难被拉升至“1”，待字线 WL 关闭后，节点 A、B 的电压值又恢复到操作之前的状态，即数据写入失败，整个过程中节点 A、B 电压变化情况如图 2.1.6（c）所示。若门控管 T_3 的驱动能力大于下拉管 T_5，由于 NMOS 管的强传“0”特性，电压 V_A 受到位线 BL 的下拉作用大于 V_{CC} 的上拉作用，V_A 电压会迅速降低至“0”；在节点 B 这一侧，一方面位线 $\overline{BL}$ 拉升电压 V_B，另一方面，当 A 点电压降到 T_2 管和 T_6 管的阈值电压时，T_2 管开启 T_6 管打开，B 点电压受到 V_{CC} 拉升，因此电压 V_B 会上升至“1”，待字线 WL 关闭后，写入的数据进入保持状态，此时数据写入成功，该过程中节点 A、B 电压变化情况如图 2.1.6（b）所示。当存储单元中保存的数据为“0”并对其写入数据“1”时，因门控管 T_4 和上拉管 T_6 之间的驱动能力比不同，同样会出现写入成功或失败现象。

因此，将门控管 T_3 和上拉管 T_5（或门控管 T_4 和上拉管 T_6）之间的驱动能力比称为写约束，记为 α，如式（2.1.2）所示（假设下拉管与门控管的栅极氧化层单位面积电容 C_{OX} 相等）：

$$\alpha=\frac{\mu_n}{\mu_p}\cdot\frac{W_P/L_P}{W_T/L_T} \tag{2.1.2}$$

式中：μ_n 为门控管的载流子电子迁移率；μ_p 为上拉管的载流子空穴迁移率；W_P 和 L_P 分别为门控管 T_3 或 T_4 的栅极宽度和沟道长度；W_T 和 L_T 分别为上拉管 T_5 或 T_6 的栅极宽度和沟道长度。正常情况下，为了确保写操作成功，α 的值一般取 1 左右。

2.1.4 静态随机存储器存储单元电路版图布局

SRAM 存储单元的电路版图布局定义了芯片阵列的面积密度，是影响 SRAM 制造成品率的关键因素。对于版图设计，布线的规整性不仅可以保证 SRAM 功能正确，实现预期的性能指标，而且还便于晶圆厂流片制造，有效提高产品良率。随着半导体工艺节点不断向下发展，来自光刻、刻蚀和化学机械抛光设备的限制要求设计人员不断修改 SRAM 单元布局。而存储单元的版图设计和修改总体遵循简化原则，比如避免复杂的几何形状，依据读/写约束设置 SRAM 单元晶体管的栅极宽度 W 和沟道长度 L 的最小特征尺寸。

图 2.1.7 为 6T CMOS SRAM 存储单元的版图，图中各晶体管的位置和信号线均已标出，且与图 2.1.4 中存储单元电路一一对应。图 2.1.7（a）为存储单元纵向布局图，各晶体管沟道沿着垂直方向排列，这种布局设计广泛地应用在 90 nm 以上工艺的 SRAM 芯片制造。当工艺节点发展到 90 nm 以下时，由于纵向排列的版图中存在很多直角图形，缩放后实际制造出的图案复现性变差，因此为了提高生产良率，开始采用图 2.1.7（b）所示横向布局[2, 3]。这种版图设计中，各晶体管沟道沿着水平方向，版图中直角较少，结构紧凑。此外，横向布局设计优势还表现在：字线 WL 为金属布线，相比于纵向排列版图中的多晶硅材质，其阻抗更小，信号传输延迟短；

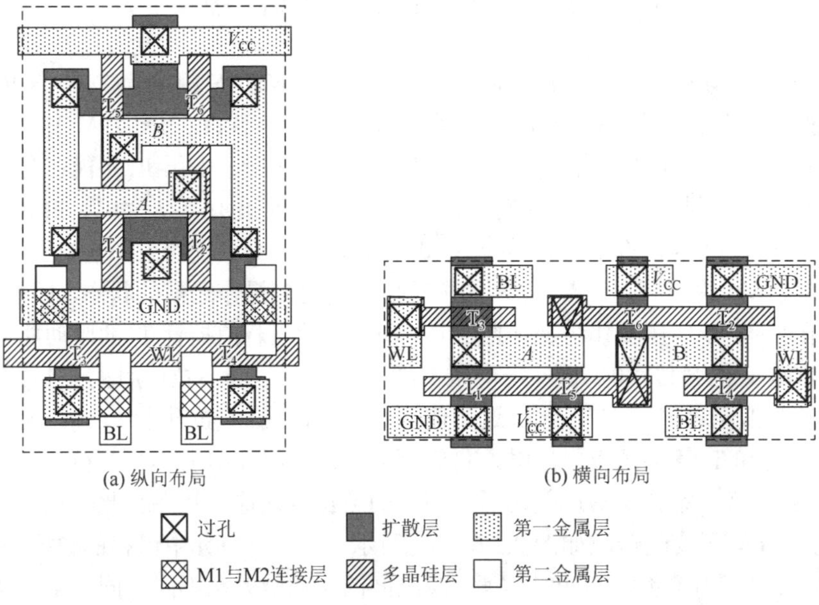

图 2.1.7 6T CMOS SRAM 存储单元版图

另外，每个存储单元布局的位线长度相比于纵向排列的版图也缩短，从而位线上的寄生电容减小，存储单元的信息读写速度和抗噪声能力提升。在图 2.1.7 所示版图的设计和制造中，扩散层、多晶硅层、过孔和第一金属层是制造 SRAM 存储单元的关键掩模层，提高这些图层的精准度对改善存储单元稳定性、增强驱动能力和减小漏电流起到重要作用。图 2.1.8 为半导体公司制造的 SRAM 存储单元电子扫描图[4-7]，图（a）、图（b）和图（c）分别为台积电 65 nm、德州仪器 65 nm、英特尔 65 nm（上）和 22 nm（下）的 6T CMOS SRAM 存储单元实物图。可以看到，在版图设计上它们均采用了横向布局方式。

(a) 台积电，65 nm　(b) 德州仪器，65 nm　(c) 英特尔，65 nm（上），22 nm（下）

图 2.1.8　半导体公司制造的 SRAM 存储单元电子扫描图

2.2　静态随机存储器器件结构

大量重复排列的存储单元组成存储阵列，而存储阵列内特定位置单元的信息选择需使用译码器，此外已读取的信息又经灵敏放大器放大才能被外界识别，因此 SRAM 芯片在结构上主要包括存储阵列、译码器和外围读写电路等部件。SRAM 芯片采用超大规模集成电路制造工艺，在一个半导体晶圆上集成了所有部件。

2.2.1　静态随机存储器器件基本构成介绍

图 2.2.1 为 SRAM 芯片的器件结构图，可以看到 SRAM 芯片主要由存储阵列、译码器和外围读写电路等组成。

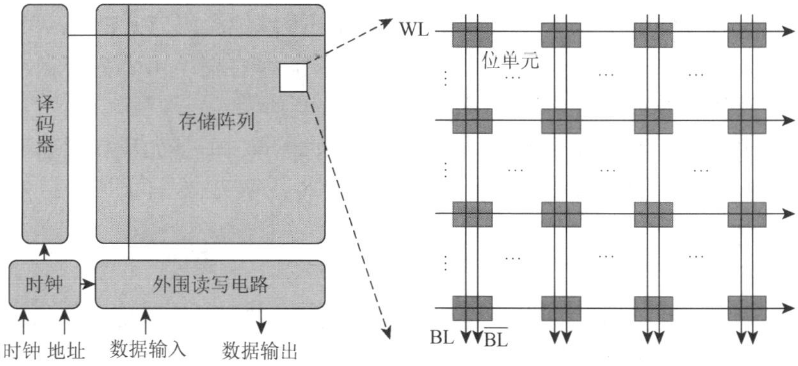

图 2.2.1　SRAM 芯片的器件结构图

存储阵列是 SRAM 的核心，它由存储单元按照行、列规则排列而成，每个存储单元均为 6T CMOS SRAM 存储单元电路。在存储阵列中，每一行存储单元共享一条字线 WL，每一列存储单元共享一对位线（BL 和 $\overline{\text{BL}}$），因此，对于一个 $M\times N$ 的阵列，它拥有 M 条字线和 N 对位线。

译码器将接收到的地址信息翻译成相应存储单元的选择信号，即在接收到一个数据地址后，译码器依据该地址找到数据在存储阵列中的具体保存位置（存储单元）。

外围读写电路将位线上的数据进行放大并输出，或者将片外的数据经由位线写入存储单元中。对于 SRAM 芯片，其规格通常采用“字线×数据位宽”的方式表示，比如一个地址位宽为 9、数据位宽为 32 的 SRAM 芯片，它的总字线数为 512，因此芯片规格一般表示为 512×32。

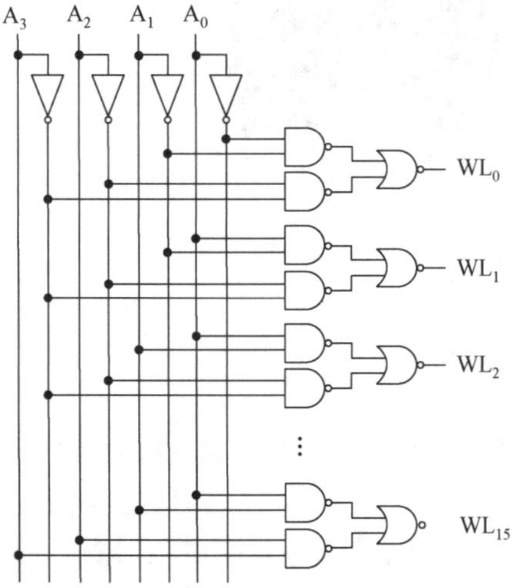

图 2.2.2　一级 4-16 译码电路结构图

1. 译码器

译码电路将输入地址编译成对应的字线。对于一个 n 位地址，二进制编码后转换的字线数为 2^n 条，其中每次只能选取一条来进行存储单元的数据读/写操作。图 2.2.2 为一级 4-16 译码电路结构图，它由非门、与非门和或非门等逻辑门电路组成，能够将 4 位地址翻译成 16 根字线，并依据输入的地址信息找出相应的字线。对于一级译码电路，当输入地址位数较多时，电路结构将变得复杂，译码器的面积会增大，且会因连线增多而运行速度变慢，因此可以将其分为两个或更多的逻辑层次来实现，比如二级译码器[8]。二级译码电路通过提取公共的与非门来减少晶体管的总数目，减少整个译码器的面积和功耗，提高性能。

对于译码电路，按照排列结构的不同，译码方式可以分为一维地址译码方式和二维地址译码方式。

1）一维地址译码方式

一维地址译码又称为行译码，译码电路的每根输出字线连接着储存阵列内一横排存储单元，而该横排的所有存储单元构成一个存储字，即为某个存储字的不同存储位，因此存储器的总容量为“字线数×存储字字长”。图 2.2.3 为采用一维地址译码方式的 16×8 位存储器器件结构图，存储阵列中的每一行为一个 8 位存储字，共 16 个存储字沿着列方向一维分布，因此只需要用一组译码器就能对所有字进行译码。

一维地址译码方式具有结构简单、电路易于实现的优点，但是如果存储器要保存的字数较多，译码器的一维排列会导致存储矩阵中的位线非常长，信号读/写延迟大，所以一般仅适合容量较小的存储器。

2）二维地址译码方式

二维地址译码方式是把地址线分为数量相等的两组，即一组行地址和一组列地址，然后用两个译码器分别对这两组地址进行编译，其中一个用于水平方向的译码，另一个用于垂直方向的译码，具体的结构如图 2.2.4 所示。

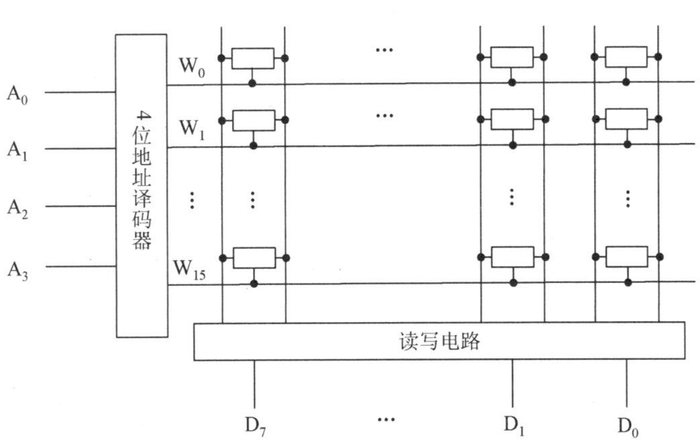

图 2.2.3　一维地址译码方式的 16×8 位存储器器件结构图

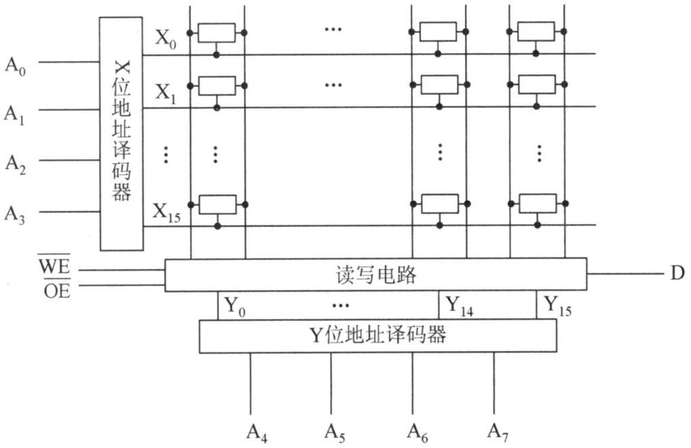

图 2.2.4　二维地址译码方式的 16×16 位存储器器件结构图

图 2.2.4 为采用二维地址译码方式的 16×16 位存储器器件，8 位地址线分为 4 位行地址和 4 位列地址。经过译码器编译后，行选信号 X_i 选中第 i 行的 16 个存储单元，然后列选信号 Y_j 从 16 个存储单元中选中第 j 列，于是位于（i,j）位置的存储单元被选中。接着，读写电路按照控制信号的命令，对存储阵列中被选中的存储单元进行信息读取或写入操作。可以看到，存储器每次进行读/写操作时处理的数据单位均是一个位，因此称为位片式存储芯片。位片式存储芯片的容量假设为 M×1，为了尽可能地减少线路走线和信号延迟，两个译码器分配的地址线数目应基本相等，即行方向地址线数目 N_x = 列方向地址线数目 $N_y = (\log_2 M)/2$。由于每个存储芯片只提供一位数据，因此可以将多个相同的位片式存储芯片并联构成一个 M×N 的存储器来实现多位数据的读/写。在这种结构中不同位片式存储芯片分别提供同一存储地址下的不同二进制位，其中 N 是数据的位数。

当译码器的地址位数较多时，采用二维译码方式要比一维译码方式简洁，但是当存储器读/写多位数据时，二维译码器需要将存储字的不同位存放在不同芯片中，会面临信息同步问题。因此，对二维译码方式进行适当改进，将每次读/写操作时的位数据替换为存储字，称为二维译码的字选方式。图 2.2.5 为二维地址译码的字选方式结构图，存储器的容量为

256×8 位，4 个行地址线对应 16 根行字线，存储阵列中每根行字线分配的不再是 128 位长度的存储字或 128 个位数据，而是 16 个 8 位存储字，16 个存储字又分别连接着 16 个列选信号并受到列地址译码器控制。最终，存储器依据输入地址找到信息保存的位置（i, j），然后经由读写电路将其内存储的 8 位数据输出，或向其写入 8 位数据。可以看到，使用这种译码方式的芯片每次处理的数据为具有一段长度的存储字，它既可以解决一维译码方式的逻辑复杂、容量受限问题，又可以克服二维译码方式中存储字的不同位放在不同芯片的问题。

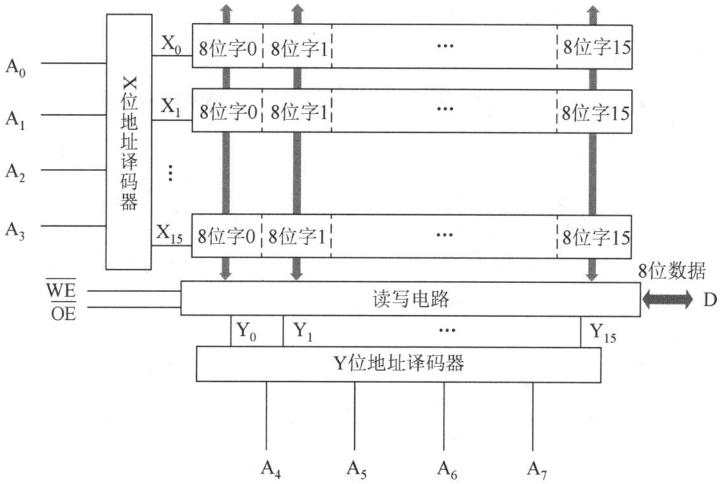

图 2.2.5 二维地址译码的字选方式结构图

2. 灵敏放大器

灵敏放大器是 SRAM 的一个重要读出电路，它的主要作用是将存储单元位线对上的差分信号进行放大输出。通常情况下，为了提高存储器的存储密度，存储阵列内的差分位线上会挂载较多数目的存储单元，比如 64 个、128 个甚至 256 个，这样会导致位线的负载电容达到几十飞法到几百飞法。而 6T CMOS SRAM 存储单元的读出电流一般较小，如果直接使用普通的逻辑电路，很难快速地将位线上的信息输出，因此采用灵敏放大器来解决这个问题。

对于灵敏放大器，主要有电压型和电流型两种代表性放大电路。图 2.2.6（a）为电压型锁存灵敏放大器放大电路[9]，它的结构与 6T CMOS SRAM 存储单元类似，其核心为交叉耦合反相器构成的正反馈环，只不过电压型锁存灵敏放大器放大电路多了一个尾 NMOS 管控制电路的开启和关闭。该放大电路的工作原理为：在存储单元读取数据前，位线 BL 和 $\overline{BL}$ 处于浮空状态，其上电压为高电平；当进行读操作时，依据读取数据“0”或“1”的不同，一条位线 BL 或 $\overline{BL}$ 上出现读电流，使得它的位线电压开始下降，另一条位线上的电压保持不变，从而在两条位线之间形成电压差（参照读取的数据为“0”或“1”，位线 BL 与 $\overline{BL}$ 间的电压差值为负或正）；此时，放大器的 Sat 信号为低电位，PMOS 管 T_3 和 T_4 导通，位线 BL 和 $\overline{BL}$ 的电压传递到节点 Out 和 Out_1，并同样在两节点间形成一个电压差；当该电压差值达到一定幅度时，信号 Sat 开启（跳变为高电平），T_3 和 T_4 管截止，NMOS 管 T_7 导通，由 T_1 和 T_5、T_2 和 T_6 组成的双稳态触发器发生正反馈作用，将节点 Out 和 Out_1 的电压差值放大；待读操作完成后，Sat 信号关闭（跳变为低电平），放大电路内 Out 和 Out_1 点的电压传输到输出端口，完成数据从存储单元到外界的放大输出。

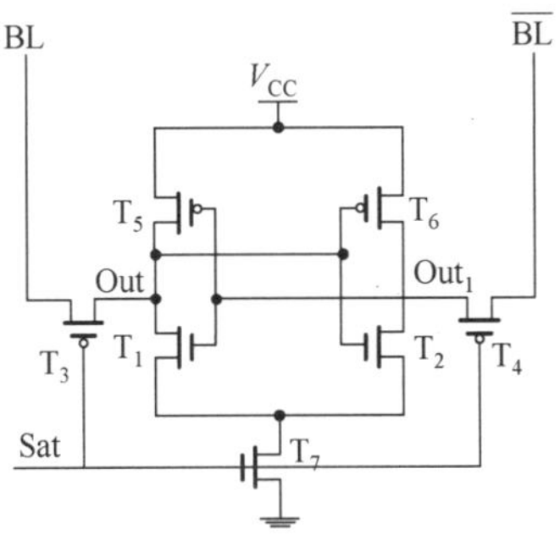

(a) 电压型锁存灵敏放大器放大电路

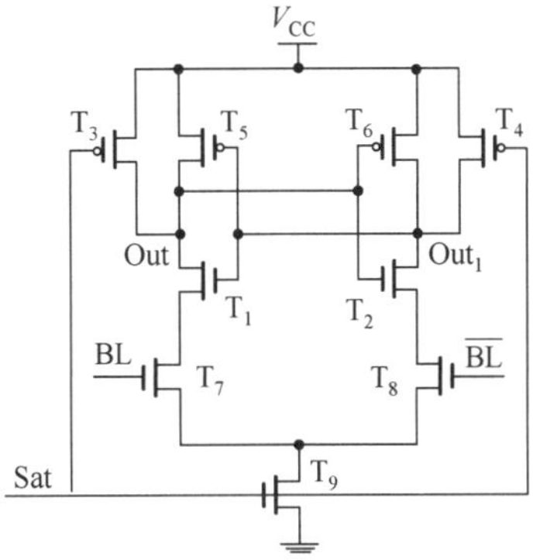

(b) 电流型锁存灵敏放大器放大电路

图 2.2.6　灵敏放大器代表性放大电路示意图

图 2.2.6（b）为电流型锁存灵敏放大器放大电路[10]，内部同样包含一个交叉耦合反相器构成的正反馈环，但相比于电压型锁存灵敏放大器，其电路结构更复杂，且主要采用电流差进行放大输出。该放大电路的工作原理为：当位线 BL 和 $\overline{BL}$ 间形成电压差后，Sat 信号开启（高电位），T_3 和 T_4 管截止，NMOS 管 T_9 导通；由于位线 BL 和 $\overline{BL}$ 上电压不同，NMOS 管 T_7 和 T_8 的开启电压 V_{gs} 不一样，从而 T_7 和 T_8 管的导通电流不一样，也就是说放大电路中流经 T_1—T_7 路径和 T_2—T_8 路径的电流存在差值；而该电流差会使节点 Out 和 Out_1 的放电速度不同，进而在节点 Out 和 Out_1 间形成电压差，然后这个电压差再被 T_1 和 T_5、T_2 和 T_6 组成的双稳态触发器放大，最后输出到外界。

与电流型锁存灵敏放大器相比，电压型锁存灵敏放大器的放大增益更大，放大速度更快，即只要位线 BL 和 $\overline{BL}$ 上的电压差达到一定值（50 mV 及以上），电路就可以实现电压差放大输出。但是，因其输入和输出共用一对相同的端口（Out 和 Out_1），形成的放大电压差很容易受到外界干扰，比如若控制电路工作的时间不正确，可能会出现错误的数据输出。而电流型锁存灵敏放大器的输入端口和输出端口是隔开的，因此没有这个问题。但是，由于其放大过程是先从电压差转变到电流差，再转回到电压差，它的放大速度较慢。

除上述两种常用的灵敏放大器放大电路之外，图 2.2.7 为一种电流镜型灵敏放大器放大电路[11]。它可以对存储单元产生的非常小的读电流进行放大输出，但是由于电流镜型灵敏放大器的放大电路需要外加偏置电压，因此其功耗比锁存型灵敏放大器的更大。

从图 2.2.6 和图 2.2.7 可以看出，在布局上，灵敏放大电路内的 MOS 器件基本左右对称，比如电压/电流型锁存灵敏放大器内的双稳态触发器结构，而这种对称性是放大电路实现电压或电流有效放大的关键所在。随着半导体工艺技术节点不断缩小，制造工艺本身带来的随机偏差不断增大，两个设计尺寸完全相同的 MOS 器件之间会出现特性参数失配，导致放大电路的对称性被破坏并形成失调电压。在理想情况下，灵敏放大电路只需要将位线产生的一个非常小的电压差进行放大输出；但实际情况是，位线电压差中含有存储单元和放大电路的失调电压，如果失调电压比较大或存储单元的有效电压差信号比较小，可能会导致灵敏放大器无法识别出正确的信号，最终输出的也不是真实数据。因此，尽可能地抑制失调电压产生是电路设计者的重要工作之一。

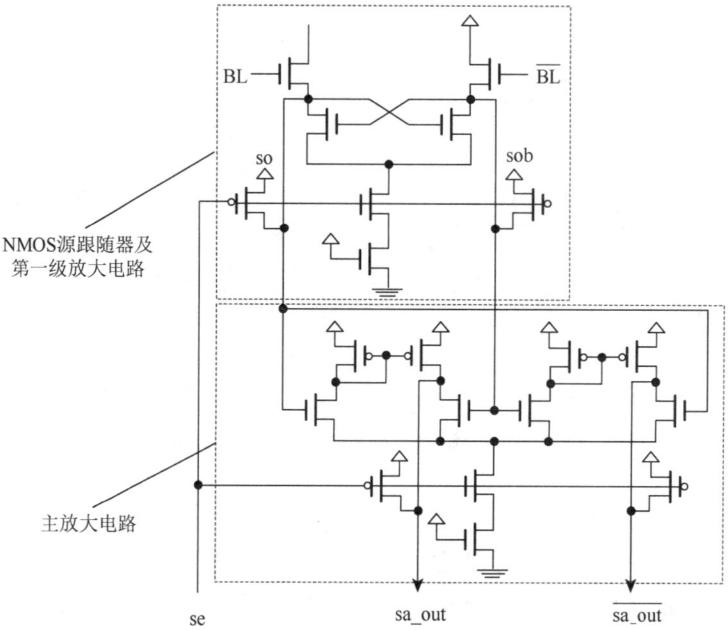

图 2.2.7　电流镜型灵敏放大器放大电路示意图

灵敏放大器另外一个比较重要的指标是放大电路的正确开启时间。若放大电路的开启时间过早，则位线上形成的电压差会较小，导致输出数据容易出现错误；若放大电路的开启时间过晚，则位线上形成的电压差会较大，导致存储器的功耗较多，且运行速度变慢。因此，为了控制灵敏放大器的正确开始时间，时间跟踪是一种最有效和常用的方法，它主要采用延时链或复制位线的方法来跟踪位线的放电时间[12]。

2.2.2　静态随机存储器器件结构类型示例

这里以 Intel 2114 芯片为例，它是一个 1 K×4 位的小容量 SRAM 芯片，其内部结构如图 2.2.8 所示。

1. Intel 2114 SRAM 芯片外部引脚

Intel 2114 SRAM 芯片共有 18 个引脚，包括 10 根地址信号线、4 根数据信号线及 4 根控制信号线，外部引脚分布如图 2.2.9 所示。

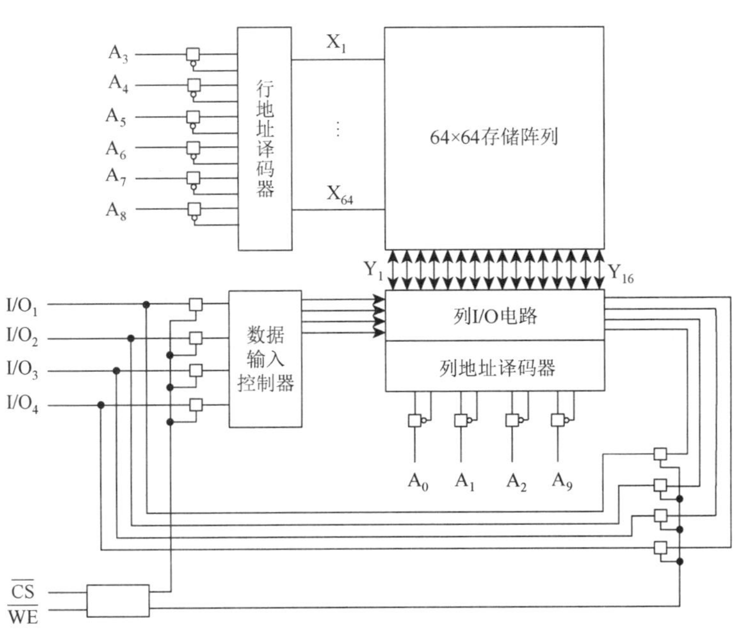

图 2.2.8　Intel 2114 SRAM 芯片的内部结构示意图

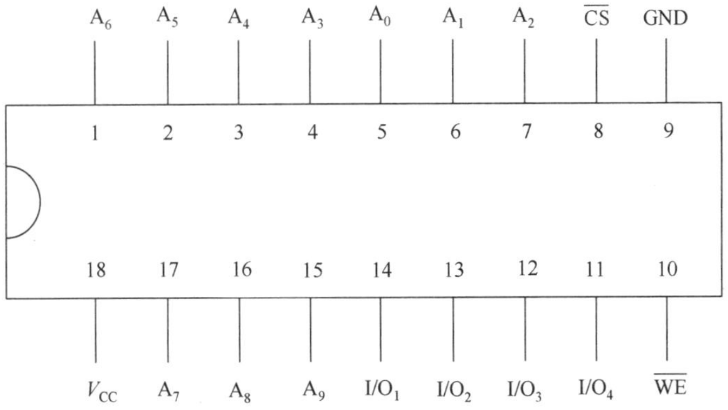

图 2.2.9　Intel 2114 SRAM 芯片的外部引脚分布图

Intel 2114 SRAM 芯片的 18 个引脚的含义分别如下。

A_0～A_9：10 根地址信号线。方向为单向输入，通常连接片内地址总线，其位数的多少决定了芯片存储阵列内的存储字数目。10 根地址信号线的编码最多有 2^{10} 种组合，可产生 1024 个地址编码，从而保证了芯片的 64×64 存储阵列中每个存储字都有唯一的地址。因此，通过这 10 根地址线与外部系统相连，CPU 能访问到芯片上的各个单元。

I/O_1～I/O_4：4 根双线数据信号线。既可以作为输入端口，又可以作为输出端口，通常连接片内数据总线，其位数的多少决定了芯片存储阵列内的数据字长。4 根数据信号线表明 Intel 2114 芯片每次进行读/写操作的数据为 4 位二进制数，因此对于 64×64 的存储阵列，其容量为 1024×4 位。

$\overline{CS}$：片选信号线。通常由译码信号控制，当 $\overline{CS}$ 为低电平时，该芯片被选中，CPU 才可以对其进行访问。

$\overline{WE}$：读/写控制信号线。单方向输入，通常连接到控制总线。当$\overline{WE}$为低电平时，允许数据写入；当$\overline{WE}$为高电平时，允许数据从芯片读出。对于某些 SRAM 芯片，读/写操作可能由两根单独的信号线控制，比如读允许信号线$\overline{OE}$或$\overline{RL}$和写允许信号线$\overline{WE}$或$\overline{WR}$。

V_{CC}和 GND：分别为电源线和地线。V_{CC}的电压为 + 5 V，接电源；GND 接地。

Intel 2114 SRAM 芯片的容量为 1024×4 位，对应 4096 个存储单元，可以排成 64×64 的存储阵列。1024 个存储字的编码需使用 10 根地址线，其中 6 根（A_3～A_8）为行译码地址线，4 根（A_0～A_2与A_9）为列译码地址线，而每根列选择线（Y_1～Y_{15}）控制一组 4 位数据。Intel 2114 SRAM 芯片进行数据读/写的真值表如表 2.2.1 所示。

表 2.2.1　Intel 2114 SRAM 芯片的数据读/写真值表

$\overline{CS}$	$\overline{WE}$	I/O_1～I/O_4
0	0	写入
0	1	读出
1	0	三态（高阻）
1	1	

2. Intel 2114 SRAM 芯片的时序

（1）读周期。在读周期中，首先，存储芯片接收外部输入的有效地址信息，该地址在整个读周期中保持不变；然后，设置片选信号（$\overline{CS}$= 0）和读命令（$\overline{WE}$ = 1），使其处于读状态，存储阵列内的数据开始传输；最后，当数据输送到目的地后，比如读入 CPU，存储芯片的片选信号和读命令撤销，地址信息更换并开始准备下一个读周期。图 2.2.10 为 Intel 2114 SRAM 芯片的读周期时序图，相关时间参数如下。

t_{RC}：读周期。有效地址应当在整个读周期中保持不变。

t_A：读出时间，从地址有效到输出稳定所需的时间。此时可以使用读取的数据，但读周期尚未结束，读出时间小于读周期。在数据输出稳定后，允许撤销片选信号和读命令。

t_{CO}：从片选信号$\overline{CS}$有效到输出稳定所需的时间。输出稳定后，允许撤销片选信号和读命令。

t_{CX}：从片选信号$\overline{CS}$有效到数据有效所需的时间。

t_{OTD}：从片选信号$\overline{CS}$无效到数据输出结束的时间。也就是说，t_{OTD}是片选信号无效后数据还在保持输出的时间。

t_{OHA}：地址改变后数据保持输出的时间。

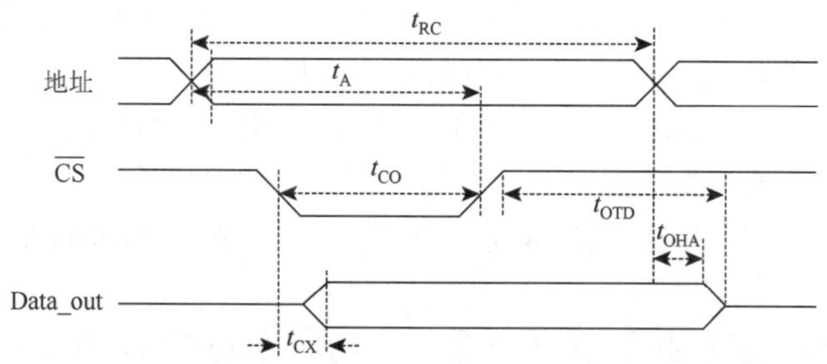

图 2.2.10　Intel 2114 SRAM 芯片读周期时序图

（2）写周期。在写周期中，首先，存储芯片接收外部输入的有效地址信息，该地址在整个写周期中保持不变，由于是写入操作，有效的待写入数据必须同时提供给芯片的数据总线（数据端口）；然后，设置芯片的片选信号（$\overline{CS}=0$）和写命令（$\overline{WE}=0$），使其处于写状态，外部数据开始向存储阵列中写入；最后，撤销片选信号和写命令，再等待一段时间后更换输入数据与地址，开始准备下一个写周期。图 2.2.11 为 Intel 2114 SRAM 芯片的写周期时序图，相关时间参数如下。

t_{WC}：写周期。有效地址信息应在写周期中保持不变。

t_{AW}：从地址有效后到片选信号 $\overline{CS}$ 有效的时间。该时间主要是确保地址信号稳定。

t_W：写时间，片选信号 $\overline{CS}$ 和写命令的有效时间。t_W 是写操作的主要时间，但小于写周期 t_{WC}。

t_{WR}：写恢复时间，片选信号 $\overline{CS}$ 结束后到地址信息失效的时间。该时间是为了确保数据的可靠写入，它与写时间、写周期时间满足关系式 $t_{WC}=t_{AW}+t_W+t_{WR}$。

t_{DTW}：从写信号有效到数据输出结束的时间。当 $\overline{WE}$ 为低电平后，数据输出结束，输出为高阻态，此时才能从双向数据端口上输入数据，t_{DTW} 是这一转换过程所需要的时间。

t_{DW}：数据有效时间。从输入数据稳定后到撤销写命令和片选信号，数据应至少维持 t_{DW} 时间，才能保证可靠写入。

t_{DH}：写信号撤销后的数据保持时间。

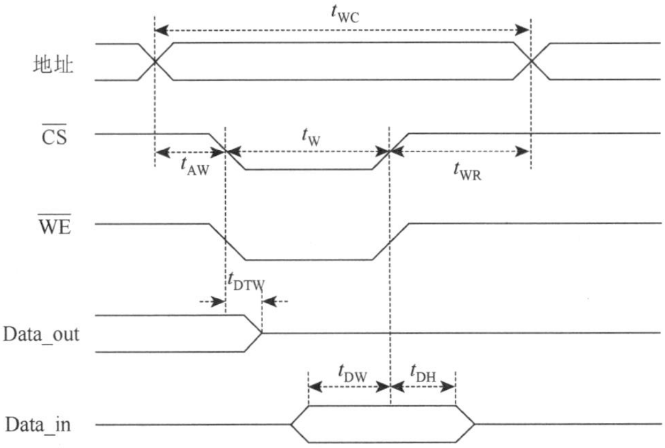

图 2.2.11　Intel 2114 SRAM 芯片写周期时序图

对于不同的 SRAM 存储芯片，读/写时序参数也将不一样，因此芯片使用手册中会提供相关参数的详细信息。另外，存储芯片在进行读/写时序设置时，需要满足一定的指标要求，而这也可以从芯片使用手册中查询。

2.3　静态随机存储器性能参数

2.3.1　静态噪声容限

随着半导体工艺技术的发展，MOS 器件特征尺寸在不断缩小，由工艺制造波动带来的影响日趋严重。比如器件沟道中掺杂原子在数目与分布上的微小涨落、沟道长度与宽度的几何偏移或栅极氧化层厚度的随机波动等，都会导致不同器件之间的电学失配。这些原子级的本征涨落无法通过工艺有效消除，且与器件在硅片上的位置无关，会影响到 SRAM 存储单元内电路结构的对称性，从而使存储单元的读/写约束逐渐偏离正常值，造成存储器出现稳定性问题。

噪声容限是指一个器件或系统保持正常工作状态不变，输入信号所容许的最大噪声幅度变化。图 2.3.1 为由 PMOS 管和 NMOS 管组成的反相器电路结构及电压传输曲线。从图 2.3.1（b）看到，反相器的输入电压 V_{IN} 从 0 V 开始增加，在起始阶段输出电压 V_{OUT} 基本不变，一直为高电压输出，维持逻辑“1”状态；当输入电压 V_{IN} 增大到某个值时，输出电压 V_{OUT} 快速下降到低电位，进入逻辑“0”状态。我们将电平开始转换时的电压称为翻转电压，可通过$\partial V_{OUT}/\partial V_{IN}=-1$ 来确定，如电压传输曲线中 A、B 两点。

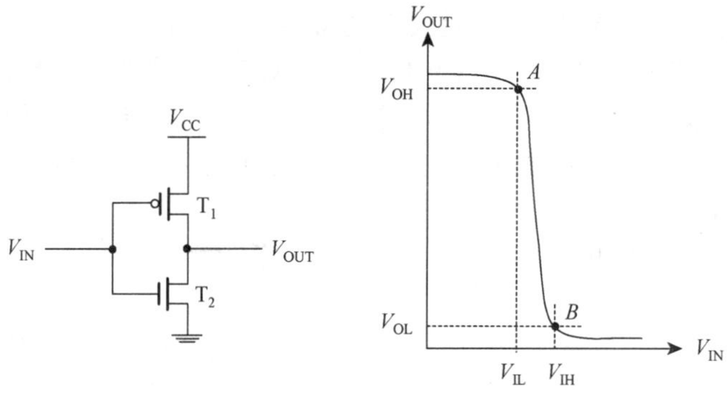

(a) 电路结构　　(b) 电压传输曲线

图 2.3.1　MOS 反相器

在电压传输曲线中涉及四个关键参数，它们分别为：逻辑“0”的最小输入电压 V_{IH}，即图中 B 点对应的输入电压，当输入电压大于 V_{IH} 时，输出为低电平；逻辑“1”的最大输入电压 V_{IL}，即图中 A 点对应的输入电压，当输入电压小于 V_{IL} 时，输出为高电平；最大逻辑“0”输出电压 V_{OL}，即图中 B 点对应的输出电压，当输出电压小于 V_{OL} 时，称为逻辑低电平；最小逻辑“1”输出电压 V_{OH}，即图中 A 点对应的输出电压，当输出电压大于 V_{OH} 时，称为逻辑高电平。由此，反相器的高电平噪声容限 NM_H 和低电平噪声容限 NM_L 可分别定义为式（2.3.1）和式（2.3.2）：

$$NM_H = V_{OH} - V_{IH} \tag{2.3.1}$$

$$NM_L = V_{OL} - V_{IL} \tag{2.3.2}$$

SNM（static noise margin，静态噪声容限）是衡量一个存储单元稳定性的重要指标，它通常定义为使存储数据发生翻转的最小直流噪声电压。SRAM 存储单元的静态噪声主要有串联电压噪声、并联电流噪声、地线电压噪声、电源线电压噪声及上述组合噪声，它们均属于直流干扰，由工艺波动引起的偏移、失配和工作状态的微量变化导致。在对电路进行噪声分析时，可以将这些静态噪声等效为一个电路内部的直流电压噪声源 V_N，图 2.3.2（a）为包含噪声源 V_N 的存储单元电路结构图。其中，噪声源连接到电路内部 $A(V_A)$、$B(V_B)$两个节点，可以看作为两个交叉耦合反相器 I 和反相器 II 的输入信号。对于 CMOS 工艺存储电路，反相器的输入阻抗远远大于输出阻抗，每个反相器的输入电压都可以看作另一个反相器的输出电压和噪声电压之和，因此包含噪声源的存储电路可以用图 2.3.2（b）所示的等效双稳态结构表示。

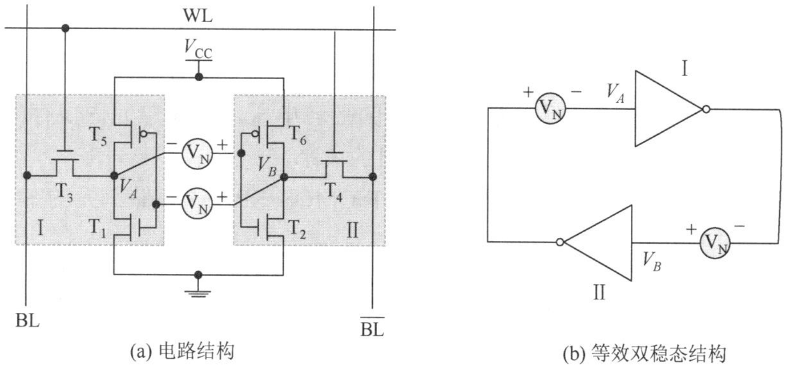

图 2.3.2　包含噪声源 V_N 的存储单元

电压传输曲线同样是目前最常用的存储单元 SNM 分析方法。它对存储单元的两个反相器进行直流输入扫描，然后将电压传输曲线叠加，再通过图表来分析 SNM。图 2.3.3 为 SNM 的图表定义法。具体来说，存储电路内节点 A、B 两点电压 V_A、V_B 作为反相器 I 和反相器 II 的输入输出电压，将经过直流输入扫描后获取到的两条镜像电压传输曲线进行叠加，而 SNM 就是图中两条电压传输曲线之间具有最长对角线的正方形边长。正常状态下，两条电压传输曲线形成三个交叉点，如图 2.3.3 所示，其中交叉点①和交叉点③为存储单元电路的稳定点，交叉点②为亚稳定点，最终由两个反向器构成的双稳态触发器电路经过正反馈工作在稳定点。

当存储单元电路中存在静态噪声时，即图 2.3.2（a）所示电路中含有噪声源 V_N，直流输入扫描获取到的电压传输曲线会发生偏移，图 2.3.4 为有静态噪声时电压传输曲线的移动情况。图中静态噪声导致反相器 I 的电压传输曲线上移 V_N 距离，反相器 II 的电压传输曲线左移 V_N 距离，移动后的两条电压传输曲线之间形成的 SNM 减小为负数，且两条曲线仅相交于一点③，表明双稳态结构翻转到了另外一个状态，存储单元操作失败。

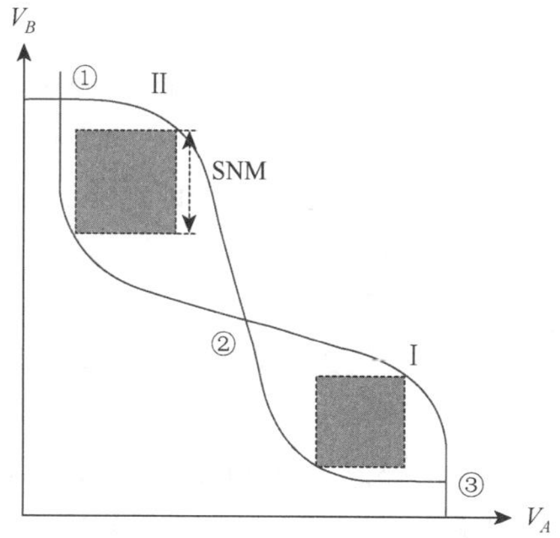

图 2.3.3　SNM 图表定义法

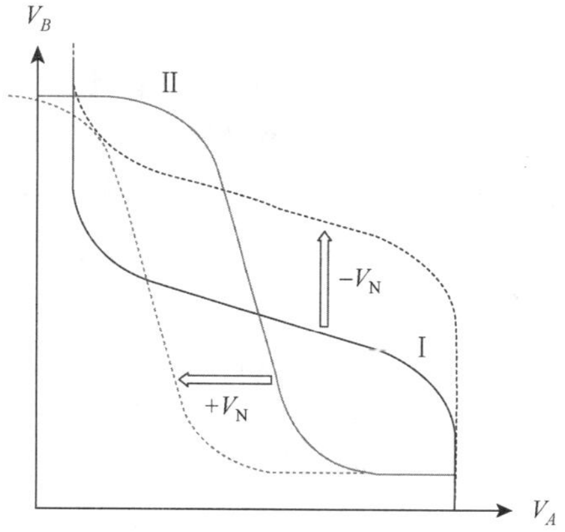

图 2.3.4　有静态噪声时电压传输曲线移动情况

对于 SRAM 存储单元，主要包括三个操作过程：读入、写出和数据保持，但其电路在不同操作状态均面临稳定性问题。因此，SRAM 存储单元有读噪声容限、写噪声容限和保持噪声容限，其中读噪声容限相比于其他两种更容易受到干扰，一般情况下存储器的 SNM 默认为读噪声容限。这是因为在读操作过程中，门控管 T_4 和下拉管 T_2 要进行电压分配（图 2.1.5），使得存“0”侧节点电压有一定的抬升，如果读约束 β 值设置得不合理，比如工艺偏差比较大，会导致该节点电压上升甚至超过反相器 T1—T5 的翻转电压，存储单元内保存的信息也会因此发生跳转，造成读失效并严重影响到读噪声容限的大小。

图 2.3.3 直观地给出了 SNM 的图表定义，6T CMOS SRAM 存储单元的 SNM 解析表达式如式（2.3.3）所示[13]：

$$\mathrm{SNM} = V_{\mathrm{TH}} - \frac{1}{k+1}\cdot\left[\frac{V_{\mathrm{CC}} - \dfrac{2r+1}{r+1}V_{\mathrm{TH}}}{1+\dfrac{r}{k(r+1)}} - \frac{V_{\mathrm{CC}} - 2V_{\mathrm{TH}}}{1+k\dfrac{r}{q}+\sqrt{\dfrac{r}{q}\left(1+2k+\dfrac{r}{q}k^2\right)}}\right] \tag{2.3.3}$$

式中：V_{CC} 为电源电压；V_{TH} 为 MOS 管的阈值电压；参数 r、q 和 k 分别定义为

$$r = (W_{\mathrm{D}}/L_{\mathrm{D}})/(W_{\mathrm{A}}/L_{\mathrm{A}}) \tag{2.3.4}$$

$$q = (W_{\mathrm{H}}/L_{\mathrm{H}})/(W_{\mathrm{A}}/L_{\mathrm{A}}) \tag{2.3.5}$$

$$k = \frac{r}{r+1}\left(\sqrt{\frac{r+1}{r+1-V_{\mathrm{S}}^2/V_{\mathrm{R}}^2}}-1\right) \tag{2.3.6}$$

$$V_{\mathrm{S}} = V_{\mathrm{CC}} - V_{\mathrm{TH}} \tag{2.3.7}$$

$$V_{\mathrm{R}} = V_{\mathrm{S}} - \left(\frac{r}{r+1}\right)V_{\mathrm{TH}} \tag{2.3.8}$$

式（2.3.4）中的 W_{D} 和 L_{D} 分别为下拉管 T_1 或 T_2 的栅极宽度和沟道长度；W_{A} 和 L_{A} 分别为门控管 T_3 或 T_4 的栅极宽度和沟道长度；式（2.3.5）中的 W_{H} 和 L_{H} 分别为负载管 T_5 或 T_6 的栅极宽度和沟道长度。

从 6T CMOS SRAM 的 SNM 表达式（2.3.3）中可以得到以下结论：

（1）SNM 的值仅取决于阈值电压 V_{TH}、电源电压 V_{CC} 和单元比率 r，而与单个 MOS 管的沟道宽度和沟道长度比值无关。

（2）SNM 随着 r 的增加而增大。因此，在设计中应使 r 尽可能地大以保证足够的 SNM，同时选择合适的宽长比即 q/r，尽量满足单元面积小，并确保单元写操作正确。

（3）对于特定的 r 和 q，SNM 随着 V_{CC} 的增加而增大。

（4）SNM 随着 V_{TH} 的增加而增大。V_{TH} 跟温度变化相关，随着温度的上升而减小，因此 SNM 随着温度的上升而减小。

式（2.3.3）为基于 Shichman-Hodges（希奇曼-霍奈斯）平方率 MOSFET（metal-oxide-semiconductor field effect transistor，金属-氧化物-半导体场效应晶体管）模型推导出的 SNM 解析结果，适用于由大尺寸 MOS 器件构成的存储单元电路。目前随着半导体工艺制造技术进入深亚微米甚至纳米级，MOS 器件尺寸进一步缩小，此时在进行噪声分析时需考虑到器件的亚阈值特性、载流子速度饱和、漏致势垒降低效应、短沟道效应等。因此，基于物理的 α 指数 MOSFET 模型建立的新的超深亚微米 6T CMOS SRAM 存储单元的 SNM 解析模型[14]，更加符合小尺寸 SRAM 存储单元的噪声分析需求。

2.3.2 功耗

SRAM 存储单元的功耗由静态功耗和动态功耗两部分组成。其中，动态功耗主要为数据读操作和写操作时的功耗，它与电源电压的平方成正比；静态功耗主要为数据保持时的功耗，它的工作电流包括亚阈值电流、栅漏电流、PN 结电流和竞争电流。SRAM 存储单元的总功耗 P_{total}、动态功耗 P_{active} 和静态功耗 P_{static} 分别如式（2.3.9）、式（2.3.10）和式（2.3.11）所示：

$$P_{\text{total}} = P_{\text{active}} + P_{\text{static}} \tag{2.3.9}$$

$$P_{\text{active}} = \alpha V_{\text{CC}}^2 f \tag{2.3.10}$$

$$P_{\text{static}} = \left(I_{\text{sub}} + I_{\text{gate}} + I_{\text{junct}} + I_{\text{contention}}\right) \cdot V_{\text{CC}} \tag{2.3.11}$$

式中：α 为存储单元内的电平翻转率；V_{CC} 为电源电压；f 为工作频率；I_{sub} 为亚阈值电流；I_{gate} 为栅漏电流；I_{junct} 为 PN 结电流；$I_{\text{contention}}$ 为竞争电流。亚阈值电流 I_{sub} 又可以表示为式（2.3.12）：

$$I_{\text{sub}} = I_{\text{ds0}} \cdot \mathrm{e}^{(V_{\text{gs}} - V_{\text{TH}})/(nV_{\text{TH}})} \left(1 - \mathrm{e}^{-V_{\text{ds}}/V_{\text{TH}}}\right) \tag{2.3.12}$$

式中：I_{ds0} 为与工艺相关的阈值电流；V_{gs} 为 MOS 管的栅源电压；V_{TH} 为 MOS 管的阈值电压；V_{ds} 为 MOS 管的漏源电压。

对于静态功耗，主要贡献为亚阈值电流 I_{sub} 的功耗，因此式（2.3.11）中其他几项可以忽略。最后，将式（2.3.10）、式（2.3.11）和式（2.3.12）代入式（2.3.9）中，得到 SRAM 存储单元的总功耗，如式（2.3.13）所示：

$$P_{\text{total}} = \alpha V_{\text{CC}}^2 f + I_{\text{ds0}} \cdot \mathrm{e}^{(V_{\text{gs}} - V_{\text{TH}})/(nV_{\text{TH}})} \left(1 - \mathrm{e}^{-V_{\text{ds}}/V_{\text{TH}}}\right) \cdot V_{\text{CC}} \tag{2.3.13}$$

从式（2.3.13）可以看出，动态功耗与电源电压的平方成正比，静态功耗与电源电压呈指数关系（由于 $V_{\text{gs}} = V_{\text{CC}} - V_{\text{TH}}$），因此降低电源电压是降低电路功耗最直接和有效的方法。图 2.3.5 为在 65 nm CMOS 工艺下电路功耗随电源电压变化的曲线，可以看出，随着电源电压的下降，电路的频率会逐渐降低，同时存储电路的总功耗也在逐渐减小，当电压降至亚阈值区域（<0.6 V）后，静态功耗成为电路总功耗的主要组成部分。在电源电压从 1.2 V 降至 0.2 V 的过程中，电路的功耗降低了接近 4 个数量级。

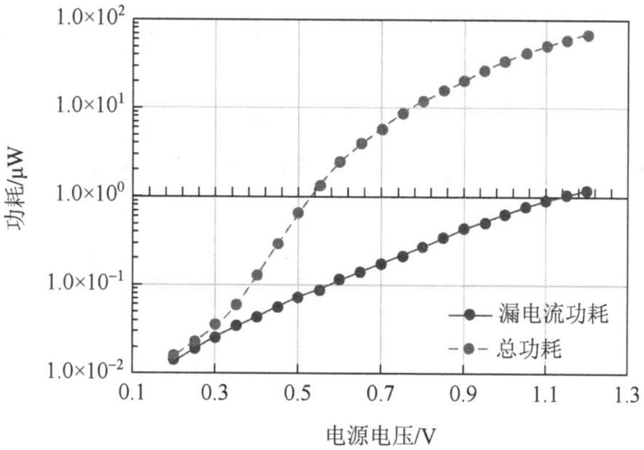

图 2.3.5 65 nm CMOS 工艺下电路功耗随电源电压变化曲线

2.3.3 半选择破坏

列选结构是 SRAM 存储阵列中常用的一种布局方式，它将整个存储阵列分成多个小列，从而提高存储器的面积使用率。列选结构另一个比较重要的功能是其可以与纠错码电路相结合，从而降低 SRAM 的软错误率。软错误具有随机、不可重复的特性，比如，由太空中的高能粒子或封装材料中的放射性粒子撞击存储单元引起的存储状态翻转的错误，它会随着存储阵列面积的增大而提高。但是，通过列选结构加纠错码电路的方式可以很好地降低软错误率。

当 SRAM 存储单元采用列选结构时，它可能会产生一种错误：半选择破坏。图 2.3.6 为半选择破坏的电路结构示意图。具体来说，在读/写过程中，存储阵列内同一 WL 字线的存储单元全部打开，然后被列译码电路选中的某个单元将数据读出或写入，而该行中未被选择（或称半选择）的其他单元由于位线均预充到高电位，相当于再经历一次读操作过程，这些半选择存储单元可能发生读破坏，即由于存储单元内门控管和下拉管的电压分配问题可能出现存储数据翻转，我们称该错误为半选择破坏。

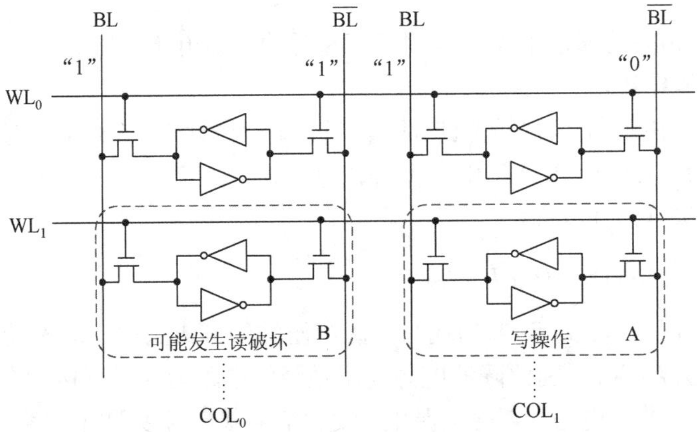

图 2.3.6 半选择破坏电路结构示意图

在图 2.3.6 中，第 1 列为所选择的列，第 0 列为半选择的列。当字线 WL1 的电压上升时，A 存储单元进行数据写入操作，而 B 存储单元虽然未被选中，但由于位线 BL 和 $\overline{BL}$ 均为高电位，等同在进行读操作，如果 B 存储单元此时发生了读破坏，造成存储数据发生翻转，且下个时钟周期恰好又是 B 存储单元进行数据输出，那么下一次读出的数据将是错误的。可以看到，半选择破坏是因存储单元之间的列选关系而发生的破坏，是一种变相的读破坏。

半选择破坏不是 6T CMOS SRAM 存储单元独有的问题，在其他类型的存储单元上也存在。只要存储阵列为列选结构，半选择破坏就很难避免，不过在设计中可以采用写返回（写返回是指将读出的数据重新写入半选择单元）方式来消除，但是会增加 SRAM 的功耗。

2.3.4 技术指标

存储器的技术指标是评价存储器性能优劣的主要依据，对于 SRAM 芯片，其技术指标主要有容量、存储速度和可靠性等。

1. 容量

一个存储器所能容纳的全部信息量称为存储容量，主要由存储阵列规模决定。存储容量以位（bit）或字节（Byte，B）为单位，比如 2 bit、8 KB 等，每 8 位组成 1 个字节。存储容量也可以用存储单元数乘以存储单元字长的形式表示，例如 64 K×8。另外，存储单位经常用 K、M、G、T、P 等表示数量级，它们的换算关系为 $1\ \mathrm{K}=2^{10}$，$1\ \mathrm{M}=2^{20}$，$1\ \mathrm{G}=2^{30}$，$1\ \mathrm{T}=2^{40}$，$1\ \mathrm{P}=2^{50}$。

2. 存储速度

存储器的存储速度是衡量其性能的一个重要指标，它主要用存储时间、存储周期和存储带宽来描述。

（1）存储时间。存储时间又称为存储器访问时间或读/写时间，是指从存储器接收到读或写命令开始，到数据从存储器读出或写入结束所需的时间，用 T_s 表示。存储时间 T_s 取决于存储介质的物理特性和访问机制类型，对于 SRAM 存储器，其存储时间一般为纳秒（ns）级。

（2）存储周期。存储周期又称为访存周期或读/写周期，指存储器进行两次连续的存储操作之间所需的时间间隔，用 T_M 表示。存储周期比存储时间长，即 $T_M > T_s$，这是因为存储器在读/写操作结束后需要有一段时间复原内部状态。存储周期一般取决于存储器的内部结构和工作机制。

（3）存储带宽。存储带宽又称为数据传输率或数据吞吐率，指在单位时间内向存储器中写入或从存储器中读出的数据数量。对于计算机系统，存储器的存储带宽一般是其主要性能瓶颈之一。存储器的平均存储带宽 R 通常用式（2.3.14）表示：

$$R=\frac{W}{T_M} \tag{2.3.14}$$

式中：W 为存储器一次读/写数据的位数，也就是传输数据的宽度（比特数）。存储器平均存储带宽的单位为 KB/s 或 MB/s。

3. 可靠性

可靠性是指存储器连续正常工作的能力，通常用 MTBF 作为衡量指标。MTBF 越大，则该存储器的可靠性越高。MTBF 技术指标可以采用纠错码技术来延长。

2.4 静态随机存储器的发展趋势

2.4.1 新型存储单元

近年来，随着 SRAM 存储器的发展，基于 CMOS 工艺的新型存储单元不断涌现，它们一方面要确保高存储密度，另一方面希望获得更小的工作电压、更好的稳定性、更快的读/写速度和更小的存储单元面积。

当工艺节点大于 45 nm 且电源电压大于 0.8 V 时，传统的 6T CMOS SRAM 存储单元可以在稳定性、速度和面积上达到一个较好的平衡。但是随着工作电压的降低，门控管和下拉管在读操作中会出现电压分配不均的问题，导致存储电路稳定性下降甚至数据翻转，6T 存储单元会出现读破坏，因此一种 5T 存储单元电路被提出[15]，其可以很好地解决该问题。

图 2.4.1 为 5T 存储单元的电路结构图，相较于传统的 6T 存储单元，5T 存储单元右边的反相器少了一个下拉 NMOS 管，并且读、写是分开的。该存储单元通过位线 BL 和 $\overline{\mathrm{BL}}$ 写入数据，却通过 T_1 管、T_2 管进行数据读出。5T 存储单元电路使用了一个巧妙的设计来消除读破坏。当存储单元进行读操作时，虽然节点 A 的电压有可能上升，但是由于右边反相器缺少下拉管，电路内形成不了有效的正反馈，A 点电压上升无法影响到 B 点，因此电路具有很高的稳定性。对于 5T 存储单元电路，它具有低工作电压（最小 0.4 V）和占用面积小的优点，但是缺点也同样很明显，由于节点 B 侧缺少下拉管，B 点长期处于浮空状态，其节点电压只能靠 T_3 管保持，这造成整个存储单元的数据保持能力很差。

不同于 5T 存储单元通过破坏正反馈来消除读破坏，一种 8T 存储单元电路使用隔离法来提高存储单元的稳定性[16]，它是目前仅次于 6T 存储单元应用最广泛的存储电路。图 2.4.2 为 8T 存储单元的电路结构图，它在 6T 存储单元的基础上增加了两个 NMOS 管、一根读字线和一根读位线，版图面积增加 30%左右。

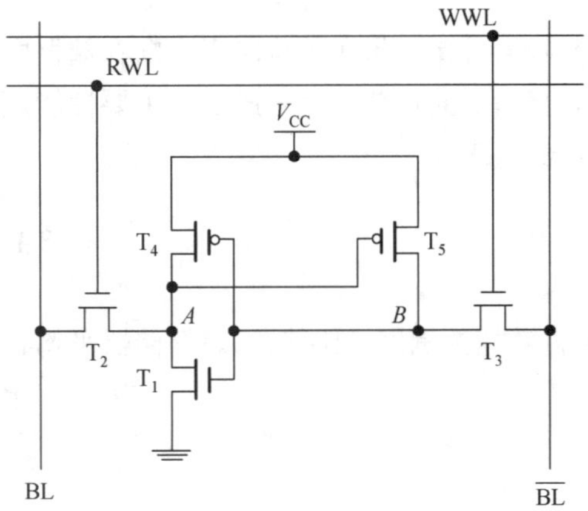

图 2.4.1　5T 存储单元的电路结构图

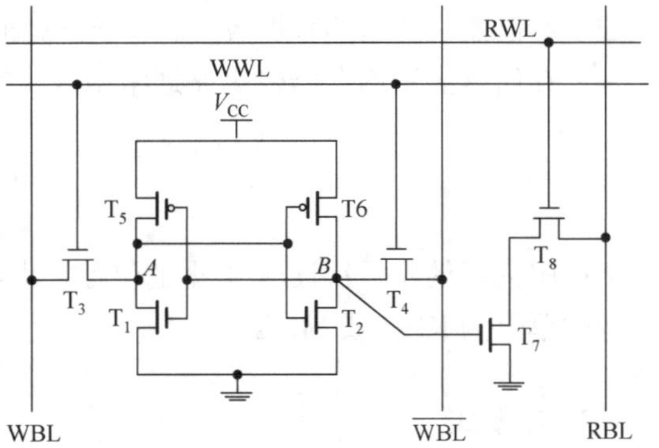

图 2.4.2　8T 存储单元的电路结构图

8T 存储单元电路的写操作与 6T 存储单元电路相同，字线 WWL 设置为高电位，数据通过写位线 WBL 和 $\overline{\mathrm{WBL}}$ 写入存储单元内部 A、B 节点。对于读操作，先将读位线 RBL 预充到高电位，当读字线 RWL 上升到高电位时（此时写字线 WWL 为低电位），T8 管打开。若存储单元内的信息为“0”，即 A 点低电位 B 点高电位，T_7 管打开，读位线 RBL 通过 T_7 管和 T_8 管对地放电，其上电压降低，等同于将数据“0”读出；若存储单元内的信息为“1”，即 A 点高电位 B 点低电位，则 T_7 管截止，读位线 RBL 保持高电位不变，等同于将数据“1”读出。可以看出，8T 存储单元电路使用隔离法将读、写通路分开，具有以下优点。

（1）数据输出为全摆幅电压输出。由于数据的读出仅使用到一根位线，输出的为全摆幅电压，而不是差分信号，因此不需要使用灵敏放大电路，抗干扰能力强。

（2）避免数据读破坏。存储电路的读操作和写操作使用两个不同的通道，数据的读取通过 T_7 管和 T_8 管进行，并不会影响到 A、B 两节点的电压，因而避免了数据的读破坏。

（3）减小位线漏电流。读操作时，未进行数据读取的存储单元读位线 RBL 处于高阻态，由于位线和地之间串联了两个 NMOS 管，可以极大地减小位线的漏电流。

（4）晶体管尺寸设计灵活。由于 8T 存储单元的读、写操作分开，晶体管尺寸不用像 6T 存储单元那样需同时满足读约束和写约束，只要左边的 6T 存储单元结构满足写约束条件即可，而右边进行读操作的两个晶体管可以按照实际要求设计尺寸。

8T 存储单元的这些优点使其被大量地应用在高速、低功耗的数字芯片和微处理器中；在更小的工艺节点下，它被认为会取代传统的 6T 存储单元成为 SRAM 的主流电路结构，但是其本身也存在着局限性。由于 8T 存储单元采用单端全摆幅电压输出的方式，如果位线负载很大，存储器的性能必然会受到影响；并且，8T 存储单元结构的位线上同样存在漏电流，这会限制挂载的存储单元数目，导致存储阵列的面积使用率较低，不适用于大容量的存储器。

图 2.4.3 是一种差分 10T 存储单元的电路结构图[17]，它在传统的 6T 存储单元电路结构上增加了一对分别由行字线 WL 控制的门控管 T_7 和 T_8，以及辅助读操作的下拉管 T_9 和 T_{10}。

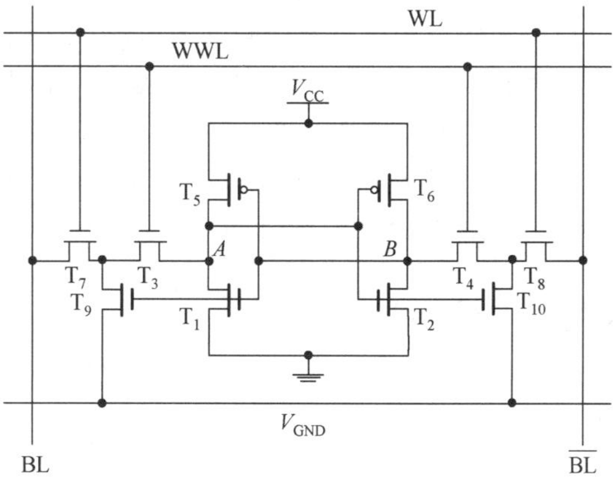

图 2.4.3　差分 10T 存储单元的电路结构图

当存储单元进行读操作时，行字线 WL 为高电位，T_7 管和 T_8 管导通，列字线 WWL 为低电位，T_3 管和 T_4 管截止；此时，电路内 T_7 管和 T_9 管、T_8 管和 T_{10} 管组成两个不同的差分路径，位线 BL 和 $\overline{BL}$ 通过该差分路径来读取 V_{GND} 信号；又 T_9 管和 T_{10} 管受 A、B 两节点电压控制，因此位线 BL 和 $\overline{BL}$ 受 A、B 两节点的电压控制读取到一个互补信号。由于 T_3 管和 T_4 管关闭，进行读操作时，位线与存储数据的 A、B 两节点隔离，因此不会出现读破坏。当存储单元进行写操作时，行字线 WL 和列字线 WWL 均为高电位，存储在 A、B 两节点的数据分别通过 T_3 管和 T_7 管、T_4 管和 T_8 管写入位线 BL 和 $\overline{BL}$ 上。此时，对于同一行上的半选择单元，列字线 WWL 可以设置为低电位，因此不存在半选择破坏；而对于同一列上的半选择单元，行字线 WL 设置为低电位，同样不存在半选择破坏。

从图 2.4.3 可以看出，差分 10T 存储单元电路需要同时开启行字线和列字线才能够进行读/写操作，这使得存储阵列支持位交叉功能。但是，由于数据写入和读取过程中信号均要连续经过两个 MOS 管，读/写操作速度慢，且噪声容限小，因此不适用于高速 SRAM 芯片。

2.4.2 新型静态随机存储器技术

SRAM 的最大优势是数据访问速度快，早期的 SRAM 访问时间一般为 300 ns 左右，而现在的 SRAM 可以在 15 ns 内获得要读取的数据，特别是支持突发操作的 SB SRAM（synchronous burst SRAM，同步突发静态随机存储器），其不需要插入等待时钟，能与最快的微处理器匹配使用。SRAM 的另一个发展方向是功能的多元化，为了适应不同的应用场景，多种不同功能的 SRAM 产品被开发出来，比如，支持数据共享的 MP SRAM（multi-port SRAM，多端口静态随机存储器）、支持缓冲操作的 FIFO SRAM（first in first out SRAM，先进先出静态随机存储器）、断电后信息不丢失的 NV SRAM（non-volatile SRAM，非易失性静态随机存储器）等。

1. 同步突发静态随机存储器（SB SRAM）

一般的 SRAM 是非同步的，需要存储器的工作时钟脉冲尽可能地与系统同步，为了适应 CPU 越来越快的存储速率，SB SRAM 出现了。SB SRAM 可以作为高性能处理器的 L2 缓存，在系统的统一时钟控制下配合高性能处理器进行高速数据读/写。

SB SRAM 具有以下特点：采用可多次突发访问的多级流水线结构，支持统一时钟的同步操作；具有片内地址计数器、片内地址缓冲器和控制寄存器；自定时的写周期；既支持按字节写入，也支持全总线宽度写入；支持交替突发和线性突发；支持异步输出使能控制。SB SRAM 主要用于按突发地址访问的微处理器系统，所有输入信号均在时钟信号的上升沿采样，而片选信号和输出信号共同控制突发访问的启动和持续时间。

2. 多端口静态随机存储器（MP SRAM）

当进行数据共享的多个不同设备需要异步访问同一个存储器内的信息时，需采用 MP SRAM。该存储器一般具有至少两个独立的端口，不同的端口均具有输出使能和写使能，端口允许三个必需的控制信号，分别连接着不同的设备。

MP SRAM 的存储单元进行了特殊设计，所以能被两个端口同时访问。若两个端口同时进行读操作，这种结构不需要仲裁；若两个端口同时进行读操作或者写操作，则需要进行仲裁。此外，当某一个端口在进行读操作时，另一个端口发生写操作，读操作的端口获取到的数据是不可预测，可能为新数据也可能为旧数据；同样，两个端口同时对某一个单元进行写操作时，也可能出现存储单元内的数据不可预测。因此，避免读、写冲突的最简单方式是执行一次额外的读周期。对于读、写操作需进行的仲裁，可以让写操作的多组指定地址只通过一个端口输入，从而避免发生冲突。对于指定的多组数据，则可以通过检查校验和字节来确保正确的数据传输。

3. 先进先出静态随机存储器（FIFO SRAM）

FIFO SRAM 是一种允许读操作和写操作以不同速率进行的存储器，其存储主体为静态随机寄存器，用于两种或多种速率不匹配的接口电路的数据缓冲。比如，接口电路 A 的输出速率为 n，接口电路 B 的传输速率为 m（$n>m$），为了使两个传输速率不同的接口电路协调工作，中间需要加入 FIFO SRAM。假设经过了 Δt 时间的数据传输，接口电路 A 输出的数据量为 P，接口电路 B 接收到的数据量为 $P/2$，那么会有 $P/2$ 数据量没有有效传输出去，为了保证剩余的

$P/2$ 数据不丢失，就必须将其保存在中介存储体中，而这个中介存储体就是 FIFO SRAM。当然，上述接口电路 A 和 B 在足够长的时间内数据传输总量是一致的，即在接口电路 B 完成后续的 $P/2$ 数据量输出前，接口电路 A 不再向接口电路 B 输入数据。

FIFO SRAM 被广泛地运用在需要速率匹配的场合，比如，不同总线标准间的接口电路、CPU 到 PCI（peripheral component interconnect，外围器件互联）之间的转换、外部设备到系统内总线的数据传输等均需要 FIFO SRAM 作为缓冲器。

4. 非易失性静态随机存储器（NV SRAM）

传统的 SRAM 器件在断电后，内部保存的信息会丢失。在某些应用场景，希望系统断电后存储器内保存的信息不会消失，因此 NV SRAM 便出现了。典型的 NV SRAM 由低功耗的 SRAM、能测量电压的存储控制器和一个锂电池组成，当外界提供给存储芯片的电源电压低于 SRAM 的工作电压时，芯片中的存储控制器将供电切换到内部的锂电池上，这样 NV SRAM 就可以确保存储在内部的信息不会丢失。NV SRAM 主要用在需进行高速数据操作的信息保存场合，比如高速调制解调器。这里，需注意，虽然 NV SRAM 在外界断电后可以切换为锂电池供电，但受到锂电池电量的限制，信息保存时间必然有一个期限，因此它主要用在一些短期应急场所。如果希望断电后存储器内的数据长期保存，最好的方式为使用非易失性存储器。

参考文献

[1] LU N C，GERZBERG L，MEINDL J D. Scaling limitations of monolithic polycrystalline-Silicon resistors in VLSI static RAM's and logic[J]. IEEE Transactions on Electron Devices，1982，29（4）：682-690.

[2] BOEUF F，ARNAUD F，BOCCACCIO C，et al. 0.248 μm^2 and 0.334 μm^2 conventional bulk 6T-SRAM bit -cells for 45 nm node low cost-general purpose applications，June 14-16，2005[C]. 2005 Symposium on VLSI Technology Digest of Technical Papers，2005：130-131.

[3] YAMAOKA M，OSADA K，ISHIBASHI K. 0.4-V logic-library-friendly SRAM array using rectangular-diffusion cell and delta-boosted-array voltage scheme[J]. IEEE Journal of Solid-State Circuits，2004，39（6）：934-940.

[4] YANG F L，HUANG C C，HUANG C C，et al. 45 nm node planar-SOI technology with 0.296/spl mu/m/sup 2/ 6T-SRAM cell[C]//Digest of Technical Papers. 2004 Symposium on VLSI Technology，2004. Honolulu，HI，USA. IEEE，2004：8-9.

[5] ZHAO S，CHATTERJEE A，TANG S，et al. Transistor optimization for leakage power management in a 65 nm CMOS technology for wireless and mobile applications[C]//Digest of Technical Papers. 2004 Symposium on VLSI Technology，2004. Honolulu，HI，USA. IEEE，2004：14-15.

[6] LEOBANDUNG E，NAYAKAMA H，MOCUTA D，et al. High performance 65 nm SOI technology with dual stress liner and low capacitance SRAM cell[C]//Digest of Technical Papers. 2005 Symposium on VLSI Technology，2005. Kyoto，Japan. IEEE，2005：126-127.

[7] KARL E，WANG Y，NG Y G，et al. A 4.6 GHz 162 Mb SRAM design in 22 nm tri-gate CMOS technology with integrated active VMIN-enhancing assist circuitry[C]//2012 IEEE International Solid-State Circuits Conference. San Francisco，CA，USA. IEEE，2012：230-232.

[8] 曾晓洋，薛晓勇，温亮. 嵌入式存储器架构、电路与应用[M]. 北京：科学出版社，2020：15.

[9] SINGH R，BHAT N. An offset compensation technique for latch type sense amplifiers in high-speed low-power SRAMs[J]. IEEE Transactions on Very Large Scale Integration（VLSI）Systems，2004，12（6）：652-657.

[10] NA T，WOO S H，KIM J，et al. Comparative study of various latch-type sense amplifiers[J]. IEEE Transactions on Very Large Scale Integration（VLSI）Systems，2014，22（2）：425-429.

[11] NAMBU H，KANETANI K，YAMASAKI K，et al. A 1.8-ns access，550-MHz，4.5-Mb CMOS SRAM[C]// IEEE Journal of

Solid-State Circuits，1998，33（11）：1650-1658.

[12] AMRUTUR B S，HOROWITZ M A. A replica technique for wordline and sense control in low-power SRAM's[J]. IEEE Journal of Solid-State Circuits，1998，33（8）：1208-1219.

[13] SEEVINCK E，LIST F J，LOHSTROH J. Static-noise margin analysis of MOS SRAM cells[J]. IEEE Journal of Solid-State Circuits，1987，22（5）：748-754.

[14] 屠睿，刘丽蓓，李晴，等. 超深亚微米无负载四管与六管 SRAMSNM 的对比研究[J]. 微电子学与计算机，2006，23（4）：122-127，129.

[15] TEMAN A，MORDAKHAY A，MEZHIBOVSKY J，et al. A 40-nm sub-threshold 5T SRAM bit cell with improved read and write stability[J]. IEEE Transactions on Circuits and Systems II：Express Briefs，2012，59（12）：873-877.

[16] CHANG L，NAKAMURA Y，MONTOYE R K，et al. A 5.3 GHz 8T-SRAM with operation down to 0.41V in 65 nm CMOS[C]//2007 IEEE Symposium on VLSI Circuits. Kyoto，Japan. IEEE，2007：252-253.

[17] CHANG I J，KIM J J，PARK S P，et al. A 32kb 10T subthreshold SRAM array with bit-interleaving and differential read scheme in 90 nm CMOS[C]//2008 IEEE International Solid-State Circuits Conference-Digest of Technical Papers. San Francisco，CA，USA. IEEE，2008：388-622.

第 3 章 动态随机存储器

本章教学目标与要求

- 理解动态随机存储器的存储基本原理和工作机制。
- 掌握动态随机存储器的读/写操作及时序。
- 理解动态随机存储器的器件结构和电路设计。
- 熟悉动态随机存储器的刷新技术及其影响因素。
- 理解动态随机存储器与静态随机存储器的异同。
- 了解动态随机存储器的发展趋势。

本章知识架构

自 1970 年英特尔公司开发出第一款 DRAM 以来，已发展有半个世纪。DRAM 随着半导体制造工艺和电路设计技术的发展一直在不断进步，存储容量从早期的单芯片 KB 发展到现在的 GB，读写速度从最初的 KHz 达到最新的 GHz，集成度从第一块芯片的 5000 到目前的 100 亿，制造技术同样从最初的微米级到如今的纳米级。在 DRAM 结构体系演化上，从最早期的时钟 DRAM 开始，先后出现了异步 DRAM、FPM DRAM（fast page mode DRAM，快速页面模式动态随机存储器）、EDO DRAM（extended data-out DRAM，扩展数据输出动态随机存储器）、SDRAM（synchronous DRAM，同步动态随机存储器）和 DDR SDRAM（double data rate SDRAM，双倍数据速率同步动态随机存储器），这些结构不同的存储器在维持成本基本不变的同时显著提高了吞吐量。DRAM 的另外一条发展路径是改善信号延迟，先后出现虚拟通道 DRAM、增强型 SDRAM 和快速循环 DRAM 等。如今，使用最广泛的 DRAM 为 DDR SDRAM，自 2000 年第一代 DDR 内存公布后，依次发展出 DDR2、DDR3、DDR4 和最新的 DDR5 技术，而每一代均比上一代表现出速率更快、功耗更低、带宽更高的优势。

DRAM 作为一种半导体存储器，主流的存储单元为 1T1C 结构，即一个晶体管加一个电容，相比于由 6 个晶体管组成的 SRAM，它的存储单元占用面积小，可以实现较高的存储密度和相对较低的运行功耗，这是 DRAM 的主要优势之一。但是，由于 DRAM 存储单元使用电容保存信息，且电容电荷量会随着时间流失，所以需要对其定时刷新（这也是其为什么被称为动态存储器的原因），这导致 DRAM 比 SRAM 的控制电路和时序要求复杂，存储速度慢；其次，为了尽可能地提高芯片存储密度，DRAM 的 1T1C 结构制造需采用特殊工艺，从而与标准 CMOS 工艺不完全兼容，不利于与其他 CMOS 模块进行集成开发。虽然如此，但相比于其他类型存储器，DRAM 在容量、成本、功耗和读/写速度等上表现出来的综合优势，使其成为目前最受欢迎的半导体存储器之一。近些年，无论学术界还是工业界都在不断地推动 DRAM 向着更先进的工艺节点、更高的性能以及更广大的应用场景迈进。

3.1 动态随机存储器存储单元

DRAM 存储单元使用电容存储电荷的方式来保存信息。早期的 DRAM 存储单元是从静态 6T NMOS 存储单元简化而来，称为 4T NMOS DRAM 存储单元，后又简化为 3T NMOS DRAM 存储单元，接着再进一步简化为单管 1T1C 存储单元。目前 DRAM 芯片使用最普遍的是单管结构，具有结构简单、集成度高、功耗小的优势。

3.1.1 动态随机存储器存储单元类型示例

1. 1T1C DRAM 存储单元

1）1T1C DRAM 存储单元基本结构

1T1C DRAM 存储单元最早由 IBM 公司研究人员在 1968 年发明，其成为 DRAM 最主要的存储单元后，至今未曾发生变化。1973 年，德州仪器公司推出了第一款基于 1T1C 结构的商用 DRAM 芯片 TMS4030。图 3.1.1 为 1T1C DRAM 存储单元电路结构图，该单元由一个 NMOS 晶体管 T 和一个电容 C 组成，其中，晶体管 T 作为存储单元的门控管，栅极与字线 WL 相连，源极和漏极分别与位线 BL 和电容 C 相连，电容 C 用来存储电荷。当电容 C 充电到高电位时，表示存入信息“1”；当电容 C 放电到低电位时，表示存入信息“0”。对于位线 BL，需注意，由于在 DRAM 中布线较长，其上存在一个等效的分布电容 CBL。

2）1T1C DRAM 存储单元读/写

对于 1T1C DRAM 存储单元，它的信息有写入、暂存和读出操作，具体过程如下。

（1）写入。字线 WL 设置为高电位，门控管 T 导通。若要写入信息“0”，则位线 BL 上加低电位，电容 C 通过门控管 T 对位线放电，待其放电完成呈现低电平状态时，设置字线 WL 为低电位，关闭门控管 T；若要写入信息“1”，则位线 BL 上加高电位，位线通过门控管 T 对电容 C 充电，待其上电压稳定呈现高电平状态时，设置字线 WL 为低电位，关闭门控管 T 完成信息写入。

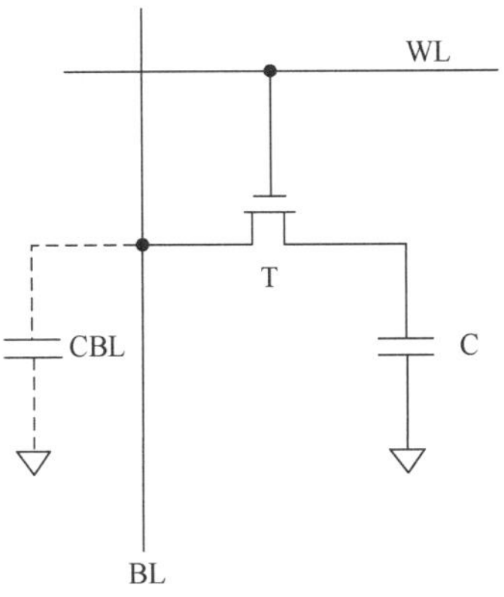

图 3.1.1　1T1C DRAM 存储单元电路结构图

（2）暂存。字线 WL 设置为低电位，门控管 T 截止，电容 C 基本没有形成放电回路，其上电荷（信息）可以暂存数毫秒，或者维持无电荷状态。

（3）读出。为了加快数据读取速度，一般会先将位线 BL 预充电到 1/2 高电位，然后设置字线 WL 为高电位，门控管 T 导通。若原存储信息为“0”，则位线 BL 通过门控管 T 向电容 C 放电，即电荷从分布电容 CBL 转移到电容 C，使位线本身的电平下降；若原存储信息为“1”，则电容 C 通过门控管 T 向位线 BL 充电，即电荷从电容 C 转移到分布电容 CBL，使位线的电平上升。最后，根据位线 BL 上电压变化的方向及幅度，可以判断出原存储信息为“0”还是“1”。

从存储单元的读操作中看出，数据读取过程中位线与存储电容间发生了电荷交换，从而导致电容 C 上的电荷量发生变化，这被称为破坏性读取，因此在读操作完成后需要进行回写操作来恢复电容的电平状态，这一过程由芯片上的外围电路自动完成。

2. 3T NMOS DRAM 存储单元

1）3T NMOS DRAM 存储单元基本结构

3T NMOS DRAM 存储单元结构是最早商业化的电路结构，1970 年英特尔公司推出了第一款采用 3T 结构存储单元的 DRAM 芯片 1103。图 3.1.2 为 3T NMOS DRAM 存储单元电路结构图，该电路由写门控 NMOS 管 T_1、存储 NMOS 管 T_2 和读门控 NMOS 管 T_3 组成，其中，写门控管 T_1 栅极连接到写行线 WR 上，T_1 管源极和漏极分别连接到写列线 WC 和存储管 T_2 的栅极上，存储管 T_2 源极与读门控管 T_3 的漏极相连，而 T_3 管栅极和漏极分别连接到读行线 RR 和读列线 RC 上。另外，T_2 管受栅极电压控制开断，其栅极电容可等效为存储电容 C_{G2}。

2）3T NMOS DRAM 存储单元读/写

对于 3T NMOS DRAM 存储单元，它的信息有写入、暂存和读出操作，具体过程如下。

（1）写入。写行线 WR 置为高电位，晶体管 T_1 导通，读行线 RR 置为低电位，晶体管 T_3 截止。然后，若要写入信息“0”，则写列线 WC 设置为低电位，通过 T_1 管向 T_2 管栅极电容 C_{G2} 写入低电平；若要写入信息“1”，则写列线 WC 设置为高电位，通过 T_1 管向 T_2 管栅极电容 C_{G2} 写入高电平。最后，写行线 WR 置为低电位，晶体管 T_1 截止，操作完成。

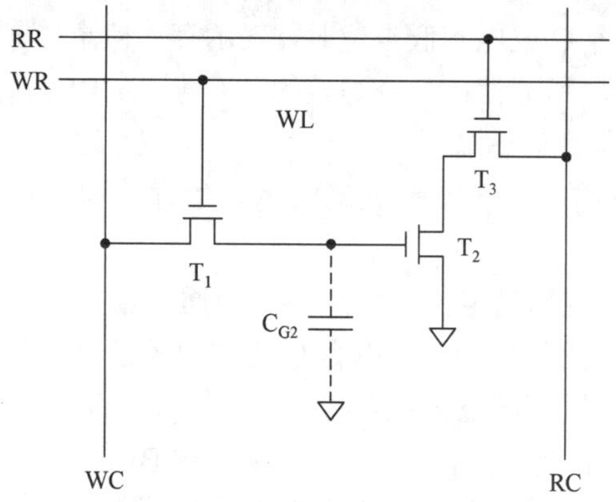

图 3.1.2 3T NMOS DRAM 存储单元电路结构图

（2）暂存。当读行线 RR 和写行线 WR 均为低电位时，T_1 管和 T_3 管截止，T_2 管栅极电容上的电荷暂存一段时间或维持无电荷状态。

（3）读出。读行线 RR 置为高电位，晶体管 T_3 导通，写行线 WR 置为低电位，晶体管 T_1 截止。接着，通过 T_2 管栅极电容上电平高低决定是否对读列线 RC 放电，信息成功读出后将读行线 RR 置低，T_3 管截止，读操作完成。

3T NMOS DRAM 存储单元从电路结构上将读、写过程分开，因此在信息读取时不会像 1T1C DRAM 电路那样出现存储电容充放电而导致状态发生变化的现象，进而避免了需要回写读出状态，这种方式被称为非破坏性读取。另外，3T NMOS DRAM 存储单元电路的读、写晶体管彼此独立，可以同时兼顾读、写性能。虽然 3T NMOS DRAM 存储单元电路表现出很多优势，但是由于其单元面积较 1T1C DRAM 大，且存储密度没有后者高，因此在先进制程工艺发展中逐渐被 1T1C DRAM 存储单元电路替代。

3. 4T NMOS DRAM 存储单元

1）4T NMOS DRAM 存储单元基本结构

4T NMOS DRAM 存储单元从 6T NMOS SRAM 存储单元简化而来，其电路结构如图 3.1.3 所示。该存储电路为 NMOS 管 T_1 和 T_3、NMOS 管 T_2 和 T_4 组成的互补对称结构，其中 T_3

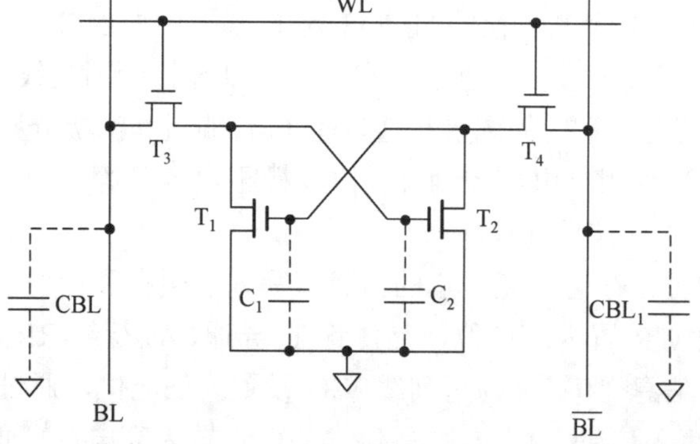

图 3.1.3 4T NMOS DRAM 存储单元电路结构图

管和 T_4 管为门控管，它们的栅极连接字线 WL，源极分别连接位线 BL 和 $\overline{BL}$，此外位线 BL 和 $\overline{BL}$ 上分别存在等效布线电容 CBL 和 CBL_1。4T NMOS DRAM 存储单元依靠 T_1 管和 T_2 管的栅极电容 C_1、C_2 存储电荷来保存信息，若电容 C_1 充电到高电位使 T_1 管导通，电容 C_2 放电至低电位使 T_2 管截止，则存储的信息为“0”；若电容 C_1 放电至低电位使 T_1 管截止，电容 C_2 充电到高电位使 T_2 管导通，则存储的信息为“1”。

2）4T NMOS DRAM 存储单元读/写

对于 4T NMOS DRAM 存储单元，它的信息有写入、暂存和读出操作，具体过程如下。

（1）写入。字线 WL 置为高电位，T_3 管和 T_4 管导通。若要写入信息“0”，则位线 BL 加低电位，$\overline{BL}$ 加高电位，$\overline{BL}$ 通过 T_4 管对电容 C_1 充电至高电位，使 T_1 管导通；而电容 C_2 通过两个放电回路放电，一个是通过 T_1 管放电，另一个是通过 T_3 管对位线 BL 放电，使电容 C_2 电压下降至低电位，T_2 管截止。若要写入信息“1”，则位线 BL 加高电位，$\overline{BL}$ 加低电位，BL 通过 T_3 管对电容 C_2 充电至高电位，使 T_2 管导通；而电容 C_1 通过两个放电回路放电，一个是通过 T_2 管放电，另一个是通过 T_4 管对位线 $\overline{BL}$ 放电，使电容 C_1 电压下降至低电位，T_1 管截止。

（2）暂存。字线 WL 置为低电位，T_3 管和 T_4 管截止，电路内部除了晶体管的漏电流外基本无其他放电回路，信息可暂存数毫秒。

（3）读出。先对位线 BL 和 $\overline{BL}$ 预充电，也就是将位线上的分布电容 CBL 和 CBL_1 充电到高电位，再断开充电回路，使 BL 和 $\overline{BL}$ 处于浮动状态。然后，将字线 WL 置为高电位，T_3 管和 T_4 管导通，此时位线 BL 和 $\overline{BL}$ 为读出线。若原存储信息为“0”，即电容 C_1 为高电位，电容 C_2 为低电位，T_1 管导通，T_2 管截止，则位线 BL 通过 T_3 管和 T_1 管对地放电，其上电位下降，此时位线 BL 上有放电电流形成，经放大后读出“0”；而位线 $\overline{BL}$ 通过 T_4 管对电容 C_1 充电，可补充其上泄漏的电荷。由此可见，4T NMOS DRAM 存储单元为非破坏性读取，且读出过程可起到刷新（或回写）的作用。若原存储信息为“1”，即电容 C_1 为低电位，电容 C_2 为高电位，T_1 管截止，T_2 管导通，则位线 $\overline{BL}$ 通过 T_4 管和 T_2 管对地放电，BL 上有放电电流形成，经放大后读出“1”；而位线 BL 通过 T_3 管对电容 C_2 充电，补充电荷。

4T NMOS DRAM 存储单元电路具有读写操作稳定、外围电路较简单的优势，同时读出过程可起到信息刷新的作用。但是，由于每个单元元件较多，占用面积大，因此该结构每片容量有限，仅在早期芯片容量要求较低时会使用到。

3.1.2 动态随机存储器存储单元的刷新

在 1T1C DRAM 存储单元中，将字线 WL 置为低电位，门控管 T 关闭，理想情况下，存储电容 C 与位线 BL 断开，其保存的电荷永远不变。但实际情况是，MOS 管在关闭状态下并不能截断所有的电流，其本身会产生漏电流导致电容 C 上电荷流失。图 3.1.4 为 1T1C DRAM 存储单元的漏电流模型，当电容 C 保存有电荷且 MOS 管处于关闭状态时，电容 C 带电荷，其上电压为正，会导致电容 C 与 MOS 管间的连线（N + 区）和 P 型衬底形成反偏置状态，从而产生一个从 N + 区指向 P 型衬底的漏电流 I_L，因此存储电容 C 出现漏电，1T1C DRAM 存储单元的漏电流模型如图 3.1.4（a）所示。在存储电路中，电容电荷的泄漏速度非常快，一般存储单元数据只能保持一段较短的时间（毫秒级）。

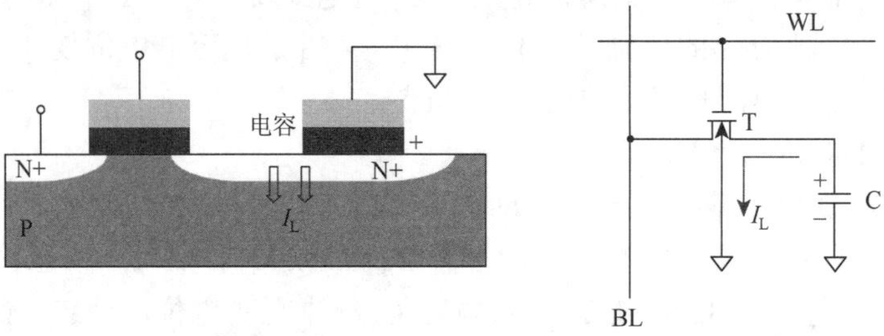

(a) 器件结构　　(b) 电路结构

图 3.1.4　1T1C DRAM 存储单元的漏电流模型

为了避免因存储电容电荷流失而造成数据丢失，DRAM 需定期地将单元电容中的电荷恢复到初始状态，这称为刷新操作。刷新操作不采用读/写操作来访问数据，而使用称为刷新周期的专用周期。刷新操作类似于读操作，但是由于从单元中读取的数据不需要传输到输出缓冲区或数据总线，因此其时间比正常的读操作快。图 3.1.5 为刷新操作导致的存储电容电压随时间变化情况，可以看出，若任由电容电荷泄漏，其电压将如图中虚线那样按照指数函数下降，一旦超过阈值，会导致存储单元中的数据发生改变。因此，在电容电压降到阈值前需周期性地将其恢复到原始的水平。

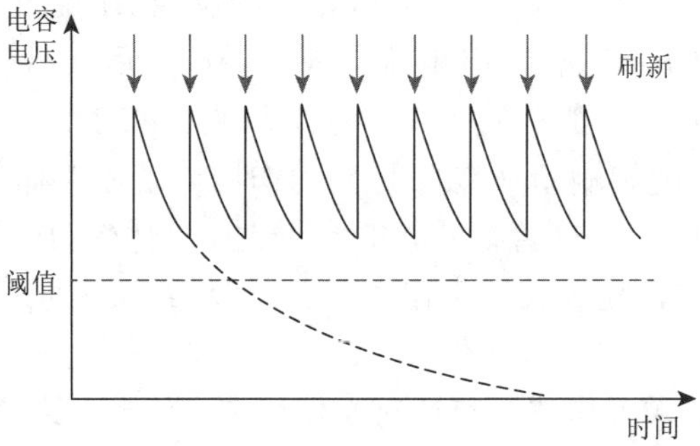

图 3.1.5　刷新操作导致的存储电容电压随时间变化情况

对于不同结构的 DRAM，存储单元的刷新周期不一样。每两次刷新时间的间隔与存储电容和漏电流相关联，假设存储电容为 C，其两端因漏电允许变化的电压为 ΔV，则电容允许泄漏的电荷量为 $\Delta Q = C \cdot \Delta V$，因此泄漏电流可以表示为 $I = \Delta Q/\Delta t$，最终电流泄漏时间或允许最大的刷新周期如式（3.1.1）所示：

$$\Delta t = C\frac{\Delta V}{I} \tag{3.1.1}$$

在 90 nm 工艺 DRAM 中，存储单元的电容一般为 30 fF，漏电流为 1 fA 左右，若电容电压允许变化幅度为 1 V，则计算得到最大电流泄漏时间为 30 s。但是，实际上晶体管的漏电流特性受温度影响很大，且制造工艺的波动也会造成不同存储电容间存在差异，因此为了确保芯片中每一个存储单元数据保存正常，DRAM 存储单元的典型刷新周期一般为 32 ms 或 64 ms。

3.1.3　动态随机存储器存储单元结构优化

随着半导体工艺制程不断向下推进，1T1C DRAM 存储单元面临着一系列相互冲突的性能需求，比如，更小的存储单元面积、更高的容量、更快的读取速度及带宽、较低的功耗和较大的噪声容限等。较小的存储单元面积可以提高存储密度，但会减小存储电容，增加漏电流，缩短保持时间，增加功耗，减小噪声容限。因此，如何在先进工艺发展中平衡存储单元的面积和性能变得至关重要。接下来将分别从存储电容和晶体管方面介绍相关内容。

1. 存储电容优化

存储电容是 1T1C DRAM 存储单元的核心。在进行读操作时，位线通过晶体管与电容内存储的电荷交换，从而导致位线电压发生变化，然后灵敏放大器识别并放大位线上的电压差，最终将存储的数据读出。在实际的 DRAM 芯片中，为了实现较高的存储密度，降低生产成本，单根位线上会挂载数百个存储单元，因此位线的等效电容会远远大于存储单元电容。为了确保数据读出时位线上的电压差能够被灵敏放大器顺利感知、放大并读出，一般要求存储电容与位线电容的比值大于 0.2。但是随着工艺尺寸的不断缩小，如何在存储单元面积减小的情况下实现存储电容基本不变将变得非常困难。目前，针对此问题，1T1C DRAM 存储单元的存储电容从传统的平面型逐渐向两个不同的方向发展：DTC（deep trench capacitor，深槽型电容）和 SC（stacked capacitor，堆叠型电容）。

1974 年，日立公司申请了在 DRAM 中使用深槽型电容的技术专利，并在 1982 年发表了第一次使用深槽型电容的 DRAM 文章[1]。图 3.1.6 为具有深槽型电容的 1T1C DRAM 存储单元剖面图，可以看出存储电容为一种深入 P 型硅衬底的沟槽形结构，它在减小电容的平面面积时通过增加沟道纵向深度来提高电容量，在刷新周期基本不变的情况下显著增加了 DRAM 的存储密度。深槽型电容的优势在于：三维电容结构位于金属互连线下方，金属布线可以做到非常平整，从而有利于与逻辑电路的集成；沟槽电容先于晶体管制造，因此其制备工艺不会对晶体

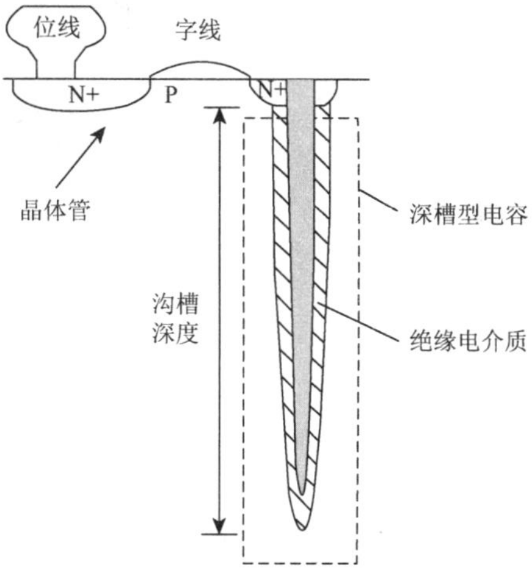

图 3.1.6　具有深槽型电容的 1T1C DRAM 存储单元剖面图

管的特性产生影响。但是，随着集成电路工艺的不断进步，深槽型电容的沟槽深度需要不断增加才能维持相同的电容量，当前沟槽深度与宽度比超过了 50∶1，图 3.1.7 为 IBM 公司制造的 22 nm 工艺下深槽型电容的剖面图[2]，这会增大加工工艺难度。

图 3.1.7 22 nm 工艺下深槽型电容剖面图

1976 年，日立公司申请了在 DRAM 中使用堆叠型电容的技术专利，并在 1978 年第一次发表了使用堆叠型电容的 DRAM 报道[3]。图 3.1.8 为具有堆叠型电容的 1T1C DRAM 存储单元剖面图，可以看出，在该结构中，电容堆叠在晶体管上，电容下电极与晶体管的源极或漏极相连，其中电容、位线与晶体管的源极或漏极的连接采用了自对准技术。通过三维堆叠设计，存储单元的面积得到显著减小，这有利于减少工艺流程，但是会增加工艺的复杂度、提高生产成本且降低产品良率。之后，堆叠型电容逐渐分化出位线上电容（capacitor over bitline，COB）与位线下电容（capacitor under bitline，CUB）两种类型。位线下电容结构的优点是位线可以按照原有工艺流程制造，不会增加额外的工艺步骤，因而有较高的产品良率；但是，由于电容位于位线下方，为了缩小存储单元的面积，电容的纵向高度会设计得比较高，这造成了位线连接比较困难。相比于位线下电容，位线上电容结构虽然没有位线限制，但是电容处于位线上方，位线的存在会导致电容不平坦，同时该结构制备工艺较为复杂，从而影响产品良率。典型的位线上电容型 DRAM 见 IBM 公司在 POWER8 中使用的 DRAM，图 3.1.9 为其存储单元采用的 22 nm 工艺下堆叠型电容的剖面图[4]。

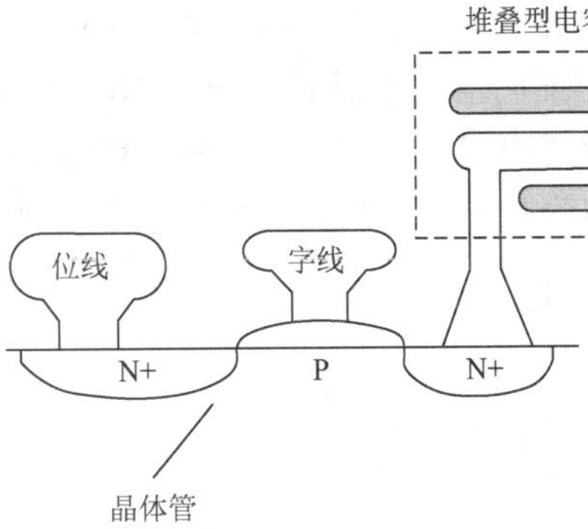

图 3.1.8 具有堆叠型电容的 1T1C DRAM 存储单元剖面图

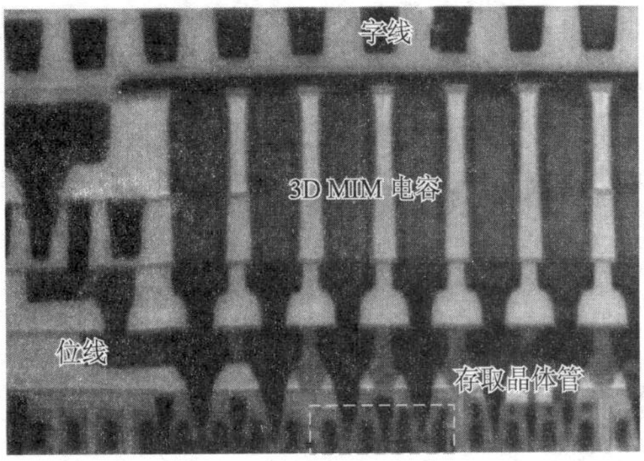

图 3.1.9 22 nm 工艺下堆叠型电容剖面图

2. 晶体管优化

伴随着 DRAM 工艺制造技术的进步，DRAM 存储单元面积在不断缩小，存储电路中门控晶体管尺寸也同步变小，即晶体管的沟道长度缩短，而沟道长度缩短会引起短沟道效应并带来门控晶体管的 OFF 态电流增加。正常情况下，1T1C DRAM 电路信息保持状态时的晶体管总漏电流为 10^{-15}A 左右，电容上存储的信息才能维持足够长时间。但实际情况是，当 DRAM 进入深亚微米甚至纳米级技术节点后，晶体管的漏电流急剧增加到 10^{-12}～10^{-7}A，远远大于门控晶体管的 OFF 态电流要求。因此，为了减小存储单元电路内门控晶体管的漏电流，通常可以采用两种方法。第一种方法是提高门控晶体管的栅极控制电压摆幅，即增加门控晶体管的 ON 态栅极控制电压并减小 OFF 态栅极控制电压。图 3.1.10 为门控晶体管的 IDVG（漏源电流 I_{ds}-栅源电压 V_{gs}）曲线，在读/写操作时增加栅极控制电压 V_{gs}，比如将 V_{gs} 从 C 点移动到 D 点，保证了读/写功能正确；在关断时减小栅极控制电压 V_{gs}，比如将 V_{gs} 从 A 点移动到 B 点，保证了晶体管完全关断，并进一步减小截止电流。但是，需要注意，栅极控制电压摆幅不能无限增加。当 OFF 态下栅极控制电压继续降低时，截止电流会开始增加；同样，当 ON 态下栅极控制电压继续提高时，工作电流基本不变而功耗会增加。此外，这种方法会增加栅极氧化层厚度。第二种方法是通过提高源极和漏极的结掺杂来减小漏电。这种方法虽然减小了漏电流，但同样会降低晶体管 ON 态工作电流，限制了电路的读/写功能。

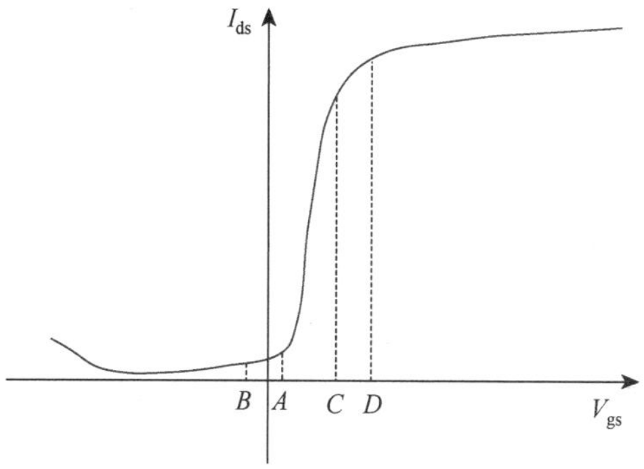

图 3.1.10　门控晶体管的 IDVG 曲线

随着工艺节点的缩减，门控晶体管面临的另外一个挑战是由 RDF（random dopant fluctuation，随机掺杂波动）带来的阈值电压变化，即工艺波动导致的 V_{th} 随机分布。为了减小阈值电压的变化，主要方法有减小栅极电介质厚度、增加器件宽度和长度以及降低沟道掺杂浓度等。由于存储单元面积的限制，增加器件宽度和长度并不适用于 DRAM，因此 IBM 公司在 SOI 工艺中通过调整沟道掺杂来减小阈值电压的变化。另外，IBM 公司还使用了 high-k 介质作为栅氧化层，在不牺牲晶体管可靠性的前提下减小栅极电介质厚度 30%[5]。目前，使用先进的 FinFET（Fin field-effect transistor，鳍式场效应晶体管）工艺技术可以大幅降低器件漏电流，图 3.1.11 和图 3.1.12 分别为 FinFET 结构示意图和 14 nm FinFET 与传统 22 nm 平面型晶体管的 DIBL（drain induced barrier lowering，漏极感应势垒降低效应）对比图，从图 3.1.12 可以看出，相比于平面型晶体管，FinFET 在相同的沟道长度条件下能使漏电流降低至 1/5 以下[6]，从而实现器件漏电流不变时电路性能有 35%的提升。

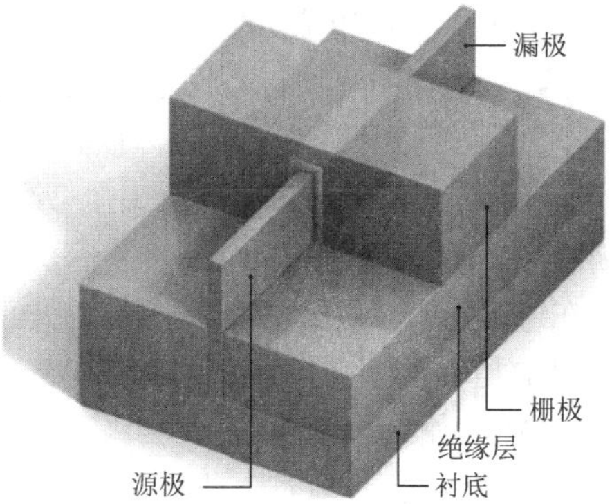

图 3.1.11　FinFET 结构示意图

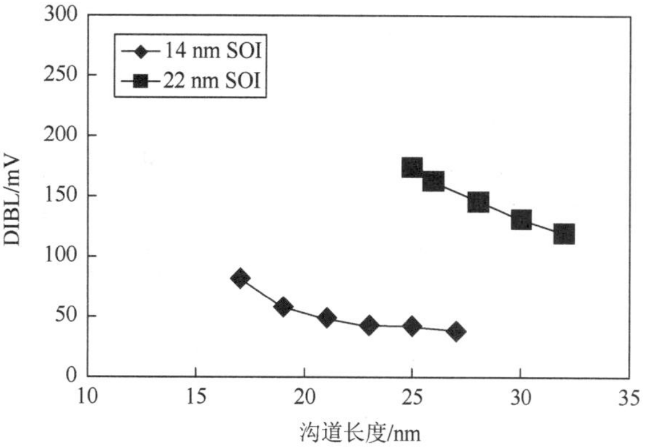

图 3.1.12　14 nm FinFET 与传统 22 nm 平面型晶体管的 DIBL 对比图

3.2 动态随机存储器器件结构

类似于 SRAM 芯片，DRAM 除了包含核心的存储阵列外，同样有译码器和灵敏放大器等部件。由于 DRAM 存储单元在信息保存时需要不断刷新，其外围电路相比于 SRAM 更复杂，下面将详细介绍相关内容。

3.2.1 动态随机存储器器件基本构成介绍

图 3.2.1 为 DRAM 芯片中一个子块的基本结构，它主要由存储单元阵列、行译码器、列译码器、灵敏放大器、输入电路和输出电路等组成。另外，整个 DRAM 芯片还包括时序控制电路、供电电路等模块，它们用于控制芯片中每个子块的工作。DRAM 的核心为存储阵列，其由行、列规则排列的存储单元构成，而每个存储单元均有字线和位线，按照地址关系通过字线和位线与其他的存储单元相连。在 DRAM 中数据以电荷的形式保存在储存单元电容上，并受到门控晶体管控制以实现数据的读/写或暂存操作。对于 DRAM 芯片中的译码器，其电路结构和工作原理与 SRAM 中译码电路相同，这里不再重复介绍。

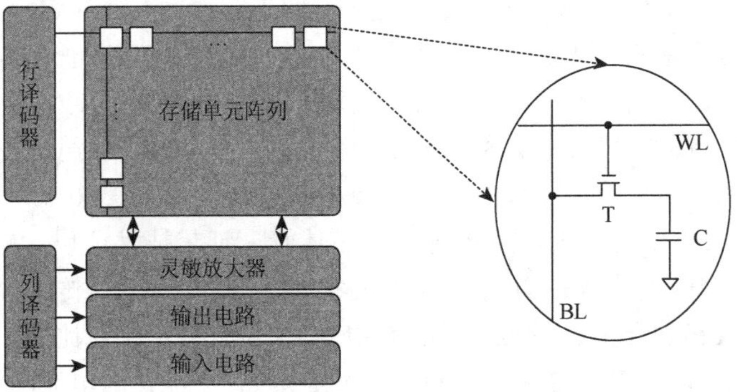

图 3.2.1 DRAM 芯片中的子块结构示意图

为了实现高速、高宽带的数据传输，DRAM 芯片一般由多个子块组成。图 3.2.2 为由 2、4、8 个子块组成的 DRAM 结构示意图，其中每个子块均包含一个存储阵列，不同子块或存储阵列间有不同的工作方式。若多个存储阵列设计为同时工作，此时可以将它们看成一个能实现多位数据存储的存储阵列，即在进行数据读取时每次访问的数据位数等同于芯片内子块数。比如，图 3.2.2 中×8 DRAM 芯片，它包含 8 个存储阵列，每个存储阵列对应 1 位数据，8 个存储阵列对应 8 位数据，当 8 个存储阵列同时访问数据时，相当于在进行一个 8 位数据读/写操作，因此该工作方式实现了高数据传输带宽。经过几十年的发展，目前更高数据传输带宽的 DRAM 已出现，如×16、×32 甚至×64 结构，它们进一步提高了 DRAM 数据传输性能。

若多个存储阵列设计为彼此独立工作，即每个子块在进行激活、预充电或数据读/写等操作时，不会与其他子块产生干扰，这时通过设置多个存储阵列按照一定先后顺序工作，可以实现更高的数据传输速率。比如，图 3.2.2 中×2 DRAM 芯片，假设存储单元完成一次数据写入的时间为 10 ns，当要写入一个多位数据时，DRAM 芯片内的第一个存储阵列开始第一位数据

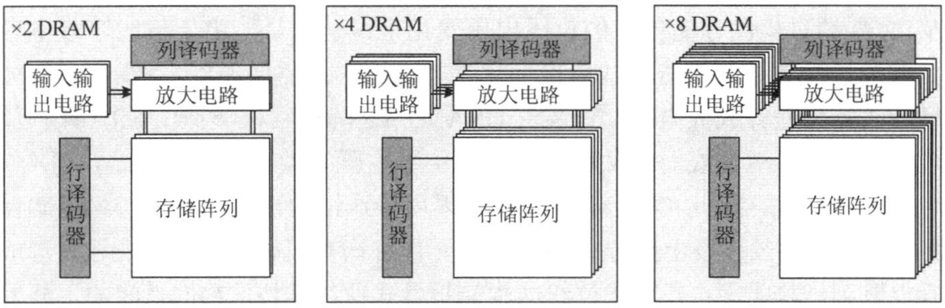

(a) 2个子块　(b) 4个子块　(c) 8个子块

图 3.2.2　由 2、4、8 个子块组成的 DRAM 结构示意图

写入，间隔 5 ns 后设定第二个存储阵列开始写入第二位数据；5 ns 后第一个存储阵列完后第一位数据写入接着进行第三位数据写入；以此类推。可以看出，×2 DRAM 芯片等效实现了 5 ns 的数据写入间隔，从而提高了数据传输速率。同理，使用×4 DRAM 芯片可以实现等效 2.5 ns 间隔时间的数据传输。

1. 存储阵列架构

存储单元作为 DRAM 的基本组成结构，决定了整个 DRAM 的面积、功耗、延时和读/写策略等。DRAM 发展至今，已出现了多种存储单元电路结构，它们分别具有不同的应用背景和优缺点，其中 1T1C DRAM 存储单元因占用面积小、操作较简单成为目前最流行的电路。

图 3.2.3 为由 6 个 1T1C DRAM 存储单元组成的存储阵列布局俯视图，其中每两个单元共用一个位线接触孔，每个存储单元的尺寸为 8 F^2。这里“F”是一个量纲，用来表示特定工艺下的最小特征尺寸，在不同制程中 F 代表的实际长度不一样。比如，90 nm 工艺中，F 字面上表示 90 nm，因此 8 F^2 等同于 64 800 nm^2 的面积。这样，DRAM 存储单元的占用面积随着工艺制程减小而线性地缩小，并在每代制程中维持在 6～8 F^2。

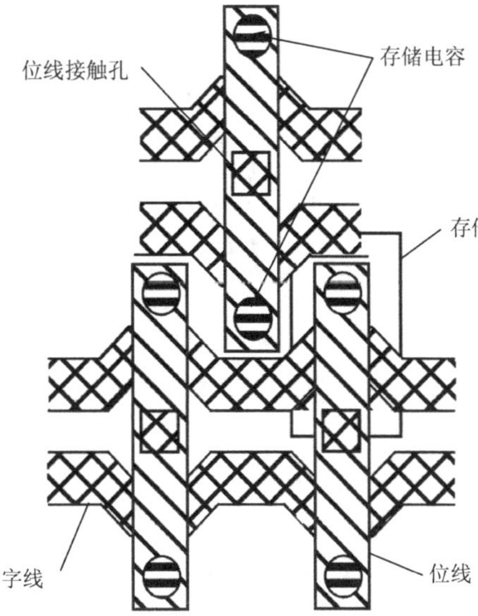

图 3.2.3　由 6 个 1T1C DRAM 存储单元组成的存储阵列布局俯视图

DRAM 主要通过检测存储单元的位线电压变化来识别信息，由于位线等效电容远大于存储电容，因此当进行数据读取时位线电压变化量非常小，这需要使用灵敏放大器。DRAM 中常用的灵敏放大器为差分放大电路，它要求 DRAM 存储阵列结构类似于 SRAM 存储单元能向每个灵敏放大器提供一对位线对，从而便于识别位线电压的微小变化。但是，每个 DRAM 存储单元仅包含一根位线，因此 DRAM 存储阵列采用特殊结构设计。另外，为了确保位线电压与电容值相匹配，位线长度及上面挂载的存储单元数目均有限制。这些要求导致形成了两种截然不同的存储阵列结构类型：开放式位线结构和折叠式位线结构。它们之间的主要差异在于开放式位线结构中，灵敏放大器的输入位线对来自邻近的阵列；而在折叠式位线结构中，位线对来源于同一个阵列，但位线对连接的是相邻的存储单元。

图 3.2.4 为开放式位线结构示意图，可以看到，阵列结构排列规则，存储单元布局紧凑，因此集成度较高，每个单元占用面积为 6 F^2 左右。但是，在开放式位线结构中，为了避免阵列边缘位置的位线对与阵列中间位置的位线对在长度和电容上出现较大差异，需要在阵列周围设计冗余单元。另外，由于灵敏放大器的位线对来自不同阵列，信号更容易受到噪声干扰。在早期的 1 KB、64 KB 及部分 256 KB DRAM 芯片中，使用的是开放式位线结构，虽然它具有单元面积小的优势，但是考虑到其需额外的冗余单元设计及抗噪声能力相对较弱的缺点，后续 DRAM 产品中逐渐使用折叠式位线结构。

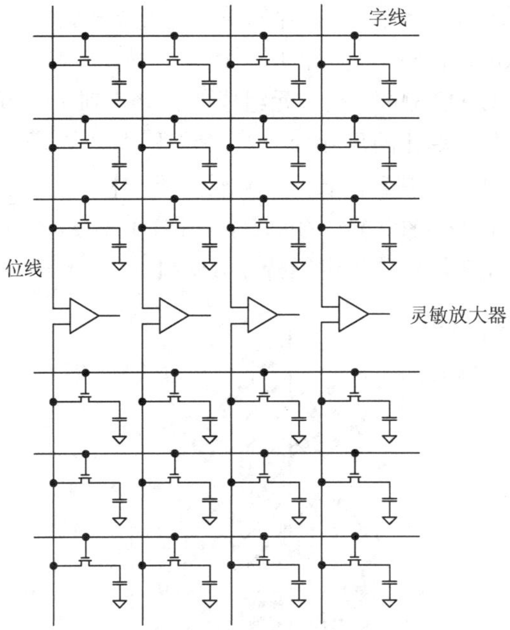

图 3.2.4　开放式位线结构示意图

图 3.2.5 为折叠式位线结构示意图，可以看到，由于一列存储单元空间上要走两根位线，因此存储单元平均占用面积为 8 F^2 左右，比开发式位线结构大。但是，折叠式位线结构的位线对来自同一阵列的相邻位置，其差分放大电路具有较好的共模噪声抑制特性。比如，由单粒子翻转事件中子或 α 粒子撞击 DRAM 器件导致的电荷尖峰，会在灵敏放大器两根输入位线上同时产生一个共模噪声，而该结构的差分电路能将其消除掉。相反，在开放式位线结构中，电荷

尖峰只能在灵敏放大器的一根输入位线上产生噪声，因此噪声电压会干扰实际位线电压信号。折叠式位线结构主要应用在大容量 DRAM 中，随着 DRAM 的应用场景不断扩大，该结构因具有较高的可扩展性和成本优势而在不断发展。

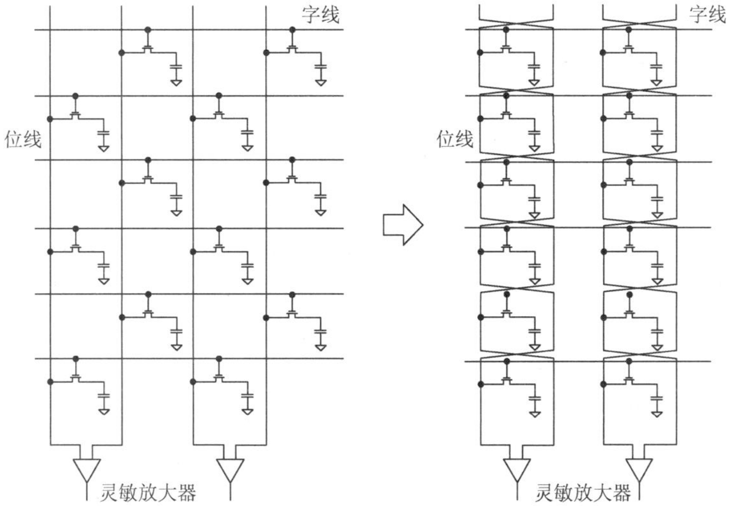

图 3.2.5　折叠式位线结构示意图

2. 外围电路

1）外围电路结构

在 DRAM 器件中，灵敏放大器和输入输出电路构成了存储芯片子块的外围电路，它们是 DRAM 的重要组成模块。其中，灵敏放大器具有以下三个重要功能。

（1）检测位线上的微小电压差并放大。当存储单元内门控管打开后，电容上电荷与位线交互，某一根位线电压发生变化；灵敏放大器将位线电压与另一根位线参考电压进行对比，检测出电压差；放大电路将该电压差放大到逻辑“1”或“0”所对应的电压，并呈现在位线对上。

（2）在检测和放大位线电压差后，恢复存储电容上的电荷。由于门控管处于打开状态，位线上电荷能够与存储电容共享，当位线电压经放大电路放大到高电位或低电位时，位线电压能反向补充存储电容上的电荷损失。

（3）可以充当一个临时数据存储元件。当存储单元信息被检测和放大后，数据会一直保存在放大电路的位线上直至阵列已预充电并准备好执行下一次数据读/写。在这一方式中，若灵敏放大器下次访问同一单元数据时可以不用重复读取操作，从而整行灵敏放大器有效地充当了整行数据的行缓冲器角色。

图 3.2.6 为一种基本的外围电路结构图，它包含有灵敏放大电路、电压均衡电路和输入输出电路。在现代 DRAM 器件中，即使更复杂的外围电路也是由基本单元电路组成的。

电压均衡电路的作用是向灵敏放大器的输入位线对 BL 和 $\overline{\text{BL}}$ 提供相等的预置电压，这是因为差分放大电路通过放大位线对上的电压差来实现信号检测，因此要求位线对上初始电压必须尽可能地相同以提高电路灵敏度，预置电压一般为电源电压 V_{CC} 的一半，即 $V_{CC}/2$。电压均衡电路的工作原理是：当均衡信号 EQ 为高电位时，通过 T_{e1} 管和 T_{e2} 管将位线对预充电到 $V_{CC}/2$；若位线 BL 和 $\overline{\text{BL}}$ 上电压不相等，则利用 T_{e3} 管进行平衡。

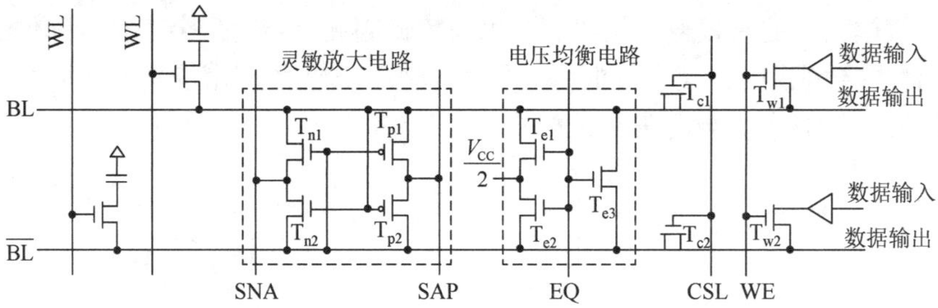

图 3.2.6 一种基本的外围电路结构图

灵敏放大器的电路结构的核心为两个 NMOS 管和两个 PMOS 管交叉耦合组成的双稳态触发器电路，用于将位线对上电压差放大到逻辑电平电压。该电路中含有两个控制信号 SNA 和 SAP，其中 SNA 信号控制 T_{n1} 和 T_{n2} 两个 NMOS 管的激活，SAP 信号控制 T_{p1} 和 T_{p2} 两个 PMOS 管的激活，所有四个 MOS 管栅极均连接到位线上。

输入输出电路中，列选信号 CSL 控制输出晶体管 T_{c1} 和 T_{c2} 导通，然后位线对上的逻辑电位输出，实现 DRAM 中数据传输到其他设备；写使能信号 WE 控制写入晶体管 T_{w1} 和 T_{w2} 导通，然后配合列选信号 CSL 实现外界输入数据的写入。

2）外围电路的数据读操作过程

外围电路将信息从存储单元内读出的过程主要包括四个步骤，依次为预充电、数据访问、信号放大和数据恢复操作，图 3.2.7 为 DRAM 外围电路的数据读操作过程示意图。其中，位线的预充电是数据读取的前提条件，在操作上与其他三个步骤是分开的，因此外围电路的数据读取过程也可以分为预充电和数据读取两步，但是为了更详细地讲解读操作，此处按照图 3.2.7 所示的四个步骤来进行说明。

（1）预充电。在 DRAM 开始数据读取前，需按图 3.2.7（a）所示对位线对 BL 和 $\overline{\text{BL}}$ 进行预充电。将均衡信号 EQ 设置为高电位，通过电压均衡电路向位线对充上相同的参考电压 V_{ref}（$V_{ref} = V_{CC}/2$），此时列选信号 CSL 和写使能信号 WE 为低电位，控制信号 SNA 和 SAP 电压为 $V_{CC}/2$，外围电路数据读操作的电压波形图如图 3.2.8 所示。

（2）数据访问。此时开始正式的数据读取操作步骤：进行存储单元内数据访问。具体来说，通过译码器选中需要数据读出的存储单元，图 3.2.7（b）中选择的为保存信息“1”的存储单元，此时被选中单元对应的字线 WL 为高电位，门控管打开；存储电容通过门控管与位线 BL 进行电荷共享，电容电压（逻辑“1”）高于位线电压 V_{ref}，电荷从电容流向位线 BL 导致后者电压值上升到 V_{ref}^{+}，而位线 $\overline{\text{BL}}$ 没有与存储电容进行电荷交换，其电压保持不变为 V_{ref}，因此位线对 BL 和 $\overline{\text{BL}}$ 上产生了一个电压差。这里需要注意，字线 WL 上电压需充电到 V_{CCP}，V_{CCP} 高于电源电压 V_{CC} 至少一个门控管的阈值电压，如图 3.2.8 所示。这是因为门控管的源极连接到存储电容上，其源极电压 V_s 为 V_{CC}，为了确保门控管正常导通开启，电压 V_{gs}（$V_{gs} = V_g - V_s$）要大于或等于阈值电压，因而栅极电压 V_g（$V_g = V_{CCP}$）需要比源极电压 V_s 至少高一个阈值电压。当存储电容与位线共享电荷后，位线 BL 电压上升的幅度 ΔV_{BL} 或电容电压下降的幅度 ΔV_{cell} 与位线等效电容 C_{BL} 和存储电容 C_{cell} 相关，可以用式（3.2.1）和式（3.2.2）表示：

$$\Delta V_{BL} = \left(V_{cell} - V_{BL}\right) \cdot \frac{C_{BL}}{C_{cell} + C_{BL}} \tag{3.2.1}$$

$$\Delta V_{cell}=\left(V_{cell}-V_{BL}\right)\cdot\frac{C_{cell}}{C_{cell}+C_{BL}} \tag{3.2.2}$$

式中：V_{BL} 和 V_{cell} 分别为位线电压和存储电容电压，此处 V_{BL} 为预置电压 V_{ref}，V_{cell} 为电源电压 V_{CC}。最终，在数据访问操作完成后，位线 BL 上的电压 V_{ref}^{+} 为 $V_{CC}/2+\Delta V_{BL}$。在进行此步骤时，列选信号 CSL 和写使能信号 WE 为低电位，控制信号 SNA 和 SAP 电压为 $V_{CC}/2$。

（3）信号放大。主要通过如图 3.2.7（c）所示的灵敏放大电路将位线对 BL 和 $\overline{\text{BL}}$ 上电压差放大到电平电压，即逻辑高电位和逻辑低电位。灵敏放大器的工作过程为：将控制信号 SNA 设置为低电位，SAP 设置为高电位，位线 BL 电压较 $\overline{\text{BL}}$ 大，BL 连接的 NMOS 管 T_{n2} 栅极电压比 $\overline{\text{BL}}$ 连接的 NMOS 管 T_{n1} 栅极电压大，导致 T_{n2} 管会比 T_{n1} 管更具导通性；同理，$\overline{\text{BL}}$ 连接的 PMOS 管 T_{p1} 栅极电压比 BL 连接的 PMOS 管 T_{p2} 栅极电压小，导致 T_{p1} 管会比 T_{p2} 管更具导通性。因此，SNA 信号通过 T_{n2} 管与位线 $\overline{\text{BL}}$ 连接并将低电位传输给后者，SAP 信号通过 T_{p1} 管与位线 BL 连接并将高电位传输给后者，从而将位线 BL 和 $\overline{\text{BL}}$ 电压分别抬升到高电位和拉低到低电位，进而使与位线 $\overline{\text{BL}}$ 连接的 T_{n1} 管截止，与位线 BL 连接的 T_{p2} 管截止，灵敏放大器进入正反馈稳定状态，位线 BL 和 $\overline{\text{BL}}$ 也呈现出稳定的逻辑高低电位。在进行此步骤时，列选信号 CSL 和写使能信号 WE 为低电位。

（4）数据恢复。由于数据访问操作会对 1T1C DRAM 存储单元造成读破坏，因此需要恢复存储电容电荷，如图 3.2.7（d）所示。具体过程为：当位线 BL 和 $\overline{\text{BL}}$ 呈现出稳定的逻辑高电位和低电位后，此时门控管处于导通状态，位线 BL 电压通过门控管回写到电容，将其电位恢复到初始值 V_{CC}。若要将位线上暂存的数据输出，设置列选信号 CSL 为高电位，输出晶体管 T_{c1} 和 T_{c2} 导通，数据经过 DRAM 器件 I/O 端口传输给其他设备。在进行此步骤时，写使能信号 WE 保持低电位。

通过上述四步操作，完成了从 DRAM 的存储阵列中读取一位数据。若需要继续数据读出，则外围电路作好准备工作后，比如字线和各信号线的复位，重复上面步骤即可。

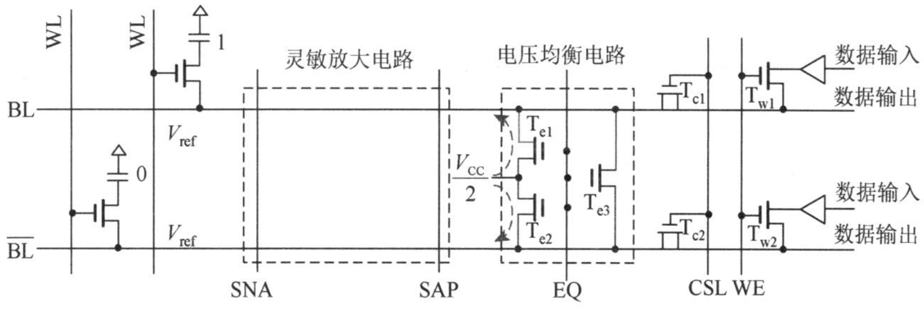

(a) 预充电

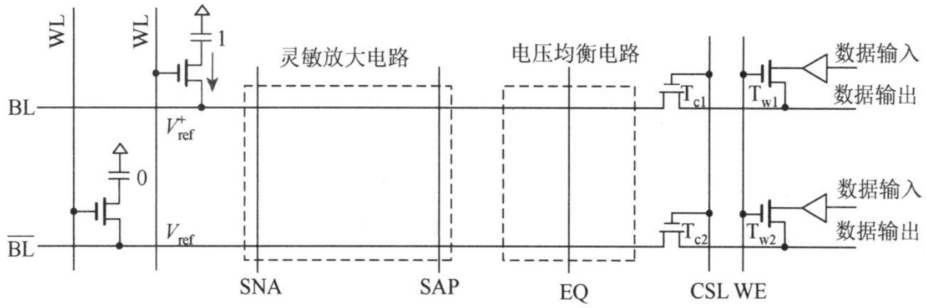

(b) 数据访问

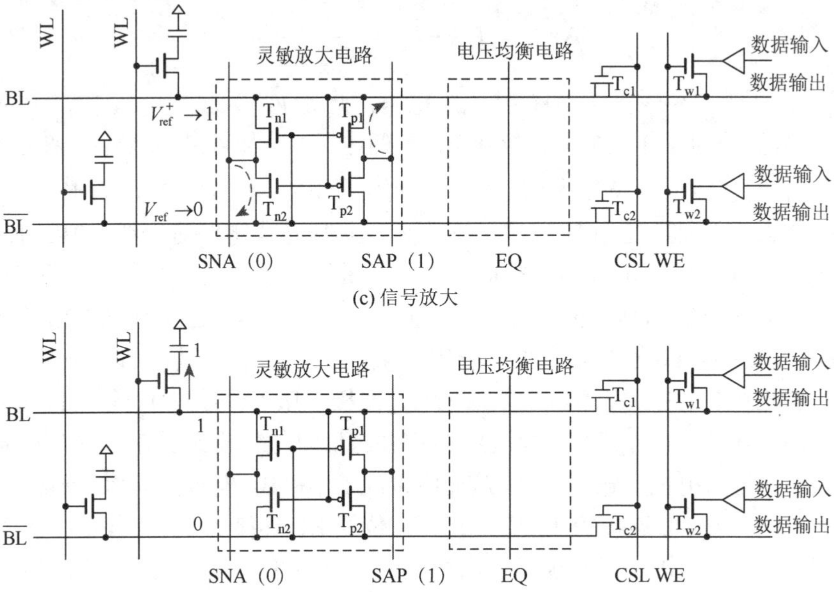

(d) 数据恢复

图 3.2.7　外围电路的数据读操作过程示意图

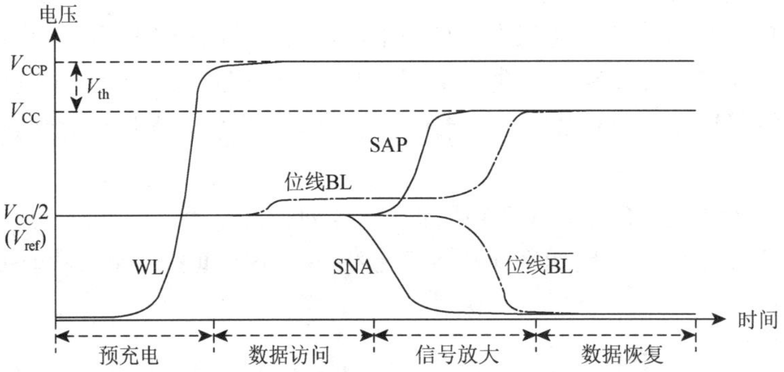

图 3.2.8　外围电路的数据读操作电压波形图

3）外围电路的数据写操作过程

对于 DRAM 器件，通过外围电路向存储阵列内存储单元写入数据的操作插入读操作之后，即在读操作过程完成预充电、数据访问、信号放大和数据恢复后，紧接着进行数据的写入，图 3.2.9 为 DRAM 通过外围电路进行数据写操作的过程示意图［顺延图 3.2.7（d）数据恢复操作］。具体来说，首先，将写使能信号 WE 设置为高电位，晶体管 T_{w1} 和 T_{w2} 导通，此时来自 DRAM 器件 I/O 缓存的数据通过 I/O 端口传输到位线对上，若向图 3.2.9 中位线 BL 挂载的存储单元写入信息“0”，则通过数据输入口向位线 BL 写入信息“0”，位线 BL 电压从高电位拉到低电位，同时通过数据输入口向位线 $\overline{BL}$ 写入信息“1”，位线 $\overline{BL}$ 电压从低电位抬升到高电位；然后，灵敏放大电路会进行重置并达到新的稳定状态，由于字线 WL 处于高电位门控管导通，存储电容通过门控管与位线 BL 相连并进行放电，经过一段时间后存储电容的电位降低到低电位；最后，将字线 WL 设置为低电位关闭门控管，存储单元的数据写入结束。在数据写操作完成后，外围电路执行信号复位，为下一周期的读操作作准备。

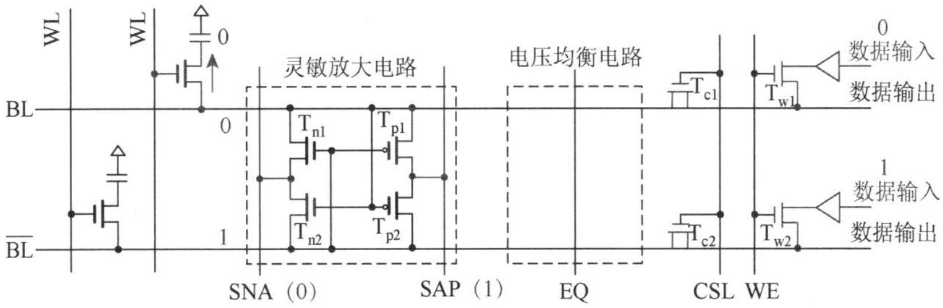

图 3.2.9　外围电路的数据写操作过程示意图

3. 冗余设计

随着 DRAM 制造技术越来越复杂，集成度不断增加，芯片流片过程中不可避免地会产生各种缺陷，比如：异物导致的硅晶圆表面缺陷，细微工艺波动造成的存储单元晶体管、位线或字线缺陷等。因此，设计人员在 DRAM 设计中通过增加冗余模块容忍一些缺陷来提高产品良率，常见的冗余结构有冗余行、冗余列和冗余译码器。图 3.2.10 展示了一个具有冗余字线和冗余位线的阵列结构，除了输入 n 位行地址对应的 2^n 行外，存储阵列中还包含有 m 冗余行（m 根字线）和 p 冗余列（p 根位线），其中行译码器具备冗余设计实现 n 位地址连接 2^n+m 根字线。另外，需要注意的是冗余替换机制不能增加地址译码的路径延迟。

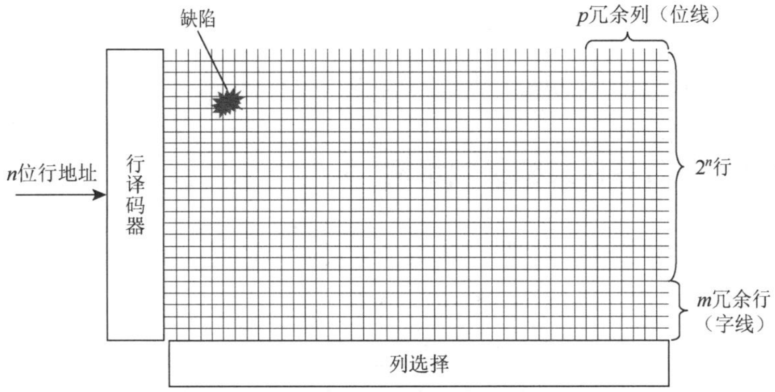

图 3.2.10　具有冗余字线和冗余位线的阵列结构示意图

现今在 DRAM 器件中，存储阵列的每一行均通过一个可编程元件与译码器相连，使用该元件可以选择字线与译码器之间为连接还是断开状态。当电路检测出某一个单元或字线有缺陷后，通过编程元件将有问题的单元或字线断开，然后一个备用行被调用并设置备用译码器匹配上被替换掉字线的地址，最后将备用译码器和备用字线建立起连接。可编程元件的工作机理取决于 DRAM 工程师所选择的制造工艺技术，可以是激光可编程或电可编程。图 3.2.11 为 DRAM 器件中使用的具备冗余设计的行译码器结构示意图，该译码器的输入为 n 位地址信号，输出为 2^n+m 根字线（其中 m 根为冗余字线），每根字线与译码器之间通过可编程元件相连。对于 2^n 根字线，它们连接着译码器的 2^n 个与非门，每个与非门均含有 n 条输入信号；对于 m 根冗余字线，它们同样连接着译码器的 m 个与非门，但是每个与非门含有 $2n$ 条输入信号，且与非门的每个输入信号上均挂载有一个可编程元件。正常情况下当存储整列中没有缺陷时，如

图 3.2.11（a）所示，n 位输入信号对应 2^n 根字线，m 冗余行作为备份不启用；当存储阵列中某个单元或字线出现问题后，如图 3.2.11（b）所示字线 WL_2 出现缺陷后，使用可编程元件将 WL_2 字线与译码器断开，并启用冗余行，比如备用字线 WL_{0a}。接着参照 WL_2 字线对应的译码器与非门的输入信号连接方式，来编辑冗余字线 WL_{0a} 对应的 $2n$ 条输入与非门的输入信号，以实现地址连接关系的替换，最后使用可编程元件将 WL_{0a} 字线与译码器相连，从而完成冗余字线 WL_{0a} 对字线 WL_2 的替代。对于冗余列和列译码器的使用，其机理与冗余行类似，这里不再重复叙述。

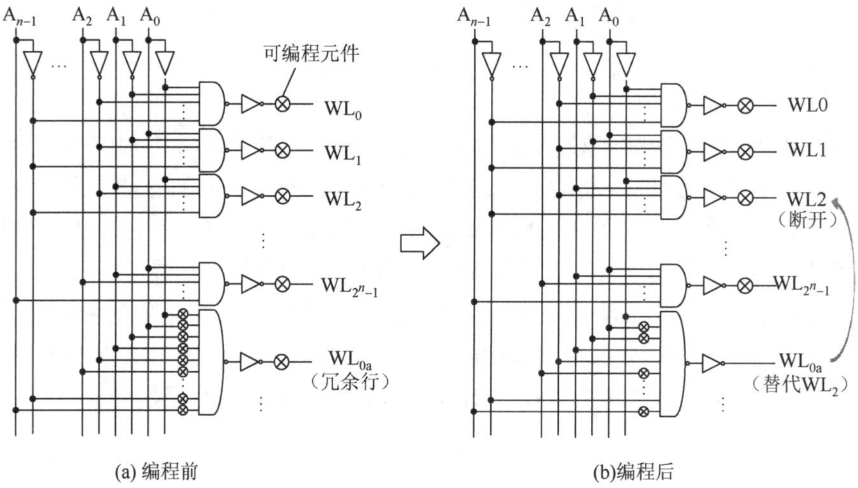

图 3.2.11 具备冗余设计的 DRAM 器件行译码器结构示意图

3.2.2 动态随机存储器器件结构类型示例

这里以 Intel 2164 芯片为例，它是一种 DRAM 芯片，早期应用在微型计算机中作为主存储器，每片容量为 64 K×1 位，其内部结构如图 3.2.12 所示。

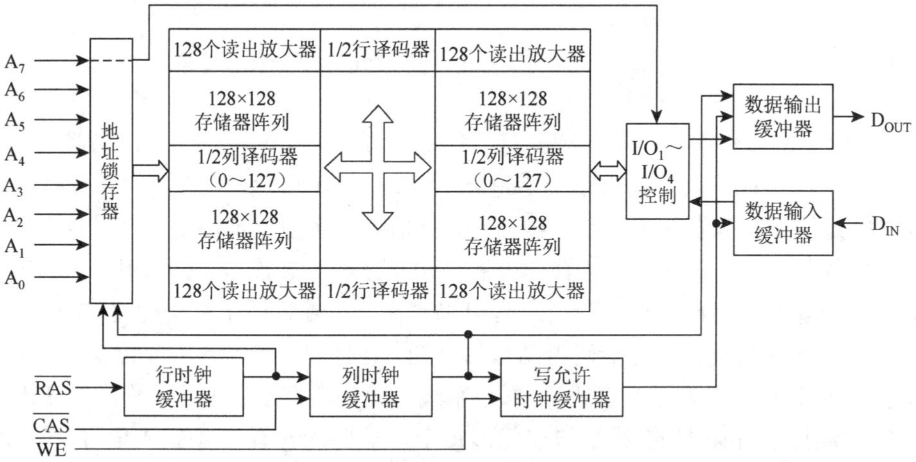

图 3.2.12 Intel 2164 DRAM 芯片内部结构示意图

Intel 2164 DRAM 芯片内有 64 K 个存储单元，每个存储单元保存一位数据，原本构成一个 256×256 的阵列需要 16 条地址线，但是为了提高工作速率，减少封装引脚（减少行列线上的分布电容），如图 3.2.12 所示，Intel 2164 DRAM 芯片内部分为 4 个 128×128 的阵列，且每个阵列配有 128 个读出放大器及 1 个 I/O 控制（读/写控制）电路，因此共有 4 个 I/O 控制电路。芯片内的行译码器和列译码器均可以看成 2 个 1/2 译码电路，实现 128×128 阵列的行、列地址编译。并且，芯片引脚仅有 8 根地址线，阵列的行地址和列地址需要采用分时复用的方式分别输入地址锁存器中。另外，芯片内有行时钟缓冲器、列时钟缓冲器和写允许时钟缓冲器，用于配合行、列地址的分时写入和外部数据写入。

1. Intel 2164 DRAM 芯片外部引脚

Intel 2164 DRAM 芯片共有 16 个引脚，包括 8 根地址信号线、2 根数据信号线及 6 根控制信号线，外部引脚分布如图 3.2.13 所示。

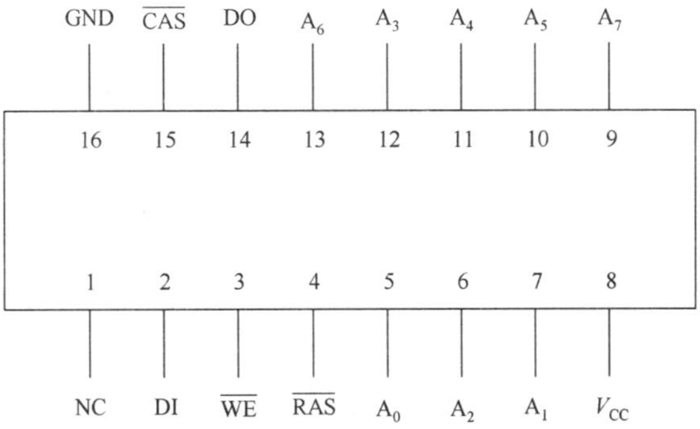

图 3.2.13　Intel 2164 DRAM 芯片的外部引脚分布图

Intel 2164 DRAM 芯片的 16 个引脚的含义分别如下。

A_0～A_7：8 根地址信号线。方向为单向输入，连接着地址锁存器，通过分时复用的方法，兼做行地址和列地址的输入引脚。对于 128×128 存储阵列，只需使用到 7 位地址线 A_0～A_6 寻址，而最高位地址 A_7 用来从 4 个 I/O 控制电路（分别对应着 4 个 128×128 阵列）中选择 1 个进行数据 I/O 控制。

$\overline{RAS}$：行选信号，低电压有效。当其为低电压时，将 A_0～A_7 作为行地址送入芯片内的行地址锁存器中。

$\overline{CAS}$：列选信号，低电压有效。当其为低电压时，将 A_0～A_7 作为列地址送入芯片内的列地址锁存器中。

DI：外界数据输入端口，对应 1 位数据输入。

DO：数据输出端口，对应 1 位数据输出。

$\overline{WE}$：读/写控制信号。当其为低电平时，通过输入端口进行数据写入操作；当其为高电平时，通过输出端口进行数据读出操作。

V_{CC} 和 GND：分别为电源线和地线。V_{CC} 的电压一般为 + 5 V，接电源；GND 接地。

NC：空闲引脚，一般未使用。但是在该 DRAM 系列的新产品中，此引脚可以作为自动刷新端，即将行选信号送到 NC 脚，能在芯片内实现自动动态刷新。

Intel 2164 DRAM 芯片进行数据读/写的过程为：首先，行选信号 $\overline{\text{RAS}}$ 为低电位，将 8 位行地址 RA_0～RA_7 输入片内行地址锁存器；列选信号 $\overline{\text{CAS}}$ 为低电位，将 8 位列地址 CA_0～CA_7 输入片内列地址锁存器；然后，使用 1/2 行地址译码器对 7 位行地址（RA_0～RA_6）进行译码，从 128×128 阵列中选择行地址对应的一行；使用 1/2 列地址译码器对 7 位列地址（CA_0～CA_6）进行译码，从 128×128 阵列中选择列地址对应的一列，从而实现选中存储阵列中某一个存储单元。由于芯片内有 4 个 128×128 阵列，通过 7 位行地址（RA_0～RA_6）和 7 位列地址（CA_0～CA_6）可同时选中 4 个存储阵列中各一个存储单元；最后，由输入行地址最高位 RA_7 和列地址最高位 CA_7 来选中 4 个 I/O 控制电路中的某 1 个进行数据写入或读出。

Intel 2164 DRAM 芯片的数据输入和输出是分开的，由 $\overline{\text{WE}}$ 控制读/写。当 $\overline{\text{WE}} = 1$ 时，存储阵列所选中的单元内容经过输出三态缓冲器，从 D_{OUT} 引脚读出；当 $\overline{\text{WE}} = 0$ 时，D_{IN} 引脚上的内容经过输入三态缓冲器对选中单元进行写入。另外，不同于 SRAM 芯片，DRAM 芯片的引脚中通常没有专门的片选信号 $\overline{\text{CS}}$ 或 $\overline{\text{CE}}$，一般是行选信号 $\overline{\text{RAS}}$ 和列选信号 $\overline{\text{RAS}}$ 起到片选的作用。

2. Intel 2164 DRAM 芯片的时序

（1）读周期。在准备好行地址后，设置行选信号有效（$\overline{\text{RAS}} = 0$），将行地址发送到行地址锁存器。为使行地址可靠输入，发出行选信号后，行地址需维持一段时间才能切换。由于是读出操作，为了提高读出效率，在列选信号发出前设置读出命令，即 $\overline{\text{WE}} = 1$。

当列地址准备好后，设置列选信号有效（$\overline{\text{CAS}} = 0$），此时行选信号不撤销，然后将列地址发送给列地址锁存器，同样列地址需要维持一段时间才切换。当两组地址都已输入芯片内后，启动存储器正常工作，接下来依次进行地址译码，存储单元数据读取、信号放大和数据输出，直到数据总线上出现稳定的有效读出数据，才撤销 $\overline{\text{RAS}}$、$\overline{\text{CAS}}$ 和 $\overline{\text{WE}}$ 控制信号。之后更换地址，为下一个读/写周期作准备。一般从行选信号 $\overline{\text{RAS}}$ 的下降沿开始，到下一次行选信号 $\overline{\text{RAS}}$ 下降沿为止所对应的时间，也就是连续两个读操作周期的时间间隔，称作 DRAM 的读周期。图 3.2.14 为 Intel 2164 DRAM 芯片的读周期时序，相关时间参数如下。

t_{RC}：读周期时间，即两次行选信号下降沿之间的时间间隔。

t_{RP}：行选信号恢复时间。

t_{RAC}：从行选信号发出到数据开始输出之间的时间间隔。

t_{CAC}：从列选信号发出到数据开始输出之间的时间间隔。

t_{RO}：从行选信号发出到数据稳定输出之间的时间间隔。

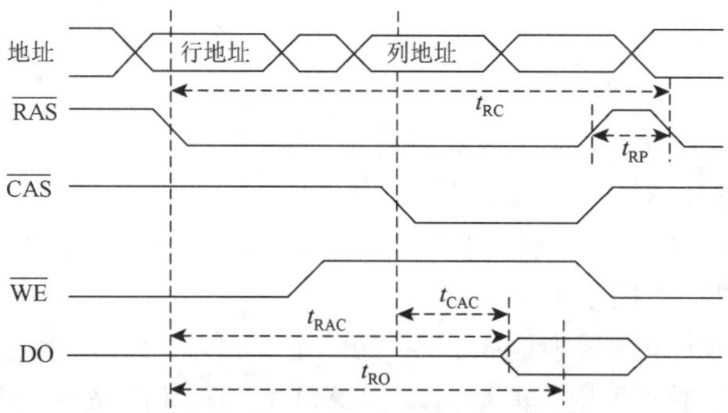

图 3.2.14　Intel 2164 DRAM 芯片读周期时序图

（2）写周期。在准备好行地址后，设置行选信号有效（$\overline{RAS}=0$），将行地址发送到行地址锁存器。为使行地址可靠输入，发出行选信号后，行地址需维持一段时间才能切换。同样为了提高数据写入效率，在列选信号发出前设置写命令，即 $\overline{WE}=0$。

当列地址准备好后，设置列选信号有效（$\overline{CAS}=0$），此时行选信号不撤销，然后将列地址发送给列地址锁存器，同样列地址需要维持一段时间才切换。当两组地址都已输入芯片内后，启动存储器正常工作，接下来依次进行地址译码、存储单元数据写入操作，直到数据稳定地写入存储芯片后，才撤销 $\overline{RAS}$、$\overline{RAS}$ 和 $\overline{WE}$ 控制信号。同样，从行选信号 $\overline{RAS}$ 的下降沿开始，到下一次行选信号 $\overline{RAS}$ 下降沿为止所对应的时间，也就是连续两个写操作周期的时间间隔，称作 DRAM 的写周期。图 3.2.15 为 Intel 2164 DRAM 芯片的写周期时序，相关时间参数如下。

t_{RC}：写周期时间，在实际的时序设定中，读周期和写周期一般设置为一样，所以 t_{RC} 又称为存储周期或读写周期。

t_{RP}：行选信号恢复时间。

t_{DS}：从外部数据开始输入到列选信号 $\overline{CAS}$ 和写命令信号 $\overline{WE}$ 均有效的时间间隔，即写入数据建立时间。

t_{DH}：当列选信号 $\overline{CAS}$ 和写命令信号 $\overline{WE}$ 均有效后，数据保持的时间。

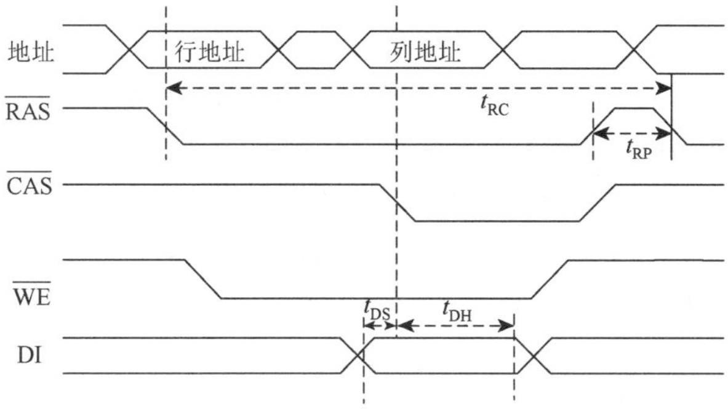

图 3.2.15　Intel 2164 DRAM 芯片写周期时序图

3. DRAM 的刷新

在 3.1.2 小节中，我们讲述了 1T1C DRAM 存储电路的刷新。存储单元依靠存储电容上的电荷暂存信息，而电荷随着时间变化会因漏电流逐渐泄漏导致信息丢失，因此需要在电容电压降到给定阈值前主动向存储电容补充电荷以维持其原有的状态，这样才能确保信息保持，该操作过程称为刷新。对于存储电路，需要注意，虽然“刷新”和“重写”均是向电容充电（写信息），但两者是有区别的。重写是因为对存储单元进行了读破坏，主要是读操作引起的存储电容电荷量变化，因此需执行电荷恢复性工作；而刷新与是否进行了读操作无关，只要是 DRAM，都需要定时刷新，其目的是保持单元中存储的信息。

电荷泄漏速率主要取决于半导体材料和半导体制造工艺，常温下目前绝大多数 DRAM 芯片（如 DDR4）需要在 64 ms 内对全部存储单元刷新一遍，才能确保信息不丢失，因此芯片内同一单元前后两次刷新的最大时间间隔 T_{max} 为 64 ms。DRAM 的刷新以行为单位，逐行进行，每次刷新都是自动刷新存储阵列中对应行的所有存储单元，每刷新 1 行所需时间为 1 个刷新周期，如果 DRAM 存储阵列内有 256 行，则要求在 64 ms 中至少安排 256 个刷新周期。刷新操作本质上也是访问存储器，同样需要提供访问地址，但是由于刷新是以存储阵列内 1 行电路为操作对象，因而地址计数器只需要提供刷新行地址即可。刷新操作是定时进行、固定频率的，是系统自动安排的，与执行指令、被动访存、运行状态等这些因素无关。

刷新操作要求在 T_{max} 内逐行对芯片所有存储单元电路恢复一遍，其工作模式有集中刷新、分散刷新和异步刷新三种。

（1）集中刷新。在规定的最大刷新时间间隔 T_{max} 内，将存储芯片所有行的刷新操作集中在一起，其余时间则进行正常的 R/W（读/写）操作。图 3.2.16 为集中刷新模式示意图，在刷新集中的一段连续时间内，存储器只进行刷新工作，不进行正常的读/写操作；在刷新时间之外，存储器只进行正常的读/写操作，不执行刷新操作。

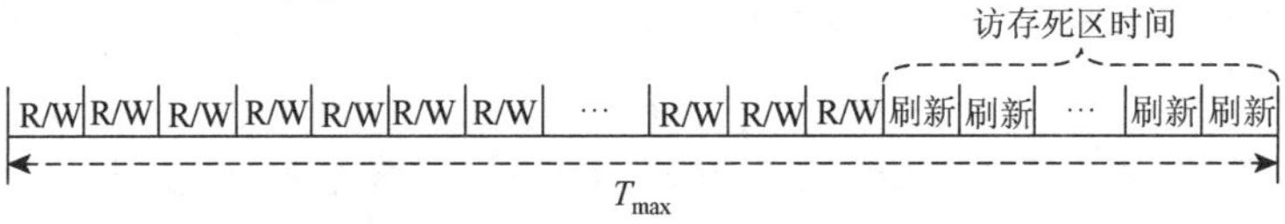

图 3.2.16　集中刷新模式示意图

刷新操作和读操作基本一致，两者消耗的时间基本相同。DRAM 芯片刷新的周期数等于存储阵列行数 R，而 R/W 操作次数等于存储阵列的行数 R×列数 C，因此在 T_{max} 内刷新实际占用的时间非常少，这表明使用集中刷新时，逐行刷新操作的行频率会很高。在实际逻辑上，可由一个定时器每 T_{max} 启动一次集中刷新，然后由刷新计数器控制一个最大值为 R 的行计数循环，从而完成对 R 行存储单元刷新一遍。

集中刷新模式的优点是连续访存效率高，刷新控制简单；而缺点为在安排集中刷新操作这段时间内，会形成一段访问内存的死区时间（简称访存死区时间），影响存储器的正常读写。

（2）分散刷新。分散刷新是将每个存取周期分为两段，如图 3.2.17 为分散刷新模式示意图，前段时间提供对存储器的正常读/写，后段时间专门用于刷新，即将刷新周期分散安排在读/写周期后。这意味着，每次正常读/写操作后，都会进行 1 次行刷新工作，故刷新频率等于访存频率。

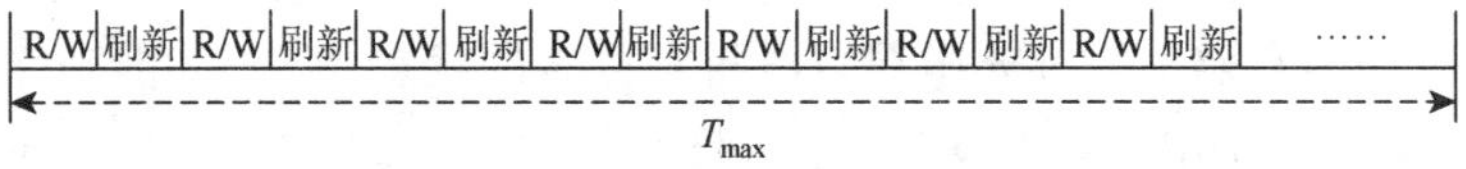

图 3.2.17　分散刷新模式示意图

分散刷新由正常的读/写操作启动，每读/写 1 个存储单元后均会执行 1 次对该单元所在行的刷新，由于存储阵列的单元数远远大于行数，这造成存储单元会被过度刷新，从而既挤占了正常访存的机会，又浪费了刷新资源。

分散刷新模式的优点是时序控制简单，无较长的访存死区时间；缺点是降低了访存效率和速度，制约了对存储器的连续多次访问，因而读/写速度会显著降低，一般只应用在对访存频率和速度要求较低的场景。

（3）异步刷新。异步刷新是上述两种模式的折中。它充分利用了最大刷新时间间隔 T_{max}，把存储芯片所有行的刷新操作平均分配到整个 T_{max} 内进行，因此相邻两行的刷新周期等于 T_{max} 除以存储阵列行数。比如，容量为 8 GB 的 DDR4 内存，存储阵列行数为 4096，规定 T_{max} 为 64 ms，则芯片的刷新周期为 15.625 μs（64 ms/4096），即每 15.625 μs 安排一次刷新操作。在刷新周期内，刷新操作既可以安排在访存前，也可以安排在访存后，图 3.2.18 为异步刷新模式示意图。

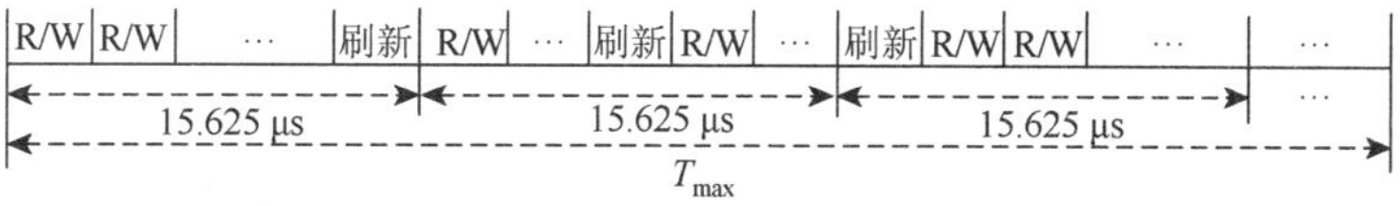

图 3.2.18　异步刷新模式示意图

异步刷新模式具有前面两种模式的优点：对正常访存的影响最小，甚至可利用访存空闲时间来安排刷新，不会累计较长的访存死区时间，也可以避免存储单元的过度刷新。异步刷新也需要由定时器根据刷新频率来启动刷新操作，在控制上相对复杂，但它可以充分利用计算机系统的直接存储器访问功能来实现自动刷新。

3.3　动态随机存储器的发展趋势

3.3.1　新型存储单元

为了适应先进工艺节点要求，DRAM 存储单元技术在不断发展，关键点是进一步提高存储电容或降低漏电流。对于前者，目前采用的一种方法是使用 GC（gain cell，增益单元）[7]。与传统 1T1C 结构不同，带有 GC 结构的电路使用金属层和通孔来提高存储电容，可以完全兼容主流 CMOS 技术，并不会增加制造的复杂度，因此表现出高存储密度和工艺兼容的优势。下面介绍几种带有 GC 结构的存储单元电路。

图 3.3.1 为目前最小的 2T PMOS GC DRAM 存储单元电路结构[8]，它由一个写晶体管 T_1 与一个读晶体管 T_2 组成，其中，T_1 管的栅极、源极和漏极分别连接着写字线 WWL、写位线 WBL 和 T_2 管的栅极；T_2 管的源极和漏极分别连接着读位线 RBL 和读字线 RWL，栅极则等效存在一个存储电容。可以看出，两个晶体管均为 PMOS 管，这是因为在标准 CMOS 工艺下 PMOS 管比 NMOS 管有更小的栅极隧穿漏电流。当储存单元进行写操作时，先将写字线 WWL 置为低电位，T_1 管开启，写位线 WBL 上的信息通过写晶体管写入存储节点（等效电容 C）；当储存单元进行读操作时，则是先将读字线 RWL 置为高电位，读晶体管依据存储节点的电平决定是否开启对读位线 RBL 充电。表 3.3.1 为 2T PMOS GC DRAM 存储单元的工作电压状态情况，可以看到 PMOS 管的开启电压非常小，为−0.4 V。该存储单元在 65 nm 制造工艺下，占用 0.2755 μm^2 的单元面积，能实现两倍于 SRAM 的存储密度。

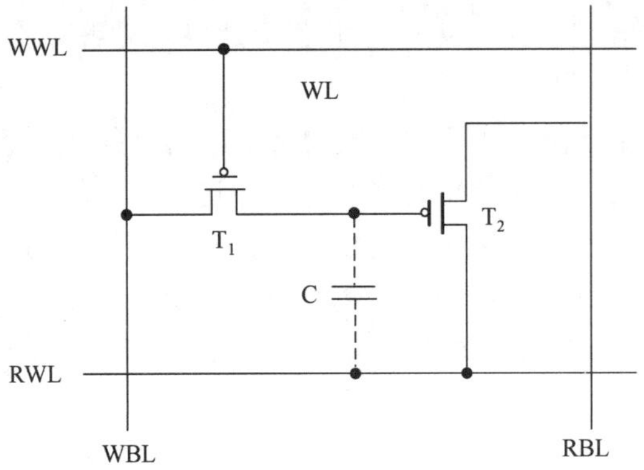

图 3.3.1 2T PMOS GC DRAM 存储单元电路结构图

表 3.3.1 2T PMOS GC DRAM 存储单元工作电压状态表

操作	RWL 电压/V	WWL 电压/V	WBL 电压/V	RBL 电压/V
写 0/1	0	−0.4	0/1	0
保持	0	1	0	0
读 0/1	<1	1	0	0/0.2

图 3.3.2 为 3T PMOS GC DRAM 存储单元电路结构[9]，初始电路结构如图 3.3.2（a）所示，可以看出，该电路由三个 PMOS 晶体管组成，即一个写晶体管 T_1、一个存晶体管 T_2 和一个读晶体管 T_3，其工作原理与 2T PMOS GC DRAM 存储单元类似。当进行写操作时，将写字线 WWL 设置为低电位，T_1 管开启，写位线 WBL 上的信息通过 T_1 管写入存储节点；当进行读操作时，将读字线 RWL 设置为低电位，T_3 管导通，T_2 管依据存储节点处的电压决定是否开启对读位线的 RBL 充电；当数据保持时，T_1 管和 T_3 管截止，此时存储节点处的电压受到周围电压的影响。由于存储节点周围均接有高电压 PMOS 管，因此节点数据“1”的保持时间要比数据“0”保持时间长。在最差情况下，数据“0”的保持时间为 58 μs，难以满足 DRAM 数据保持时间的要求。

因此，进行了如图 3.3.2（b）所示的 3T PMOS GC DRAM 存储单元电路改进，将 T_2 管的漏极从接 V_{DD} 改为接读字线 RWL。当进行读操作时，首先，将读位线 RBL 预充电到 V_{DD}，并设置读字线 RWL 为低电位，T_3 管开启；然后，依据存储节点电压，RBL 从 V_{DD} 放电到 RWL；最后，利用灵敏放大器检测 RBL 电压变化并放大，从而完成读操作。由于 T_2 管在强反型区由整个氧化层电容充当耦合电容，而在弱反型区由更小的耗尽层电容充当耦合电容，因此较低的存储节点电压就可以开启 T_2 管，实现 RBL 对 RWL 的放电。改进后的 3T PMOS GC DRAM 存储单元能够分辨更小的电压差，存储节点的信息保持时间可以延长到 1.25 ms，且读速度也达到改进前的两倍左右。

在 90 nm 和 65 nm 工艺节点时，3T PMOS GC DRAM 存储单元能够勉强满足数据保持时间需求，但是当工艺节点降低到 65 nm 以下时，存储节点的寄生电容（等效为存储电容）在不断减小，导致 DRAM 数据保持时间急剧降低。因此，一种 4T NMOS GC DRAM 存储单元电路被提出[10]，其结构如图 3.3.3 所示，所有的晶体管均为 NMOS 管。该电路的写操作与 3T PMOS

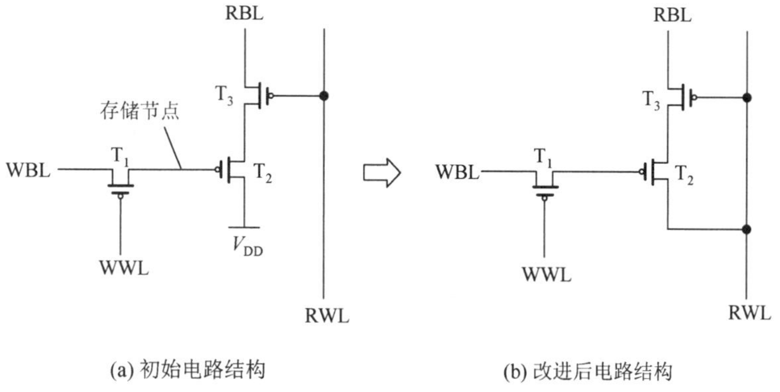

(a) 初始电路结构 (b) 改进后电路结构

图 3.3.2 3T PMOS GC DRAM 存储单元电路结构图

GC DRAM 存储单元类似，将写字线 WWL 设置为高电位，T_1 管和 T_2 管导通，写位线 WBL 上数据经由 T_1 管和 T_2 管输入存储节点并保存在存储电容 C 内。当进行读操作时，将读位线 RBL 预充电到高电位，读字线 RWL 下拉到低电位，依据存储节点的电压决定 T_3 管是否开启对 RWL 放电。在该电路中，T_3 管为低阈值晶体管，可以有效地加快存储单元的读取速度；而 T_4 管能够实现存储单元电路的正反馈，提升数据保持时间，与 2T PMOS GC DRAM 存储单元相比，数据保持时间能提升两个数量级。

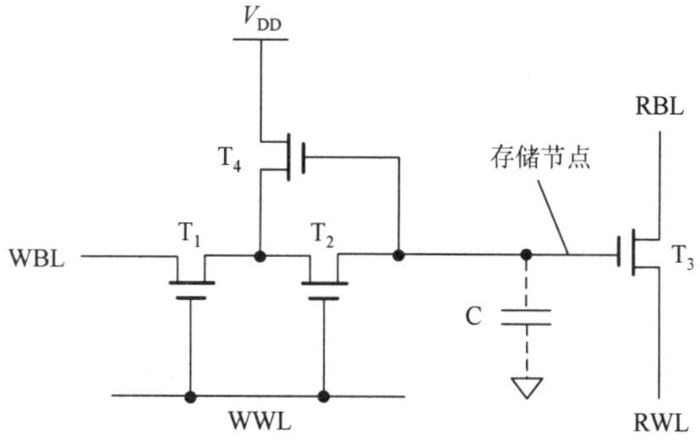

图 3.3.3 4T NMOS GC DRAM 存储单元电路结构图

3.3.2 新型动态随机存储器技术

DRAM 自 20 世纪 70 年代面世以来，其芯片架构一直在不断演进中，总体趋势是向着更高的存储容量、更快的数据读/写速度、更大的访问带宽及更小的功耗等方向前进。因此，出现了一些先进的 DRAM，下面简单介绍几款 DRAM 及其特点。

1. 快速页面模式动态随机存储器

经典的 DRAM 采用二维地址译码器进行寻址，每一位数据的读/写操作均需要使用行地址和列地址，而这会耗费一定的时间。由于保存在存储器中的数据具有局部性特征，即在一个比较短的时间间隔内，外界访问的数据是局限在存储器中一个相对较小的局部存储空间内。因此，当程序持续运行时，由于存储器中的数据为连续保存的，其行地址只需传输一次后就可以保持不变，而列地址是不断变化的需要持续传输。可以看出，向器件发送一次行地址后，再连续传输多个列地址，能在较少的时钟周期内读出尽可能多的数据，此时快速页是由唯一行地址和该行中所有的列地址确定的若干存储单元组成，将采用这种寻址操作方式的 DRAM 称为 FPM DRAM（快速页面模式动态随机存储器）。

FPM DRAM 以四字节突发模式传输数据，这四个字节来自同一行或同一页，这里的突发模式是指当处理器向一个单独的地址发出数据传输请求时，导致连续一系列地址的高速数据传输现象。为了描述该过程，一般使用每次访问间隔的周期数来表示时间，比如通常使用的格式为 x-y-y-y，x 表示第一次访问所需要的周期数，y 表示后面每个数据在连续访问时所需要的周期数。在 FPM DRAM 突发模式中，访问时间一般为 5-3-3-3 或 6-3-3-3。

2. 扩展数据输出动态随机存储器

EDO DRAM（扩展数据输出动态随机存储器）与 FPM DRAM 没有本质上的区别，其内部结构和各种功能操作基本相当，但是在数据访问时还是存在一些差异，前者在后者的基础上改进而来。在 FPM DRAM 中，数据传输时需要等待行地址和列地址输入稳定后，才能进行读/写操作，而下一个地址必须等待当前读/写周期完成后才能输出。在 EDO DRAM 中，数据输出在整个列地址选通周期内均是有效的，它不需要等待当前读/写周期结束后再执行，即可以在输出一个数据的过程中准备下一个数据的输出。这种设计节省了新地址的生成时间，提高了数据访问速度。由于减少了一个周期的等待时间，EDO DRAM 可以获得的突发模式周期为 5-2-2-2，总共需要的时钟周期数为 11（5 + 2 + 2 + 2），而 FPM DRAM 的突发模式周期为 5-3-3-3，总共需要的时钟周期数为 14（5 + 3 + 3 + 3），可以看出，EDO DRAM 的性能提升了约 22%。

3. 同步动态随机存储器

SDRAM（同步动态随机存储器）是一种高速、大容量存储器，其内部存储体的存储单元电路与标准 DRAM 存储电路相同，只是在工艺上进行了改进，比如，功耗更低、集成度更高等。但是与传统的 DRAM 相比，SDRAM 在存储体的器件结构方式和对外操作上有较大的差异，特别是在对外操作上能够与系统时钟同步操作，因此称为同步动态随机存储器。

在前面几种非同步存储器中，数据的存储与系统时钟不是同步进行的，需要等待若干个时钟周期协调才能进行存储器的存储。具体来说，当处理器向存储器输出地址和控制信号后，请求 DRAM 中某一位置的数据读出或将数据写入某一指定位置，经过一段访问延时后，才可以进行数据的读取或写入。在这段访问延时期间，DRAM 会进行内部各种协调动作，比如，行列选择、地址译码、数据读出或写入、数据放大等。此时外部发出访问操作的主控制器必须等待这段延时，在 FPM DRAM 中需要等待至少三个时钟周期，EDO DRAM 需要等待至少两个时钟周期，这严重影响了存储器的数据吞吐量，导致两者的工作速度都不超过 66 MHz。

而 SDRAM 的操作要求与系统时钟同步，存储器的各项动作均在系统时钟的控制下完成，即由系统的同步脉冲控制处理器与存储器的数据传输，以系统总线的最高速度运行而无须等待。正是由于取消了等待机制，减少了数据延迟周期，SDRAM 的存储速度才能提高很多。其突发模式周期可以达到 5-1-1-1，进行四次数据传输仅需要 8（5 + 1 + 1 + 1）个时钟周期，相比于 EDO DRAM，其传输速度提高了约 20%。

SDRAM 的基本原理是将 CPU 和 RAM 通过一个相同的外部时钟锁在一起，从而能共享一个时钟周期实现同步工作。因此，SDRAM 需要一开始花费一段时间实现同步，一旦建立同步后每一个时钟周期就可以读写一个数据，该速度已经接近主板上同步缓存的 3-1-1-1 水准。一般来说，当系统时钟为 66 MHz 时，SDRAM 和 EDO DRAM 相比没有明显优势，但是当系统时钟提高到 66 MHz 以上时，其速度优势就会比较明显。在 20 世纪 90 年代，计算机上使用的内存普遍为 SDRAM 存储器芯片，简称 SDR 内存。

4. 双倍数据率同步动态随机存储器

DDR SDRAM（双倍数据速率同步动态随机存储器）是在 SDRAM 基础上发展而来的，它使用了更高级的同步电路，与 SDRAM 的主要差异在于 SDRAM 在一个时钟内只传输一次数据，且在时钟的上升沿进行；而 DDR SDRAM 则是在一个时钟周期内传输两次数据，能够在时钟的上升沿和下降沿各传输一次数据，因此称为双倍数据速率同步动态随机存储器。

与 SDRAM 相比，DDR SDRAM 的同步电路能够实现指定地址、数据的输送和输出等主要步骤既独立执行，又保持与 CPU 完全同步。DDR SDRAM 使用了延时锁定回路技术，当数据有效时，存储控制器可使用这个数据滤波信号来精确定位数据，每 16 次输出一次，并重新同步来自不同传输模块的数据。DDR SDRAM 本质上不需要提高时钟频率就能够加倍提高 SDRAM 的速度，它允许在时钟脉冲的上升沿和下降沿读出数据，其速率是标准 SDRAM 的两倍。DDR SDRAM 的频率可以用工作频率和等效传输频率两种方式表示，工作频率是内存颗粒的实际工作频率（又称核心频率），而传输数据的等效传输频率是工作频率的两倍。从外形上看，DDR SDRAM 与 SDRAM 差别不大，它们具有相同的尺寸和引脚距离，但 DDR SDRAM 为 184 个引脚，而 SDRAM 为 168 个引脚，前者主要多出了新的控制、时钟、电源和接地等信号。另外，DDR SDRAM 使用的是支持 2.5 V 电压的 SSTL2 标准，而不是 SDRAM 上使用的 3.3 V 电压的 LVTTL 标准。

DDR SDRAM 面世后快速发展，2006 年，第一代 DDR 内存逐渐被 DDR2 内存替代。DDR2 是在 DDR 基础上加以改进而来，它拥有两倍于第一代 DDR 的内存预读取能力（即 4 位数据预读取），在每个时钟周期能够以四倍外部总线速率读/写数据，并能够以内部控制总线四倍的速率运行，从而实现传输速率更快（可达到 800 MHz）、耗电量更低、散热性能更好。继 DDR2 内存后，DDR3 内存又出现，它采用了 8 位数据预读取设计，这样 DRAM 内核频率只有等效接口频率的 1/8，如 DDR3-800 的核心工作频率（内核频率）仅为 100 MHz。DDR3 在实现更高带宽时，其功耗进一步降低，核心工作电压从 DDR2 的 1.8 V 降低到 1.5 V，能节约 30%的功耗。随后，又发展出 DDR4、DDR5 内存，其中 DDR4 较 DDR3 在保持预读取位不变的情况下通过提升 Bank 数量来实现相同内核频率时传输速率翻倍，同时 DDR4 的工作电压继续降低到 1.2 V，更节能；到了 DDR5 内存，预读取位为 16，采用 32-Bank 结构，较 DDR4 翻倍，数据传输速率继续提升，DDR5 的工作电压继续降低到 1.1 V，能耗更低。表 3.3.2 为 DDR、DDR2、DDR3、DDR4 和 DDR5 的一些性能参数对比。

表 3.3.2 DDR、DDR2、DDR3、DDR4 和 DDR5 的一些性能参数对比

性能	DDR	DDR2	DDR3	DDR4	DDR5
传输速率/($MT \cdot s^{-1}$)	200～400	400～800	800～1600	1600～3200	3200～6400
DRAM 容量	64 MB～1 GB	128 MB～4 GB	512 MB～8 GB	2 GB～16 GB	8 GB～64 GB
工作电压/V	2.5	1.8	1.5	1.2	1.1
预读取位数	2	4n	8n	8n	16n
Bank	4	8	8	16	32
Bank 组	NA	NA	NA	2 或 4	4 或 8
突发长度	2、4 或 8	4 或 8	8	8	16 或 32

参 考 文 献

[1] SUNAMI H，KURE T，HASHIMOTO N，et al. A corrugated capacitor cell（CCC）for megabit dynamic MOS memories[C]//1982 International Electron Devices Meeting. San Francisco，CA，USA. IEEE，1982：806-808.

[2] NARASIMHA S，CHANG P，ORTOLLAND C，et al. 22 nm High-performance SOI technology featuring dual-embedded stressors，Epi-Plate High-K deep-trench embedded DRAM and self-aligned Via 15LM BEOL[C]//2012 International Electron Devices Meeting. San Francisco，CA，USA. IEEE，2012：3.3.1-3.3.4.

[3] KOYANAGI M，SUNAMI H，HASHIMOTO N，et al. Novel high density，stacked capacitor MOS RAM[C]//1978 International Electron Devices Meeting. Washington，DC，USA. IEEE，1978：348-351.

[4] WANG Y，ARSLAN U，BISNIK N，et al. Retention time optimization for eDRAM in 22 nm tri-gate CMOS technology[C]//2013 IEEE International Electron Devices Meeting. Washington，DC，USA. IEEE，2013：9.5.1-9.5.4.

[5] WANG G，ANAND D，BUTT N，et al. Scaling deep trench based eDRAM on SOI to 32 nm and beyond[C]//2009 IEEE International Electron Devices Meeting（IEDM）. Baltimore，MD，USA. IEEE，2009：1-4.

[6] LIN C H，GREENE B，NARASIMHA S，et al. High performance 14 nm SOI FinFET CMOS technology with 0.0174 μm^2 embedded DRAM and 15 levels of Cu metallization[C]//2014 IEEE International Electron Devices Meeting. San Francisco，CA，USA. IEEE，2014：3.8.1-3.8.3.

[7] 曾晓洋，薛晓勇，温亮. 嵌入式存储器架构、电路与应用[M]. 北京：科学出版社，2020：81.

[8] SOMASEKHAR D，YE Y B，ASERON P，et al. 2 GHz 2 Mb 2T gain-cell memory macro with 128 GB/s bandwidth in a 65 nm logic process[C]//2008 IEEE International Solid-State Circuits Conference-Digest of Technical Papers. San Francisco，CA，USA. IEEE，2008：274-613.

[9] CHUN K C，JAIN P，LEE J H，et al. A 3T gain cell embedded DRAM utilizing preferential boosting for high density and low power on-die caches[J]. IEEE Journal of Solid-State Circuits，2011，46（6）：1495-1505.

[10] GITERMAN R，FISH A，GEULI N，et al. An 800 MHz mixed-VT 4T gain-cell embedded DRAM in 28 nm CMOS bulk process for approximate computing applications[C]//ESSCIRC 2017-43rd IEEE European Solid State Circuits Conference. Leuven，Belgium. IEEE，2017：308-311.

第 4 章

只读存储器

本章教学目标与要求

- 了解各个只读存储器的起源和发展。
- 熟悉各个只读存储器器件结构。
- 掌握各个只读存储器结构的特点。

本章知识架构

非易失性存储器具有断电以后依然可以保持数据不丢失的特点，和易失性半导体存储器一起构成了信息存储的基础媒介。如图 4.0.1 所示[1, 2]，非易失性存储器已经在各个领域得到广泛的应用。

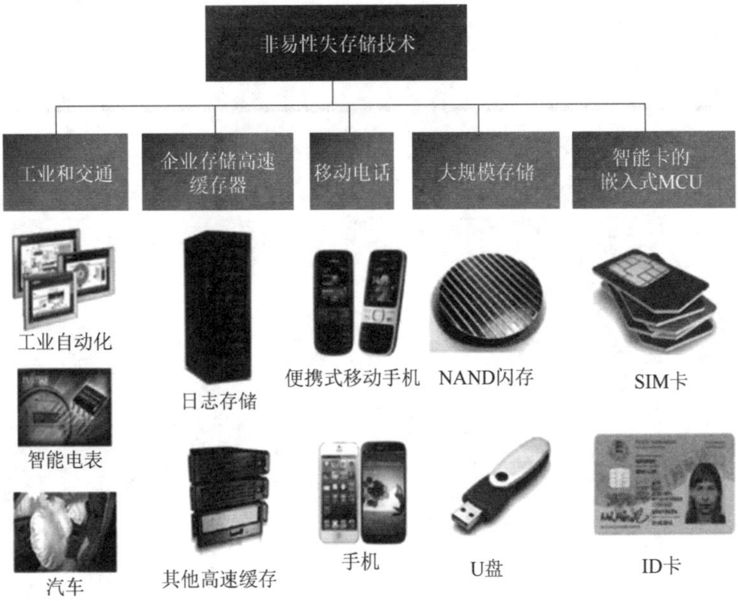

图 4.0.1　非易失性存储器的应用

最早出现的非易失性存储器是 ROM，具体包括 MROM、OPTROM（one time programmable ROM，一次可编程只读存储器）、EPROM、EEPROM。而目前应用最广泛的是闪存——或非型闪存（NOR Flash）和与非型闪存（NAND Flash）。同时 RRAM 和 FeRAM、MRAM 和 PCRAM（phase change random access memory，相变随机存储器）等新型存储器也是未来发展的方向，如图 4.0.2 所示。

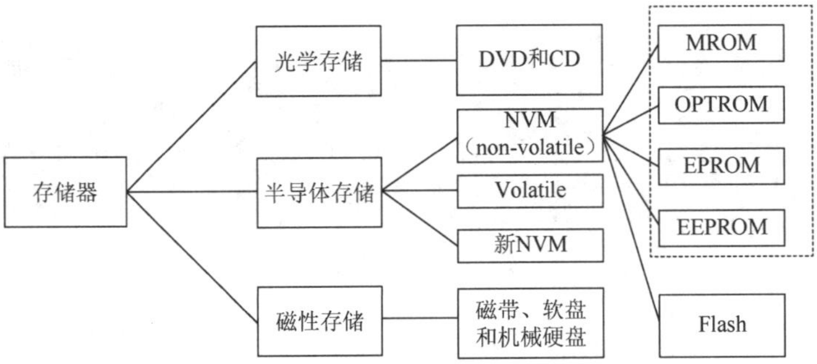

图 4.0.2　按照易失性划分的存储器类别

本章重点介绍在闪存技术成为主流的存储器之前的相关非易失性存储器——ROM。首先我们对非易失性半导体存储器技术发展历程进行了回顾——从 ROM 这个概念的提出到 Flash

技术的盛行。同时我们也将逐一介绍各种只读存储器的基本原理、结构和读写方式。从中我们可以学习到半导体技术的发展，以及闪存是怎样一步一步走上历史的舞台，成为目前最主流的存储器之一。

1965 年，西尔韦尼亚（Sylvania）为霍尼韦尔（Honeywell）生产了一种 256 位的双极 TTL ROM（transistor-transistor logic ROM，晶体管-晶体管逻辑只读存储器），其制备方法为：由工厂的熟练技术员用物理方式刮开选定二极管的金属链路连接，同时每次编程一个位。生产订单被满足于定制掩码编程的设备[3]。同年，美国通用电气利用 MOS 技术开发了速度较慢但体积大四倍的 1024 位 ROM[4]。20 世纪 70 年代初，美国飞兆半导体、英特尔、摩托罗拉、Signetics 和德州仪器等公司也加入了 ROM 的制造中，提供了 1024 位 TTL ROM，而超威半导体、通用仪器、罗克韦尔等公司生产了 4096 位 MOS 器件。随着技术的不断进步。基于 MOS 技术的只读存储器单元开始取代当时普遍采用的磁芯存储器，成为半导体存储器技术的发展主流。

ROM 单元通常由一个晶体管组成。晶体管的阈值电压决定了它是一个“1”还是“0”。在读取周期中，一个电压被放置在存储单元的栅极上。根据编程的阈值电压，该晶体管将不驱动电流。感应放大器将把这个电流，或缺乏电流，转化为“1”或“0”。图 4.0.3 显示了 ROM 工作的基本原理。由于一个二极管代表了最小的存储单元结构，ROM 设备提供了密度最高、每比特成本最低的半导体存储器形式。

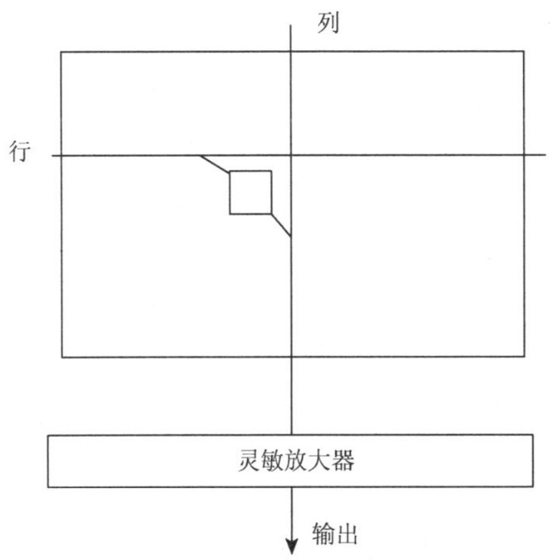

图 4.0.3　ROM 工作的基本原理

传统的 ROM 历经多年的发展，历经了 MROM、OPTROM、EEPROM 和 EEPROM，最后到 Flash。下面我们就对 ROM 非易失性存储器进行介绍。

4.1　掩模型只读存储器

4.1.1　掩模型只读存储器介绍

MROM（掩模型只读存储器），最早开发于 20 世纪 60 年代至 70 年代，在计算机技术的早期发展中发挥了关键作用。MROM 在制造过程中，使用一组特定的数据或指令进行编程。通过使用光刻工艺掩盖存储器阵列的某些区域，将数据硬连接到 ROM 上，创建一个永久的、不可改变的“1”和“0”模式。这意味着一旦芯片生产出来，数据就不能被修改、擦除或重写。MROM 的独特之处在于 MROM 是一次性可编程存储器，旨在提供一种低成本、高密度的内存解决方案，适用于存储不需要更新或修改的数据或程序，这使得 MROM 成为需要高可靠性的应用的理想选择，比如关键控制系统或嵌入式设备。目前，MROM 芯片被大量用于特定应用，比如视频游戏、工业控制系统和汽车电子产品。

4.1.2 掩模型只读存储器存储单元结构

MROM 是通过微纳加工实现信息存储的，通过掩模版构造实际的物理器件，利用物理器件的功能实现数据存储，在该存储器出厂之前就已经将存储数据固化到存储器中，如图 4.1.1 所示。

在使用 MROM 时，数据可以被读出，但是由于是通过物理器件的排布实现数据的存储，因此绝对不能改写，所以我们通常存放固定的表和图片。图 4.1.2 为一个采用 MOS 工艺制作的 MROM，它包含 ROM 译码器、存储矩阵和输出缓冲器，全用 MOS 管组成。这个阵列有 D_0、D_1、D_2、D_3 及 D_4 五条位线 BL 和 W_0、W_1、W_2、W_3 和 W_4 五条字线 WL。这五条位线 BL 以 NMOS 管为负载，且分别与其他 NMOS 管连接。每个 MOS 管的栅极均接往与其地址相对的字线 WL，而源极接地。当 W_2 的电压切换至 5 V 时（此时 W_0、W_1、W_3、W_4 为 0 V），地址为 33 的 MOS 管 M_{33} 将开启，使来自 V_{DD} 的电流经过开启的 M_{33} 而流向 GND，使 D_2 的输出为 0，而 D_1 上的电流因为 M_{32} 不存在，D_1 的输出将为 1。同理，D_0、D_3 和 D_4 的输出分别为 1、1 和 1。换言之，当选择 W_2 时，存储器输出 11011。同理可知，这个阵列可以读出 10101、11011、01101、11111。五个数字因为这个电路在制造时已经完成，因此，有无外界电源并不会影响这个电路。在制造时，我们可以借着一层光刻掩模版的图案来决定是否有金属线与 MOS 管相连或者利用离子注入来调整 MOS 管的开启电压，这样可以决定这个 MOS 管是常开或常闭，于是 0 或 1 的信息就被定义出来了。

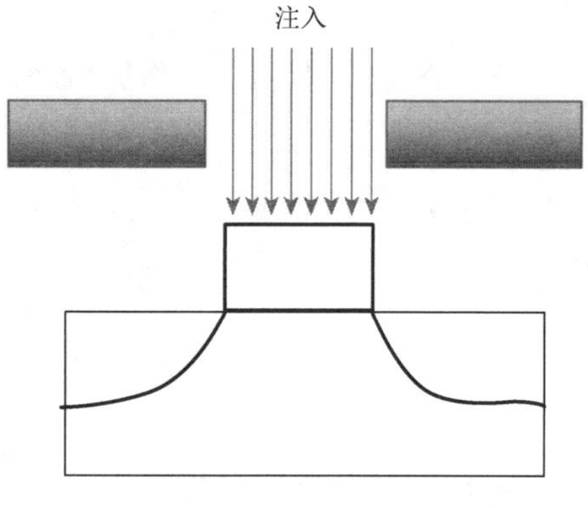

图 4.1.1　将数据固化到存储器中

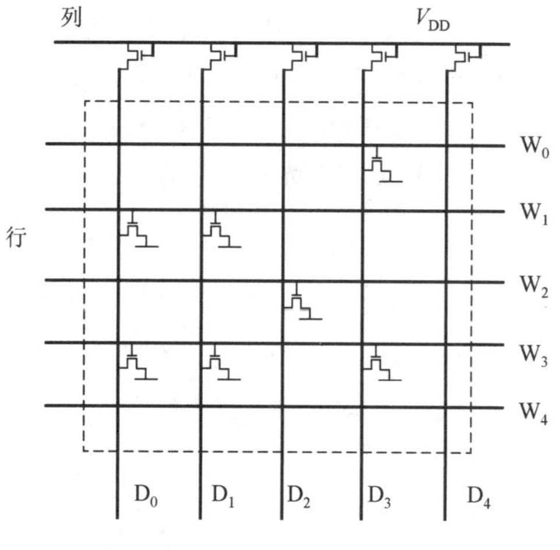

图 4.1.2　MOS 工艺制作 MROM

4.1.3 掩模型只读存储器特点

MROM 有以下几个关键的特点，使它成为一种独特而有价值的存储器技术。

1. 永久性

一旦数据或指令被编入 MROM 芯片，它们就不能被修改、擦除或更新。这使 MROM 成为数据或指令需要固定和不变的应用的理想选择，比如视频游戏盒或工业控制系统。

2. 可靠性

MROM 是一次性可编程的存储器，没有因意外覆盖或断电而导致数据丢失或损坏的风险。这使它成为数据完整性至关重要的关键应用的理想选择。

3. 高密度

MROM 可以用高密度的存储单元制造，允许大量的数据或指令存储在一个芯片上。这使它成为需要大量内存的应用的一个具有成本效益的解决方案，比如视频游戏或医疗设备。

4. 低成本

ROM 作为一种相对简单的半导体存储技术，其制造工艺成熟且成本较低。这使得 ROM 在成本敏感型应用领域（如消费电子和汽车电子系统）中具有显著的市场竞争力。

5. 快速访问时间

MROM 是一种只读存储器，访问时间短，能快速检索数据或指令。这使它适用于对速度要求很高的应用，比如实时控制系统或视频游戏。

总之，MROM 的特点使它成为对永久性、可靠性、高密度、成本效益和访问时间有重要要求的应用的理想存储器解决方案。

4.1.4　掩模型只读存储器优缺点

类似于其他类型存储器技术，MROM 有其自身的优点和缺点。

1. MROM 的主要优点

1）非易失性

MROM 是非易失性的，这意味着它不需要电源来保留存储的数据或指令。这使它成为因断电或其他中断而造成的数据损失可能是灾难性的应用的理想选择。

2）永久数据存储

一旦数据或指令被写入 MROM 芯片上，它们就不能被修改、擦除或更新。这使它成为数据或指令需要固定和不变的应用的理想选择。

3）低功率消耗

ROM 因其固有的低功耗特性，在功耗敏感型应用中展现出显著优势，是电池供电设备首选的存储解决方案，可有效延长设备续航时间达 30%以上。

4）成本效益高

ROM 作为一种成熟的半导体存储技术，其制造工艺相对简单且具有显著的规模经济效应。特别是在成本敏感型应用领域中成为最具性价比的存储解决方案选择。

2. MROM 的主要缺点

1）一次性可编程性

MROM 只能进行数据读出而不能写入，其内部数据在出厂时被固定，后期无法更新。如果需要对数据或指令进行修改，这可能是一个不利因素。

2）初始成本高

MROM 芯片需要一个定制的制造过程，这可能导致与其他存储器技术相比，初始成本较高。

3）灵活性有限

MROM 不能被重新编程或适应新的应用，这意味着它是不灵活的。这使它不太适合需要频繁更新或变化的应用。

4）最低订货量高

由于 MROM 芯片需要一个定制的制造过程，它们通常有很高的最低订购量，这对小规模或原型应用来说是一个不利因素。

4.2 可编程只读存储器

4.2.1 可编程只读存储器介绍

PROM（可编程只读存储器）是 1956 年周文俊（Wen Tsing Chow）在美国博世阿尔玛公司的阿尔玛部门工作时发明的[5, 6]，这项发明是应美国空军的要求而构思的，目的是为 Atlas E/F 洲际弹道导弹的机载数字计算机提供一种更加灵活和安全的目标常数存储方式。因为 Atlas E/F 是美国洲际弹道导弹部队的主要作战导弹，所以 PROM 技术专利和相关技术在保密令下被保留了好几年。PROM 原始专利中出现了“烧毁（burn）”这个概念，因为最初的实现方式之一是用电流过载实际烧毁二极管的内部结构，以产生电路断路，从而实现不同数据的存储和编程。而用电流过载烧毁二极管的 PROM 编程机也是由周文俊在阿尔玛公司的花园城实验室工作时所领导的团队开发的。尽管此项技术发明得较早，但是由于一直用于军事用途，所以推广使用的时间较晚。

PROM 允许数据只被写入存储器一次，一旦存储器被编程，它在断电后仍保留其数值，根据其工作原理的特点，我们又称其为一次性可编程存储器，这是一种特殊类型的非易失性存储器。PROM 用于需要可靠和可重复读取数据的应用，比如，启动代码、加密密钥和模拟、传感器或显示电路的配置参数。PROM 具有功耗低、面积小的特点，因此被应用于从微处理器和显示器驱动器到电源管理集成电路的产品中。

大约从 1969 年起，市售的基于半导体反熔丝存储器的 PROM 阵列就已经出现了，最初的反熔丝存储单元依赖于在交叉导电线之间炸开一个电容器。德州仪器公司在 1979 年开发了一种栅极氧化物 MOS 反熔丝存储器[7]；1982 年推出了一种双栅极氧化物双晶体管（2T）MOS 反熔丝存储器[8]。早期的氧化物击穿技术表现出各种扩展、编程、尺寸和制造问题，阻碍了基于这些技术的存储设备的批量生产。

虽然基于反熔丝的 PROM 已经有几十年的历史，但直到 2001 年美国 Kilopass 科技公司为使用标准 CMOS 工艺的 1T、2T 和 3.5T 抗蚀剂位单元技术申请了专利，使 PROM 能够集成到逻辑 CMOS 芯片中。可在标准 CMOS 中实现的第一个工艺节点防雷器是 0.18 μm。由于栅极氧化物的击穿小于节点的击穿，所以不需要特殊的扩散步骤来创建防熔编程元件。2005 年，Sidense 公司推出了一种分裂通道反熔丝存储器[9]。这种分道式比特单元将厚和薄的氧化物器件结合成一个晶体管（1T），并有一个共同的多晶硅栅。

4.2.2　可编程只读存储器存储单元结构

PROM 只能进行一次编程，一旦写入数据后就不能进行更改。相比 MROM，其优势是不需要在出厂时就把数据固化在存储器里，而是以全“0”或全“1”的状态出厂，方便用户自行配置数据。其基本读写逻辑类似 MROM，所不同的是，它是在生产后依据客户的需求，利用烧录机完成写入。由于它在生产后再进行写入，所以具有特殊的存储单元结构。下面我们将重点讲述其储存单元的基本原理。

PROM 主要包括两种类型：熔丝型 PROM 和反熔丝型 PROM。其中，熔丝型 PROM 的存储单元在出厂前熔丝的状态是一样的，熔丝单元可以看作是一个小电阻或者导线，此时存储数据“0”。编程时，根据用户的数据需要，给某些特定的存储单元的数据位足够大的电流来烧断熔丝，烧断之后的存储单元就相当于断路或者一个大电阻，使这些存储单元存储数据“1”。我们把对 PROM 的编程过程称为“烧制”。熔丝型 PROM 最大的缺点就是容易受到外界环境的干扰，从而导致熔丝错误熔断，而熔丝一旦熔断便不可恢复，最终导致电路逻辑错误，芯片不能正确使用，芯片作废。事实上，我们常常采用多晶硅材料作为熔丝，在一个存储单元中多晶硅的厚度大概为 0.5 μm，全新的存储器每一个电路结构都是导通的，如图 4.2.1（a）所示。通过编程器编程，其基本原理是利用大功率激光熔断多晶硅熔丝，从而造成多晶硅熔丝断开，使得电路断路，如图 4.2.1（b）所示。PROM 虽然结构较为简单，但是在使用激光进行烧制的时候容易造成隔壁相邻存储单元的破坏，因此必须将存储单元保持一定的距离，使得熔丝间隔开，确保相邻存储单元在编程时不会被影响。但是这样的设计会大大增加版图设计的面积，降低存储器集成密度，造成成本上升。除此之外，由于芯片的编程与测试都只能在封装前进行，封装好的芯片不能进行数据编程，这是熔丝型 PROM 最大的短板。

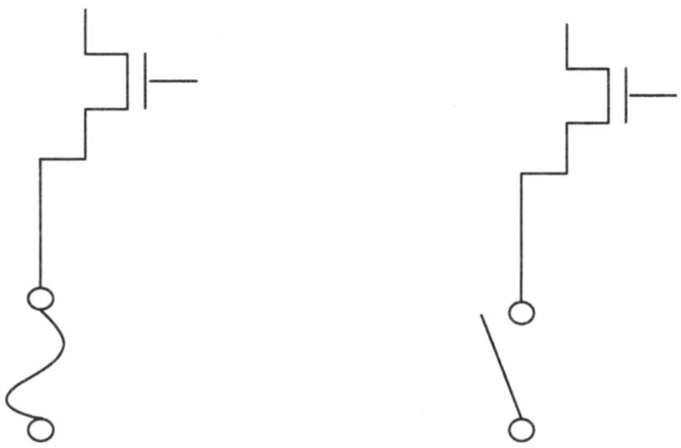

(a) 熔丝烧断前，电路呈导通状态　　(b) 熔丝烧断后，电路呈断开状态

图 4.2.1　熔丝型 PROM 存储单元结构图

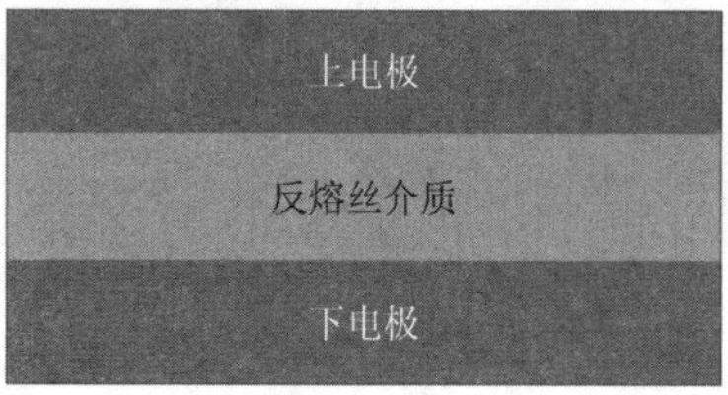

图 4.2.2 反熔丝型 PROM 存储单元结构图

与熔丝型 PROM 相对应的是反熔丝型 PROM，其特点是编程前是断路，其结构是一个典型的三明治结构，也可以算作是一个大的电容，结构如图 4.2.2 所示。电容的上、下极板由 N + 注入区以及多晶硅等多种材料构成，上、下极板之间的介质则由不导电的反熔丝介质填充。在刚出厂时，存储器未编程的情况下，反熔丝存储单元表现出非常大的电阻，因而具有良好的电隔离性能，可以视为断路，此时我们定义存储数据“0”，编程时，根据用户数据，给特定的数据位加一个很高的编程电压，反熔丝介质层在较高的编程电压下发生穿通，两极板不再是电气隔离的状态而是导通的状态，此时击穿后的反熔丝表现为一个很小的电阻，这些击穿后的存储单元存储数据“1”。上述不同状态代表的数据“0”和“1”只是根据产品需求定义的，因此也可以相反，不同之处仅在于读出电路的定义。

根据结构和介质的不同，反熔丝型 PROM 存储单元又可以分为以下几类。

1. 氧化物-氮化物-氧化物结构

1988 年，美国 Actel 公司提出了一种可编程、低阻抗特性的反熔断器结构——ONO（oxide-nitride-oxide，氧化物-氮化物-氧化物）结构，并制造了一个 64 Kbit 容量的 PROM[10]。这种存储器的特点是需要较高的电压来将反熔丝击穿，其编程电流一般为 5 mA，编程后电阻约为 500 Ω。通过一系列的可靠性测试，包括未编程状态下的时间依赖性介质击穿测试、编程状态下的干扰测试以及反熔丝编程电阻的稳定性测试，结果都表明 ONO 结构的反熔丝在可靠性和稳定性方面表现良好，其稳定工作寿命高达 40 年[11]。尽管它的优点很多，技术也相对简单和成熟，但是，它与现有的 CMOS 工艺不能够很好地适配，需要制备特殊的高压晶体管来承受非常高的编程电压，而且存在热稳定性缺点。

2. 金属-非晶硅-金属结构

为了解决 ONO 结构反熔丝高编程电压的问题，科技工作者开发了新的材料体系结构。1992 年，美国 QuickLogic 公司提出了一种金属-非晶硅-金属（metal-to-metal，MTM）结构反熔丝存储单元[12]，如图 4.2.3 所示。MTM 结构只需要 10 V 的电压就可以对反熔丝进行编程，比 ONO 结构反熔丝编程电压低得多，避免了对大量高压晶体管的需求。同时，MTM 结构编程电流约为 15 mA，编程后的反熔断器的平均电阻为 52.3 Ω，这些性能也远远优于 ONO 结构反熔丝结构[13]。尽管 MTM 结构具有快速和密集的优点，但它仍然不能完全兼容 CMOS 工艺，并且在编程时可能导致通道关闭[14, 15]。

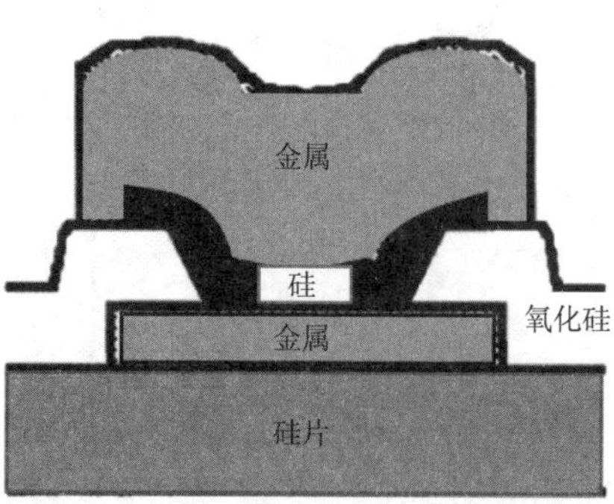

图 4.2.3 MTM 结构反熔丝存储单元结构图

3. 栅氧化层反熔丝结构

由于工艺不兼容带来的成本、时间等诸多问题使反熔丝芯片的制造受到了极大的限制，2003 年，韩国首次提出了基于 MOS 栅氧化层的反熔丝结构[16, 17]，其存储单元结构如图 4.2.4 所示。因为反熔断层是由 MOS 栅氧化层作为反熔断介质，所以这种结构与标准 CMOS 工艺完全兼容，在 0.18 μm 的半导体工艺下，栅极氧化层只有 32 nm 厚，只需要 5.8 V 的编程电压来击穿栅氧化层，6.5 V 的编程电压来对存储单元进行编程，此时的编程电流为 1 mA，编程时间约为 100 ms。与 MTM 结构反熔丝相比，栅氧化层反熔丝的编程电压进一步降低，可以使用更少的高压晶体管，从而大大降低了芯片的制造成本，并且更容易对芯片进行测试和编程，同时也大大降低了编程时产生的功耗和热量，提高了热稳定性。然而，这种结构也不是无可挑剔的，同样存在着编程时间长和编程后电阻值分散大的问题。

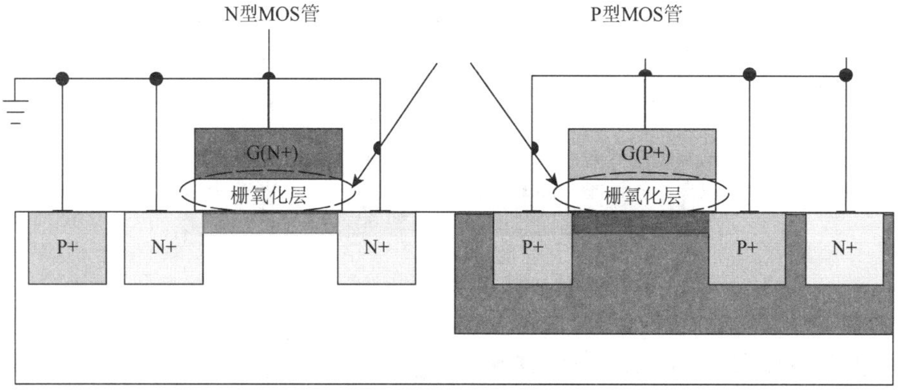

图 4.2.4 栅氧化层反熔丝存储单元结构图

相比熔丝型 PROM，反熔丝型 PROM 采用电压击穿的形式，不同存储单元之间不会互相干扰，因此存储单元只需占用很少的空间，提高了面积利用率，可以进行大容量存储；且封装后的反熔丝型 PROM 仍然能够通过对封装的管脚分配信号进行测试和编程，更加方便实用，也更能满足客户的需求。但是，反熔丝型 PROM 需要增加额外的掩膜板，提供工艺所需要的反熔丝材料，制作成本较高。

4.3 可擦可编程只读存储器

4.3.1 可擦可编程只读存储器介绍

20 世纪 60 年代初，穆罕默德-阿塔拉和达文-卡恩在贝尔实验室发明了 MOSFET（metal-oxide-semiconductor field effect transistor，金属-氧化物-半导体场效应晶体管），弗兰克-万拉斯开始关注研究 MOSFET 结构。1963 年，他注意到电荷通过氧化物向栅极的移动。虽然他没有继续研究，但这一想法后来成为 EPROM（可擦可编程只读存储器）技术的基础。

1965 年，MOSFET 以其卓越的集成度与器件性能开始取代当时普遍采用的磁芯存储器，成为半导体存储器技术的发展主流。但是由于 MOS 器件无法在断电的情况下长时间地保留已有数据，非易失性半导体存储器的市场仍然被 ROM 占据。

1967 年，贝尔实验室的多恩和西蒙斯提出，MOSFET 的浮动栅极可用于可重复编程的 ROM 存储单元[18]。在这个概念的基础上，英特尔公司的多福于 1971 年发明了 EPROM，并于 1972 年获得了美国专利。

EPROM 是一种 PROM 芯片，当其电源被关闭时仍能保留其数据。它是一个浮动栅极晶体管阵列，由一个提供比数字电路通常使用的更高电压的电子装置单独编程。EPROM 一旦被编程，可以通过将其暴露在强紫外线光源下，比如来自汞蒸气灯来擦除。EPROM 很容易辨认，它的封装顶部有一个透明的熔融石英（在后来的型号中为树脂）窗口（图 4.3.1），通过这个窗口可以看到硅芯片，而且在擦除过程中可以暴露在紫外线下。

图 4.3.1 Intel 1702A EPROM 存储芯片

4.3.2 可擦可编程只读存储器存储单元结构

EPROM 存储单元的开发始于对晶体管的栅极连接断裂的集成电路的研究中，研究发现这些孤立的栅极上储存的电荷会改变其阈值电压。EPROM 存储单元有一个列和行的网格，每个交叉点的单元有两个晶体管，这两个晶体管被一层薄薄的氧化层相互隔开，其中一个晶体管被称为浮动栅极，另一个被称为控制栅极。在浮动栅极 MOSFET 内部，主要部件是控制栅极、浮动栅极和氧化薄层。浮动栅极与行（字线）的唯一联系是通过控制门。场效应晶体管的状态是由晶体管控制栅极上的电压控制的。该栅极上存在的电压在晶体管中形成了一个导电通道，将其打开。通常在 10～28 V 电压下，电子通过氧化层被施加到浮动栅极上。隧穿的作用是用来改变电子的位置。这些隧穿的带负电的电子在控制栅极和浮动栅极之间起到了屏障作用。一个称为电子传感器的装置监测通过浮动栅极的电荷水平。如果流经门的电荷量大于 50%，它的值就是 1，如图 4.3.2（b）所示。如果流经门的电荷量小于 50%，值就变成了 0，如图 4.3.2（a）所示。同时，由于栅极周围的氧化硅具有很高的绝缘值，储存的电荷不容易泄漏，数据可以保留几十年。

为了从 EPROM 中读出数据，由 EPROM 的地址引脚上的数值所代表的地址被解码，并用于连接一个字（通常是一个 8 位字节）存储到输出缓冲放大器。该字的每一位都是 1 或 0，取决于存储晶体管状态。

但是 EPROM 编程过程在电学上是不可逆的。为了擦除存储在晶体管阵列中的数据，紫外线被照射到芯片上。紫外线的光子导致氧化硅内的电离，这使得浮动门上存储的电荷消散。

由于整个存储器阵列被暴露出来，所有的存储器都同时被擦除。这个过程对于尺寸合适的紫外灯来说需要几分钟，阳光会在几周内擦除一个芯片，而室内的荧光灯则需要几年的时间。一般来说，EPROM 必须从要擦除的设备上拆下来，因为在电路中建立一个紫外灯来擦除部件通常是不现实的。

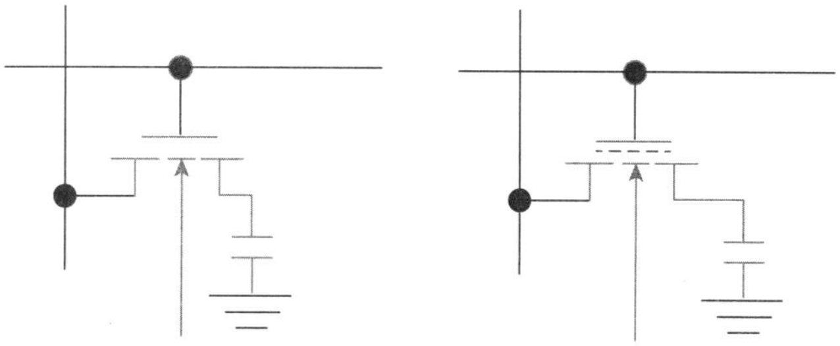

(a) 流经门的电荷量小于50%　　(b) 流经门的电荷量大于50%

图 4.3.2　EPROM 的存储

4.3.3　可擦可编程只读存储器优缺点

EPROM 是首个能被用户电学化编程且能实现擦除操作的非易失性半导体存储器。所有的 EPROM 产品都是基于浮动栅极存储的概念开发的，一个字节的编程时间一般在 100 μs 到 1 ms 之间，速度较快。

由于 EPROM 的擦除不需要做到逐个字节，整个存储单元的结构可以由单个的浮动栅极 MOS 器件组成；也正因为这样，EPROM 的集成度可以做到与 DRAM 相比拟。

EPROM 器件只具备向浮动栅极提供电子的机制，它的擦除必须通过紫外线照射来实现，其物理本质是为浮动栅极内的电子提供额外能量，使其能够克服界面势垒而逸出。紫外线擦除时间通常为 20 min，在进行擦除操作时，器件必须处于断电状态。

EPROM 的擦除周期有限，但数量很大；栅极周围的二氧化硅从每个周期中积累了损害，使芯片在几千个周期后变得不可靠。

与其他形式的存储器相比，EPROM 的编程很慢。由于更高密度的部件在互联层和栅极之间几乎没有暴露的氧化物，紫外线擦除对于非常大的存储器来说变得不太适用，即使是封装内的灰尘也能阻止一些单元被擦除。

为了进行紫外线照射擦除，EPROM 器件的封装上必须安装一个石英窗口，这大大增加了产品的封装成本。同时，EPROM 必须拿出电路板进行编程和擦除，也给产品封装增加了难度。

4.4　电擦除可编程只读存储器

4.4.1　电擦除可编程只读存储器介绍

在 20 世纪 70 年代早期，各大公司开始研发电子可重复编程的非易失性存储器。1971 年，日本国家研究机构电子技术实验室的 Yasuo Tarui、Yutaka Hayashi 和 Kiyoko Nagai 在东京举行的第三届固态设备会议上提出了第一个 EEPROM（电擦除可编程只读存储器）方案[19]，并在 1972 年制造了一个 EEPROM 设备[20]，并持续研究该项目 10 余年。随之产生的成果被后来的论文和专利反复引用。他们的研究成果包括金属氧化物-氮化物-氧化物-半导体（metal-oxide-nitride-oxide-semiconductor，MONOS）技术[21]，这项技术用于瑞萨电子公司的闪存芯片上[22]。

1972 年，日本东芝公司的 Fujio Masuoka 发明了一种电气上可重复编程的非易失性存储器，他也被称为闪存的发明者[23]。大多数主要的半导体制造商，如东芝、三洋（后来的安森美）、美国国际商用计算机 IBM、英特尔、瑞萨电子、飞利浦（后来的恩智浦半导体），西门子（后来的英飞凌科技）、霍尼维尔（后来的爱特梅尔）、德州仪器研究、发明和制造一些可重复编程的非挥发性设备[24-27]。这些器件的理论基础是雪崩热载流子注入（见第 6 章）。但总的来说，20 世纪 70 年代早期的可编程存储器，包括 EPROM，都有可靠性和耐久性问题，如数据保留期和擦除/写入周期的数量[28]。

1975 年，NEC 的半导体运营部门，即后来的 NEC 电子，向日本专利局申请了 EEPROM® 的商标名称[29]。1978 年，这一商标权被授予并在日本注册为第 1、342、184 号，截至 2018 年 3 月仍然存续。1977 年 2 月，美国休斯飞机公司的 Eliyahou Harari 发明了一种新的 EEPROM 技术，使用 Fowler-Nordheim 隧道技术穿过浮动栅极和晶圆之间的薄二氧化硅层。休斯飞机公司持续生产这种新的 EEPROM 设备[30]。但是这项专利借鉴了 IBM 公司和 NEC 的 EEPROM®发明。1977 年 5 月，飞兆和西门子公司披露了一些重要的研究结果，分别采用了二氧化硅厚度小于 30 Å 的 SONOS（silicon-oxide-nitride-oxide-silicon，多晶硅-氧化物-氮化物-氧化物-硅）结构和 SIMOS（叠层栅极注入 MOS）结构，以使用 Fowler-Nordheim 隧道热载流子注入[31]。大约在 1976 年到 1978 年，英特尔的团队，包括 George Perlegos，做了一些发明来改进这种隧道式 EEPROM 技术。1978 年，他们开发了一个 16 K（2 K×8）位的英特尔 2816 芯片，其二氧化硅层很薄，小于 200 Å[32]称为 FLOTOX 结构。FLOTOX 结构提高了每个字节擦除/写入周期的可靠性，最高可达 10 000 次[33]。但这种器件需要额外的 20～22 V 的 VPP 偏置电压供应，用于字节擦除[34]。1981 年，George Perlegos 和其他两名成员离开英特尔公司，成立 Seeq 技术公司，使用设备上电荷泵来供应 EEPROM 编程所需的高电压。

4.4.2 电擦除可编程只读存储器存储单元结构

20 世纪 80 年代，基于浮动栅极概念和 NMOS 结构的低存储容量的 EEPROM 被研发出来。在 EEPROM 电路中，通过电压信号就可以完成所有的命令和程序，存储器可以进行擦除和编程。对于 EEPROM 来说，其显著的特点是写入、读出和擦除都可以做到逐个字节进行，而不需要像 EPROM 那样，即使只需要对一个字节进行擦除，也必须对整个芯片的数据进行改变。这个特点导致了 EEPROM 在结构上远比 EPROM 复杂，与 EPROM 存储单元不同，EEPROM 存储单元一般由一个存储晶体管加上一个选通晶体管构成，如图 4.4.1 所示，所以我们也常常称 EEPROM 为双晶体管存储单元（2T）。这种结构虽然可以实现单个字节的擦除，但是因为有两个晶体管，这样它的芯片面积就大大增加，集成度减小，这就导致在加工制程上，EEPROM 的集成度落后于 EPROM 一到两代。电荷俘获和浮动栅极这两个在 Flash 里面出现的概念开始在 EEPROM 产品上得到应用。

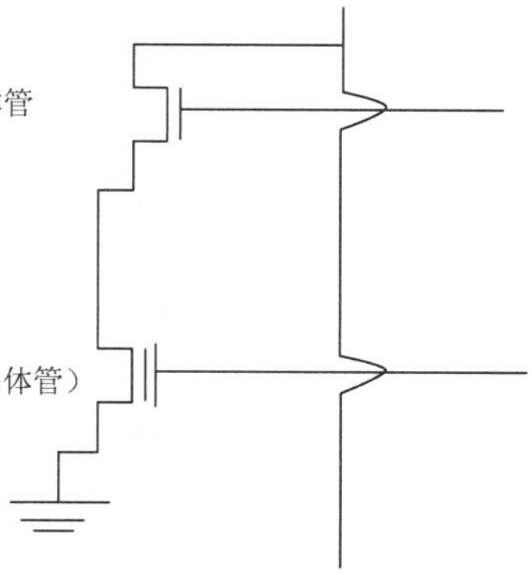

图 4.4.1　EEPROM 存储单元结构图

4.4.3　电擦除可编程只读存储器优缺点

EEPROM 解决了传统 ROM 和 TPROM 只能出厂前或一次性固化程序而不利于调试的问题，具有强大的功能和良好的系统适应性，可以取代 EPROM 成为微处理器控制系统的标准程序存储介质。同时，也突破了 EPROM 必须脱机用紫外线来擦除的烦琐和不稳定等问题。EEPROM 可以在字节级别读取，方便开发人员在需要时编辑特定部分。写入和擦除数据使用 EEPROM 的另一优点是使用寿命更长，EEPROM 在其生命周期内最多可以执行 1000 000 个擦除/重写周期。

EEPROM 存在的主要问题是每个存储位的成本比 EPROM 要高得多；由于软件支持的限制，EEPROM 一直没能得到大规模的应用；对于 EEPROM 的器件可靠性缺乏足够了解。

参 考 文 献

[1] MEENA J S，SZE S M，CHAND U，et al. Overview of emerging nonvolatile memory technologies[J]. Nanoscale Research Letters，2014，9（1）：526.

[2] 王利. 单层纳米晶颗粒膜的可控性制备与电荷存储特性研究[D]. 北京：清华大学，2009.

[3] BOYSEL L. Memory on a chip-A step toward large-scale integration（Read-only memory composed of MOS-FETs on single silicon chip）[J]. Electronics，1967，40：92-97.

[4] BOYSEL L. Cutting system cost with MOS[J]. Electronics，1969：105-107.

[5] Huang H W. Embedded system design with C805[M]. Boston：Cengage Learning，2008.

[6] AUFAURE M A，ZIMÁNYI E. Business Intelligence：Second European Summer School，EBISS 2012，Brussels，Belgium，July 15-21，2012，Tutorial Lectures[M]. Heidelberg：Springer，2013.

[7] MCELROY D J. High density floating gate electrically programmable ROM：U.S. Patent 4，184，207[P]. 1980-1-15.

[8] MCELROY D J. Method of making a high density floating gate electrically programmable ROM：U.S. Patent 4，151，021[P]. 1979-4-24.

[9] MA Y J，KAN E. One-time programmable memories in logic processes[M]//Non-logic Devices in Logic Processes. Cham：Springer International Publishing，2017：185-198.

[10] HAMDY E，MCCOLLUM J，CHEN S O，et al. Dielectric based antifuse for logic and memory ICs[C]//Technical Digest.，International Electron Devices Meeting. San Francisco，CA，USA. IEEE，1988：786-789.

[11] CHIANG S，WANG R，CHEN J，et al. Oxide-nitride-oxide antifuse reliability[C]//28th Annual Proceedings on Reliability Physics Symposium. New Orleans，LA，USA. IEEE，1990：186-192.

[12] ZHANG G，HU C，YU P，et al. Reliable metal-to-metal oxide antifuses[C]//Proceedings of 1994 IEEE International Electron Devices Meeting. San Francisco，CA，USA. IEEE，1994：281-284.

[13] TAITO Y，KONO T，KURAMOCHI Y，et al. A 28 nm embedded split-gate MONOS（SG-MONOS）flash macro for automotive achieving 6.4 GB/s read throughput by 200 MHz no-wait read operation and 2.0 MB/s write throughput at Tj of 170 degrees C[J]. IEEE Journal of Solid-State Circuits，2016，51（1）：213-221.

[14] YEARGAIN J R，KUO C. A high density floating-gate EEPROM cell[C]//1981 International Electron Devices Meeting. IEEE，1981：24-27.

[15] VERWEY J F，KRAMER R P. ATMOS：An electrically reprogrammable read-only memory device[J]. IEEE Transactions on Electron Devices，1974，21（10）：631-636.

[16] ROSSLER B. Electrically erasable and reprogrammable read-only memory using the n-channel SIMOS one-transistor cell[J]. IEEE Transactions on Electron Devices，1977，24（5）：606-610.

[17] GOSNEY W M. DIFMOS：A floating-gate electrically erasable nonvolatile semiconductor memory technology[J]. IEEE Transactions on Electron Devices，2005，24（5）：594-599.

[18] RAGHUNATHAN K R. History of microcontrollers：first 50 years[J]. IEEE Micro，2021，41（6）：97-104.

[19] TARUI Y，HAYASHI Y，NAGAI K. Electrically reprogrammable nonvolatile semiconductor memory[C]// Solid-State Circuits Conference. Digest of Technical Papers. 1972 IEEE International. New York：IEEE，1972：148-149. DOI：10.1109/JSSC.1972.1052895.

[20] TARUI Y，HAYASHI Y，Nagai K. Electrically reprogrammable nonvolatile semiconductor memory[J]. IEEE Journal of Solid-State Circuits，1972，7（5）：369-375.

[21] SUZUKI E，HIRAISHI H，ISHII K，et al. A low-voltage alterable EEPROM with metal-oxide-nitride-oxide-semiconductor（MONOS）structures[J]. IEEE Transactions on Electron Devices，1983，30（2）：122-128.

[22] LA ROSA F，NIEL S，REGNIER A，et al. 40 nm embedded select in trench memory（eSTM）technology overview[C] //2019 IEEE 11th International Memory Workshop（IMW）. IEEE，2019：1-4.

[23] IIZUKA H，SATO T，MASUOKA F，et al. Stacked-gate avalanche-injection type MOS（SAMOS）memory[C]//Proc. 4th Conf. Solid State Devices. 1972：158-166.

[24] YEARGAIN J R，KUO C. A high density floating-gate EEPROM cell[C]//1981 International Electron Devices Meeting. IEEE，1981：24-27.

[25] VERWEY J F，KRAMER R P. ATMOS：An electrically reprogrammable read-only memory device[J]. IEEE Transactions on Electron Devices，1974，21（10）：631-636.

[26] RÖSSLER B，MÜLLER R G. Erasable and electrically reprogrammable read-only memory using the N-channel SIMOS one-transistor cell[J]. Siemens Forschungs and Entwicklungsberichte，1975，4（6）：345-351.

[27] GOSNEY W M. DIFMOS：A floating-gate electrically erasable nonvolatile semiconductor memory technology[J]. IEEE Transactions on Electron Devices，2005，24（5）：594-599.

[28] MOSKOWITZ S L. Advanced materials innovation：Managing global technology in the 21st century[M]. John Wiley & Sons，2016.

[29] AGUSTA B，CHANG J J，JOSHI M L. Method of forming self-aligned field effect transistor and charge-coupled device：US3865652[P]. 1975-02-11.

[30] HARARI E. Electrically erasable non-volatile semiconductor memory：US4115914[P]. 1978-09-26.

[31] JOHNSON W，PERLEGOS G，RENNINGER A，et al. A 16 Kb electrically erasable nonvolatile memory[C]//1980 IEEE International Solid-State Circuits Conference. Digest of Technical Papers. San Francisco，CA，USA. IEEE，1980：152-153.

[32] ZAMBELLI C，KING P，OLIVO P，et al. Power-supply impact on the reliability of mid-1X TLC NAND flash memories[C]//2016 IEEE International Reliability Physics Symposium（IRPS）. Pasadena，CA，USA. IEEE，2016：2B-3-1-2B-3-6.

[33] EUZENT B，BORUTA N，LEE J，et al. Reliability aspects of a floating gate E2 PROM[C]//19th International Reliability Physics Symposium. Las Vegas，NV，USA. IEEE，1981：11-16.

[34] KLEPPER S. Silicon valley，a chip off the old Detroit bloc[M]//Entrepreneurship，Growth，and Public Policy. Cambridge：Cambridge University Press，2009：79-116.

第 5 章

闪　存

本章教学目标与要求

- 理解闪存的存储基本原理和工作机制。
- 掌握闪存储存单元的读写。
- 理解闪存的器件结构和电路设计。
- 熟悉闪存器件结构和读写。
- 熟悉 2D NAND 闪存器件结构。
- 熟悉 3D NAND 闪存器件结构。
- 了解闪存的发展趋势。

本章知识架构

Flash（闪存）是目前应用最广的非易失性存储器，包括 NOR Flash（或非型闪存）和 NAND Flash（与非型闪存），如图 5.0.1 所示。

(a) NOR Flash (b) NAND Flash

图 5.0.1 Flash

EPROM 和 EEPROM 曾经占据非易失性存储器市场的大部分份额，但是随着技术的发展，在 1984 年，东芝公司 Fujio Masuoka 基于 EEPROM 提出了 Flash 这一概念。Flash，字面意思像闪电一样的存储器，指的是能够实现快速存储和访问的存储器。Flash 是从 EEPROM 发展演变而来，能够在低电压系统下完成擦除和重复编程，成本低、存储密度高、安全性能好。1988 年，英特尔公司首先基于这一概念开发出 NOR Flash 技术，之后东芝公司于 1989 年发表了 NAND Flash 结构，之后 NAND Flash 经过三十多年的快速发展取得了巨大的成功。NAND Flash 具有容量大、改写速度快、抗震性强等优点，被迅速应用于智能手机、U 盘等便携式设备之中，如图 5.0.2 所示。随着移动式终端拍照技术的快速发展，NAND Flash 逐渐成为世界上应用最多、市场份额最大的存储结构。

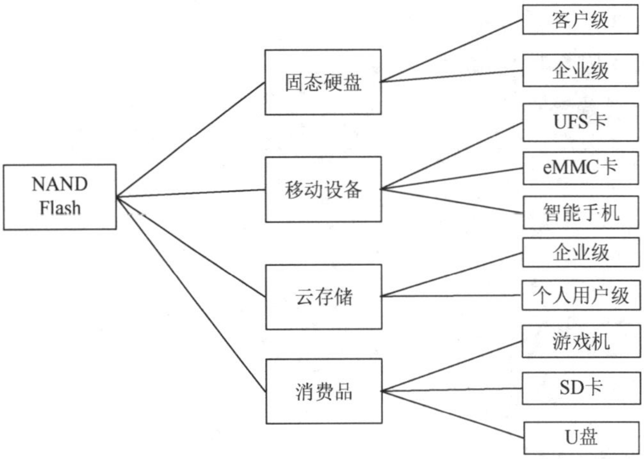

图 5.0.2 NAND Flash 的应用领域

NOR Flash 由于存储结构的特点不能实现大容量存储，并且写入速度慢、擦除速度慢、价格高，曾在一段时间内接近被淘汰的边缘，但是，由于 NOR Flash 的地址线和数据线是分开的，不必再把代码代入系统 RAM 中，应用程序可以直接在 NOR Flash 上运行，可以减少 SRAM 的容量从而减少成本，且 NOR Flash 还具备更快的读取速度、更强的可靠性和更长的使用寿命，这一特点非常契合一些新兴的终端设备，例如以 TWS（ture-wireless- stereo，真无线智能手机）

无线蓝牙耳机为代表的可穿戴设备、手机屏幕显示的 AMOLED 和 TDDI，如图 5.0.3 所示。随着这些新兴设备的市场爆发式的增长，NOR Flash 再次找到自己的价值。

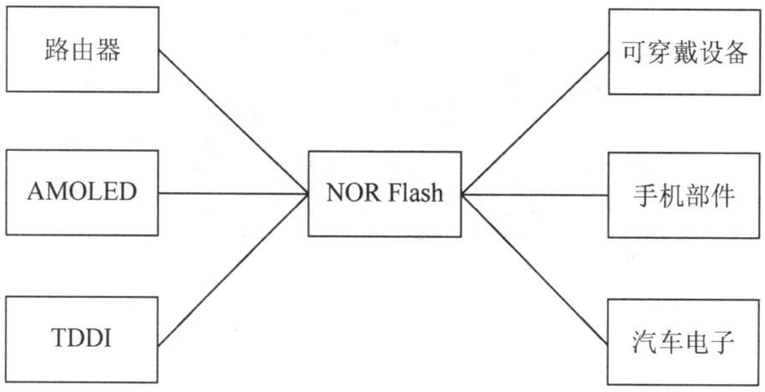

图 5.0.3　NOR Flash 的应用领域

本章将着重介绍目前主流的非易失性半导体存储器——NOR Flash 和 NAND Flash。

5.1　闪存存储单元类型

无论是 NOR Flash 还是 NAND Flash，其基本原理都是通过载流子（电子或空穴）的穿通，越过介质层向 Flash 中的电荷存储单元内注入一定数量的电荷来完成数据写入的，通过给器件通电判断阈值电压来实现存储的数据值的读取。Flash 的基本存储单元结构就是在一个增加了电荷存储层的 MOS 器件，这个存储层位于栅极和栅介质之间。我们依据存储层的不同类型将 Flash 分为两类：第一类器件的基础是基于 N 沟道的增强型 MOS 管，在控制栅极和介质层之间增加一个栅极，作为电荷存储层，同时将其包围在介质层中（比如 SiO_2）。此时这个栅极被氧化物绝缘层包围，其中的电子不易逃逸，外面的电子也不容易进来，因此可以较长时间地保存其中的电子。因为这个导电或半导电层栅极充当了一个完全电绝缘的栅，同时又被介质完全包围，像悬浮在器件中一样，所以这类器件通常被称为浮栅型 Flash。这类器件中最常用的是多晶硅-氧化硅-多晶硅-氧化硅-多晶硅（POPOP）存储器。而第二类器件中，电荷被存储在一个适当的介质层（氮化硅）中。在 MOS 晶体管中增加一层氮化硅，其阈值电压由氮化硅中俘获的电荷数量来决定。因此，这些器件通常被称为电荷俘获型 Flash。这类器件中最常用的是金属-氮化硅-氧化硅-半导体（MNOS）和硅-氧化硅-氮化硅-氧化硅-硅（SONOS）存储器。

5.1.1　浮栅型闪存

1967 年浮栅型 Flash 被首次提出，其存储单元结构与传统的 MOS 结构晶体管类似，包括源极、漏极、栅极、FG（floating gate，浮栅层）、IPO（interpoly oxide，多晶硅间氧化层）和 TOX（tunnel oxide，沟道氧化层）。氧化绝缘层保护浮栅中的电荷不会泄漏，电荷穿过浮栅与硅基层之间的 TOX 绝缘层，进入浮栅层，对浮栅极进行充电或放电。结构如图 5.1.1 所示。

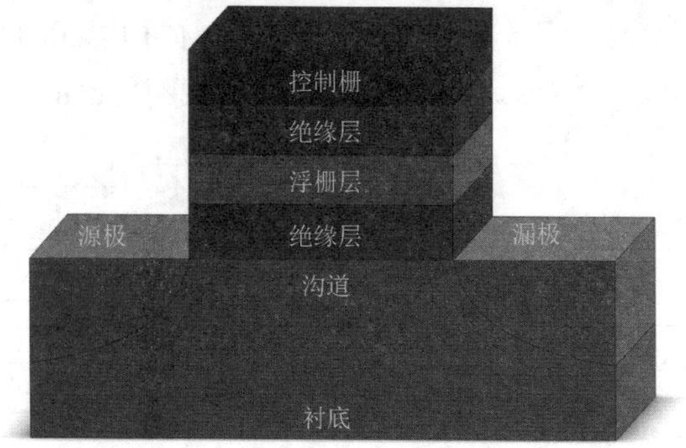

图 5.1.1 浮栅型 NAND Flash 存储单元结构图

浮栅型 Flash 有两个纵向相叠的栅极是其显著的特点，其悬浮栅极位于隧穿氧化层与电荷阻挡层之间。在现有工艺节点中，浮栅与控制栅极（control gate，CG）一般为多晶硅材料，隧穿氧化层为一层高质量纳米级的氧化硅材料，而电荷阻挡层伴随着浮栅器件的发展，现如今一般为低温生长的高质量 ONO 层。同时为了更好地存储电荷，在浮栅的两侧也会完全包裹在电绝缘材料中，以防止电荷泄漏。在常规的 MOS 器件之中，通过给栅极和衬底加电压以在 Flash 中形成一个电场，由于有介质层的阻拦，电子无法穿过介质到达多晶硅层中。但是，在浮栅型 Flash 中，随着这层介质氧化层的厚度降低以及电压的升高引起电场强度增加，电子将隧穿过介质氧化层注入浮栅多晶硅之中，从而完成存储器写数据的操作，又由于高质量绝缘介质层的存在，进入浮栅的存储电荷在没有外加电压的情况下保存在浮栅之中，没有对外的回路，从而保证断电情况下电子的状态和位置不变，实现非易失性。再通过施加反向电压，又能将电子从浮栅层吸引出来，穿出到沟道处，实现数据的擦除。浮栅层对电荷的存储和释放，可以改变整个器件导通电压状态，即阈值电压（V_h）。不同的 V_h 就可以代表不同的数据存储状态，对应着二进制的“0”和“1”值，从而实现数据的存储。

由于浮栅型 Flash 中浮栅（多晶硅）和绝缘层（氧化物）之间存在较高的势垒，所以相对于电荷俘获型 Flash（氮化物俘获层和氧化物绝缘层）来说，具有更好的数据保持特性和抗干扰性，理论上可以有更久的数据保存能力。但是，浮栅型 Flash 的结构相对更复杂，存储单元间距更大，同时 3D 加工难度更高，因此大部分厂家开始生产 3D 结构的 NAND Flash 的时候，选择了电荷俘获型 Flash 作为其加工工艺结构，目前只有英特尔公司凭借其在浮栅型 Flash 多年的技术积累以及其主要的销售对象（数据中心）的需求（可靠性和耐久性），一直坚持浮栅型 3D NAND Flash 研发。2D 结构的 NAND Flash 早期一直使用浮栅型结构，目前又逐渐被 3D 结构的 NAND Flash 取代，没有动力和需求去研发 2D 结构的电荷俘获型器件，因此依然采用浮栅型结构作为工艺结构。同时对于 NOR Flash 来说，相较于 NAND Flash 的大容量存储应用场景，NOR Flash 的耐擦写特性要求并不高，它的应用场景也决定了 NOR Flash 主要采用浮栅型结构作为主要的存储单元结构。

5.1.2 电荷俘获型闪存

电荷俘获型 Flash 最初的结构与传统 MOS（metal oxide silicon，金属-氧化物-硅）结构类似，在栅极与隧穿氧化层之间插入了一层氮化硅作为电荷俘获层，形成 MNOS（metal-nitride-oxide-silicon，金属-氮化物-氧化物-硅）结构，同早期的 MOS 结构一样，栅极材料选择了金属 Al，虽然金属材料在电学性能、机械性能和加工性能方面都较为出色，但是由于金属材料存在电迁移、不耐高温和不利于工艺集成的缺陷，与 MOS 结构一样，我们引入多晶硅（Poly）作为栅极电极材料来替代金属电极，于是存储单元的结构变为了 SNOS（silicon nitride oxide silicon，硅-氮化物-氧化物-硅）结构，多晶硅逐渐成为了 MOS 器件和存储器件的主要电极材料。虽然多晶硅具有耐高温特性、可掺杂可控等优点，但在进行工作时，多晶硅与氮化硅之间的势垒较低，多晶硅中的电荷有可能在电压的驱使下进入电荷存储层氮化硅中，导致电荷俘获层的存储电荷受到影响，从而导致此类存储器的可靠性大大下降。为了提高其可靠性，工程师们在 SNOS 结构上作出一些改进，在多晶硅栅极与电荷俘获层氮化硅之间加了一层氧化物作为隔绝结构，从而开发出现在主流的 SONOS（silicon oxide nitride oxide silicon，硅-氧化物-氮化物-氧化物-硅）结构的电荷俘获型 Flash。

图 5.1.2 所示为基于 SONOS 结构的电荷俘获型的 NAND Flash 存储单元（CT-based NAND Flash cell）结构图，包括源极（source）、漏极（dain）、控制栅极、电荷存储层（nitride）、阻挡氧化层（blocking oxide，BOX）以及沟道氧化层。引入 BOX 层不仅可以阻止氮化物存储层的电荷泄漏到多晶硅栅极，而且还有助于消除数据擦除时栅极电荷的注入，从而提高电荷俘获型 Flash 的可靠性和编程擦除效率。

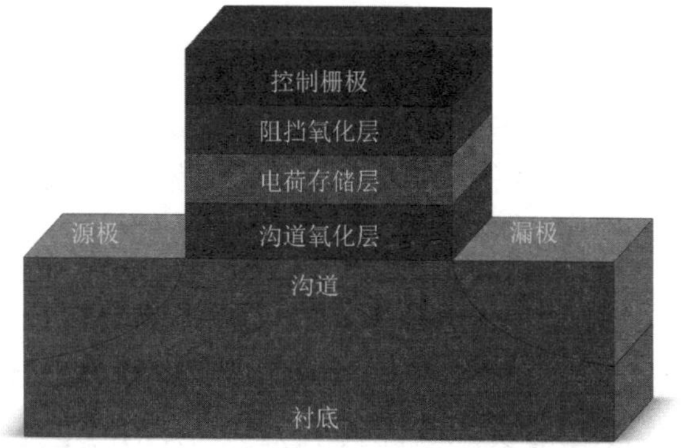

图 5.1.2 电荷俘获型 NAND Flash 存储单元结构图

SONOS 结构就是现在电荷俘获型 Flash 的主要结构形式，相对于浮栅型 Flash，它有着更强的电荷存储能力。同时，由于浮栅型 Flash 采用多晶硅存储电荷，要保证浮栅相对控制栅极有较高的电容耦合系数，而 SONOS 结构不存在电容耦合机制，对氮化硅层无厚度限制。另外电荷俘获型 Flash 的存储单元间距可以做得更小、隧道氧化层老化磨损的速度更慢即耐久性更好，所以其工艺及小型化（叠层高度要小）比浮栅型 Flash 更有优势。在转向更高存储密度的 3D Flash 的时候，韩国三星、日本东芝等厂商采用的就是此种结构。

5.2 闪存存储物理机制

Flash 存储的物理本质就是电荷在存储层的注入和穿出。自 1984 年 Flash 技术诞生以来，一直存在着两种物理机制：一种是沟道热电子注入（channel hot electron injection，CHEI）机制，另一种是基于 F-N 隧道效应（fowler-nordlheim tunneling，简称 F-N 的机制）。

5.2.1 沟道热电子注入

在一个浮栅（FG）型 Flash 中，由于浮栅被绝缘层完全包围，因此绝缘层的宽禁带形成了一个势垒，阻止了电子流入或流出浮栅。当载流子被加速到获得一个足以克服势垒的高能量时，就会发生热载流子注入。有几种机制都可以加速载流子，现在的浮栅型 Flash 使用的是用于写操作的唯一热电子机制，即用沟道中的横向电场来加速电子。根据电极的配置，热电子可以在浮栅的漏端或源端产生。

图 5.2.1 是浮栅结构的能带图，左边是 N 型的多晶硅控制栅，中间是 N 型的多晶硅浮栅，位于两层二氧化硅之间，右边是 P 型衬底。在一般的平衡条件下，硅和二氧化硅中的导带之间的高势垒阻止了电子从硅进入二氧化硅的通路。

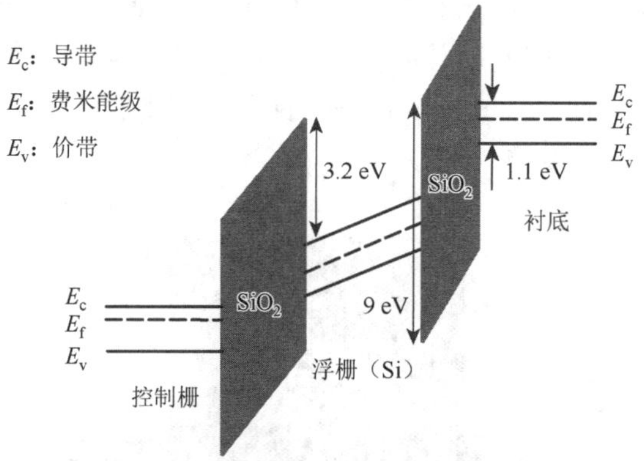

图 5.2.1 浮栅结构的能带图

如图 5.2.2 所示，我们使晶体管工作在饱和区，使夹断点附近的耗尽区内建立起大的横向电场。此时源端附近的沟道反型层较宽，并随着趋近夹断点的沟道变得较窄，部分电子将有足够的能量，由源端沿沟道向漏端加速运动，而且漏端因为耗尽区比较宽，所以横向沟道电场的

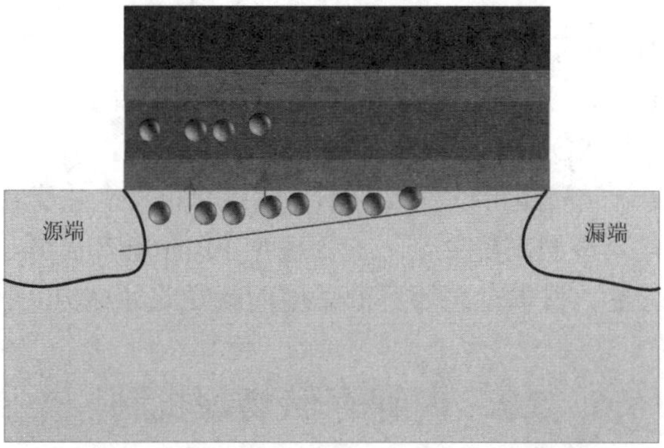

图 5.2.2 浮栅结构晶体管饱和时的状态

最大值就在此处附近，穿过夹断点的电子在漏端耗尽区的高电场内被强烈地加速，并与晶格发生碰撞产生电子-空穴对，横向移动的电子中的大部分都会聚集到漏端，因此漏端会有较大的直流电流，接着，当电子被加速到获得一个足以克服衬底和隧穿层硅和二氧化硅势垒（约为 3.2eV）的高能量时，如图 5.2.2 所示，在栅极偏压作用引起的垂直于沟道的栅电场吸引下，即可以越过薄隧穿层势垒进到浮栅层，形成存储电荷。发生热电子注入的过程就会形成栅注入电流。

因为 Flash 一般采用 N 型沟道晶体管，因此本小节的讨论将只局限于 N 沟器件。对于一个 N 沟晶体管，栅电流是由那些真正到达晶体管控制栅的沟道热电子组成的。在一个浮栅晶体管中，这些电子改变了浮栅的电荷量。沟道热电子注入与 F-N 隧穿或增强的 F-N 隧穿之间的一个重要差别在于，在沟道热电子注入过程中，只可能把电子带到浮栅上，而不能用同样的机制把它们移出浮栅。已经采用了一些模型来描述沟道热电子注入引起的栅电流，它们不像 F-N 隧穿模型那样精确，这是由于沟道热电子注入具有复杂的二维特性和一些未知的物理参数。所以这些都是定性的模型，并且我们根据不同的假说将其分成三个主要类型：幸运电子模型[1, 2]、有效电子温度模型[3]及物理模型[4]。

幸运电子模型的基本物理意义是，如果一个电子可以在大的横向电场中获得足够能量，同时发生碰撞但是不损失能量的话，它就有可能会被注入栅绝缘层。电子被声子散射后运动方向发生改变，转为向硅和二氧化硅界面方向运动。如果这些电子能够到达界面，同时还有足够能量越过硅和二氧化硅势垒，它们将被注入电荷存储层，即浮栅。

有效电子温度模型也是一种假说，用以描述形成沟道电流的电子被加热形成具有麦克斯韦分布的、有效温度为 T 的电子气，并且有效温度 T 由电场的电子气决定。该模型把栅电流作为被加热的电子越过界面势垒能量的热离子发射来计算。

物理模型通过注入效率来估计计算栅电流的大小，而注入效率是由界面势垒能量和横向电场决定。

沟道热电子注入机制的一个主要缺点是注入效率低，从而导致功耗较高。其主要原因是传统的 MOS 器件中，横向电场是栅电压的递减函数，而纵向电场则随栅电压的增加而上升。因此，为产生大量的热电子，需要加一个低的栅电压和一个高的漏电压。但是，为了在 Flash 存储器件的浮栅上注入并收集电子，需要加一个高的栅电压和一个低的漏电压，这就造成了一定的矛盾。为了解决这个问题，只能使栅电压和漏电压都较高，此时的功耗也较高，通常 NOR Flash 的编程是通过沟道热电子效应实现的。

5.2.2 F-N 隧穿效应

F-N 隧穿，是一种无法用传统经典物理解释的状态，属于量子力学的范畴，其基本过程就是一粒子可以穿过一个被经典理论认为无法通过的区域。在闪存中的电子隧穿是指允许处于沟道的电子从穿过插入其间的 TOX 层到达存储介质中的过程。沟道材料为硅，其导带和价带之间的能量差约为 1.1 eV，而 TOX 层材料一般为二氧化硅，其导带和价带之间的能量差约为 9 eV。当这两种材料接触时，二氧化硅的导带能量比硅的导带高 3.25 eV，而它们的价带之间的能量差大于 4 eV。图 5.2.3（a）和（b）分别为无电场、强电场下的硅和二氧化硅界面的电位图，说明了 F-N 隧穿的基本概念。

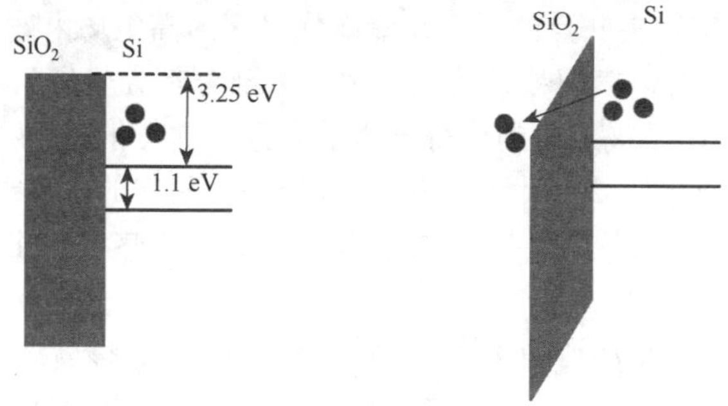

(a) 无电场时　　(b) 强电场时

图 5.2.3　硅和二氧化硅界面电位图

从图 5.2.3（b）可以看出，在足够的电场作用下足以使电子从硅中的导带隧穿进入二氧化硅中的导带。根据 F-N 机制，通常情况下电子无法越过硅和二氧化硅的势垒，但是当存在一个足够高的电场时，硅的导带中的一个电子将会以一定的概率发生这种基于量子力学的隧穿，它将穿过能量势垒到达二氧化硅的导带中。

F-N 机制所隧穿的电子随着外加电场的增大而呈现出指数性的增加，而且对于硅和二氧化硅界面，当电场强度近似为 10 MV/cm 时，F-N 隧穿所产生的电流将达到一个较高的量级。当一个大电压加在多晶硅-二氧化硅-硅结构上时，该结构的能带结构会受到影响，并对导带中的电子有一个三角形的能量势垒，势垒宽度取决于外加电场的大小。势垒高度由电极材料和二氧化硅的能带结构决定。如果电场足够高，势垒的宽度会变得足够窄，使得电子可以从硅的导带隧穿过势垒进入二氧化硅的导带[5]。在薄氧化层的 F-N 隧穿过程中，注入电场等于平均的薄氧化层电场，这样硅导带中的电子可以隧穿通过三角形能量势垒。

在一个最简单的发射进入真空的情形中，假设势垒为三角形，温度为 70 K。对于这种情形，F-N 隧穿电流密度由下式给出[6]：

$$J=\frac{q^3E^2}{8\pi h\Phi_b}\cdot\frac{-4(2m)^{\frac{1}{2}}\Phi_b^{\frac{3}{2}}}{3h'qE} \tag{5.2.1}$$

式中：h 为普朗克常量；Φ_b 为界面处的势垒高度（例如硅和二氧化硅界面处是 3.2 eV）；E 为注入界面处的电场；q 为单个电子的电荷；m 为自由电子的质量；$h'=h/(2\pi)$。

隧穿电流密度的完整表达式考虑了势垒降低和温度的影响，因此，F-N 隧穿电流密度 J 随外加电场 E 指数式变化，并经常以 log（J/E^2）～$1/E$ 的形式画出，这样应得到一条斜率正比于氧化层势垒的直线。对一个 Flash 进行编程时，需要在氧化层上加一个高的注入电场，比如 10 MV/cm，这个电场是通过在一个 10 nm 厚的氧化层上加 10 V 电压得到的。隧穿电流密度完全是由注入表面的电场控制的，而不是由整个氧化层控制的。看到 F-N 隧穿电流密度与氧化层电场强度成指数关系，一般需要通过尽量加大操作电压和减薄隧穿氧化层的厚度来保证相应的电子隧穿概率。因而 F-N 隧穿机制的特点就是擦写电流小、功耗低，但操作电压高，且应力诱生漏电流较大。

5.3　闪存存储单元读/写机制

Flash 存储单元有三个基本操作：读操作、写操作和擦除。对于 Flash 的存储单元而言，其基本的工作原理就是对 Flash 存储单元的控制栅和衬底端施加一定的电压，使得沟道区域的电子能够通过一定的物理机制，到达电荷存储层，从而实现不同的阈值电压，再利用读取电压来判断确定该存储单元的阈值电压，根据不同的阈值电压来判断存储值。在写入新的存储数据之前，必须擦除原有的存储值，也就是让电子重新隧穿回沟道层，才能完成新的数据的写入。

5.3.1 NOR 型闪存存储单元读/写/擦除

1. NOR Flash 存储单元写入

写入是将电荷置入存储单元浮栅之中的操作，其阈值电压的变化如图 5.3.1 所示。当浮栅中无电荷时，存储单元为"ON"态；当浮栅中有电荷时，存储单元的阈值电压较大，存储单元为"OFF"态。对 NOR Flash 存储单元来说，写入是通过沟道热电子注入效应（详见 5.2.1 小节）来完成。根据前面介绍的热载流子的知识，对于一般的 MOS 器件而言，热载流子注入效应会使器件阈值电压漂移和跨导减小，是造成器件不稳定的重要因素，导致器件的可靠性降低，但 NOR Flash 存储单元就是利用此效应完成写操作，即通过将电子注入存储单元浮栅中的操作来完成写入，具体的过程如图 5.3.2 所示。当将一个大的 V_{gs} 和一个适当的 V_{ds} 施加到存储单元上时，源极和漏极之间有足够的偏压，源极和漏极之间的沟道中流动的载流子电荷到达接近漏极一侧并被夹断，同时在附近强电场的作用下，活跃度得到提高，获得大的动能，其能量

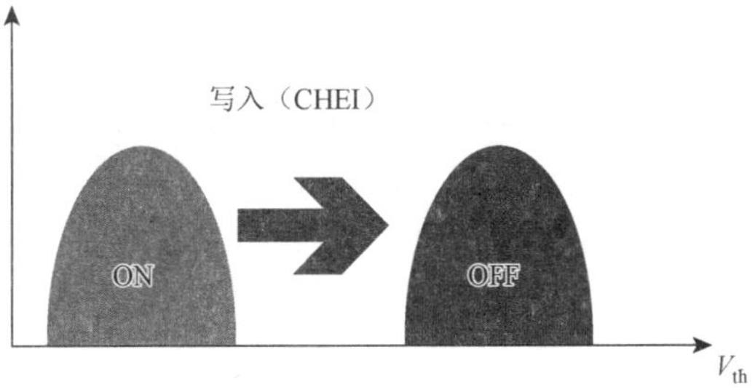

图 5.3.1 NOR Flash 存储单元写入时阈值电压的变化

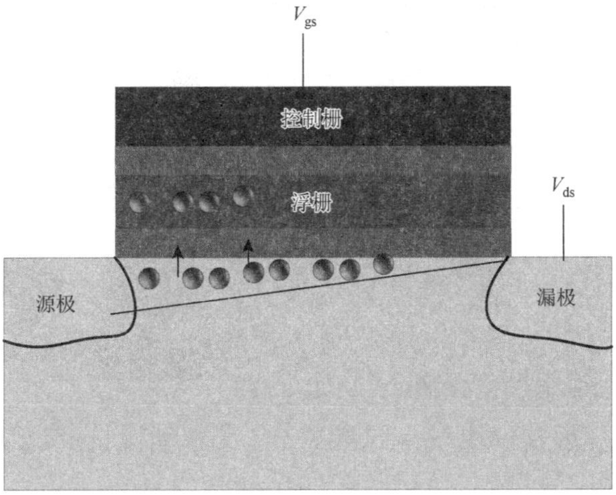

图 5.3.2 NOR Flash 存储单元写入时工作原理图

随着电场增加而迅速增大，并且在沟道漏极附近发生碰撞而电离，从而在此处产生大量的具有极高能量的热少数载流子和热多数载流子。在某些情况下，一些具有足够的大能量的少数载流子可以越过二氧化硅能量势垒，到达二氧化硅层，若再在控制栅和衬底的垂直方向施加一个牵引电场的话，这些热少数载流子便会注入浮栅之中，从而产生沟道热载流子注入栅级[7]，实现电荷向浮栅中注入，完成写入操作。

这种方式可以在 1 μs 之内完成写入操作，具有快速写入的优势。但是写入方式尽管不是非常高效，并且可能会引起阈值电压、跨导、饱和电流发生偏移，并带来隧穿氧化层损伤，因此这也会影响 NOR Flash 的寿命。

2. NOR Flash 存储单元读取

NOR Flash 存储单元读取就是利用 MOS 器件的基本特性，通过电信号感应出存储在单元中的信息的操作，其具体的原理为：沟道中的电荷的数量因为写操作而发生改变，此时存储单元阈值电压也会随之改变，在栅极给出不同的电压，可以读取一定的沟道电流信息，并将其与参考电流进行对比，通过判别沟道电流与参考电流的大小关系，得到不同的状态，从而决定存储其中的数据为“0”态或者“1”态。因此通过改变存储在浮栅中的电荷数量可以改变沟道电荷数，进而改变存储其中的信息。

如图 5.3.3 所示，低阈值电压的单元是被擦除的单元或者没有被写入的存储单元，此时给栅极不同的电压值，因为沟道处有较多的电荷，沟道较容易形成通路，通入较低的电压就可以实现 I_{ref} 电流（参考电流），此时记为“1”态；而当完成了写状态，将电荷注入浮栅中，从而减少沟道中电荷，有高的阈值电压，给较大的电压才能使其电流为 I_{ref}，此时记为“0”态。对于一个存储器来说，尽可能大的阈值电压差（即存储窗口），更容易区分擦除和写入的这两种状态。这有利于读取操作完成得更快并且使器件有足够的可靠性。

3. NOR Flash 存储单元擦除

对于 NOR Flash 存储单元来说，擦除操作是利用 F-N 效应将置入浮栅中的电子移出，其阈值电压变化如图 5.3.4 所示。电子从浮栅中移出后，存储单元从高阈值电压转变为低阈值电压。

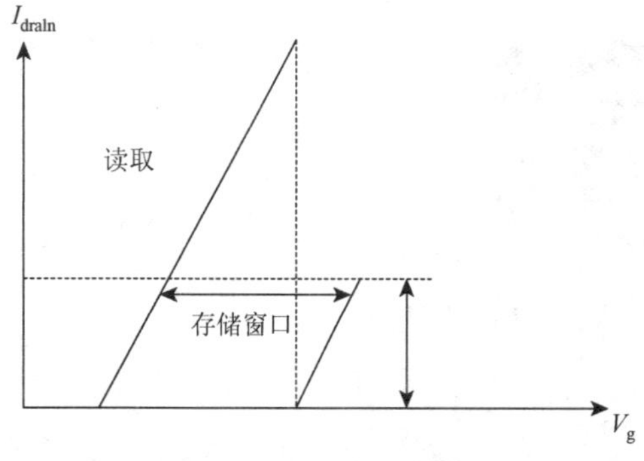

图 5.3.3 NOR Flash 存储单元读取电流与电压关系

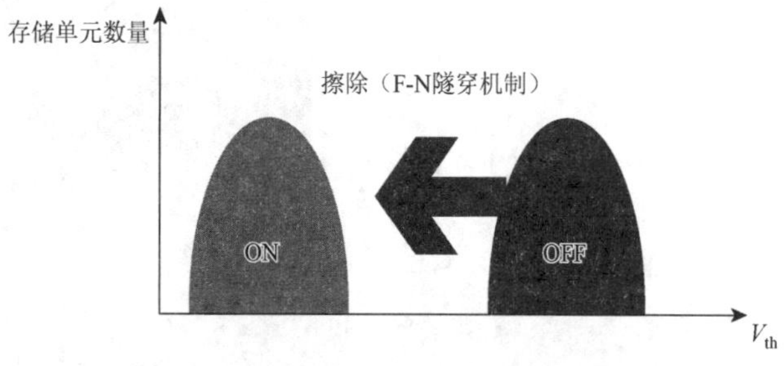

图 5.3.4 NOR Flash 存储单元擦除时阈值电压的变化

当在衬底和控制栅之间的电场足够大时（通常大于 5 MV/cm），电荷在电场的作用下通过介质层势垒回到沟道中，它实际上是一种场助电子隧穿机制。这时候的多晶硅-二氧化硅-硅结构上能带如图 5.3.5 所示，在高电场的作用下，电子在硅层导带内的运动为一个三角形的能量势垒，可以通过改变所施加的外部电场调整能量势垒的宽度，而势垒的高度由电极材料和介质层二氧化硅的能带结构决定。

我们可以通过三种形式完成擦除过程：

（1）将控制栅接地并且将一个大电压施加在源极，同时将漏极悬空；

（2）将一个大的负电压施加在控制栅上，同时给源极一个较小的电压；

（3）给衬底施加一个正电压，同时给控制栅施加一个负电压来完成。

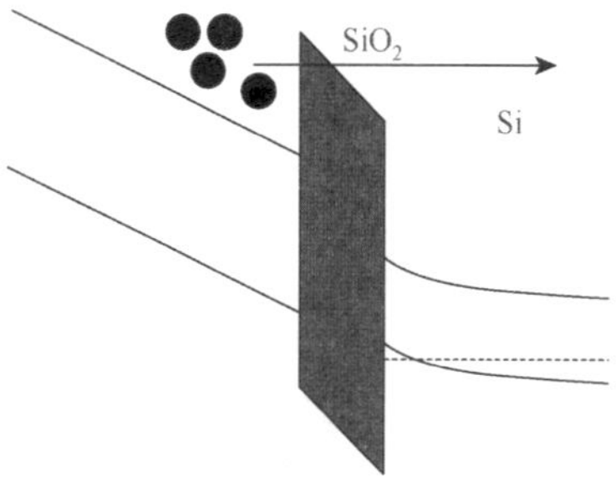

图 5.3.5 NOR Flash 存储单元擦除多晶硅-二氧化硅-硅结构上能带示意图

根据各极不同的电压关系可以将擦除操作分为正向源极擦除、负向源极擦除和沟道直接擦除三种情况。沟道直接擦除相较于其他两种，由于其无须在源极进行过多改良以匹配高的偏置电压，所以更具有单元缩放潜力。

图 5.3.6 是前两种不同的擦除方式的电压设置，这两种方式分别为正向栅极擦除和负向栅极擦除，相较于正向栅极擦除来说，负向栅极擦除的优点是在较低的源极电压下就可以完成擦除步骤。沟道直接擦除技术电压设置，将正向电压施加在 Flash 存储单元的衬底端上，同时源极/漏极接入相同电平或者悬空。沟道直接擦除方式下的电压偏置条件和前两种擦除方式不同，此时只有衬底上加有负电压，这种擦除方式要求隧穿氧化层足够薄，通过传统的 MOS 器件加工工艺就可以实现超薄的氧化层。如图 5.3.6 所示，在栅极施加一个负向偏置电压，同时在衬底施加一个高的正向偏置电压，从而在浮栅与 P 型衬底之间建立一个足够高的反向电场，使电子通过沟道 F-N 直接隧穿效应从浮栅移动到沟道。这种技术的其中一个关键优点在于极大减少了擦除操作期间所需功耗[8]，同时这样设置的源极和漏极电压对器件结构上没有特殊的要求，可以正常地对器件进行微缩。因此，器件可以进一步减小，成本可以进一步降低。

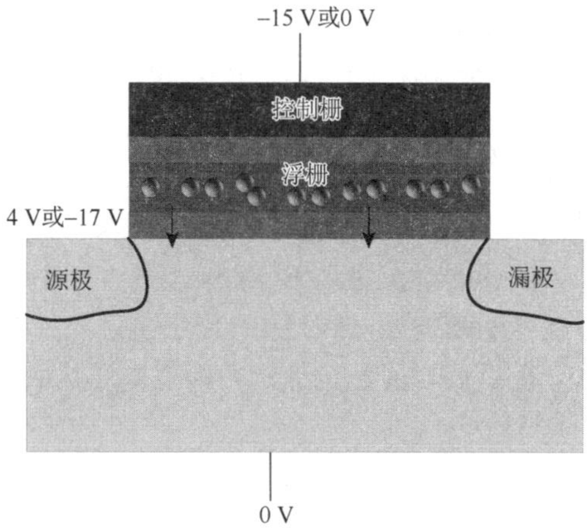

图 5.3.6 NOR Flash 利用源极擦除时工作原理图

5.3.2 NAND 型闪存存储单元读/写/擦除

1. NAND Flash 存储单元写入

对于 NAND Flash 存储单元来说，写入是通过 F-N 隧穿（详见 5.2.2 小节）来完成的。图 5.3.7 是 NAND Flash 存储单元的写入能带图。

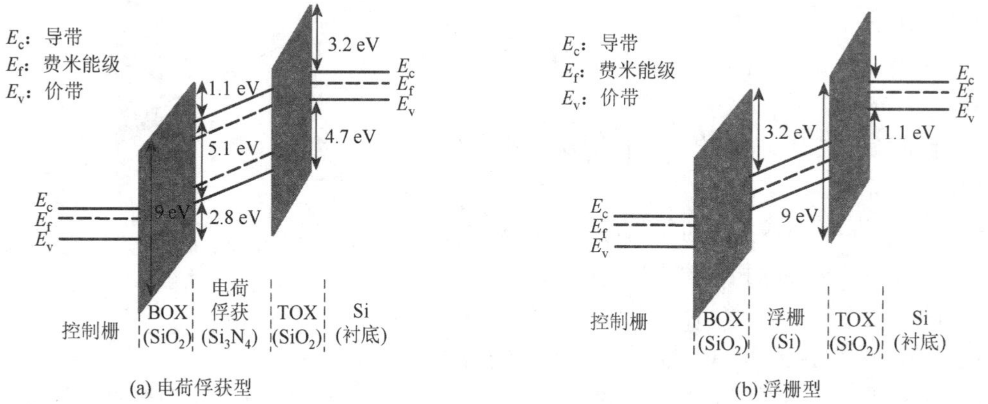

图 5.3.7 NAND Flash 存储单元写入能带图

对 NAND Flash 存储单元进行数据写入时，在控制栅端加高电压，衬底端加低电压或接地，使得衬底沟道的一部分电子通过 F-N 隧穿的方式越过势垒，进入电荷存储层，此时，对于电荷俘获型 Flash 来说是进入氮化硅层，对于浮栅型 Flash 来说是进入多晶硅浮栅。通过控制栅极电压，使得存储单元中的存储电荷通过充电达到平衡态，不再有电荷进入存储层，此时完成了数据写入操作。对于电荷俘获型和浮栅型 NAND Flash 的写操作在物理上有所差异，主要原因是氮化硅和多晶硅浮栅的物理特性和能带结构不同，存储电荷的物理模式也存在极大的差异[9]。图 5.3.7（a）是电荷俘获型 NAND Flash 存储单元的写入能带结构图，电子越过沟道氧化层（SiO_2）的势垒高度为 3.2 eV，从氮化硅（Si_3N_4）层导带跃迁到栅极的势垒高度为 1.1 eV。图 5.3.7（b）是浮栅型 NAND Flash 存储单元的写入能级图，电子越过沟道氧化层（SiO_2）的势能为 3.2 eV，由浮栅层跃迁到控制栅极的势垒高度为 3.2 eV。

图 5.3.8（a）是电荷俘获型 NAND Flash 存储单元写入数据的工作原理图。电子被激发通过 F-N 隧穿模式进入氮化硅层后，会出现以下三种情况：

（1）隧穿的电子 b 被俘获陷入氮化硅层，大部分电子都是这种情况；

（2）小部分隧穿的电子 a 被继续激发穿过 BOX 层，进入控制栅中；

（3）一小部分被俘获的电子 c 则被激发越过 BOX 层，进入控制栅中。

当这三种情况达到动态平衡以后，且存储单元的阈值电压达到预定设计的电压时，写操作完成。

图 5.3.8（b）是浮栅型 NAND Flash 存储单元写入数据的工作原理图。电子被激发通过 F-N 隧穿到浮栅存储层后被存储在浮栅中，不会继续发生隧穿进入控制栅极。当存储单元阈值电压达到预定电压时，写操作完成。

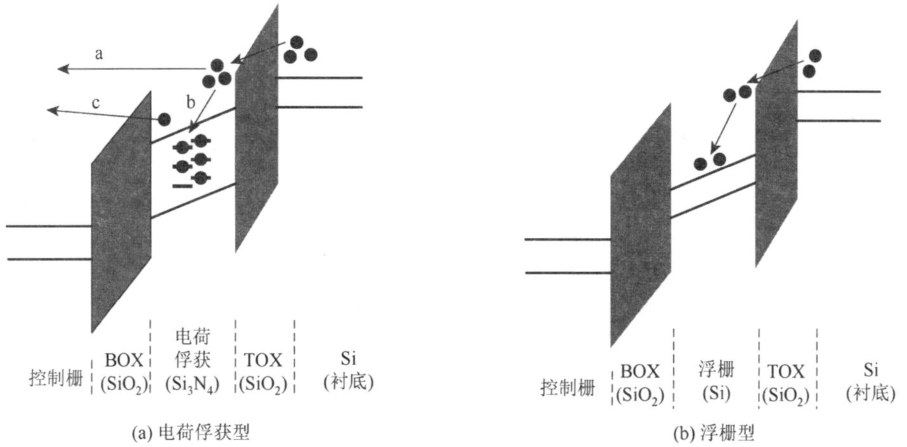

图 5.3.8 NAND Flash 存储单元写入数据工作原理图

2. NAND Flash 存储单元读取

NAND Flash 单个存储单元的读操作与 NOR Flash 的类似，当控制栅极的电压达到阈值电压 V_{th} 后导通，电流 I_{ds} 会显著增加。因为 NAND Flash 存储单元结构中加入了电荷存储层（浮栅或者电荷俘获层），阈值电压将可以被调整。阈值电压可以通过写操作充电或擦除操作放电来控制，当导通电压 V_{cg} 大于某一个阈值电压 V_{th} 时，电流变大。因此，通过不同电压下电流是否有显著的变化，可以判断得知该存储单元的存储电压值，从而读出所存储的数据。

3. NAND Flash 存储单元擦除

NAND Flash 存储单元的擦除机制为 F-N 隧穿，当进行数据擦除操作时，在控制栅端加低电压（如 0 V），衬底端加高电压（如 20 V），一部分电子越过 F-N 势垒，从电荷存储层（电荷俘获层或浮栅层）重新进入衬底中，在一定的擦除操作时间内，使其在放电后达到所要求的擦除区间电压，完成数据擦除操作。也可以通过将控制栅接地并且将一个大电压（～11 V）施加在源极，同时将漏极悬空；或者将一个大的负电压（～−10 V）施加在栅极上，同时让源极电压达到 4 V 左右。也可以通过给衬底施加一个正电压、栅极施加一个负电压来完成。

4. NAND Flash 存储单元阈值电压

从 NAND Flash 存储单元的写、读、擦除操作的基本工作原理可以发现，NAND Flash 存储单元的设计是基于电荷充、放电机制来严格控制存储单元的阈值电压，保证需要存储的数据处于指定的电压区间。因此，控制栅对电荷充、放电的控制决定器件性能的好坏。控制栅对器件控制除了与电荷存储层有关，还与整个器件的电学结构有关系。下面我们以浮栅型 NAND Flash 为例，详细分析一下一个存储单元阈值电压的大小设定。如图 5.3.9（a）所示，由于绝缘氧化层的存在，浮栅层分别与控制栅极层、源极、漏极及衬底之间存在着不同的电容。图 5.3.9（b）为 NAND Flash 存储单元的存储层周围的电容等效图，其中，浮栅层与控制栅极层之间分布着电容 C_{IPD}，浮栅层分别对漏极、源极和硅基片之间存在着电容 C_{OXD}、C_{oxs} 和 C_{OXSUB}。电容耦合的存在影响着 NAND Flash 存储单元的性能。

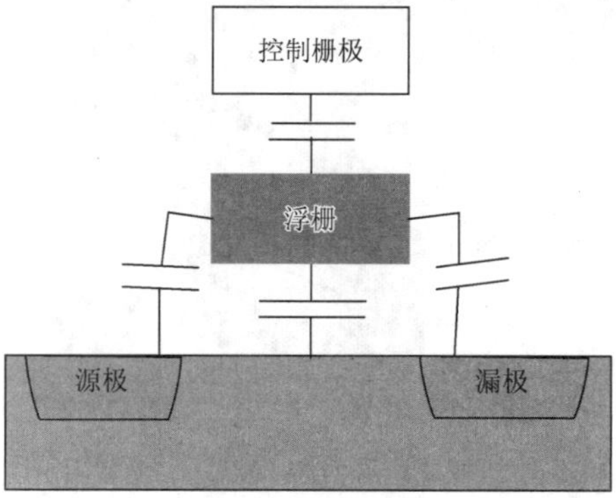

(a) 存储电容示意图

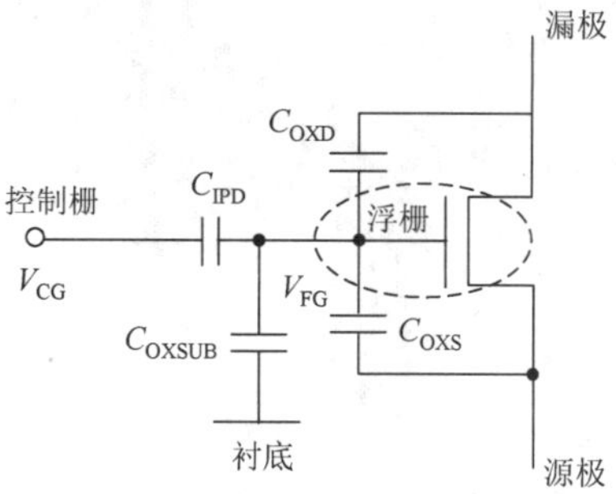

(b) 存储单元电容等效图

图 5.3.9 浮栅型 NAND Flash 存储单元

设电容 C_T 为浮栅的总电容，如式（5.3.1）所示：

$$C_T = C_{IPD} + C_{OXD} + C_{OXS} + C_{OXSUB} \tag{5.3.1}$$

设 Q_{FG} 为浮栅层存储的净电荷量，对浮栅层电压 V_{FG} 的计算必须要考虑周围的电压分布及电容的耦合作用，如式（5.3.2）所示：

$$V_{FG} = \frac{Q_{FG}}{C_T} + \frac{C_{IPD}}{C_T}V_{CG} + \frac{Q_{OXSUB}}{C_T}V_{SUB} + \frac{Q_{OXS}}{C_T}V_s + \frac{Q_{OXD}}{C_T}V_D \tag{5.3.2}$$

式中：V_{CG}、V_D、V_s、V_{SUB} 分别为各电容所具备的电压值。

由图 5.3.9（b）的电容电路图可以看出，对 NAND Flash 存储单元的浮栅充放电即表征为浮栅的阈值电压，主要是由控制栅的电压变化影响造成，因此，定义门耦合系数 GCR，如式 5.3.3 所示：

$$\mathrm{GCR} = \frac{\Delta V_{FG}}{\Delta V_{CG}} = \frac{C_{IPD}}{C_T} \tag{5.3.3}$$

GCR 的值越大，表明通过控制端的电压变化对电荷存储能力的控制越好。

5.3.3 SLC、MLC、TLC 和 QLC 存储单元

通过微缩存储单元体积、构造 3D 结构的方式，可以提高存储器单位面积的实际存储大小。此外，还可以通过控制存储电荷的数量实现不同的电压存储区间，从而实现单个存储单元的多数据存储。具体工作原理是在写操作时，根据所要求的存储数据值，对 NAND Flash 存储单元进行精准电荷隧穿充电，使得每个存储单元的电压值控制在设定的不同电压区间。当需要读取数据时，在一定的读电压检测下，根据存储单元的导通状态，判断每个存储单元的电压值，从而得到相对应的比特值，进而得到其所表征的数据“0”或“1”。

根据一个 Flash 存储单元中存储的数据量差异，把存储 1 位数据的存储单元称为 SLC（single-level cell），相应地，存储 2、3 和 4 位数据的存储单元分别称为 MLC（multi-level cell）、TLC（triple-level cell）和 QLC（quad-level cell）。

图 5.3.10 是 SLC 存储单元的电压分布图，电压区间 L_0 表征数据“1”，此时数据处于擦除状态；电压区间 L_1 表征数据“0”，此时数据处于写入状态。SLC 存储单元的特点是每个存储单元存储 1 位数据信息，结构简单，电压控制快，使用寿命长，性能强，P/E（program/erase）寿命在 1 万到 10 万次之间，但由于每个存储单元只能存储 1 位信息，因此容量低，成本高。

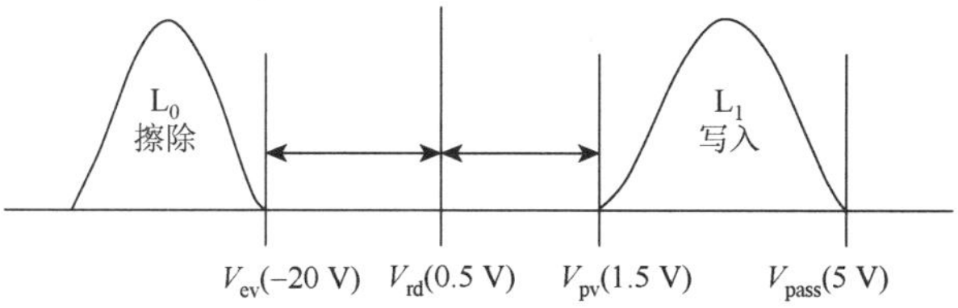

图 5.3.10　SLC 存储单元的电压分布图

V_{ev}：擦除电压；V_{rd}：读取电压；V_{pv}：写入电压；V_{pass}：大于 L_0 和 L_1 的导通电压

对于 MLC、TLC 和 QLC 存储单元，其表征数值和阈值电压区间的关系如图 5.3.11 所示。

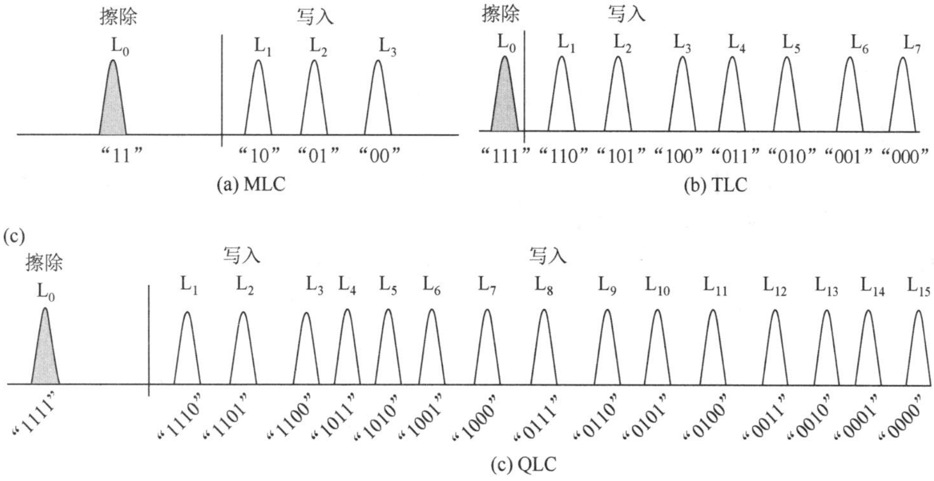

图 5.3.11　MLC、TLC 和 QLC 存储单元的表征数值和阈值电压区间关系图

如图 5.3.11（a）所示，MLC 存储单元采用了 L_0～L_3 四个电压区间，其中，L_0 表征数据“11”，此时数据处于擦除状态；L_1 表征数据“10”，L_2 表征数据“01”，L_3 表征数据“00”，此时数据都处于写入状态。由于每个 MLC 存储单元存储 2 位数据，需要更复杂的电压控制，这意味着其写入性能和可靠性均降低了。其 P/E 寿命根据不同制程在 3000～5000 次。

如图 5.3.11（b）所示，TLC 存储单元采用了 L_0～L_7 八个电压区间，其中，L_0 表征数据“111”，数据处于擦除状态，其余七个电压区间 L_1～L_7 采用二进制码编码，可以分别表征写入的数据“110～000”，电压从 000 到 111 有 8 种变化，此时可以表示 2 bit 的数据，容量比 MLC 增加 33%，成本更低，但是架构更复杂，P/E 编程时间长，写入速度慢，P/E 寿命也降至 1000～3000 次，部分情况会更低。寿命短只是相对而言的，通常来讲，经过重度测试的 TLC 颗粒正常使用 5 年以上是没有问题的。

如图 5.3.11（c）所示，QLC 存储单元采用了 L_0～L_{15} 十六个电压区间，其中 L_0 表征数据“1111”，数据处于擦除状态，其余电压区间 L_1～L_{15} 采用二进制码编码可以分别表征写入的数据“1110～0000”，电压有 16 种变化，此时可以表示 3 bit 的数据，容量能增加 33%，写入性能、P/E 寿命与 TLC 相比会进一步降低。具体的性能测试上，美光公司有做过实验。读取速度方面，SATA 接口中的二者都可以达到 540 MB/s，QLC 表现差在写入速度上，因为其 P/E 编程时间就比 MLC、TLC 更长，速度更慢，连续写入速度从 520 MB/s 降至 360 MB/s。但是 QLC 的容量更大，目前主流厂商都把研发的重点放在了 QLC 上。表 5.3.1 为不同存储单元对比。

表 5.3.1 不同存储单元对比

项目	SLC	MLC	TLC	QLC
结构	单层	双层	三层	四层
存储单元数据量/bit	1	2	3	4
擦写次数/次	＞100 000	3000～10000	500～1000	150
用途	企业级	家用高端产品	家用主流产品	中端主流产品
特点	稳定	较稳定	性价比高	利润高

对于多层 NAND Flash 存储单元（如 MLC、TLC 和 QLC），由于每个电压区间都变小，要求存储单元的电压值不能超过指定区间的最大、最小的电压值，因此在设计上要求尽可能充电到该电压区的中部理想值附近。由于 Flash 芯片是由许多 NAND 存储单元组成，在写操作时，众多的存储单元在充电时，各存储单元的电容、电阻、电流等参数有所不同，最后存储单元的电压值不是完全相同，呈一定范围的离散分布。因此在写操作时，必须在设计上尽量保证各存储单元根据所需要存储的数据，逐步在控制栅端增加写电压，使存储单元能缓慢有序地充电到定义的电压区间，并完成电压验证过程。

5.4 NOR 型闪存器件

5.4.1 NOR 型闪存芯片的基本构架

NOR，即“Not OR”，“或非”的意思。英特尔公司在早期基于 1.5 μm CMOS 工艺推出了 NOR Flash，其存储阵列结构的电路如图 5.4.1（a）所示。同一行所有存储单元的控制栅通过多晶硅连接，最终连接至字线。相邻的两个存储单元源漏共用，进行串接。源极通过接触孔连接到上层金属最终都连接至位线，也通过接触孔连接金属，实现与地线相接。图 5.4.1（b）展示了垂直方向的存储单元的截面扫描电镜（scanning election microscope，SEM）图，从图中可以明显看出存储单元结构，由上到下依次为控制栅极、阻挡层、多晶硅浮栅层、隧穿氧化层和衬底。由于 NOR Flash 存储阵列中所有存储单元的源极和漏极均需要通过接触孔引出，存储单元的面积较大，不适合进行高密度集成，这也就是 NOR Flash 无法提高存储容量的原因。

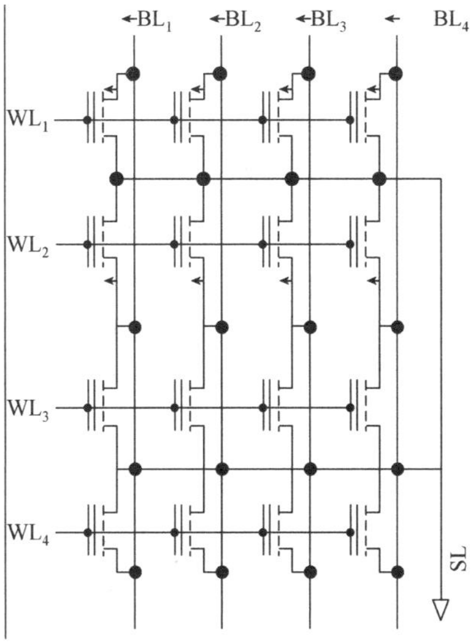

(a) 电路示意图

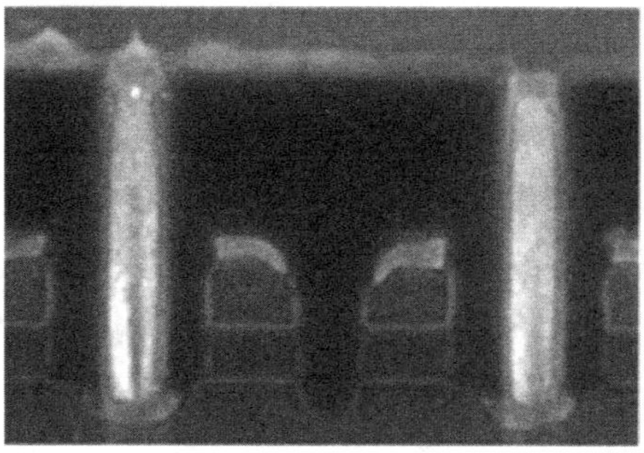

(b) 截面SEM图

图 5.4.1 NOR Flash 存储阵列结构

5.4.2 NOR 型闪存芯片的写入和擦除

NOR Flash 进行写入操作时，选中相应的位线和字线，通过对字线施加 10～12 V 的电压，对位线施加 4～6 V 的电压，源线接地，实现单个存储单元的写入。而擦除机制采用的是 F-N 隧穿机制，通过将字线接地，源线施加 10～12 V 的电压，使存储在浮栅层中的电子隧穿回到硅衬底或源极，实现擦除操作。由于 NOR Flash 存储阵列中所有源端都互相连接，所以在擦除过程中，所有源线相连接的存储单元都会被擦除。如果希望选择性地擦除该行中较小的片段，可以在源线之间增加选择晶体管。NOR FLash 读取时是直接进行数据读取访问，读取速度较快。

5.5 2D NAND 型闪存器件

5.5.1 NAND 型闪存芯片的基本构架

虽然电荷俘获型 Flash 和浮栅型 Flash 存储电荷的物理机理不同，但是存储芯片的基本结构是一致的，都是由存储单元、位线和字线等构成[10]。图 5.5.1 为 NAND Flash 芯片设计基本结构图。

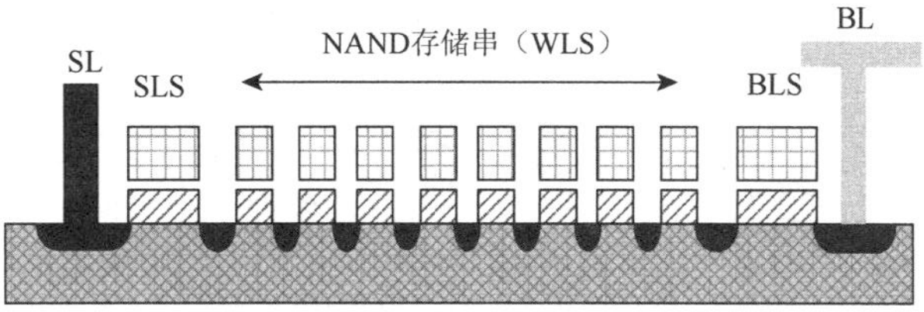

图 5.5.1 NAND Flash 芯片设计基本结构图

如图 5.5.2（a）所示，多个 NAND Flash 存储单元横向并列地连接在一起，两端排列着选择控制信号（BLS）、源端选择控制信号（SLS）和源线（SL），共同构成位线（BL），而多个存储单元控制栅顺次连接在一起构成字线（WL）。同一位线的存储单元组成一个存储串（string），是 NAND Flash 最小阵列组成单元；同一字线的存储单元组成一个页（page），是 NAND Flash 最小编程、读/写单元；而多个存储串按序排列组合构成一个块（block），是 NAND Flash 最小擦除单元。位线为纵向，可以表征列地址（column address，CA）；字线为横向，可以表征页地址（page address，PA）。通过位线和字线可以定义一个交叉点，进而确定一个 NAND Flash 存储单元的地址，图中虚线框显示的是第 m 个字线上的第 n 个位线所对应的 NAND Flash 存储单元。图 5.23（b）展示了多个块区域组成的简要版图，通过地址对应，由块地址（block address，BA）可以确定所选区域。比如，左边虚线框中为块地址 Block0（WL_m，BL_n）所对应的存储单元，而中间虚线框中则为块地址 Block1（WL_m，BL_n）所对应的存储单元。

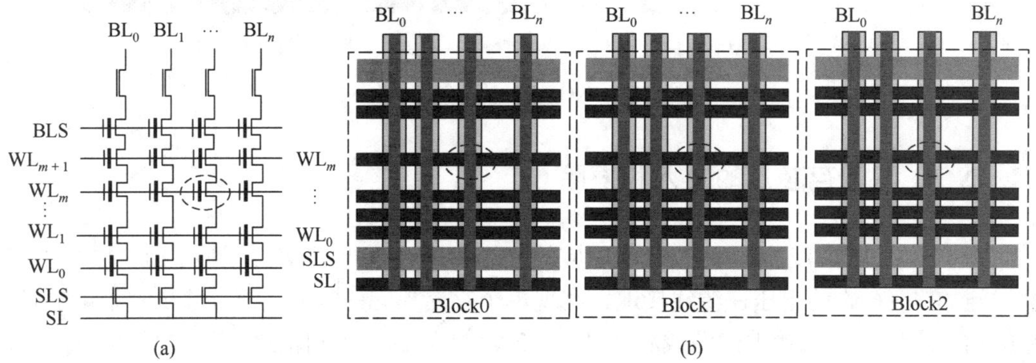

图 5.5.2 NAND Flash 芯片电路图和简要版图

不同厂家生产的存储器的读、写、擦除和寻址操作的指令会有所不同，但是大部分的逻辑类似。以 Micron 160 GB 的 TLC NAND Flash 芯片为例，如图 5.5.3 所示，该芯片的存储阵列

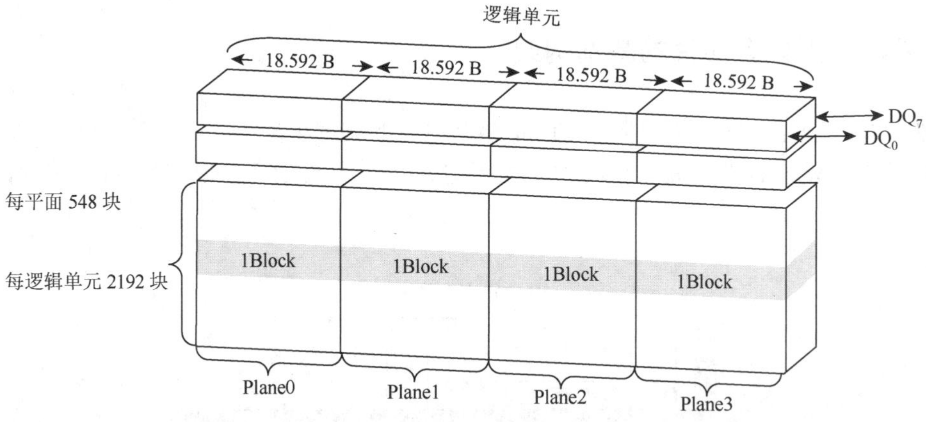

图 5.5.3 TLC NAND Flash 芯片

有 4 个面（plane）的数据存储区，每个面由 548 个块数据存储区以及 2 个页的缓存区（数据寄存器和缓存寄存器）组成。每个块数据存储区又由 512 个页组成，每个页大约有 18 KB，每个字节对应 8 位，由芯片输入端口 DQ_0～DQ_7 组成。在每个页中有接近 2 KB 区可设置为特殊区域，用于存储系统所需要的非直接数据信息等，如坏块处理信息、均衡损耗算法数据、错误校检数据、无用数据处理以及其他软件开发等信息。

NAND Flash 芯片存储阵列的寻址一般是按照列地址（CA）、页地址（PA）、块地址（BA）、面地址（plane address，PA）以及芯片地址（die address）来定义阵列地址。对于某一个型号的芯片，其存储容量是根据阵列的地址乘积来确定的。如图 5.5.3 中，此单片 NAND 的存储容量为 160 GB。

5.5.2 NAND 型闪存芯片的读写和擦除

1. NAND Flash 芯片的写操作

Flash 存储单元是靠存储层中存储的不同电荷数目所体现出的不同阈值电压来进行逻辑区别的，在未存储电荷时，存储单元阈值电压最低，这个状态被称为擦除状态，用来表示逻辑“1”；随着存储电荷数目增加，存储单元阈值电压增高，电荷的注入被称为写入，用来表示逻辑“0”。图 5.5.4 展示了 NAND Flash 的写操作机制：在输入写指令后，NAND Flash 根据接收到的地址定位存储单元，定位一个地址需要输入芯片地址、块地址、页地址和列地址，由块地址可以获得块区域，由页地址可以确定字线地址，由列地址可以确定位线地址。当选择好写数据到 NAND Flash 的某个存储单元后，在该存储单元所在的字线上通一个较高的电压，如 15～20 V，此时会产生一个较大的电场，对周边的存储单元产生极大的干扰，严重影响这个 NAND Flash 的可靠性和读写性能。因此，同时在其他存储单元的字线上加上较低电压，以减小选择的地址单元和周边存储单元之间的电压差，通过这种方式来减小选择的地址单元上的高压对周围存储单元的干扰，同时打开该存储单元所在的位线上的 BLS/SLS 通道，给该位线通入电流，存储单元导通，电子隧穿后对存储层充电，达到设计电压后完成写操作。而对于不相关的位线，则关闭该位线的 BLS 和 SLS 通道，使它们悬空，不进行写操作。

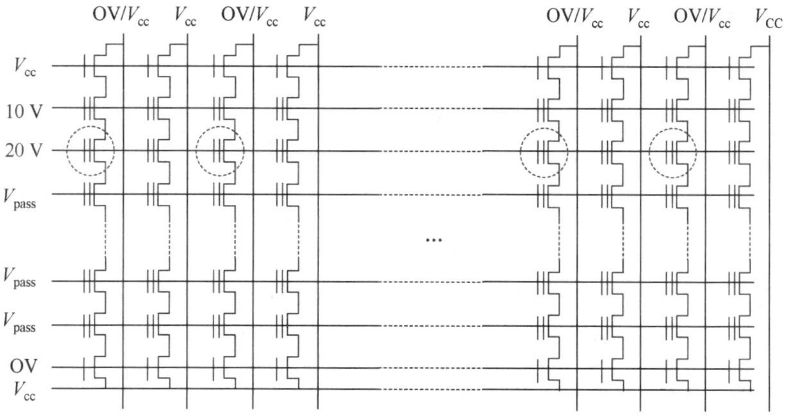

图 5.5.4 NAND Flash 的写操作机制

2. NAND Flash 芯片的读操作

根据前面 SLC、MLC、TLC 和 QLC 的介绍，NAND Flash 存储单元存储的数据值由对应的电压区间决定，因此对 NAND Flash 存储单元的读操作主要是要能精准地读出电压区间值。NAND Flash 存储单元的读操作机制如图 5.5.5 所示。图 5.5.5 展示了 NAND Flash 存储单元在读操作时，各主要信号所加的电压值。先给位线通以同一个电压 V_{bl}，打开位线选择晶体管（BLS）以及源区选择晶体管（SLS），当读取某一个存储单元存储的数据值时，对没有选择的字线加上电压 V_{pass}，此电压值要保证大于存储单元的阈值电压，以确保没有被选择存储单元的沟道是导通的；给被选择存储单元所对应的字线和栅极上加上读电压，通过改变读电压的值来判别所在电压区间，通过位线上电流的变化来判断该存储单元的阈值电压，从而获得数据值。例如，假设图 5.5.5 中的单元 a 写入过数据（cell 电压 V_{cel} = 擦除电压 V_{ev}），处于“写入”的状态；单元 b 没有数据（cell 电压 V_{cel} = 编程电压 V_{pv}），处于“擦除”的状态。对此两个 NAND 存储单元进行读操作时，当 WL 上加载的开关电压 $V_{rd} > V_{ev}$，第一列会导通，有电流通过；对于第三列上 $V_{rd} < V_{pro}$，则第三列线路被断开，BL_2 上电压没明显变化，没有电流通过。这样一来，通过适当的放大电路，监控位线上的电流变化情况，从而就可以通过 V_{rd} 的值判别出单元 a 和单元 b 的电压区间值，即可得到所存储的数据值。

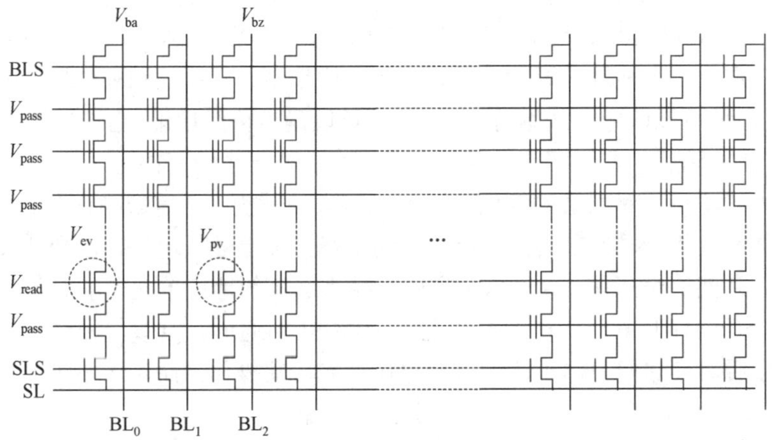

图 5.5.5 NAND Flash 的读操作机制

图 5.5.6 是 SLC NAND Flash 电压区间与所对应数值判断图。当 NAND Flash 存储单元被写入数据后，存储单元被充电到一定的电压区间，如 L_1 区间，由于 F-N 隧道效应是基于随机隧穿的，其电压值会处于一个分散的区间，例如 L_1 区间所映射的存储数据为“0”。当存储单元没有被写入数据或被擦除后，存储单元继续处于擦除状态，存储单元的电压 V_e 处于 L_0 区间，存储单元电压要求低于 V_{ev} 的范围，L_0 区间所映射的存储数据为“1”。当选取读电压 V_{rd} 介于 V_{ev} 和 V_{pv} 之间时［必须留出足够的冗余空间（voltage margin)］，用 V_{ra} 作为判决电压去比较该存储单元的电压 V_{cl}，通过准确的判断后，得出此时的存储单元处于哪种电压区间。根据图 5.5.6 可以得出，一旦存储单元的电压值能被确认，通过电压区间和数据值的映射关系可得出该存储单元存储的数值。

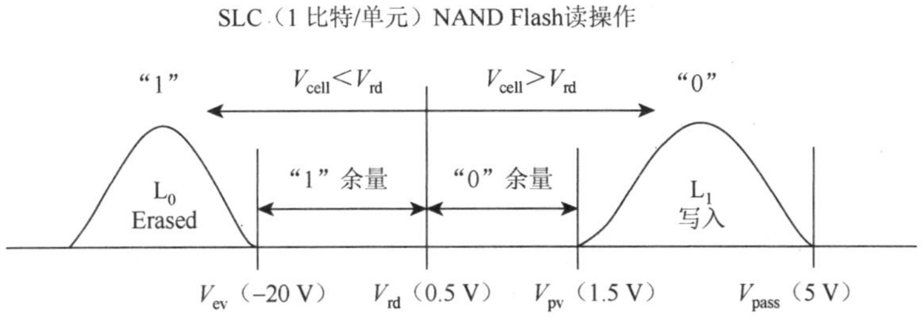

图 5.5.6 SLC NAND Flash 电压区间与所对应数值判断图

3. NAND Flash 芯片的擦除操作

NAND Flash 擦除操作的优点是一次擦除整个块。如图 5.5.7 所示，NAND Flash 擦除操作是在各端口和衬底加上与写操作相反的电压控制，所有字线端保持低电压（0 V），在衬底上加高电压（20 V），在电场作用下，存储在浮栅层或氮化硅绝缘层的电荷重新被激发，反方向越过 TOX 层，进入沟道区。由于在对所有存储单元施加相同电压时，以对抗由编程/擦除循环、程序干扰、读干扰和浮栅电容耦合干扰引起的 V_t 偏移所产生的向上阈值电压偏移，存储单元之间的串扰得到改善，所以擦除所需的栅极和通道之间的电压差（例如 $V_B = 18$ V）低于编程电压（20 V）。当块中的所有存储单元的电荷都被隧穿到沟道中时，擦除操作就成功了。

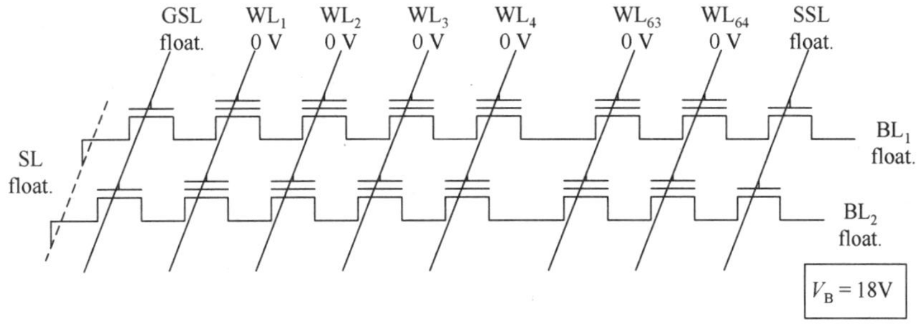

图 5.5.7 NAND Flash 存储芯片擦除操作

在芯片设计的擦除操作流程中，擦除操作无法一次性快速完成，擦除一个块内所有的存储单元的时间比较长（达 1 ms），而且 NAND Flash 存储单元的存储密度越来越大，单个块内的存储单元数量越来越多，可以将块内的序列分成 4～16 个子块，逐步对子块进行擦除操作，这种设计可提高操作效率。如果块擦除操作失败，不需要对整个块重新进行擦除，可仅对该子块进行操作。

5.6 3D NAND 型闪存器件

随着 2D NAND Flash 存储单元尺寸的缩放，成本大大降低，其应用得到了极大的扩展，如企业级信息存储、手机存储等，NAND Flash 的需求大大增加[11]。但是，在 20 nm 技术节点，2D NAND Flash 存储单元的缩放面临着极大的挑战，一些关键的物理机制问题，如浮栅电容（FG-FG）耦合干扰、随机电报信号噪声等严重拖慢了 2D NAND Flash 的微缩速度。为了进一步提高单位面积 NAND Flash 存储单元的密度，降低每比特的成本，在 2006 年以前提出了几种 3D NAND Flash 存储单元[12-15]，一种是堆叠 NAND Flash 存储单元[13-15]，如图 5.6.1 所示。NAND Flash 串垂直地制作在每个堆叠的硅层上，并连接到公共位线和源线。通道硅层和栅极必须为每个复制层制造。由于工艺步骤增加，制造成本增加。

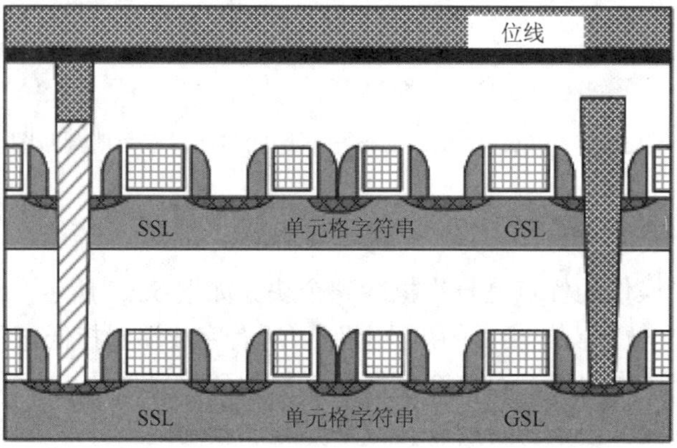

图 5.6.1 堆叠 NAND Flash 存储单元

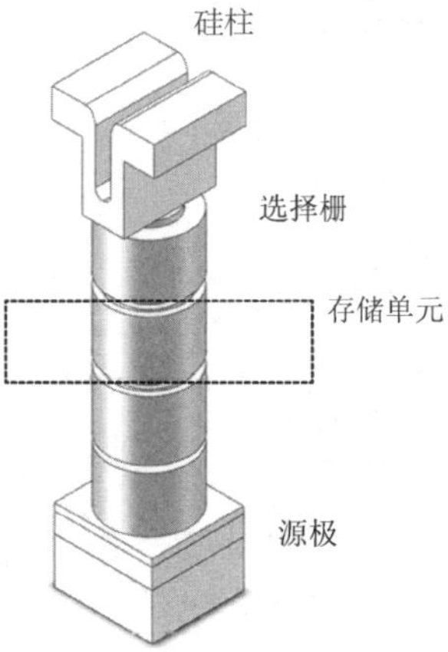

图 5.6.2 堆叠环绕栅晶体管存储单元

另一种是堆叠环绕栅晶体管（S-SGT）存储单元[14-16]，如图 5.6.2 所示。具有浮栅的周围栅晶体管存储单元垂直串联连接以制造 NAND Flash 存储单元串。但其制作过程非常复杂，而且由于每个电池采用硅衬底阶梯结构，存储单元尺寸非常大，因此，在 2006 年之前，这些 3D NAND Flash 存储单元不能有效地降低每比特的成本。

2007 年，BiCS（bit cost scalable cell）技术[17]被提出。BiCS 存储单元具有新堆叠控制栅结构，同时应用了垂直多晶硅沟道技术。这个新的工艺概念如图 5.6.3 所示。将栅极层和介质层多层堆叠起来（“叠层”），然后制造通孔穿通多层结构，最后，通孔被存储层（ONO）和多晶硅沟道（“插头”）填充。引入这种新的工艺之后，制备变得非常简单，加工难度和成本都急剧降低，而且得到了更高的存储密度。随着 BiCS 技术的成功研发，各大公司都看中 3D 结构巨大的潜力，陆续推出了 P-BiCS[18]、VRAT[19]、TCAT[20]、VGNAND[21]等 3D 结构的存储器类型。

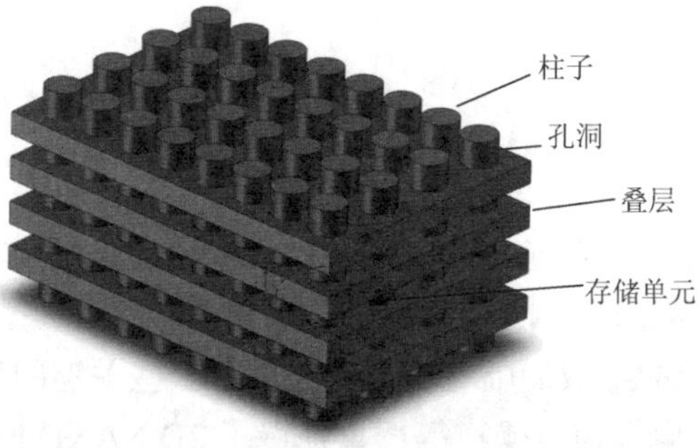

图 5.6.3 BiCS 存储单元垂直多晶硅沟道技术

3D NAND Flash 可以按通道结构分为垂直结构或水平结构，按栅极结构分为周围栅极结构或双栅极结构，按电荷存储类型分为 SONOS 型、TANOS 型和 FG 型，按栅极加工顺序分为先栅极结构或后栅极结构。每个 3D 单元在结构、工艺、读写以及使用寿命等方面各有优缺点。下面将详细介绍和讨论这些不同 3D NAND Flash 结构类型。

5.6.1 BiCS 结构

将所有堆叠的控制栅一次性穿通并插入多晶硅沟道，构成一系列垂直的场效应晶体管，形成 SONOS 型存储器串列[18]，图 5.6.4 所示为 BiCS 的概念图。单个存储单元是由二氧化硅/氮化硅（SiN）电荷存储层/二氧化硅介质结构、包围在介质结构中的多晶硅沟道以及栅电极（GAA）构成。每一个存储单元都是未掺杂或轻 N 掺杂，同时在填充柱没有进行源漏扩散。除了最下面的一层作为源极以外，每个电极层都是一个控制栅。每一个存储字节位于控制栅板和插入多晶硅通道的交汇处。在一个存储块内，位于同一层的控制栅极与下层的源极在各自层内互相连接，如图 5.6.5 所示。

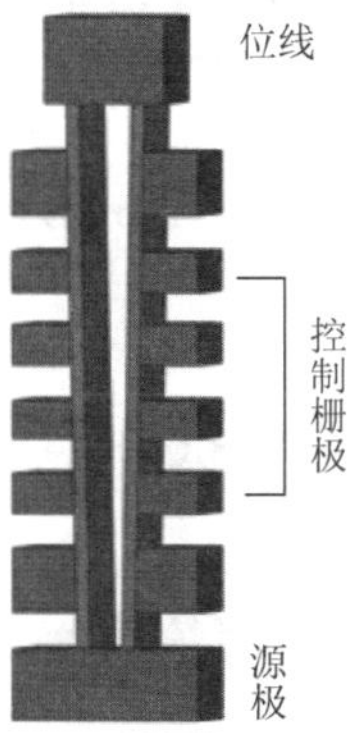

图 5.6.4 BiCS 概念图

存储列由位线和上源极来选择，控制栅和上/下源极构成台阶式的结构，在台阶上构建金属互联，从而逻辑控制端相连，如图 5.6.5 所示。这种台阶结构是通过光刻胶修剪工艺制造的。存储列的底部连接到硅衬底上扩散形成的共源。

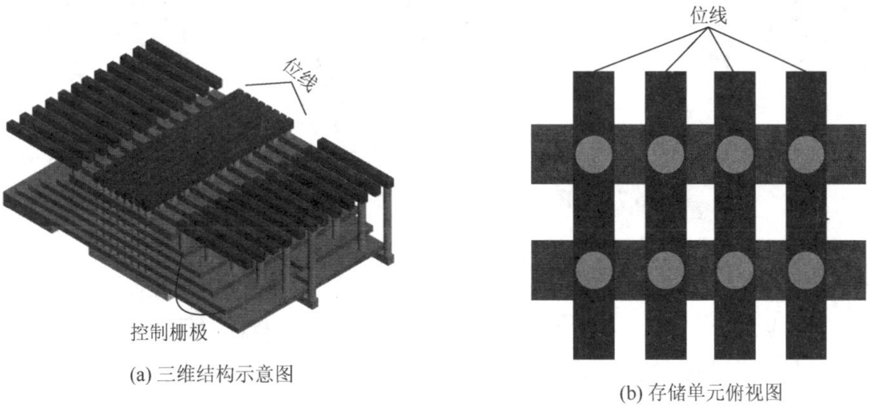

图 5.6.5 BiCS 的结构图

由于具有良好的电流驱动性能和体效应[22]，在 IEDM 1988 中，逻辑 CMOS 已经开始在 BiCS 中使用环绕栅晶体管（SGT）。1993 年垂直通道环绕栅晶体管被应用于 EPROM 存储结构中。此外，2001 年[7]的堆叠环绕栅晶体管存储单元开始应用于 NAND Flash。因此，BiCS 技术最大的特点是在工艺序列上以低成本工艺制造多个堆叠单元。

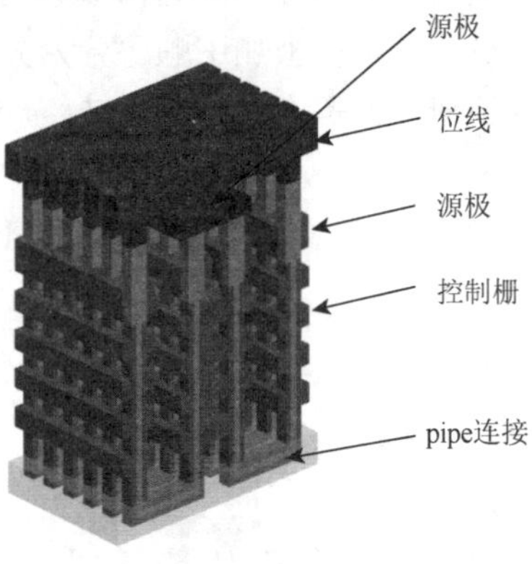

图 5.6.6 P-BiCS Flash 结构原理图

5.6.2 P-BiCS 结构

BiCS 技术的进化版本叫作 P-BiCS（pipe-shaped BiCS）。图 5.6.6 为 P-BiCS Flash[23]结构原理图。两个相邻的 NAND Flash 存储列的底部通过一个管道进行连接，由底部电极（管状栅）进行控制。U 形结构的一端接位线，另一端接源线。源线由第三层金属（图中未显示）的网状布线，并像传统的平面（2D）NAND 闪存单元技术一样由第一层和第二层金属接入。因此，源线的电阻相对较低。一般将两个源极晶体管都构筑在堆叠的存储单元之上。控制栅极（CG）被狭缝隔开，并以类似于梳状图案彼此相对排列。

P-BiCS NAND Flash 存储阵列的工艺流程如图 5.6.7[23]所示。

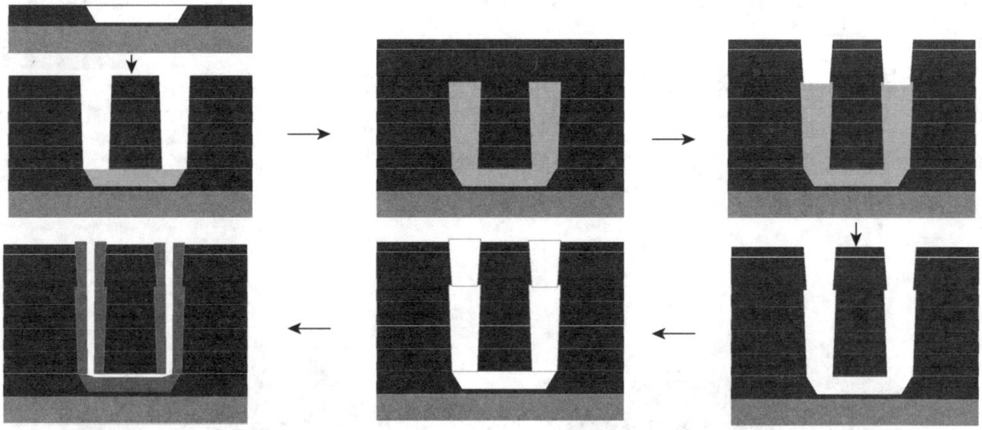

图 5.6.7 P-BiCS NAND Flash 存储阵列的工艺流程

Pipe 连接利用刻蚀形成真实图案，然后填入材料，形成牺牲层，此时依次沉积氧化物、氮化物薄膜，形成堆叠结构。接着利用技术刻蚀出高深快宽比的孔洞，并形成连接到堆叠控制栅极管道牺牲层区域。在源极层和源极孔洞形成后去除牺牲膜。此时构造由栅极介电记忆膜（ONO）和沟道多晶硅膜（硅体）组成的存储单元，传统的 BiCS 工艺在沟道多晶硅沉积前需要进行栅极介电刻蚀，将沟道多晶硅与衬底连接，而 P-BiCS 在沟道多晶硅沉积前不需要进行栅极介电刻蚀，因此，P-BiCS Flash 可以改善 BiCS Flash 的一些缺陷，如源线电阻过高、下选择栅极的截止特性和存储单元可靠性差等问题。与早期的 BiCS 相比，P-BiCS 有三个优点，如图 5.6.8 所示：①源极量级的低电阻；②选择栅极严格控制的截止特性使存储阵列具有良好性能；③由于在制作过程中对隧道氧化物的损伤较小，可以实现良好的数据保留和宽的阈值电压窗口。在早期 BiCS 基础上增加管接工艺，就可以方便地制备 P-BiCS。

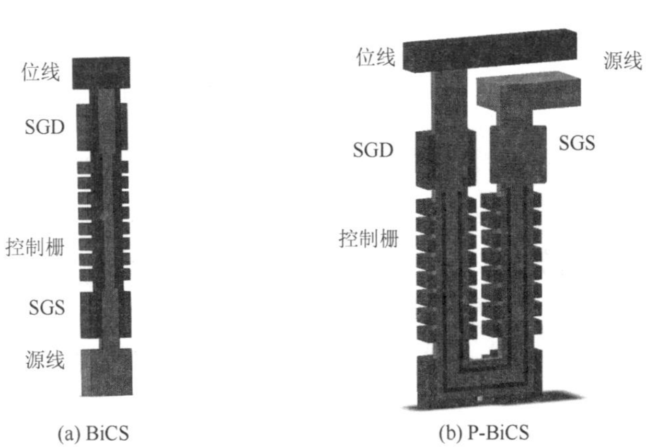

图 5.6.8 P-BiCS 有三个优点

采用 P-BiCS 结构的 Flash，可以利用 60 nm 加工技术[24]加工 16 Gbit 的 Flash 测试芯片。此时的 3D Flash 一共由 16 层存储结构构成，可实现每比特的有效单元尺寸为 0.00082 μm^2。

在最初的 BiCS Flash 中，控制栅极由几个相邻的 NAND Flash 存储列共享，以减小存储单元的尺寸。而在 P-BiCS Flash 存储单元中，采用分叉控制栅结构。控制栅由具有四个分支的叉形板共享和连接，如图 5.6.9 所示。每个分支控制两个页面的单元格。P-BiCS Flash 存储单元中的块由垂直堆叠形成的 16 对控制栅极构成，每对控制栅极板错开布置。(以图 5.6.9 中的 CG_0 和 CG_{31} 为例)。由于特殊的存储单元结构，在 BiCS 和 P-BiCS 结构中，程序串扰不是一个严重的问题。

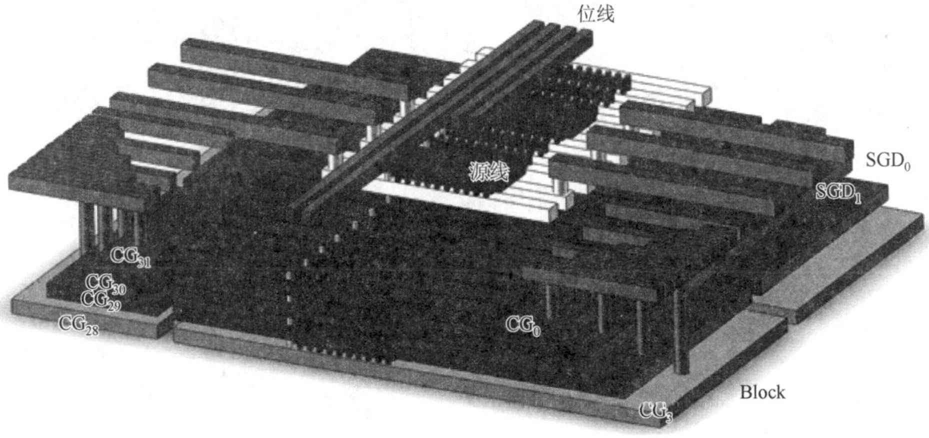

图 5.6.9 P-BiCS Flash 存储单元结构

5.6.3 TCAT/V-NAND/V-NAND 结构

TCAT（terabit cell array transistor，太比特单元阵列晶体管）的结构示意图如图 5.6.10 所示[25]。TCAT 具有与 BiCS 类似的结构，具有垂直多晶硅沟道、堆叠的字线和的氮化硅（SiN）电荷。

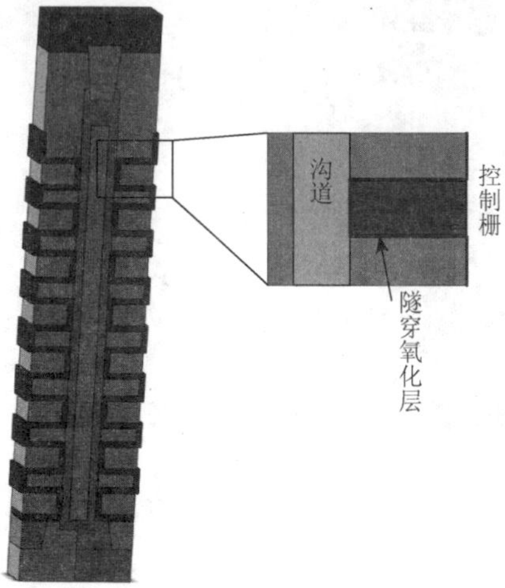

图 5.6.10 TCAT 的结构示意图

图 5.6.11 展示了 TCAT Flash 存储单元的加工流程，其与 BiCS Flash 的工艺和结构主要有以下差异：①存储单元和选择栅是由氧化物（SiO_2）/氮化物（SiN）多层堆栈组成；②线型“字线”（W/L）切割蚀刻穿过阱 SiN 和阻隔介质和栅极金属按常规顺序沉积；③通过“W/L 切割”由植入物形成的线型列选信号（CSL）；④将控制栅从氮化硅（SiN）材料替换为钨（W）；⑤栅选择线（GSL）/源选择线（SSL）选择晶体管与存储单元同时完成加工的。最独特的工艺是“栅极替换”，实现了金属栅的 SONOS 结构和低电阻的字线。

图 5.6.12 显示了把栅极从氮化硅（SiN）换成钨（W）的详细工艺过程。在“W/L 切割”利用干法刻蚀与湿法刻蚀去除牺牲氮化硅层［图 5.6.12（b）］后，利用传统方法沉积栅极介电层（包括隧道氧化物、电荷俘获层和阻隔层）和金属栅［图 5.6.12（c）］。在此器件中构建存储单元的介电层栅极已经是最后几步加工了，而在 BiCS 闪存中我们一开始就要构建栅极和介质层。利用传统工艺进行栅极加工是 TCAT Flash 的优点之一。最后利用刻蚀工艺完成对每个栅极的分离［图 5.6.12（d）］。

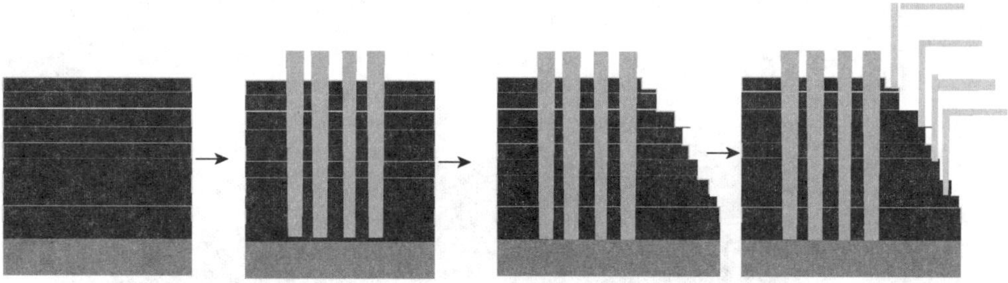

图 5.6.11 TCAT Flash 存储单元的加工流程

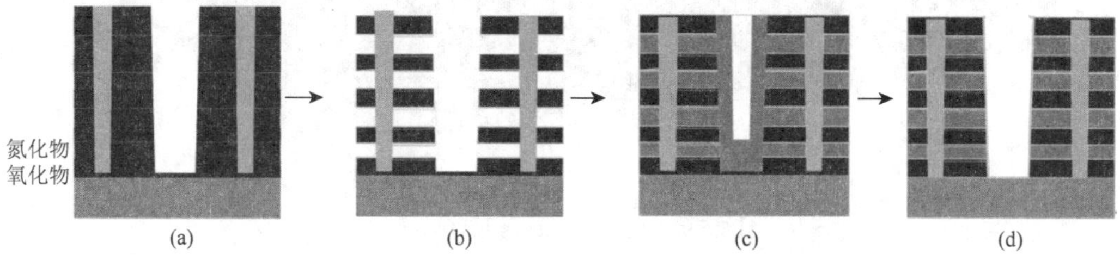

图 5.6.12 栅极从氮化硅（SiN）换成钨（W）的详细工艺过程

垂直 NAND 闪存单元阵列[25]中一个利用大马士革工艺制备钨金属栅的 SONOS 结构。在高温储存试验中，由于编程写入状态下，相邻存储单元产生的电场会互相影响，因而加速了电荷损耗，降低了器件的可靠性。然而，如图 5.6.13 所示，在 TCAT 器件加工中，后加工栅极工艺所产生的凹形结构有助于防止横向电荷损失。

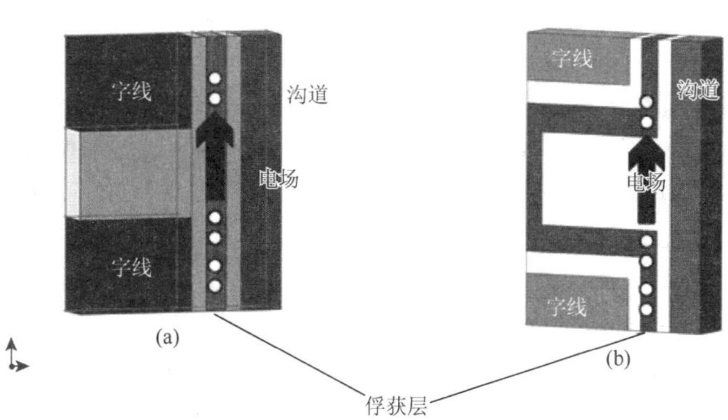

图 5.6.13 不同的 TCAT 器件加工

TCAT 存储单元等效电路如图 5.6.14 所示[26]。该图中展示了存储器件局部，包含 24 个堆叠的 WL 层、虚拟 dummy WL（DWL），以及 SSL 和 GSL 的两个字符串选择门层。字符串由位行和上选择门（SSL）选择。控制栅极（WLS）和 SSL/GSL 通过阶梯栅极结构连接到金属层。存储阵列的底部连接到公共源极（CSL）。基于 TCAT 单元，实现了第一个具有 V-NAND 存储单元的 3D NAND Flash 产品。目前我国西安采用 V-NAND 存储单元阵列技术量产的是 128 GB MLC（2 bit/单元）3D V-NAND Flash 器件，这个内存芯片有 24 个堆叠的 WL 层，由两个平面组成，每个平面包含 64 Gbit 的阵列（2732 个 3 MB 的块，8 KB 的页面）。行电路采用共享的 WL 块方案，列电路采用单边页缓冲器，以减少平面 2D NAND Flash 器件的面积。这种器件有助于获得 133 mm^2 的小芯片尺寸，80%的单元阵列效率和 0.96 GB/mm^2，这是有史以来报道的最高密度。NAND 字符串有 24 个 WL 层、两个虚拟字线（DWL）层和两个字符串选择门层。8 个 V-NAND 串共用一个 BL，如图 5.6.14（a）所示。由于有 64 K BLS，一个块的大小是 3 MB（8 KB×8×2×24）。3D V-NAND 具有与 2D NAND Flash 相同的程序和擦除操作，它们基于 FN 隧道机制。特别是，与其他基于 GIDL 机制的空穴生成的 3D NAND 单元相比，大块擦除功能可以提供更好的特性，如更快的擦除速度、更低的功率和更可靠的性能。所以，传统在平面二维 NAND 中使用的操作也可以通过简单的修改应用到 3D V-NAND 中。这个芯片有超过 25 亿个通道孔。这种结构可以在图 5.6.14（b）中看到，V-NAND 阵列的（TCAT）

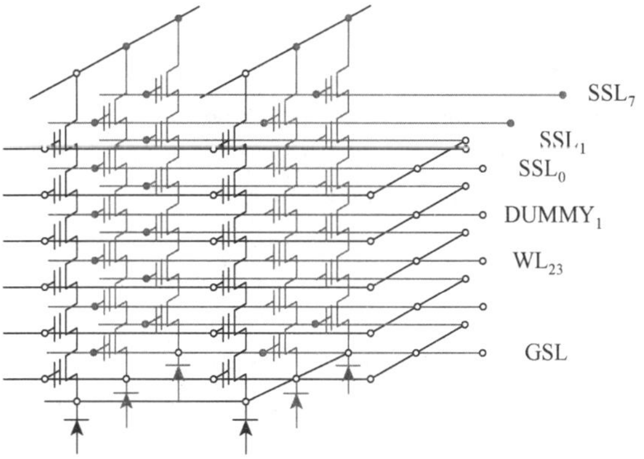

(a) TCAT简化的原理图

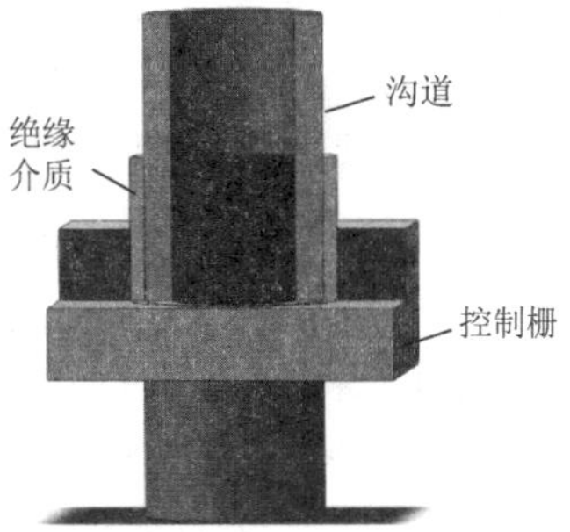

(b) TCAT存储单元的横断面图

图 5.6.14 TCAT 存储单元等效电路图

单元的横断面图。为了保证高性能，采用了阻尼金属栅结构。采用先进的障壁工程材料在金属栅极结构中设计了环绕栅极（栅极全能结构）电荷阱闪光（CTF）单元（SONOS 型单元）作为基本单元结构。对于典型的嵌入式应用程序，该芯片实现了 50 MB/s 的写吞吐量和 3 K 的持久能力。此外，通过为数据中心和企业固态存储应用程序提供 36 MB/s 的写吞吐量，实现了 35 K 的扩展持久能力。

参考文献

[1] HU C M. Lucky-electron model of channel hot electron emission[C]//1979 International Electron Devices Meeting. Washington，DC，USA. IEEE，1979：22-25.

[2] KO P K，MULLER R S，HU C. A unified model for hot-electron currents in MOSFET's[C]//1981 International Electron Devices Meeting. Washington，DC，USA. IEEE，1981：600-603.

[3] TAKEDA E，KUME H，TOYABE T，et al. Submicrometer MOSFET structure for minimizing hot-carrier generation[J]. IEEE Journal of Solid-State Circuits，1982，17（2）：241-248.

[4] TANAKA S，ISHIKAWA M. One-dimensional writing model of n-channel floating gate ionization-injection MOS（FIMOS）[J]. IEEE Transactions on Electron Devices，1981，28（10）：1190-1197.

[5] BEZ R，PIROVANO A. Non-volatile memory technologies：Emerging concepts and new materials[J]. Materials Science in Semiconductor Processing，2004，7（4-6）：349-355.

[6] TEHRANI S，ENGEL B，SLAUGHTER J M，et al. Recent developments in magnetic tunnel junction MRAM[J]. IEEE Transactions on Magnetics，2000，36（5）：2752-2757.

[7] HSU F C，GRINOLDS H R. Structure-enhanced MOSFET degradation due to hot-electron injection[J]. IEEE Electron Device Letters，1984，5（3）：71-74.

[8] CHIMENTON A，OLIVO P. Reliability of erasing operation in NOR-flash memories[J]. Microelectronics Reliability，2005，45（7/8）：1094-1108.

[9] CHEN G X，HUO Z L，JIN L，et al. Metal floating gate memory device with SiO_2/HfO_2 dual-layer as engineered tunneling barrier[J]. IEEE Electron Device Letters，2014，35（7）：744-746.

[10] LEE D H，SHIN Y，JANG D，et al. A new cell-type string select transistor in NAND flash memories for under 20 nm node[C]//2012 4th IEEE International Memory Workshop. Milan，Italy. IEEE，2012：1-3.

[11] MASUOKA F，MOMODOMI M，IWATA Y，et al. New ultra high density EPROM and flash EEPROM with NAND structure cell[C]//1987 International Electron Devices Meeting. Washington，DC，USA. IEEE，1987：552-555.

[12] PARK K T，KIM D，HWANG S，et al. A 45 nm 4 Gb 3-dimensional double-stacked multi-level NAND flash memory with shared bitline structure[C]//2008 IEEE International Solid-State Circuits Conference - Digest of Technical Papers. San Francisco，CA，USA. IEEE，2008：510-632.

[13] PARK K T，KANG M，HWANG S，et al. A fully performance compatible 45 nm 4-gigabit three dimensional double-stacked multi-level NAND flash memory with shared bit-line structure[J]. IEEE Journal of Solid-State Circuits，2009，44（1）：208-216.

[14] ENDOH T，KINOSHITA K，TANIGAMI T，et al. Novel ultra high density flash memory with a stacked-surrounding gate transistor（S-SGT）structured cell[C]//International Electron Devices Meeting. Technical Digest. Washington，DC，USA. IEEE，2001：2.3.1-2.3.4.

[15] ENDOH T，KINOSHITA K，TANIGAMI T，et al. Novel ultrahigh-density flash memory with a stacked-surrounding gate transistor（S-SGT）structured cell[J]. IEEE Transactions on Electron Devices，2003，50（4）：945-951.

[16] MASUOKA F. Forbes Global[N/OL]. Forbes Magazine，2002-06-24[2023-09-20]. https：//www.forbes.com/forbes-magazine/.

[17] TANAKA H，KIDO M，YAHASHI K，et al. Bit cost scalable technology with punch and plug process for ultra high density flash memory[C]//2007 IEEE Symposium on VLSI Technology. Kyoto，Japan. IEEE，2007：14-15.

[18] FUKUZUMI Y，KATSUMATA R，KITO M，et al. Optimal integration and characteristics of vertical array devices for ultra-high density，bit-cost scalable flash memory[C]//2007 IEEE International Electron Devices Meeting. Washington，DC，USA. IEEE，2007：

449-452.

[19] KIM J，HONG A J，OGAWA M，et al. Novel 3-D structure for ultra high density flash memory with VRAT（vertical-recess-array-transistor）and PIPE（planarized integration on the same plane）[C]//2008 Symposium on VLSI Technology. Honolulu，HI，USA. IEEE，2008：122-123.

[20] JANG J，KIM H S，CHO W，et al.Vertical cell array using TCAT（terabit cell array transistor）technology for ultra high density NAND flash memory[C]// 2009 Symposium on VLSI Technology. Kyoto，Japan. IEEE，2009：192-193.

[21] KIM W，CHOI S，SUNG J，et al. Multi-layered vertical gate NAND flash overcoming stacking limit for terabit density storage[C]// 2009 Symposium on VLSI Technology. Honolulu，HI. IEEE，2009：188-189.

[22] TAKATO H，SUNOUCHI K，OKABE N，et al. High performance CMOS surrounding gate transistor（SGT）for ultra high density LSIs[C]//Technical Digest.，International Electron Devices Meeting. San Francisco，CA，USA. IEEE，1988：222-225.

[23] KATSUMATA R，KITO M，FUKUZUMI Y，et al. Pipe-shaped BiCS flash memory with 16 stacked layers and multi-level-cell operation for ultra high density storage devices[C]//2009 Symposium on VLSI Technology. Kyoto，Japan. IEEE，2009：136-137.

[24] MAEDA T，ITAGAKI K，HISHIDA T，et al. Multi-stacked 1G cell/layer pipe-shaped BiCS flash memory[C]//2009 Symposium on VLSI Circuits. Kyoto，Japan. IEEE，2009：22-23.

[25] JANG J H，KIM W，CHO W，et al. Vertical cell array using TCAT（Terabit Cell Array Transistor）technology for ultra high density NAND flash memory[J]. Digest of Technical Papers-Symposium on VLSI Technology，2009：192-193.

[26] PARK K T，HAN J M，KIM D，et al. 19.5 three-dimensional 128 Gb MLC vertical NAND flash-memory with 24-WL stacked layers and 50 MB/s high-speed programming[C]//2014 IEEE International Solid-State Circuits Conference Digest of Technical Papers（ISSCC）. San Francisco，CA，USA. IEEE，2014：334-335.

第 2 部分

先进存储器篇

第 6 章

阻变存储器

本章教学目标与要求

- 理解阻变存储器的相关概念及性能指标。
- 熟悉阻变存储器介质材料种类及器件结构。
- 掌握阻变存储器的转变机制。
- 掌握阻变存储器的工艺与集成。
- 熟悉阻变存储器的相关测试。
- 了解阻变存储器的性能优化方法。

本章知识架构

RRAM（resistive random access memory，阻变存储器）作为一种新型非易失性存储器，自20世纪90年代末以来发展十分迅速，并以其结构简单、尺寸可缩小性好、读/写速度快、擦写耐受力高、数据保持时间长、具备高密度存储能力等优点，成为研究院所及存储器行业的研发重点。

6.1 阻变存储器概述

6.1.1 电阻转变效应

RRAM是基于材料电阻转变效应的一种新型存储器。电阻转变效应，顾名思义就是指材料的电阻在电压（电场）作用下发生变化的现象，这种电阻的变化通常会导致材料存在两个或两个以上的电阻态。早在1971年，美国加州大学伯克利分校的蔡少棠（Leon Chua）教授从理论上预言了除电容、电感和电阻之外的第四种无源基本电路元件——记忆电阻（简称忆阻器或RRAM）[1]，但是由于受当时制备技术的限制，其元器件一直没有被实验证实，长期以来只停留在理论阶段。随着薄膜制备技术的提升以及传统非挥发存储技术瓶颈的出现，RRAM这种具有满足下一代存储器应用潜质的新型存储器受到越来越多研究者的青睐。

拥有电阻转变特性的材料在直流电压的作用下表现出滞回的 *I-V* 曲线，其原因是材料在电场作用下的本征结构变化导致电阻转变。按 *I-V* 曲线划分，可以把电阻转变效应分成两大类：单极性电阻转变和双极性电阻转变，两者的典型 *I-V* 曲线如图6.1.1所示[2]。

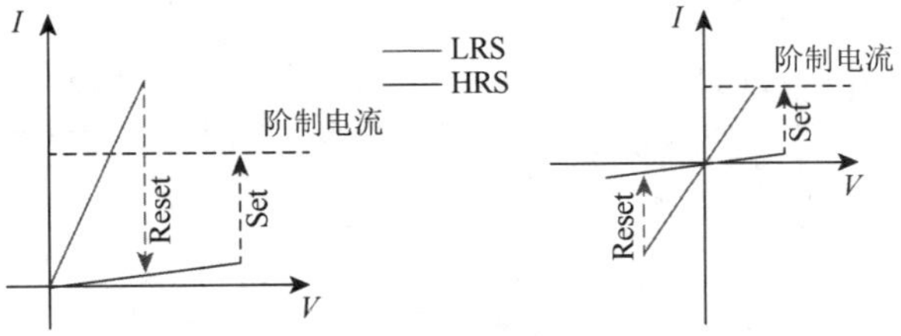

(a) 单极性电阻转变　　(b) 双极性电阻转变

图6.1.1　电阻转变效应[2]

图6.1.1（a）为单极性电阻转变效应，在正向电压和负向电压下都可以实现高低阻态之间的转变。若原始态材料处于高电阻状态，在施加一个高的电压之后会进入低阻态（LRS），在转变到低阻态之后再施加一个较低的电压，材料就会从低阻态转变到高阻态（HRS）。通常把器件从高阻态转变到低阻态的过程称为Set过程；反之，把器件从低阻态转变到高阻态的过程称为Reset过程。双极性电阻转变效应则需要在两种电压极性下才能完成Set和Reset过程，如图6.1.1（b）所示。器件只能在特定极性的电压激励下才能发生Set过程，并且必须施加反方向的电压才能发生Reset过程。

在RRAM中，电压或者电流只是导致电阻发生变化的原因，而器件的电阻大小并不需要电压或者电流来维持，即电压或者电流撤销时器件的电阻大小不会发生变化，因此RRAM是一种非易失性存储器。在RRAM的测试中，需要设定一个限制电流来保护器件，当器件从高阻态向低阻态转变时，电阻突然急剧降低，电流激增，需设定一个安全的限制电流来防止器件不被大电流损坏。

6.1.2 阻变存储器的性能参数

RRAM 性能参数包括操作电压、操作电流、阻态比、保持特性、耐受特性、擦写速度等[3]。

1. 操作电压

操作电压指的是 RRAM 器件发生电阻转变效应的电压，即 Set 和 Reset 过程中电阻转变的电压 V_{Set} 和 V_{Reset}。基于降低器件能耗、延长器件使用寿命的考虑，要求操作电压尽可能地低。

2. 操作电流

对于 Set 过程而言，操作电流指的是为了保护 RRAM 器件不受损害而采用的限制电流。这是 RRAM 的电阻由高阻态转为低阻态所能达到的最大电流，该电流越大，器件越容易失效，同时也增加了器件的功耗。因此，就实用性考虑，RRAM 器件的操作电流需要尽可能地小，理想的 RRAM 器件的操作电流需控制在 μA 及 μA 以下。对于 Reset 过程而言，操作电流指的是使器件从低阻态转变到高阻态需达到的最大电流。

3. 阻态比

阻态比指的是 RRAM 器件高、低阻态的比值。该比值影响着判读数据的准确性。阻态比值越大，器件的高、低阻态区分越明显，便于数据的记录和表达，这是验证 RRAM 器件记忆性好坏的重要指标。一般而言，阻态比值大于 10 即可。此外，高的阻态比亦有利于实现 RRAM 的多态存储。

4. 保持特性

保持特性指的是数据存入 RRAM 中所能保留的时间，反映在 RRAM 器件上指的是高、低阻态的电阻值保持不变所能维持的时间，这是考验 RRAM 非易失性的重要指标。理论上，为了让 RRAM 器件达到商业化的需求，数据保持时间需达到 10 年以上。在实验过程中，一般以数小时或者数天为标准来验证器件的保持特性，或者通过在极端条件下的短时间测试来验证器件的保持特性。此外，在检测器件保持特性时，除了需要考虑时间因素外，还应考虑温度对非易失性的影响，因为器件在使用过程中均会因热效应而产生损耗，在越宽的温度范围内，高、低阻态的电阻值保持不变的时间越长，证明 RRAM 器件的数据保持特性越好。

5. 耐受特性

耐受特性即为循环耐受性，指的是 RRAM 器件在高、低阻态之间可逆转换的次数，反映了器件可重复擦写的能力。目前的 Flash 能够实现 10^3～10^7 次写入操作，为了体现 RRAM 比 Flash 更具有优越性，RRAM 器件应具备更好的耐受性，这是对 RRAM 器件的实用性考量中的基本点之一。

6. 擦写速度

擦写速度指的是存储器件实现快速操作的能力。目前操作速度最快的当属 DRAM，其擦写速度＜10 ns，可作为计算机的内存。而 Flash 的擦写速度＞10 ms，只能作为外部存储设备。因此，RRAM 若想取代 DRAM，则操作速度需要达到纳秒量级。

6.2 阻变存储器的材料与结构

6.2.1 阻变介质材料

通过改变加在介质材料上的脉冲电压或者电流，可以使介质材料在高阻态或低阻态之间进行转换，并且任何一种电阻态的电阻值可在电场去除后保持一定的时间。介质材料是 RRAM 发生电阻转变的载体，对 RRAM 的性能有着最直接的影响。目前，被报道的可作为 RRAM 介质层的材料非常多，可分为无机阻变材料和有机阻变材料。

无机阻变材料主要包括二元氧化物、复杂氧化物、固态电解质、氮化物及其他无机材料。多元氧化物和硫族固态电解质较多地表现出双极性电阻转变特性，而二元氧化物通常既能表现出双极性又能表现出单极性的电阻转变。

二元氧化物具有结构简单、材料组分容易控制、成本低、稳定性好和制备工艺与 CMOS 工艺兼容等优点，一直是微电子领域内一类重要的材料体系，比如，CuO_x 和 WO_x 可以通过半导体工艺中的 W 通孔结构或者是 Cu 互连结构直接氧化生成，因此这两种材料与半导体工艺的兼容性高；NiO_x 和 TiO_x 薄膜分别是典型的 P 型和 N 型半导体，有利于研究载流子类型对电阻转变的影响；而 HfO_x 和 TaO_x 薄膜具有高速和高循环寿命的特点，被认为是最有潜力的 RRAM 介质材料。

复杂氧化物一般指具有钙铁矿结构的三元过渡族金属氧化物，比如 $SrTiO_3$、$SrZrO_3$ 和 $SrRuO_3$ 等，以及由这类氧化物掺杂形成的四元金属氧化物，比如 $PrxCa1\text{-}xMnO_3$（PCMO）、$LaxCa1\text{-}xMnO_3$（LCMO）和 $LaxSr1\text{-}xMnO_3$（LSMO）等。复杂氧化物一般具有较高的介电常数，可以用作高 K 材料，在研究中发现部分钙钛矿结构的金属氧化物还具有铁磁性、铁电性和磁电阻效应等特征，这些特征使得复杂氧化物在微电子领域内有着重要的应用。比如，DRAM 就是利用了此类材料的高 K 性质；磁随机存取存储器和铁电存储器正是利用一些复杂氧化物的铁磁性和铁电性质实现数据存储。2000 年时，美国休斯敦大学的 Ignatiev 研究小组报道了钙钛矿型的复杂氧化物 PCMO 在电压脉冲的激励下表现出可逆的电致电阻效应，其高低阻态之比达 10 倍[4]。该报道随后激发了利用钙钛矿型多元氧化物制备阻变存储器的热潮，夏普公司在购买了休斯顿大学的专利后在 2002 年 International Electron Devices Meeting（IEDM）会议上报道了基于 PCMO 的 64 bit 的阻变存储器测试芯片[5]。除了夏普公司以外，IBM 实验室的贝克（Beck）等人在 2000 年也报道了基于 Cr 掺杂的 $SrZrO_3$ 材料制备的阻变存储器件[6]。随后其他一些研究小组也陆续报道了多种基于钙钛矿型的三元和多元金属氧化物材料的 RRAM 器件。尽管多元金属氧化物材料构成的 RRAM 器件也表现出了较好的存储特性，但是多元金属氧化物材料的制备工艺比较复杂、成分比例难以控制并与当前 CMOS 工艺不兼容。

固态电解质通常是快离子导体，一般为含有 Ag 或 Cu 的硫化物、硒化物和碲化物。基于这类材料的 RRAM 的结构一般包括一个惰性的 Pt 电极、一个易发生电化学氧化还原的 Ag 或 Cu 电极以及一层夹在两个电极中间的固态电解质。固态电解质内的金属阳离子可在电场的作用下自由移动，不受晶格的限制。底电极和上电极应有一侧是反应电极，要求电负性较低，一般与固体电解质中的金属阳离子相对应；而另一侧则是惰性电极，一般要求是电负性较大的金属材料。2005 年，Terabe 等人在 Nature 杂志上报道了基于 $Ag/Ag_2S/Pt$ 结构的具有量子导电行为的交叉阵列，该器件利用不同的交叉结构，可以实现 AND、OR、NOT 逻辑门电路，控制编程电压的大小，还能实现电导的量子化转变[7]，该现象将有利于多值存储，并且有望在未来的新型纳米电子器件和量子计算机等领域内得到应用。

氮化物具有高熔点、高热导率和高绝缘性等一系列优异的物理性能，比如 AlN 和 Si_3N_4，这两种氮化物的电阻率非常高，并且耐击穿强度非常大，是硅基半导体行业常用的绝缘层。此外，这两种材料的导热性较好，热膨胀系数和硅接近，所以在半导体行业中的刻蚀、镀膜、合成新材料和电子封装等多个领域中得到了重要应用。这两种材料还是氮化物中最早用作 RRAM 介质材料的，这两者较高的电阻率可以提高器件在高阻态时的电阻值，从而提高器件高、低阻态之比；同时还能降低器件电流，减小器件的功耗。

随着柔性电子器件的发展，有机存储器等有机电子器件的需求不断提高。有机介质材料具有种类繁多、便于修饰和处理、可以大面积成膜、制备方法简单、成本低等特点。迄今为止，已经报道过的可以实现电阻转变的有机介质材料种类很多，可分成有机小分子和高分子聚合物两大类。同时还可以在这些有机介质材料中掺入金属纳米粒子或者其他氧化物纳米粒子构成有机和无机混合体系。近年来，有机存储器在结构、性能及制备方法上都取得了长足进展。

6.2.2 电极材料

RRAM 中电极的作用不仅仅是传导电流，其对电阻转变也会产生非常重要的影响[8]。在不同的 RRAM 体系中，电极扮演的角色不尽相同，比如，在基于氧空位导电细丝型的 RRAM 体系中，电极通过影响阻变层中氧空位的浓度来影响器件的阻态转变，而在基于金属电极的氧化还原反应的双极性阻变体系中，活泼金属电极通过自身的氧化还原反应参与阻态转变。

目前，用于 RRAM 电极的材料包括：单质金属、合金、氧化物、碳/硅及氮化物等。根据电极对电阻转变的不同作用可以将它们分成以下四类。

（1）只承担电流传导作用的电极，比如常见的惰性金属电极 Pd、Ir 和 Pt 等。

（2）影响氧空位导电细丝形成的活性电极，这类电极不直接参与电阻转变而是间接影响介质材料中导电细丝的生成。这类活性电极能够从介质材料中夺取氧离子而产生氧空位，因此起到促进导电细丝生成的作用。恰当活性的电极对于稳定电阻转变行为是非常重要的。比如，在基于 Ta_2O_5 的 RRAM 中，恰当活性的 Al 电极和 Ti 电极构成的器件比惰性的 Ni 电极与 Co 电极以及非常活性的 Hf 电极与 Zr 电极构成的器件表现出更小的分散性。

（3）本身参与电阻转变的电极，这类电极通过电场下的氧化还原反应以阳离子的形式进入介质材料并形成金属导电细丝。这类电极中最为常见的就是 Ag 电极和 Cu 电极。

（4）承担特殊作用的电极，比如，ITO 电极通常是为了制备透明 RRAM 而被采用，而硅电极则是为了构造具有自整流效应的 RRAM 而被采用。

6.2.3 阻变存储器存储结构

RRAM 作为下一代非易失性存储器的巨大优势之一就是具有小型化潜力。由于其简单的三层结构，RRAM 器件的集成结构可以使用具有高集成度（4 F^2）的十字交叉阵列结构。但是十字交叉阵列结构存在着严重的串扰电流问题，会导致器件发生信息误读[9]。图 6.2.1 所示为十字交叉阵列结构中的串扰电流示意图，图中最中间的存储单元 A 处于高电阻态，其他的存储单元处于低电阻态，在读取存储单元 A 的信息时，由于 A 周围的存储单元处于低电阻态，因此，电流将沿着 B、C、D 三个低电阻态的存储单元形成一条漏电通道。由于 RRAM 存储单元中高、低电阻态阻值的比值非常大，通常大于 10 倍，串联的 B、C、D 存储单元的总电阻比单个高电阻态存储单元 A 的电阻还要小，甚至小得多，所以 $I_{漏}$ 比 $I_{元器件}$ 大，使得检测出来的 $I_{读取}$ 比较大，系统会误认为存储单元 A 为低电阻态，而发生误读。随着阵列结构堆叠层数的增多，漏电流通道会随之增多，器件的误读会更加严重。目前，解决十字交叉阵列结构电流的串扰问题主要有两种思路：一是在 RRAM 存储单元上串联选通器件，二是采用具有自整流或互补型 RRAM 阻变存储单元。

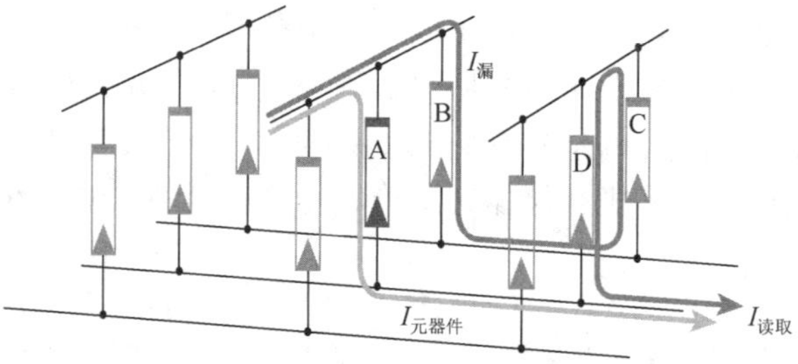

图 6.2.1 十字交叉阵列结构中的串扰电流示意图[9]

解决串扰电流问题的思路主要有以下三种[8]。

（1）抑制电流反向流过器件，而只允许电流从一个方向流经器件。当电流不能反向流过时，就不会产生串扰电流。这种方法通常通过集成额外的整流器件，比如二极管或者利用具有整流效应的材料来实现。

（2）将器件在低阻态时的电流曲线变成非线性的，非线性的 I-V 曲线使得所有存储单元（不管是高阻态还是低阻态）在小电压读取时都表现出较高的电阻，再配合以特定的读取方式就可以抑制串扰电流。

（3）设计全新的存储单元结构和信息读取方式，比如采用互补型 RRAM 结构。表 6.2.1 列出了解决串扰电流问题的几种可能方案及其特点。

表 6.2.1 十字交叉阵列中的串扰电流解决方案[8]

集成结构	适用范围	是否破坏性读取	加工温度
1T1R	单极/双极	否	高
1D1R	单极	否	低

续表

集成结构	适用范围	是否破坏性读取	加工温度
1S1R	单极/双极	否	低
CRS	双极	是	低
1R（自整流）	单极/双极	否	低

1. 1T1R 结构

由于与 CMOS 工艺的兼容性，人们最先想到的就是利用晶体管作为 RRAM 的整流器件来抑制串扰电流，构成 1T1R（transistor-resistor，晶体管-电阻器）结构。所谓 1T1R 结构就是将一个晶体管（T）和一个阻变器件（R）串联在一起组成一个存储单元，如图 6.2.2 所示[10]。当需要对某个阻变单元进行操作时，对应的晶体管打开，而其他单元对应的晶体管关闭，这样就避免了对周围单元的误操作以及读取时产生串扰电流的问题。ITlR 结构是一种有源结构，器件的最小面积取决于晶体管的大小，因此不能够保持十字交叉阵列结构中 4 F^2 的最小单元面积。同时，lTlR 结构不利于三维堆叠，因此该结构在高密度集成方面存在劣势。另外，晶体管的结构复杂并且制备过程中所需要的温度非常高，这些都不利于获得成本低并且性能稳定的 RRAM。于是，人们提出了多种新型的集成结构应用于 RRAM，包括二极管-电阻器（1D1R）结构、选通管-电阻器（1S1R）结构、IR 结构（具有自整流效应的阻变存储器）和互补型阻变存储器（CRS）结构，如表 6.2.1 所示。

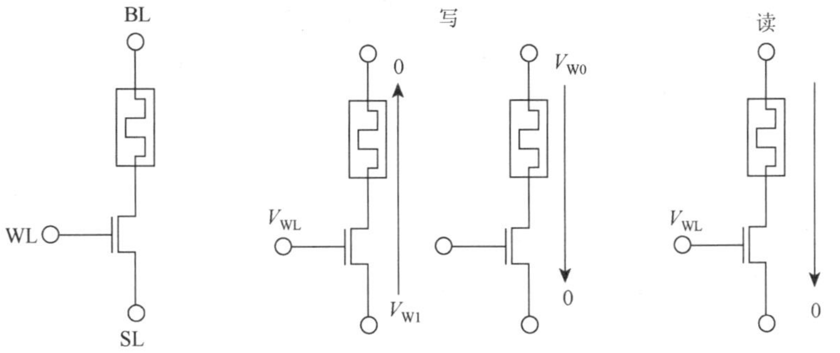

(a) 1T1R结构存储单元　(b) 写操作的偏置条件　(c) 读操作的偏置条件

图 6.2.2　1T1R 结构及读/写操作示意图[10]

2. 1D1R 结构

二极管也具有抑制反向电流极的作用，1D1R（diode-resistor，二极管-电阻器）结构就是将一个二极管（D）和一个阻变器件（R）串联在一起组成一个存储单元。将二极管和阻变器件串联到一起后，串扰电流不论走哪条路径总要反向流过一个阻变单元，所以通过串联二极管来抑制反向电流就能很好地抑制串扰电流，从而避免数据误读现象。在图 6.2.3 所示的 2×2 的十字交叉阵列结构中[11]，如果仅仅使用单个阻变器件作为存储单元，并使其中一个存储单元处于高阻态而把其他三个存储单元都转变到低阻态，如果用小电压去读取高阻态存储单元的电阻，在无二极管的情况下，电流路径如图 6.2.3（a）所示，读出来的电流为四个存储单元的总电流，表明在不使用二极管的时候十字交叉阵列结构中的高阻态存储单元会发生误读而无法读取其真实电阻值。若采用 lD1R 结构，即每个阻变器件串联一个二极管使两者共同构成一个存储单元时，如图 6.2.3（b）所示，同样的 2×2 的十字交叉阵列结构中，当一个高阻态阻变器件的周围都是低阻态时，外围电路也可以非常清晰地读出这个高阻态阻变器件的电阻值，串扰电流能被有效地抑制。因为 1D1R 结构仍然保持着十字交叉阵列结构的高集成度，最小单元面积为 4 F^2，同时也便于三维堆叠，被认为是 RRAM 最有可能采纳的集成结构。但是，由于二极管单向导通，1D1R 结构只适用于单极性电阻转变特性的器件。

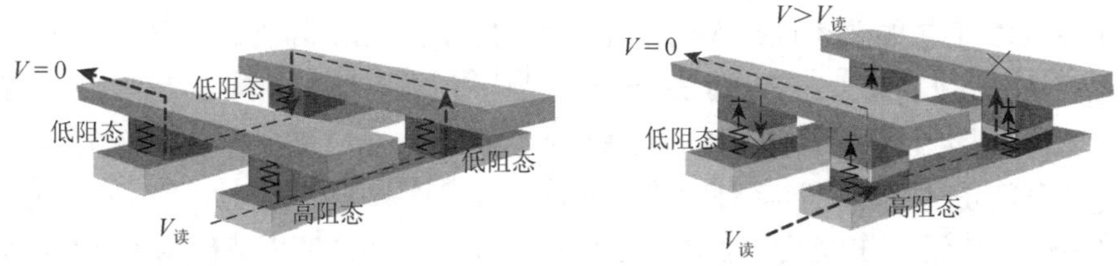

(a) 普通1R结构产生的误读现象　　(b) 1D1R结构有效地抑制了串扰电流

图 6.2.3　普通 1R 结构误读现象及 1D1R 结构抑制串扰电流的示意图[11]

3. 1S1R 结构

由于 lTlR 结构需要增加额外的选通信号（晶体管为三端器件），而传统的 1D1R 结构仅适用于单极性电阻转变特性的器件（二极管为单向导通），为了克服上述两种结构的不足，研究者提出 1S1R（selector-resistor，选通管-电阻器）结构。1S1R 结构在每个存储单元上给阻变器件串联了一个双向二极管，可以达到较好的选通效果。目前，1S1R 结构的 RRAM 存储阵列在器件工艺和电路设计上都取得了很大进展。

Huang 等[12]2011 年提出一种基于 Ni/TiO_2/Ni 结构的双向非线性选通管，并将其与 Ni/HfO_2/Pt 结构阻变器件串联，构成一种大规模 1S1R 器件。其中，Ni/TiO_2/Ni 结构选通管由于在 Ni/TiO_2 界面层的肖特基势垒使其具有非线性 *I-V* 曲线，如图 6.2.4 细实线 S_1 所示。通过调整 Set 过程中的限流大小，可以得到 Ni/HfO_2/Pt 阻变曲线，如图 6.2.4 中菱形线和圈形线所示，其中 R_1 和 R_2 分别代表 Reset 过程中电流为 100 μA 和 1 mA 时的阻变曲线。

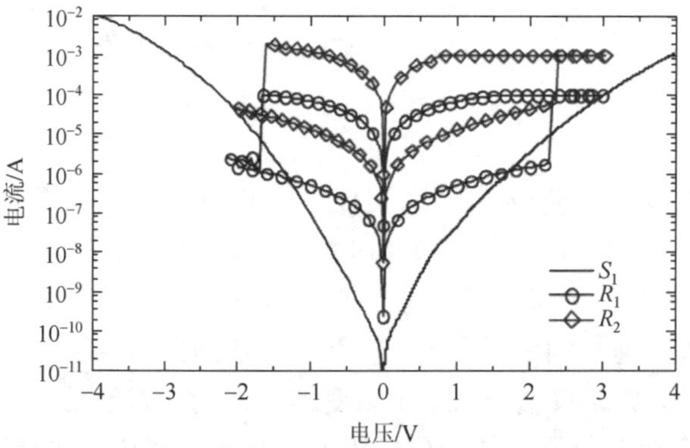

图 6.2.4　Ni/TiO_2/Ni 选通管和 Ni/HfO_2/Pt 阻变器件 *I-V* 曲线图[12]

对选通管和阻变器件串联而成的 1S1R 结构施加正负向扫描电压，可以得到超过 200 次的阻变特性曲线，如图 6.2.5 所示。同时，在插图中可以看到阻变器件高阻态在 + 2 V 电压下和低阻态在–2 V 电压下稳定的数据保持特性。

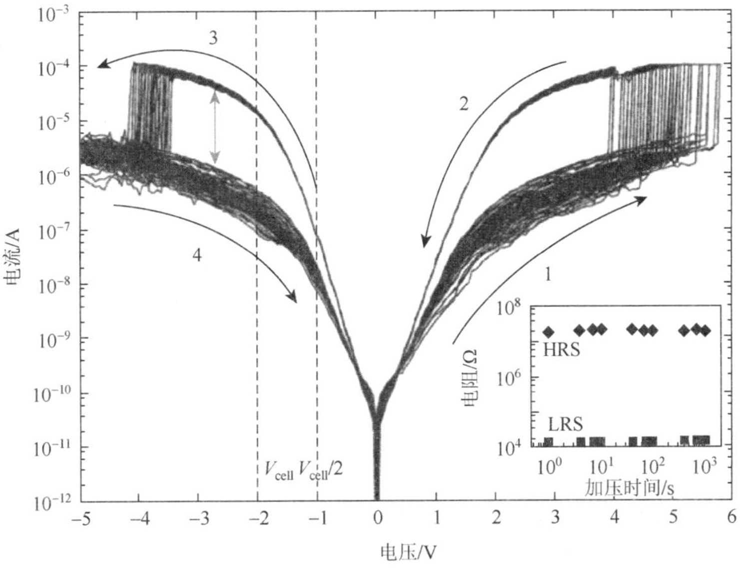

图 6.2.5　1S1R 结构的阻变特性曲线图（插图部分为高、低阻态保持特性图）[12]

1S1R 结构由于选通管的双极对称性，对 RRAM 器件的极性没有限制，而且这种结构对 RRAM 的写入和读取可以在同向进行，在减少泄漏电流路径和功耗控制方面要明显优于 1D1R 结构。

4. CSR 结构

利用外加整流器件来抑制串扰电流的方法所面临的最大瓶颈就在于整流器件允许的电流密度有限，尤其是当整流器件的尺寸减小到 10 nm 量级的时候这一问题就会更加突出，从而使得这类器件在小型化方面存在困难。为了在解决十字交叉阵列结构串扰电流现象的同时保持高密度存储特性，诞生了一种全新的 RRAM 结构——CRS（complementary resistive switch，互补型阻变存储器）结构。CRS 结构的概念最早由德国于利希（Jillich）研究中心的瓦瑟（Waser）等[13]提出，有别于一般 RRAM 结构，它采用两个双极性 RRAM 背靠背串联组成一个存储单元。如图 6.2.6（a）所示，一般的双极性 RRAM 存储单元由一个活性电极、一个惰性电极和中间的存储介质层组成；而 CRS 结构 RRAM 存储单元则是反接两个双极性阻变器件，共用中间电极，得到五层的存储单元结构。五层结构的 CRS 存储器表现出一种奇特的具有对称性的 *I-V* 曲线，能够避免读取操作时的串扰电流，如图 6.2.6（b）所示。

CRS 结构存储器内部两个双极性阻变单元在高、低阻态之间的转变可以获得四种状态，如图 6.2.7 所示。在原始态时，因为组成该器件的两个双极性阻变单元都处于高阻态，CRS 结构存储器也必然处于高阻态，如图 6.2.7（a）所示。通常施加一个初始电压使其中一个转变到低阻态而另一个仍然处于高阻态。通常把 CRS 结构存储器上面一个双极性阻变单元处于低阻态

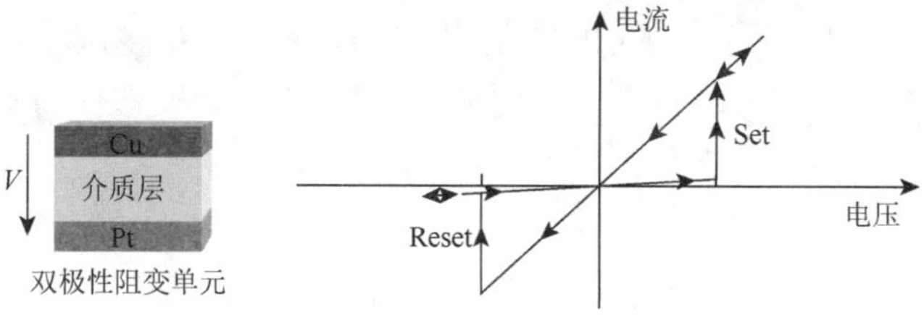

(a) 双极性结构及其典型*I-V*曲线

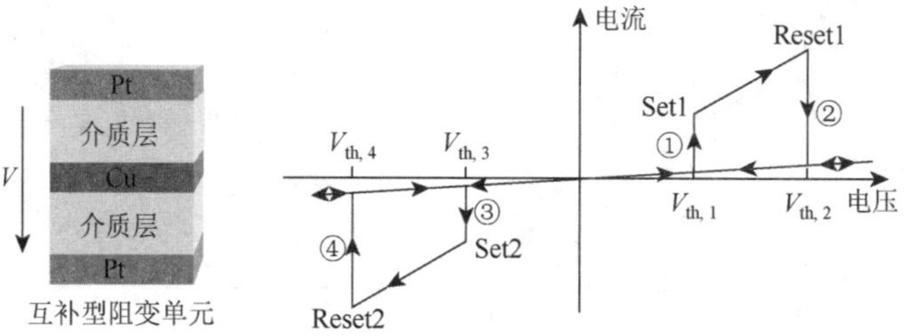

(b) CRS结构及其典型*I-V*曲线

图 6.2.6 双极性结构和 CRS 结构及其典型 *I-V* 曲线[13]

而下面的双极性阻变单元处于高阻态时的存储态定义为“1”态，如图 6.2.7（b）所示。当在上电极施加正向电压时，由于上面的阻变单元处于低阻态，故所有的电压降都发生在下面的阻变单元上。当正向电压增加到 $V_{\mathrm{th},1}$（单个双极性阻变单元的转变电压）时，下面的阻变单元也会转变到低阻态［图 6.2.6（b）中的过程①，Set1］，故此时整个 CRS 结构存储器表现出低阻态的特性，这一态被称为“ON”态，如图 6.2.7（d）所示。当继续增加电压到 $V_{\mathrm{th},2}$ 时，又会使得上面的阻变单元转变回高阻态［图 6.2.6（b）中的过程②，Reset1］，从而使 CRS 结构存储器转变到了“0”态，如图 6.2.7（c）所示。当电压往回扫描时，器件始终保持在“0”态。同理，当电压负向扫描时，器件首先表现出低电流的状态。当电压增加到 $V_{\mathrm{th},3}$ 时，上面的阻变单元转变到了低阻态，使得整个器件转变到了“ON”态［图 6.2.6 中的过程③，Set2］。而进一步增加负向电压到 $V_{\mathrm{th},4}$ 时，又使下面的阻变单元转变到了高阻态［图 6.2.6 中的过程④，Reset2］，从而使整个 CRS 结构存储器转变回“1”态。并且在电压往回扫描的过程中器件始终保持在“1”态。为了读取器件的存储信息是“0”还是“1”，需要对 CRS 结构存储器施加一个介于 $V_{\mathrm{th},1}$ 和 $V_{\mathrm{th},2}$ 之间的读取电压，而读取电压的窗口定义为 $V_{\mathrm{window}} = V_{\mathrm{th},2} - V_{\mathrm{th},1}$。

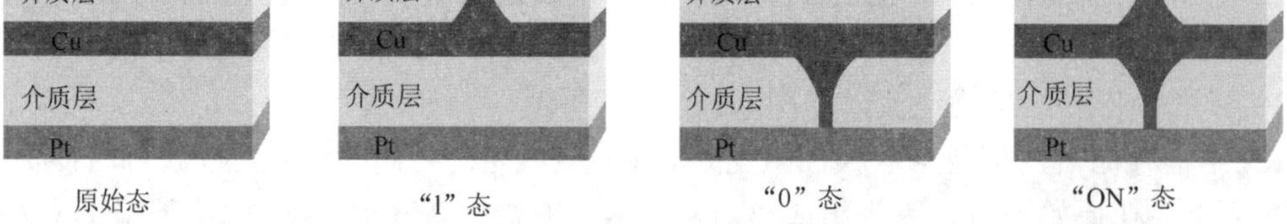

图 6.2.7 CRS 结构存储器四种可能的存储状态[13]

从上面的描述中可以看到，CRS 结构存储器具有以下几个特点：

（1）器件的原始态电阻相当于串联两个普通的高阻态阻变单元的电阻，而一旦发生电阻转变之后，器件的电阻态不能再回到原始态；

（2）器件存储的“1”态和“0”态具有相同大小的电阻值，都约等于单个阻变单元的高阻态的电阻，所以 CRS 结构存储器存储的不是电阻大小的变化而是两个双极性阻变单元高、低阻态分布情况的变化；

（3）当施加读取电压 V_{read}（$V_{th,1}<V_{read}<V_{th,2}$）读取器件的存储状态时，“0”态表现出较小的电流，而“1”态时器件会发生 Set1 过程，表现出较大的电流并且会被转变到“ON”态，故对于“1”态的读取是一种破坏性的读取方式；

（4）“ON”态时，上、下两个阻变单元都处于低阻态，故其电阻值约等于普通阻变单元低阻态电阻值的两倍，并且“ON”态只存在于电阻转变的中间过程和读取过程中；

（5）由于 CRS 结构存储器的读取过程是破坏性的，在读取了“1”态之后，需要额外施加一个超过 $V_{th,4}$ 的负电压重新把器件写成“1”态。

正因为器件的“1”态和“0”态都表现出高阻态，所以 CRS 结构存储器能够抑制十字交叉阵列结构在读取过程中的串扰电流。此外，由于没有附加的整流器件，CRS 结构存储器仍然能够保持 4 F^2 的理论最小单元面积，因此是一种有竞争力的保持 RRAM 高密度的串扰电流解决方案。当然，CRS 结构存储器也存在一些缺点，比如破坏性的读取方式等。读取操作后面需要一个再写入过程，这一再写入过程使得 CRS 结构存储器的读取操作变得复杂，同时也对阻变单元的循环特性提出了更高的要求。

5. 自整流 RRAM 结构

由于串扰电流的路径一般是依次流过几个低阻态单元从而绕过被选择的高阻态单元，所以只要能抑制电流反向流过低阻态单元就可以抑制串扰电流，有些 RRAM 本身在低阻态时具有整流效应可以有效抑制十字交叉阵列结构中的串扰电流，这种存储器件就是具有自整流效应的 RRAM，这类器件可以以 IR 的结构单独集成在十字交叉阵列结构中而不用担心串扰电流问题。相比于 1T1R、1D1R 和 1S1R 结构，具有自整流效应的 RRAM 可以在不用额外引入整流器件的情况下避免串扰电流问题，因而能大大降低器件制备的复杂度，从而降低成本。同时，RRAM 能够在不使用附加整流器件的情况下解决串扰电流，保持了 RRAM 简洁和紧凑的三层结构，有利于实现高密度存储。并且这类器件还具有制备工艺简单、成本低廉等特点，是一类极具竞争力的 RRAM 结构。

具有自整流效应的 RRAM 最初被密歇根大学的卢伟教授等[14]报道，他们基于非晶硅（a-Si）材料制备了具有自整流效应的阻变器件。如图 6.2.8 所示，Ag/a-Si/p-Si 阻变件器在转变到低阻态之后就表现出明显的整流效应，Ag/a-Si/p-Si 阻变器件的 *I-V* 曲线在高阻态时正、负电压方向的电流大小差不多，而在低阻态时正向电压下的电流是负向电压下电流的 10^4 倍以上，如图 6.2.8（b）所示。电阻转变是源于 Ag 原子迁移扩散至 a-Si 薄膜中形成 Ag 导电细丝的连通和断开，如图 6.2.8（a）所示。金属离子的热运动导致在负电压下靠近 p-Si 附近的 Ag 原子扩散回 Ag 电极一侧，使得器件在负电压下表现出高阻态，从而在低阻态时呈现整流特性。后来研究者在基于 ZrO_2、ZnO、SiO_x 薄膜的 RRAM 的低阻态中也都发现了整流效应。

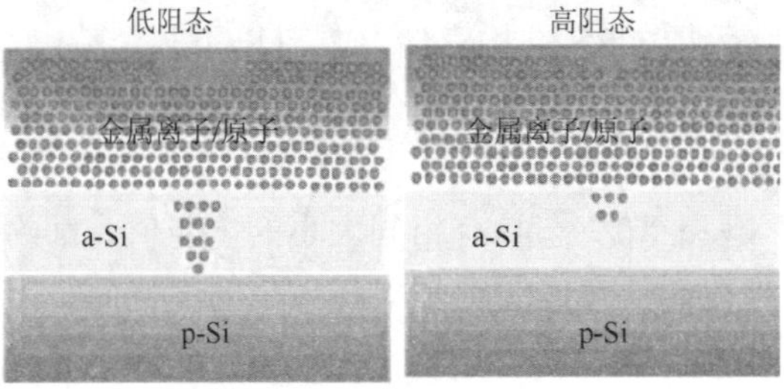

(a) 电阻转变现象的机理示意图

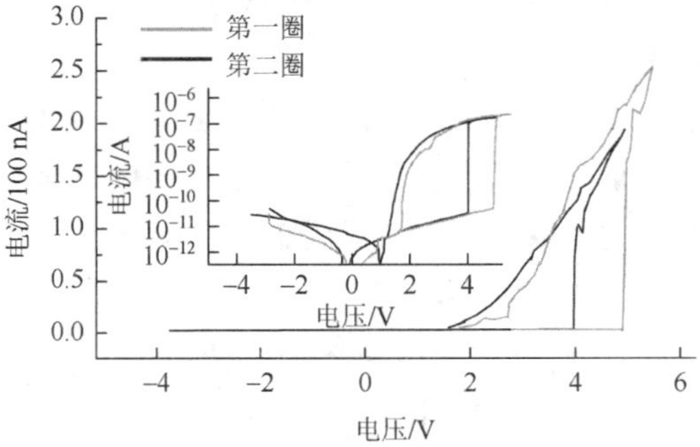

(b) *I-V*曲线（插图是半对数坐标下的*I-V*曲线）

图 6.2.8　Ag/a-Si/p-Si 阻变器件具有自整流效应的电阻转变现象的机理和 *I-V* 曲线[14]

6.3　阻变存储器的物理机制

研究者在半导体、绝缘体、固态电解质等各种各样的材料体系中都发现了电阻转变效应，并基于这些材料构建了不同的 RRAM 模型研究其阻变机理。不同材料体系表现出来的电阻转变行为各有特点，表明不同体系的电阻转变机理存在差异。目前，科学界对电阻转变效应的物理机制进行了分类[15]，如图 6.3.1 所示。

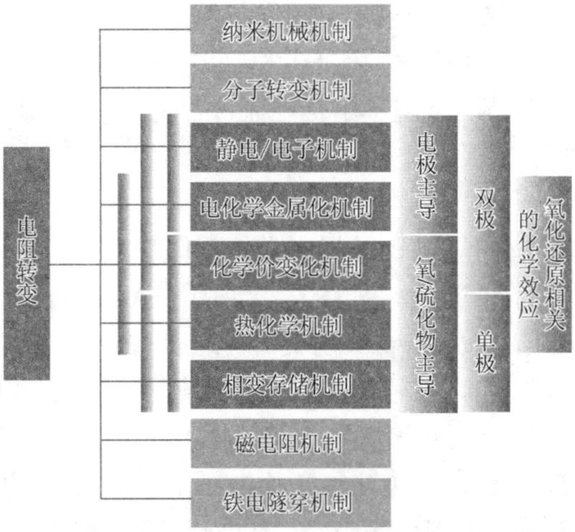

图 6.3.1　电阻转变机制的分类[15]

电阻转变机制从发生电阻转变现象的区域进行划分，可以分为局域效应和界面效应两大类。局域效应是指材料体内部分区域发生阻变现象，产生的原因是在材料体内形成导电能力较强的导电通道，比如金属导电细丝型 RRAM、氧空位导电细丝型 RRAM、电致热化学转变型 RRAM，这类阻变器件的低阻态电阻与器件的面积关系不大，因此具有很好的尺寸可缩减性，目前观测到的导电细丝尺寸最小可到几纳米。界面效应是指发生阻变的区域在材料界面，其分布是均匀的，产生的原因可能是电极与阻变材料界面势垒的变化或者是材料体内的缺陷对电荷的俘获和释放过程引起的，比如界面势垒调节型 RRAM 和电荷俘获与释放型 RRAM，这类阻变器件的高、低阻态电阻都与器件的面积有着紧密的关系。

本节主要介绍金属导电细丝型 RRAM、氧空位导电细丝型 RRAM 和界面势垒调节型 RRAM[8, 16]。

6.3.1 金属导电细丝型阻变存储器

金属导电细丝机制最初是在研究固态电解质材料的电阻转变效应时提出来的，通常又被称为电化学金属化机制、导电桥模型、可编程金属化单元等。顾名思义，金属导电细丝机制中存在电化学反应导致局域通道导电，使器件发生电阻转变。在这类器件中通常由一个容易发生电化学反应的电极（Ag、Cu、Ni 等）、一个惰性电极（Pt、Au、Ir、W 等）和电极中间的介质层组成。电阻转变就是通过电压作用下活性电极的电化学氧化还原反应实现的。施加于活性电极的正向电压使金属原子（M）被氧化成相应的离子（M^{z+}），如式（6.3.1）所示：

$$M - ze^- \longrightarrow M^{z+} \tag{6.3.1}$$

金属离子在电场的作用下向惰性电极迁移，当金属离子到达惰性电极后被还原成金属原子，如式（6.3.2）所示：

$$M^{z+} + ze^- \longrightarrow M \tag{6.3.2}$$

金属原子的堆积形成贯穿于整个介质材料并连通两个电极的金属导电细丝，使整个器件转变到低阻态。而在反向电压的作用下，如式（6.3.1）和式（6.3.2）所示的氧化还原反应就会朝相反的方向进行，最终使得金属导电细丝断开而使器件转变回高阻态。导电细丝的重复形成和断开过程使得器件在高、低阻态之间来回转变。图 6.3.2 所示就是 Ag/AgGeSe/Pt 体系发生电阻转变的典型 *I-V* 曲线及其不同阶段时器件内部导电细丝的微观状态示意图[17]。图中 *I-V* 曲线各部分的字母所示为导电细丝的形成和断开过程。当在 Ag 电极上施加正向电压时（A 阶段），电压驱使 Ag 电极发生氧化反应变成 Ag^+，并且在电场的作用下向 Pt 电极迁移。当 Ag^+抵达 Pt 电极时会得到电子被还原成 Ag，不断有 Ag 在 Pt 电极一侧发生还原反应，使得 Ag 发生堆积而向 Ag 电极的方向生长。氧化还原反应的进行使 Ag 堆积形成的 Ag 细丝不断向前生长，当 Ag 导电细丝最终接触 Ag 电极而把两个电极连接起来时，整个 Ag/AgGeSe/Pt 器件便转变到了低阻态（B 阶段）。Ag 导电细丝连通两个电极的瞬间就是 *I-V* 曲线中的电流激增的点，也就是 Set 过程。当电压撤销时，导电细丝仍然存在于介质薄膜内，器件始终保持在低阻态，所以这种电阻转变是非易失性的，电阻状态不需要电压来维持。当电压反向时，会发生反方向的氧化还原反应，Ag 原子氧化后朝着 Ag 电极的方向迁移并被还原，与正向电压时的方向相反，这一过程使得 Ag 导电细丝逐渐溶解（C 阶段），最终使器件从低阻态转变回高阻态（D 阶段）。这就是基于电化学氧化还原反应导致的电阻转变的全过程。

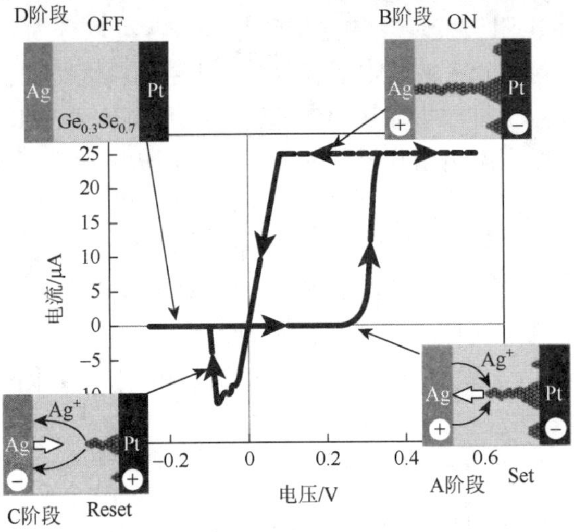

图 6.3.2 Ag/AgGeSe/Pt 体系发生电阻转变的典型 I-V 曲线及其不同阶段时器件内部导电细丝的微观状态示意图[15, 17]

许多实验结果显示金属性的导电细丝（conduction filament，CF）形成于多种材料介质中，比如 Cu 细丝形成于 $Cu/Ta_2O_5/Pt$ 器件，Ag 细丝在 $Ag/SiO_2/Pt$ 和 Ag/Si/Pt 中。另外，低阻态的电阻显示了正温度系数是推断 CF 有金属性的另一个有力证据[18]。如图 6.3.3 所示，在 $Ag/TiO_2/Pt$ 器件中，R_{on}（低阻态电阻）显示了电阻的正温度系数，表明 CF 具有金属特性。

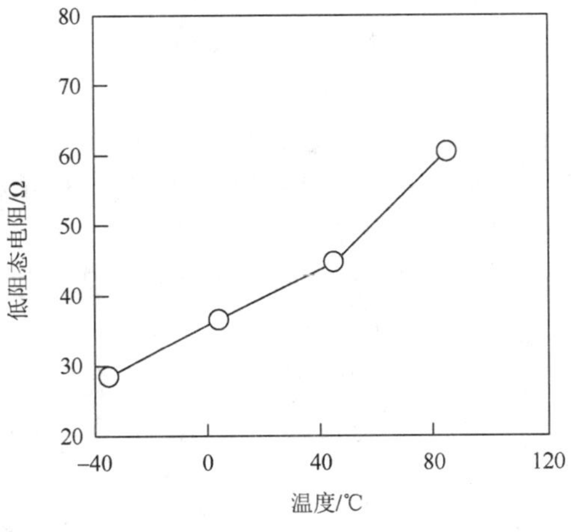

图 6.3.3 $Ag/TiO_2/Pt$ 器件的低阻态的温度依赖性[18]

6.3.2 氧空位导电细丝型阻变存储器

金属导电细丝型 RRAM 的电阻转变机理主要是基于金属阳离子的电化学迁移，而有很多二元或多元金属氧化物在不适用易迁移的金属电极时也能表现出电阻转变效应，这一类型的 RRAM 的电阻转变机理是基于阴离子的电迁移，主要是基于氧离子的迁移作用。氧离子的电迁移导致薄膜内部的缺陷再分布，形成基于氧空位的导电细丝，氧空位导电细丝的连通和断开控制着器件在高、低阻态之间的转变。氧空位导电细丝型 RRAM 跟金属导电细丝型 RRAM 一样是基于电化学氧化还原机理，只不过发生反应所依赖的离子迁移的种类不同。氧离子的迁移运动会伴随着氧化物介质化学价态的变化，故氧空位导电细丝型 RRAM 也称作价态转变型 RRAM，只不过这种价态转变是发生在局域位置。氧空位导电细丝型 RRAM 在第一次发生电阻转变时通常需要一个初始化过程。氧化物薄膜在初始化过程中产生足够的氧空位使得后续的电阻转变能够顺利进行，在这一过程中与氧化物相邻的活性电极也会发生部分氧化。有时候初始化过程还会释放出氧气，在器件表面产生气泡，初始化过程的化学反应如式（6.3.3）所示：

$$O_o \longrightarrow V_{\ddot{o}} + 2e^- + \frac{1}{2}O_2 \tag{6.3.3}$$

式中：O_o 为氧化物中处于正常晶格位置的氧原子；$V_{\ddot{o}}$ 为带两个正电荷的氧空位，也可以表示为 V_o^{2+}。通过式（6.3.3）所示的初始化过程之后，氧化物中就积累了一定数量的氧空位，这些氧空位在后续的电压操作过程中的再分布促使器件出现高、低阻态。如果制备的氧化物薄膜中已经含有大量氧空位，则此时的初始化过程不明显，故有部分研究者关注于通过改善氧化物薄膜的工艺参数来控制薄膜中的氧空位浓度以减小初始化电压甚至消除初始化过程。氧空位在电场作用下的再分布过程可以认为是氧离子迁移导致的，也可以直观地理解为氧空位本身在迁移。

Kwon 等[19]报道了这种类型的 CF 的实验观察结果。图 6.3.4 为基于 $Pt/TiO_2/Pt$ 器件结构的透射电子显微图。在电压和热作用下，氧空位产生并且沿电场方向生长，形成一个有序的结构，结果分析为 Ti_4O_7，该结构为一个亚氧化态，具有比全氧化态 TiO_2 更小的电阻。图 6.3.4（b）给出了低阻态和高阻态的 *I-V* 曲线，其分别由 Ti_4O_7 和 TiO_2 主导，图 6.3.4（c）、（d）为透射电子显微镜图像。

研究器件的电阻温度特性发现[20]，氧空位导电细丝型器件的温度特性不同于金属细丝型器件，其低阻态通常表现为负温度系数，比如 $Ir/Ta_2O_5/TaO_x/Pt$、$Ti/HfO_x/TiN$。并且低阻态的导电机理通常呈现出电子跳跃导电特点。跳跃导电是价带电子通过缺陷跳跃，从而实现导电。由跳跃导电的分析，推断形成的为氧空位型的 CF。图 6.3.5 给出了 Ta_2O_5/TaO_x 器件的低阻态和高阻态的温度依赖特性，其中，图 6.3.5（a）给出的低阻态和高阻态均显示电导率为正温度系数，即电阻率负温度系数；图 6.3.5（b）给出的电导率都符合跳跃导电的$(1/T)^{1/4}$ 规律。

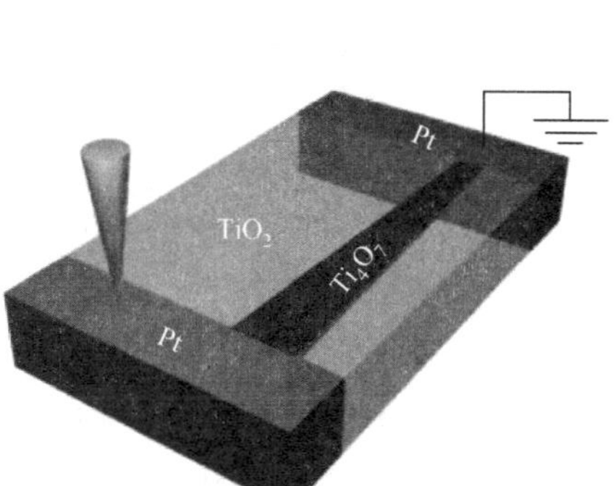

(a) $Pt/TiO_2/Pt$器件结构

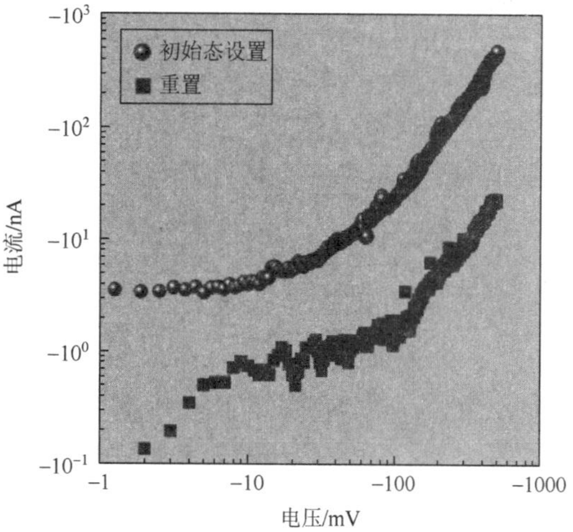

(b) 低阻态和高阻态的*I-V*曲线

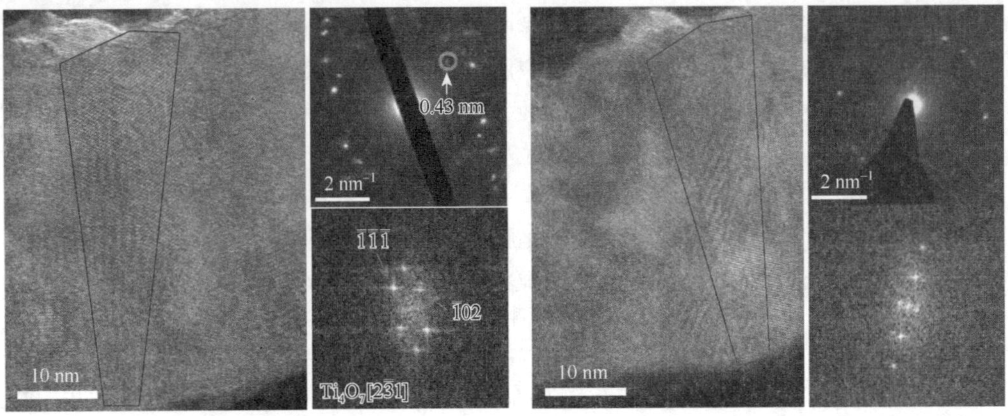

(c) Reset操作前透射电子显微镜图像　　(d) Reset操作后透射电子显微镜图像

图 6.3.4　基于 $Pt/TiO_2/Pt$ 器件结构的透射电子显微镜图像[19]

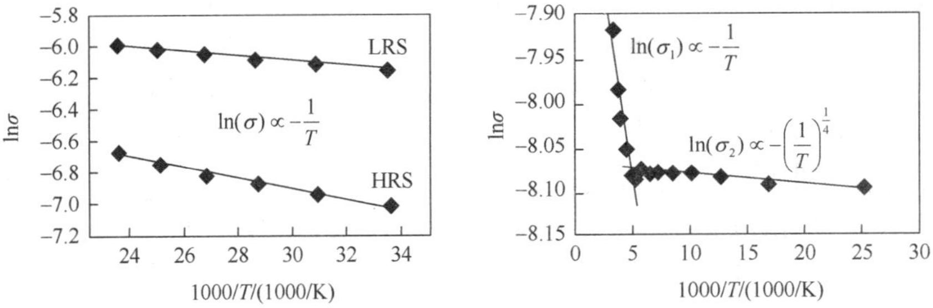

(a) 电导率与温度关系　　(b) 跳跃导电拟合

图 6.3.5　基于 Ta_2O_5/TaO_x 器件的低阻态和高阻态的温度依赖特性[20]

6.3.3 界面势垒调节型阻变存储器

前面两类 RRAM 的共同特点都是基于导电细丝的形成和断开产生的电阻转变，只是导电细丝的类型不一样。而另一类 RRAM 的电阻转变行为是发生在整个界面。这类 RRAM 大多是基于复杂氧化物体系，其电阻转变通常发生在金属电极和氧化物的界面。比如 Asanuma 等[21]通过透射电子显微镜分析发现在高、低阻态下 $Ti/Pr_{1-x}Ca_xMnO_3$（Ti/PCMO）肖特基结的界面（TiO_y）的厚度变化，如图 6.3.6 所示。这个工作直观地证明了氧空位俘获和释放调节肖特基势垒的变化是导致这类氧化物发生电阻转变的主要原因。

Ti/PCMO（0.5）肖特基结的电阻转变特性和氧空位电迁移示意图，如图 6.3.7（a）所示，器件的初始态和高、低阻态能带示意图如图 6.3.7（b）所示。器件的初始态为低阻态，这时 Ti/PCMO（0.5）之间只有约 1 nm 的 TiO_y 界面。当 Ti 电极加正偏压时，这时 Ti/PCMO（0.5）界面处的氧空位在电场的作用下向 Ti/PCMO（0.5）薄膜中迁移，导致 Ti/PCMO（0.5）薄膜中耗尽层厚度增加，TiO_y 界面的厚度增加到约 10 nm。界面层厚度的增加使得 Ti/PCMO（0.5）能带出现较大的弯曲，增加了空穴传导的势垒，在这种情况下器件从低阻态转变到高阻态。当 Ti 电极加负偏压时，PCMO（0.5）薄膜中的氧空位在电场的作用下向 Ti/PCMO（0.5）界面处

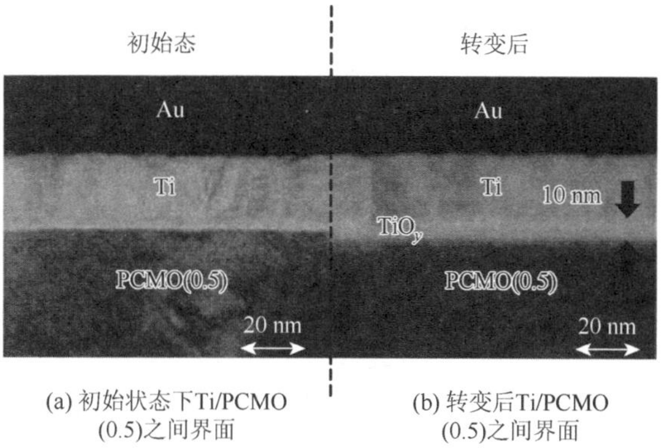

(a) 初始状态下Ti/PCMO (0.5)之间界面

(b) 转变后Ti/PCMO (0.5)之间界面

图 6.3.6 Ti/PCMO（0.5）肖特基结在电阻转变前后的 TEM 截面照片[21]

迁移，导致 PCMO（0.5）薄膜中氧耗尽层厚度减小，从而减小了 PCMO（0.5）能带的弯曲程度，减小了空穴传导的势垒，在这种情况下器件从高阻态转变到低阻态。

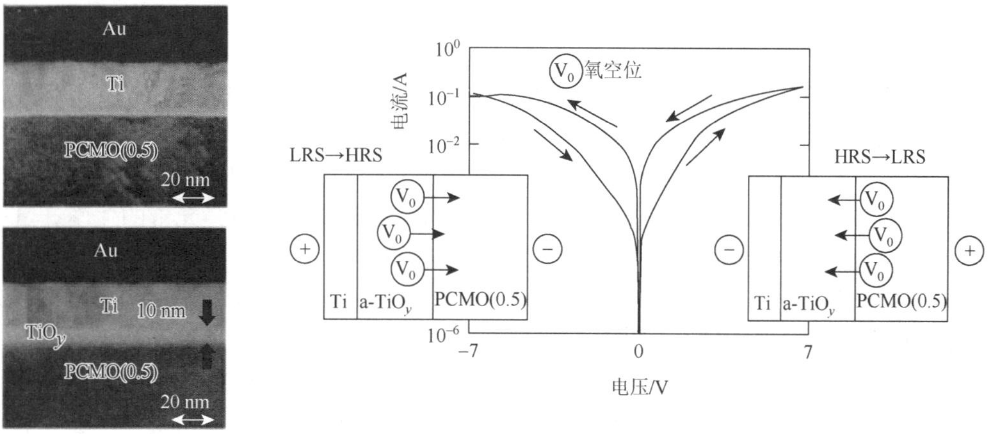

(a) Ti/PCMO(0.5)肖特基结的阻变特性、机理示意图

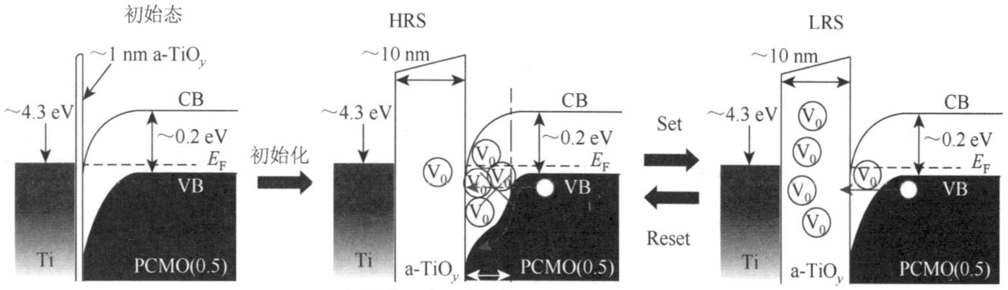

(b) 初始态、高阻态和低阻态的能带示意图

图 6.3.7 Ti/PCMO（0.5）肖特基结的电阻转变物理机制[21]

6.4 阻变存储器工艺与结构

RRAM 制备工艺及器件结构是实现高性能存储器的关键。RRAM 的基本结构包括两层导

电的电极材料和一层半导体或绝缘性的存储介质材料。RRAM 的各项性能参数甚至电阻转变机理都与组成器件的材料的性能密切相关。材料的性能又在很大程度上取决于制备方法。组成 RRAM 的电极材料和介质材料的范围非常广泛，不同材料的制备方法也不尽相同，每种方法都有其使用范围。本节主要介绍 RRAM 介质材料的制备工艺及器件结构。

6.4.1 阻变存储器制备工艺

目前，RRAM 介质材料的制备方法主要有磁控溅射、脉冲激光沉积、原子层沉积及溶胶-凝胶法等方法。

磁控溅射是一种比较常用的物理气相沉积制备薄膜方法，其基本原理是将目标成分的靶材安装在溅射仪上，再在靶材上施加电压，使溅射室内的 Ar 产生电离，在电场的作用下，带正电的 Ar^+体撞击靶材，使得靶材表面的原子获得能量而飞溅出来，并沉积在基片上。随着 Ar 的持续电离，越来越多的靶材原子被 Ar^+从靶材表面轰击出来沉积到基片上并形成薄膜。该方法的优点是可以沉积大面积的薄膜，缺点是沉积多元化合物薄膜时，所制备的薄膜其元素的化学计量比与靶材存在一定的差异，因此，被广泛地用于金属薄膜及二元氧化物的制备。

脉冲激光沉积是 20 世纪 80 年代发展起来的一种新型薄膜制备技术，现在被广泛用于 RRAM 介质薄膜等微电子和光电子薄膜的制备，其原理是通过反射透镜和会聚透镜将脉冲激光束聚焦在靶材表面，靶材表面温度瞬间升高，并在持续脉冲激光的作用下产生高温等离子体，形成羽辉，羽辉沉积在基片上聚集成薄膜。该方法的优点是所制备薄膜元素的化学计量比与靶材成分一致性较好，在制备多元化合物薄膜方面比较有优势，且适用范围广，设备也比较简单；其缺点是沉积的薄膜表面容易产生微米级、亚微米级的颗粒物，影响薄膜的平整度和质量，且沉积的薄膜面积较小。

原子层沉积是通过将气相前驱体脉冲交替地通入反应器并在基体上化学吸附并反应而形成沉积膜的一种方法。这种薄膜沉积工艺的优点是能够在大面积衬底上精确控制薄膜的厚度和元素比例，且工艺温度一般低于 400℃，其缺点是沉积速率较低。原子层沉积法可以沉积二元氧化物、多元氧化物、氮化物薄膜等。

溶胶-凝胶法是一种化学制备薄膜的方法，其基本原理是将所需制备的薄膜各成分醇盐与金属有机物溶解在水溶剂中，然后在恒温水浴锅中不停搅拌，使其水解并进行聚合反应，随着反应的持续进行，溶液逐渐变成溶胶。在制作薄膜的过程中，一般是将溶胶通过甩胶的方式涂于衬底上，再通过凝胶、干燥和烧结等过程得到所需的薄膜。这种方法制备薄膜的优点是能在室温条件下制备大面积的晶态薄膜，成本较低；其缺点是薄膜与衬底的附着性能较差，薄膜致密度不高，且在干燥过程中容易出现龟裂。

6.4.2 阻变存储器器件结构

RRAM 的基本结构为“金属/介质功能层/金属”二端口结构，由上、下电极和中间阻变介质材料构成，这种结构可以堆积成十字交叉阵列，实现三维堆叠，如图 6.4.1 所示，其理论集成密度远高于现有的各类存储器[22]。

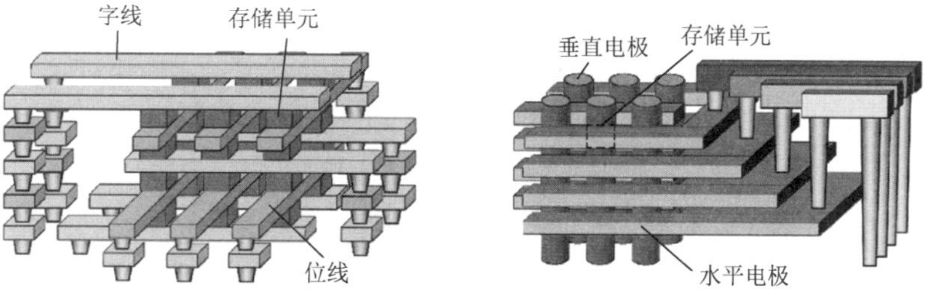

(a) 水平堆叠结构　　(b) 垂直堆叠结构

图 6.4.1　十字交叉阵列三维堆叠[22]

传统的 RRAM 是一个具有垂直结构的两端器件，即具有两个电极中间夹一层电阻转变功能层的结构，这种两端器件具有较高的存储密度，实用性较强。但随着对 RRAM 研究的深入，又逐步衍生出了三端结构和四端结构等其他结构形式。

三端结构的 RRAM 是研究者借助晶体管提出来的。Banno 等[23]研究的三端阻变器件，其结构如图 6.4.2 所示。从此结构图可以看出三端阻变器件确实比较类似于晶体管结构。这样的三端结构确实可以实现类似晶体管的操作，先在上电极 Pt（漏端）和对应底部铜电极（源端）加一适当电场，使得源、漏两端之间形成金属性的导电通道。接着通过在另一个铜底部电极（控制端）施加负电压，使得导电通道中的铜离子迁移离开原来的位置，完整的导电通道被破坏，源、漏两端重回高电阻状态。当在控制端铜电极上加正向偏压时，部分铜离子又被电场拉回到导电通道所在位置，使得源、漏两端又回到低电阻状态。这样，通过源、漏两端初始化形成完整导电通道后，借助控制端的偏压可以调控导电通道的状态，从而实现数据的存储。

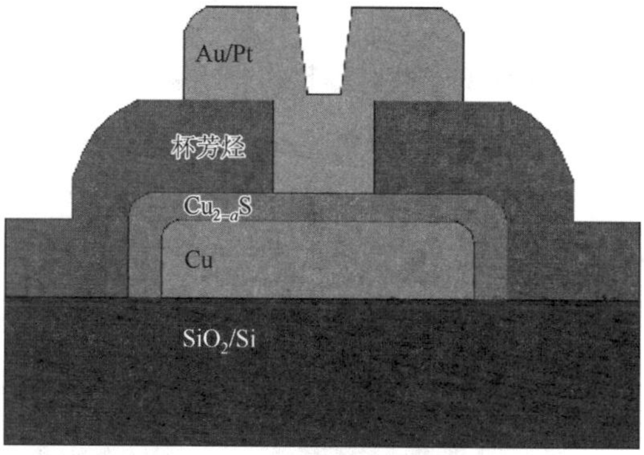

图 6.4.2　三端阻变器件结构示意图[23]

四端阻变器件结构如图 6.4.3 所示，这种四端结构比两端结构多了一对控制端电极。传统的两端阻变器件在 Reset（低阻态转变为高阻态）过程中，由于“导电通道”的存在使得器件处于一个比较低的电阻态而会产生较大的电流，功耗较大。Sun 等[24]提出的这种四端结构利用控制端的横向电场打断导电通道的操作方法，可以实现低功耗操作。其具体操作过程为：Ag 电极与相对的 Pt 电极形成工作电极，其主要作用是形成导电通道，另外两个 Pt 电极形成控制电极，来实现对导电通道的调控。这两个电极对，可以有效地实现数据写入和擦除时使用不同的电极对。在数据写入过程中使用第一组电极对，使得这一电极对之间形成了导电通道，在数据擦除过程中使用第二组电极对，这一电极对之间产生的电场会打破第一组电极对之间的导电通道并且几乎不会产生漏电流，因此可以保证较低的功耗。

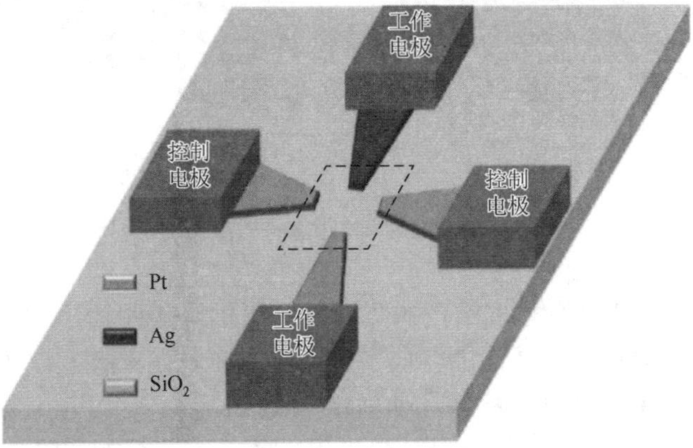

图 6.4.3 四端阻变器件结构示意图[24]

6.5 阻变存储器测试仪器

RRAM 测试包括性能参数的测试和分析其阻变机理及失效原因的相关测试，本节主要介绍这些测试中可能用到的相关仪器。

6.5.1 电学性能测试系统

RRAM 电学性能的测试采用半导体测试分析系统，如图 6.5.1 所示，该系统包括 Agilent B1500 A 型半导体分析仪和 Cascade 探针台系统。在测试过程中，首先将待测样品置于探针台上，然后将探针分别压在上、下电极上，设定好测试过程中的电压、步长、限制电流、循环次

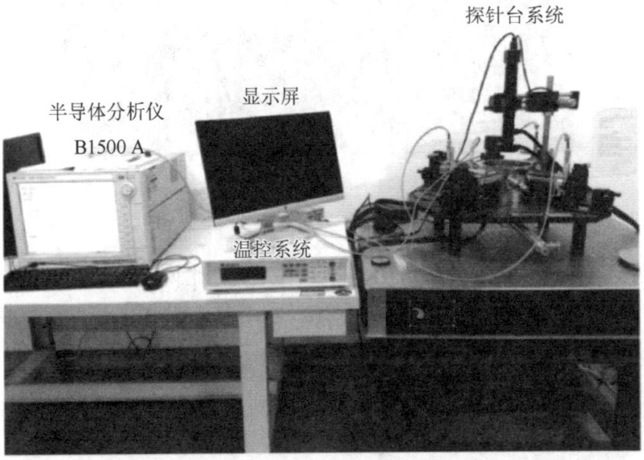

图 6.5.1 RRAM 的电学性能测试系统

数后开始对样品进行测试，记录测试结果，并对结果进行分析。利用该测试系统可以获得 RRAM 器件的操作电压、操作电流、开关比、抗疲劳特性、数据保持特性、操作速度以及功耗等。

6.5.2 阻变机理及失效原因测试仪器

材料的结构和成分表征技术可以有效地辅助分析 RRAM 的阻变机理及失效原因，主要包括 X 射线衍射仪、扫描电子显微镜、透射电子显微镜、X 射线光电子能谱仪、俄歇电子能谱仪等。

1. X 射线衍射仪

XRD（X-ray diffraction，X 射线衍射）仪是进行材料物相分析最方便也是最强有力的手段之一，它在测定材料的微结构和缺陷方面也有广泛的应用。XRD 仪的具体应用包括定性和定量的物相分析，精确测定材料的晶体点阵常数，测定材料内部的宏观应力和微观应力，测定多晶材料的织构以及单晶材料的晶体取向等。晶体中的原子周期性地在三维空间排列成点阵结构，并且点阵周期大小与 X 射线波长处于同一数量级，因此周期排列的晶体点阵可以作为 X 射线的衍射光栅。经过不同的晶体点阵散射的 X 射线在空间相遇时发生干涉，也可以把晶体对 X 射线的衍射看成是某些晶面对 X 射线的反射，当某相邻的晶面之间满足干涉方程时，干涉作用加强。干涉方程即布拉格方程，如下所示：

$$2d\sin\theta = n\lambda \tag{6.5.1}$$

式中：d 为发生衍射的晶面的晶面间距；θ 为 X 射线的入射角；n 为衍射级数；λ 为 X 射线的波长。通过改变 X 射线入射角 θ 的值就可以获得待检测材料在哪些位置出现衍射加强，分析发生衍射的 θ 值出现的规律就可以获得材料的物相信息，衍射峰位强度和位置的偏离则包含了晶粒尺寸和残余应力等信息。

2. 扫描电子显微镜

SEM（scanning electron microscope，扫描电子显微镜）是对材料进行表面形貌分析的一种强有力的工具，具有分辨率高、放大倍数高、景深大和具备成分分析功能等优点。SEM 的基本原理是将一束电子束打到材料表面，然后利用探测器检测从材料表面发射出来的电子的信息来对样品进行形貌和成分分析。从表面发射出来的电子主要有两种：二次电子和背散射电子。二次电子是指被入射电子束轰击出来的材料的核外电子，它与原子序数的关系不大，其产额只取决于样品的表面形貌。二次电子分辨率高，可达 5～10 nm，主要用于形貌分析。背散射电子是指入射电子在受到样品的散射时改变方向，从样品表面反射回来的电子，其能量接近入射电子的能量，产额随原子序数的增加而增加，故可以显示原子序数的衬度。一般背散射电子相既包含成分信息也包含形貌信息，结合二次电子相可以更好地对材料的表面形貌和成分进行分析。为了获得更精确的成分信息，一般的 SEM 都带有 EDS（energy dispersive X-ray spectrum，能量色散 X 射线谱）作为附件，它通过分析电子束作用下材料产生的特征 X 射线，可以对材料的成分进行定性和半定量分析。

3. 透射电子显微镜

TEM（transmission electron microscopy，透射电子显微镜）把一束经过电子光学系统加速和聚焦的电子束透射到非常薄（薄到对电子透明的程度）的样品上，入射的电子由于样品中原子的作用产生立体角散射。散射角度的大小与样品的密度和厚度、材料的晶体结构和原子序数等都有关，因此形成衬度不同的影像，并通过衬度反映样品的成分和结构信息。通常 TEM 的分辨率在 0.1 nm 左右，放大倍数可达数百万倍。TEM 一般还带有 EDX、电子能量损失谱等功能强大的附件，可以进行精细的成分和化学状态分析。

4. X 射线光电子能谱仪

XPS（X-ray photoelectron spectroscopy，X 射线光电子能谱）仪可以研究材料表面的元素组成并分析其化学价态。XPS 仪的基本原理是光致发射或者光电离效应，它将一束 X 射线照射到材料表面，使材料的原子中某壳层上受束缚的电子受激发射，然后测量激发出来的电子的能量就可以获得这些电子与原子的结合能。瑞典乌普萨拉大学物理研究所所长 Siegbahn 教授于 1954 年研制出世界上第一台 XPS 仪。此后，他还测定了元素周期表中各种原子的内层电子结合能，因此现在的研究人员通过比较未知元素的电子结合能与数据库中已知元素的电子结合能就可以快速地确定材料的元素组成。后来的研究还发现元素的电子结合能会随着原子处于不同的化学环境而发生变化，造成 XPS 仪图谱上谱线的偏移（化学位移）。也就是说 XPS 仪不但能够获得元素种类的信息还能得到元素的化学价态信息，从此，XPS 仪成为研究材料化学价态的强有力工具。XPS 仪可进行表面分析，测试的信息深度约为 10 nm。在离子束溅射等深度剖析技术的辅助下，还可以分析材料的元素组成和化学价态随深度的变化。

5. 俄歇电子能谱仪

AES（Auger electron spectroscopy，俄歇电子能谱）仪主要利用俄歇电子的能量来确定材料表面的元素组成及含量。AES 仪的基本原理是利用一束聚焦的电子束打到材料表面，入射的电子束可能将原子的内层电子激发出来，在原子的内层电子轨道上产生一个空位，原子处于激发态。处于激发态的原子有两种去激发的方式：一种是辐射跃迁过程，也就是一个外层的电子填充此空位，同时发出特征 X 射线，利用此特征 X 射线进行分析的手段就是 EDX；另一种是俄歇过程，即一个外层电子填充此空位，同时把能量传递给更外层的另一个电子并使这个电子脱离原子发射出去，这个发射出去的电子就是俄歇电子。特定元素的原子产生的俄歇电子具有特定的能量。因此，根据俄歇电子的能量就可以确定材料表面存在的元素种类，而根据俄歇电子的数量就可以确定元素在表面的含量。AES 仪的功能和作用与 XPS 仪非常相似，但 XPS 仪更适合于化学价态分析，而 AES 仪具有很高的微区分析能力，其在深度与横向分辨能力比 XPS 仪高。

6.5.3 阻变存储器研究示例

示例来源于博士学位论文《新型阻变存储器材料及其电阻转变机理研究》[25]，该论文系统地讲述了 RRAM 存储单元的制备、电学性能测试（*I-V* 特性、转变电压、数据保持特性、循环特性）以及阻变机理。该示例将本章前面关于 RRAM 存储单元制备、电阻转变特性、性能参数和阻变机理等相关知识串联在一起，加强了对 RRAM 器件的整体认识，同时，示例中还包含了研究 RRAM 器件需要用到的相关测试手段。

1. AlN 薄膜的制备和性能表征

实验采用磁控溅射的方法制备 AlN 薄膜，沉积 AlN 薄膜选用的基片包括商用 Si 基片和由北京大学微电子所制备的 $Pt/Ti/SiO_2/Si$ 基片。Si 基片上沉积的 AlN 薄膜主要用于结构和成分表征，而 $Pt/Ti/SiO_2/Si$ 基片上制备的 AlN 薄膜则用于 RRAM 器件制备。$Pt/Ti/SiO_2/Si$ 基片的结构为：（100）取向的 Si 单晶基底上，经过热氧化过程形成厚度约为 300 nm 的 SiO_2，然后沉积约 10 nm 的 Ti 作为过渡层，最后镀上 120 nm 的（111）取向的 Pt 作为底电极。Ti 过渡层的作用是增加 Pt 和 SiO_2 之间的结合力。溅射 AlN 薄膜所用的靶材为纯金属 Al 靶，直径为 75 mm，厚度为 6 mm。溅射使用的工作气体是 Ar 和 N_2 的混合气体，Ar 主要是作为溅射气体，而 N_2 是作为反应气体，与溅射出来的 Al 反应生成 AlN。所制备的 AlN 薄膜的 XRD 图谱如图 6.5.2 所示，其结果表明 Pt/Ti/SiO2/Si 基片上沉积的 AlN 晶粒具有 c 轴择优取向。

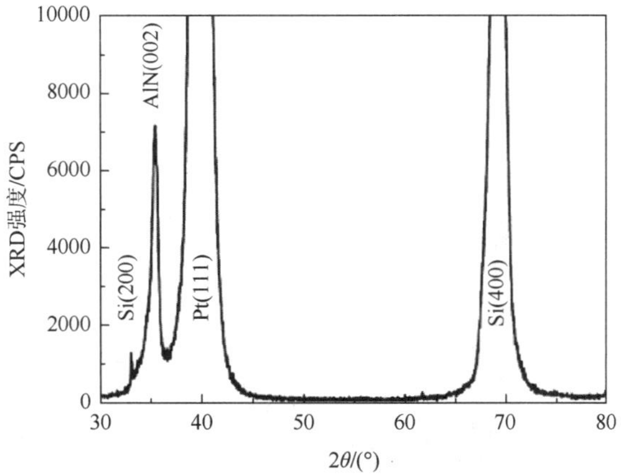

图 6.5.2　AlN 薄膜的 XRD 图谱

进一步用 TEM 表征了 AlN 薄膜的结构，图 6.5.3 所示为 AlN 薄膜的截面高分辨透射电镜照片，可以看出 AlN 薄膜晶格排列非常规整，晶粒内部缺陷较少，（002）面平行于薄膜表面，与 XRD 的结果相吻合，说明沉积的 AlN 薄膜具有良好的晶体质量。

2. (Ag，Cu)/AlN/Pt 阻变存储器及其电阻转变机理

(Ag，Cu)/AlN/Pt 阻变存储单元结构如图 6.5.4 所示。AlN 薄膜采用磁控溅射的方法制备，在 $Pt/Ti/SiO_2/Si$ 基片上沉积完 AlN 薄膜以后，利用金属掩膜版制备圆形的直径为 300 μm、厚度为 120 nm 的 Ag 或 Cu 上电极，所有的电压或电流激励都施加在上电极而 Pt 底电极接地，规定从上电极到底电极的电流方向为正方向。电性能测试采用的电压和电流激励都通过安捷伦 B1500A 产生。

采用电压扫描模式来研究 Cu/AlN/Pt 器件的电阻转变性能，图 6.5.5 给出了 Cu/AlN/Pt 器件在电压扫描下的典型 I-V 曲线，电压扫描顺序如图中的数字所示：1→2→3→4。由图可见，Cu/AlN/Pt 器件的初始态为高阻态，电阻约为 10^6 Ω，电压从 0 V 缓慢向正向电压增加时，电流也随之缓慢地增加（过程 1）。当电压增加到约 2.6 V 时，电流突然急剧地增加，完成 Set

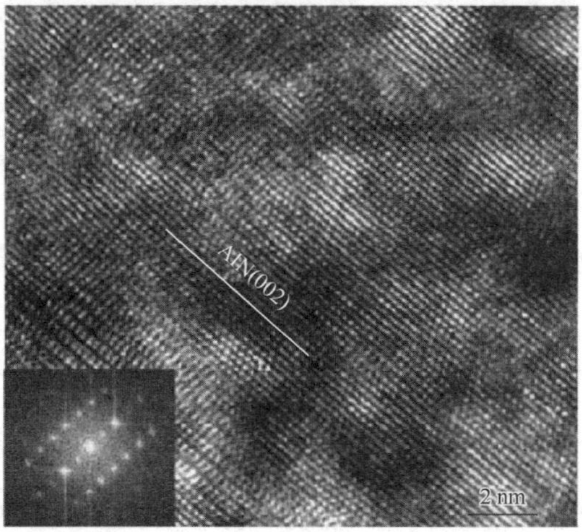

图 6.5.3 AlN 薄膜的截面高分辨透射电镜照片

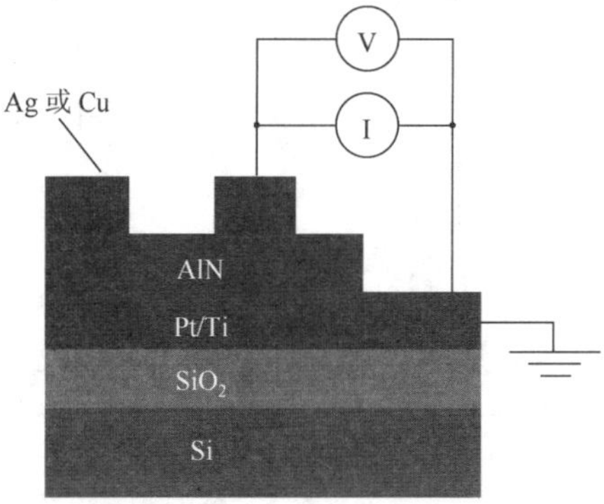

图 6.5.4 (Ag，Cu)/AlN/Pt 阻变存储单元结构示意图

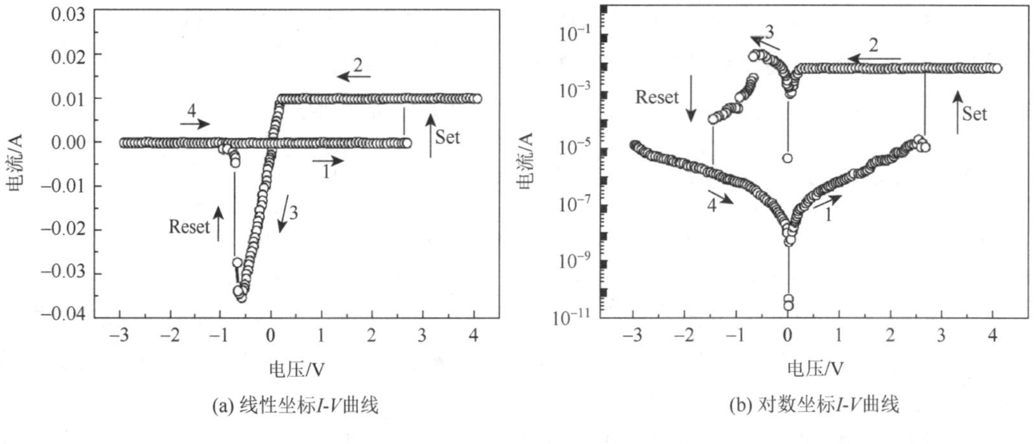

图 6.5.5 Cu/AlN/Pt 器件的 *I-V* 曲线

过程，图中施加了一个大小为 10 mA 的限制电流来保护器件。在电压从 4 V 扫描回 0 V 的过程中，器件仍然保持在低阻态（过程 2）。电压向负向扫描的过程中，器件首先处于低阻态（过

程 3）。当电压增加到–0.8 V 左右时，电流突然降低，在–1.5 V 时器件的电阻又回到了高阻态，完成 Reset 过程。最后电压从–3 V 扫描回 0 V 的过程中，器件一直稳定地保持在高阻态（过程 4）。显然，Cu/AlN/Pt 器件在电压的作用下能够在高、低两个电阻态之间来回转变且为双极性电阻转变。实验发现当用 Ag 电极作上电极时表现出来的电阻转变特性和 Cu 电极的器件类似。

研究 Cu/AlN/Pt 器件在高、低阻态的导电机制有助于揭示器件的电阻转变机理，为此，将 Cu/AlN/Pt 器件的正向 *I-V* 曲线画在双对数坐标下并对其各段进行线性拟合，如图 6.5.6 所示。图中上半部分是低阻态的导电曲线，其线性拟合的斜率为 1.0，表明低阻态的导电规律符合欧姆定律（$I \propto V$），在更大的电压下，低阻态的电流达到了限流值（10 mA）。而高阻态的导电机制却显然不同，要复杂得多。高阻态的 *I-V* 曲线由三段组成：在非常小的电压下，拟合的斜率为 1.09，表明这一段符合欧姆定律（$I \propto V$）；随着电压的增大，*I-V* 曲线的斜率增大为 1.97，符合 Child 导电定律（$I \propto V^2$）；最后电流进入急剧增加的阶段，*I-V* 曲线的斜率增大到 6.6，器件转变到低阻态。高阻态的这种导电特性与经典的 SCLC（space charge limited conduction，空间电荷限制电流）导电机制非常吻合，而 SCLC 导电机制正好是一种绝缘体的导电机制，说明 Cu/AlN/Pt 器件在高阻态的导电机制反映了 AlN 薄膜本身的导电行为。而低阻态的欧姆导电行为则暗示着在器件中形成了金属特性的导电细丝。

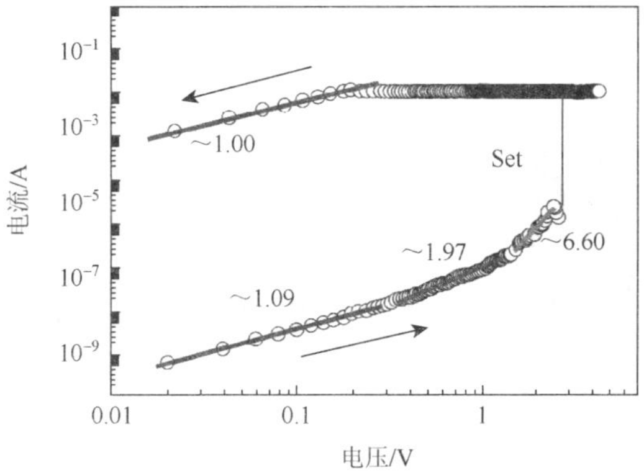

图 6.5.6　Cu/AlN/Pt 器件的正向 *I-V* 曲线在双对数坐标下的线性拟合

为了进一步解释 Cu/AlN/Pt 器件在高、低阻态的物理本质，研究了高、低阻态的电阻值随温度变化的规律，如图 6.5.7 所示。低阻态的电阻随温度升高而增加，表现为典型的金属导电特性，其电阻 $R_{LRS} = R_0[1 + \alpha(T - T_0)]$，其中 R_0 是温度在 T_0 时的电阻，α 为电阻温度系数。低阻态的这一温度特性证实了 Cu/AlN/Pt 器件在低阻态时形成了金属性的导电相。高阻态的电阻（R_{HRS}）随温度的升高而降低，表现出典型的半导体的导电特性 $\log R_{HRS} \propto 1/T$，这也反映了 AlN 薄膜的本征导电行为。Cu/AlN/Pt 器件在转变回高阻态以后，AlN 薄膜内会有部分残留的 Cu 导电细丝，因而器件在高阻态的电流由流经残余导电细丝的电流和流经 AlN 薄膜的电流两部分组成。有文献认为，当温度低于 250 K 时，流经残余导电细丝的电流占主导作用，使得器件在高阻态的导电行为不再符合半导体导电行为。而在室温下，流经 AlN 薄膜的电流仍然是主要的，故器件在高阻态的导电行为符合半导体导电特性且满足 SCLC 导电机制。因此，Cu/AlN/Pt 器件的电阻转变机理为金属导电细丝机制。

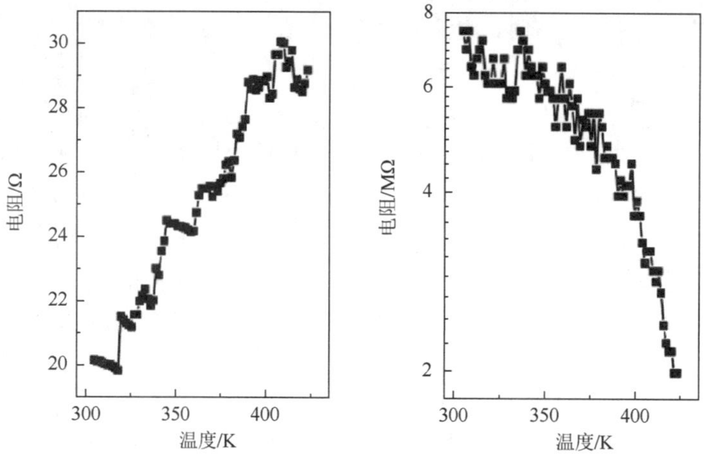

(a) 低阻态　　(b) 高阻态

图 6.5.7　Cu/AlN/Pt 器件不同阻态电阻值随温度的变化

有科研团队采用原位 TEM 测试技术，在 Ag/ZrO_2/Pt 器件[26]中观测到 Ag 导电细丝的生长和熔解过程，如图 6.5.8 所示。用原位 TEM 可以观察到 ZrO_2 阻变层中存在一个连接上下极的阴影区域（导电细丝），且导电细丝的上下两端尺寸不对称，与 Ag 电极（阳极）连接的区域导电细丝较粗，而与 Pt 电极（阴极）连接的区域导电细丝较细，如图 6.5.8（a）所示。图 6.5.8（c）

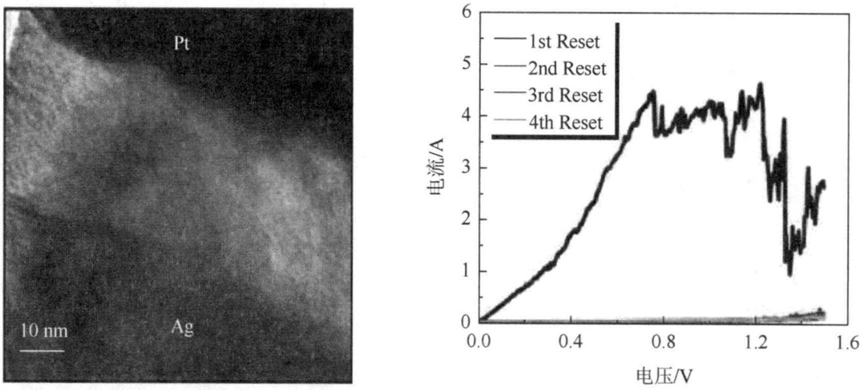

(a) Set过程后器件导电细丝的TEM照片　　(b) 不同Reset过程对应的I-V曲线

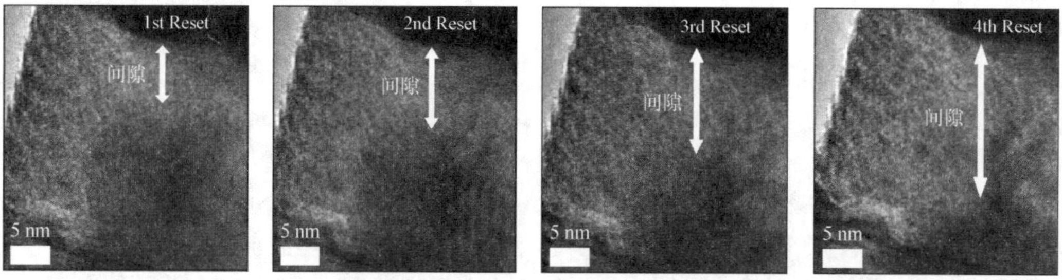

(c) 不同的Reset过程中导电细丝溶解的TEM照片

图 6.5.8　Ag/ZrO_2/Pt 器件中生成的导电细丝及细丝熔解过程[26]

给出了该器件中导电细丝熔解的动态过程，从图中可以清晰地观察到导电细丝从 Pt 电极处开始断裂，并向 Ag 电极收缩。其原因在于 Pt 电极附近导电细丝的尺寸最小，在 Reset 过程中，通过此处的电流密度最大，最易发生氧化反应，因此这个区域的导电细丝最先破灭。继续加电压时，剩余的导电细丝会继续发生氧化反应，生成的金属离子在电场的驱动下将向阴极（Ag）移动，导电细丝从阳极（Pt）向阴极（Ag）收缩。

3. Cu/AlN/Pt 阻变存储器的疲劳特性和保持特性

作为非易失性存储器，最重要的两大性能指标就是疲劳特性和保持特性，也就是存储器能够耐受的数据重复进行写入、擦除操作的能力和数据的保持能力。实验验证了 Cu/AlN/Pt 器件的疲劳特性和保持特性，如图 6.5.9 所示。在疲劳特性的测试中，使用 6 V/10 ms 和 4 V/10 ms 的脉冲分别作为写入和擦除操作的脉冲激励，在每一次写入或擦除操作之后都用一个 0.1 V/10 ms 的脉冲来读取电阻值，将读取的电阻值画在图 6.5.9（a）中。如图所示，低阻态的电阻值一直保持在 100 Ω，而高阻态的电阻值略微分散一些，首先处于 10^7 Ω 附近，在经过一段循环之后稳定在 10^5～10^6 Ω 的范围。但是 1000 次的重复写入、擦除操作之后，Cu/AlN/Pt 器件的存储窗口值（高、低阻态之比）一直稳定地保持在 10^3 以上。当某一个器件被转变到高阻态或低阻态之后，记录该电阻值随时间的变化，就可以得到器件的保持特性，如图 6.5.9（b）所示，图中的电阻值也是在 0.1 V/10 ms 的脉冲下读取的。从图中可以看出，10^6 s（11 d）的时间内，高、低阻态都没有明显的变化，器件的窗口值也一直保持在 10^3 以上。器件这一稳定的保持特性说明了其非易失性存储器的本质。Cu/AlN/Pt 器件优异的保持特性和重复循环下稳定的抗疲劳性能证实了 AlN 材料是一类有潜力的非易失性的 RRAM 可用新材料。

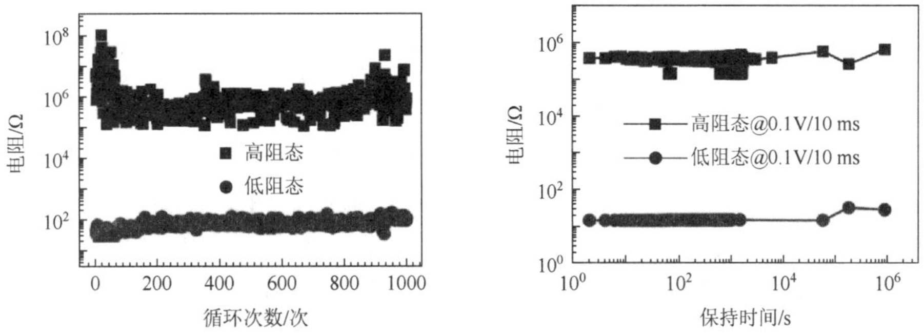

(a) 疲劳特性　　(b) 保持特性

图 6.5.9　Cu/AlN/Pt 器件的疲劳特性和保持特性

6.6　阻变存储器性能优化

经过半个多世纪的发展，RRAM 的各项性能都取得了飞速发展，各种高速、高循环次数、低功耗、高密度的 RRAM 器件不断被报道。比如，在 HfO_x 和 WO_x 器件中[27, 28]，单个阻变单元的尺寸已经降低到了 10 nm，表明了阻变器件优越的小型化前景；在 TaO_x 和 Pt 掺杂的 SiO_2 器件中[29, 30]，已经证明了其数据擦写速度可以快至 100 ps；在器件的功耗方面，有报道称 Ni/GeO/HfON/TaN 阻变器件[31]的单次电阻转变所消耗的功率在 0.1 pJ 以下；Pt/Ta_2O_{5-x}/TaO_{2-x}/Pt

器件[32]中已经实现了高达 10^{12} 的循环次数；至于器件电阻态的保持性能，在实验上已经被证明了可以稳定保持几个月以上，对于实验数据的外推更是证明了 85℃下长达 10 年以上的保持性能[33]。这些报道的 RRAM 的各项性能都达到或超过了当前主流存储器的性能，且在低功耗以及小型化方面，RRAM 更是比其他类型的存储器具有优势。尽管 RRAM 的各个单项性能都很优秀，但是目前可以实用化的 RRAM 产品却迟迟没有面世，其主要原因是目前报道的各项优异性能是在不同的阻变器件中实现的，只有将所有的优异性能集中于 RRAM 同一单元，才有可能使之取代传统存储器。因此需要优化 RRAM，使单个 RRAM 的各个单项性能提高。

本节主要内容包括 RRAM 的读写特性相关问题及其优化方法、保持特性失效模型及其改善方法和耐久性失效模型及其改善方法[8, 17, 34, 35]。

6.6.1 读/写特性相关问题及其优化方法

RRAM 的读写特性主要包括读写信号、R_{off}/R_{on} 窗口、RRAM 性能参数的一致性。读/写信号通常又分为 Set 电压、Set 电流、Reset 电压和 Reset 电流。其中影响写功耗的主要因素是 Reset 电流，只有 Reset 电流降低，才能使 RRAM 达到低功耗应用场合的要求。通常在 Set 过程中要设置限流，以防止 Set 成功后持续大电流造成器件损坏。读功耗体主要体现在 R_{on} 的读电流，如果 R_{on} 的电阻很小，低于千欧量级，将使读电流很大，这是导致读功耗高的主要因素。R_{off} 通常在兆欧量级，读功耗很小。R_{off}/R_{on} 窗口的大小是使电路能够正确读“0”和读“1”的关键，窗口过小，会使得“0”和“1”难以区分，从而发生误读，导致数据信息错误。读/写特性的相关问题可以通过以下方式进行优化。

1. 降低 Reset 电流

有研究结果表明，构建多层结构能有效地降低 Reset 电流。在两层的模型中，每层的作用通常是不同的，一层通常电阻率较低，作为一个串联电阻；而另一层具有很高的电阻率，阻变发生在高电阻率层。以 AlO_x/WO_x 双层器件为例[36]，图 6.6.1 给出了 AlO_x/WO_x 双层器件（样品 A）的横截面 TEM 照片，内嵌图为 WO_x 单层样品（样品 B）。图 6.6.2 给出了样品 A 和样品 B 的 *I-V* 曲线，电压扫描顺序为 0 V 至 + V_{max} 至 0 V 至 $-V_{max}$ 至 0 V，电压加在 Al 上电极且 W 底电极接地。样品 A 初始态为高阻态（0.3 V 微小电压下测得的电阻值为 10 MΩ）。由图 6.6.2（a）可知，样品 A 具有电阻转变现象；图 6.6.2（b）显示样品 B 并未发生电阻转变，因此可推断 AlO_x 层具有高的初始电阻且电阻转变发生在 AlO_x 层。图 6.6.3（a）给出了 AlO_x/WO_x 双层器件复阻抗谱测试结果，Z'和 Z''分别为实部和虚部，内嵌图为对数坐标下 Z'随频率变化曲线，在高阻态，测得两个德拜（Debye）峰。在 Nyquist 坐标中，这两个峰相应于两个阻抗半弧，这两个半弧可以用两个 RC（resistor capacitor，电阻电容）串并联电路等效，每 RC 并联电路可视为一个 CPE（constant phase element，常相角）元件，如图 6.6.3（b）所示。通过计算每个 RC 并联电路的 *R* 和 *C* 值、电阻率和介电常数等参数，CPE1 和 CPE2 可分别比拟为 AlO_x 和 WO_x 层。在低阻态，如图 6.6.3（c）所示，仅呈现出一个半弧，其等效 RC 与图 6.6.3（b）CPE2 相似，大的半弧消失。表明阻变过程使 CPE1 发生了变化，在 AlO_x 层中形成了导电通道，使其电阻率降低，而 WO_x 层本身电阻率低，约 20 kΩ，相比于 MΩ 量级的 AlO_x，其分压可忽略不计。因而阻变过程中，电压对 WO_x 层的影响很小，低阻态时，阻抗谱测试结果呈现了 CPE2 的特点，此时 AlO_x

层的电阻数量级可能与 WO_x 相当或更小，阻抗谱测试分辨不出二者，因而呈现一个半弧。因此，阻变发生在富氧的高电阻率层，缓冲层由低电阻率层组成，双层结构有利于降低功耗，其中，阻变层是富氧的高电阻率层，缓冲层是导电氧化物层，起到一个串联电阻的作用。

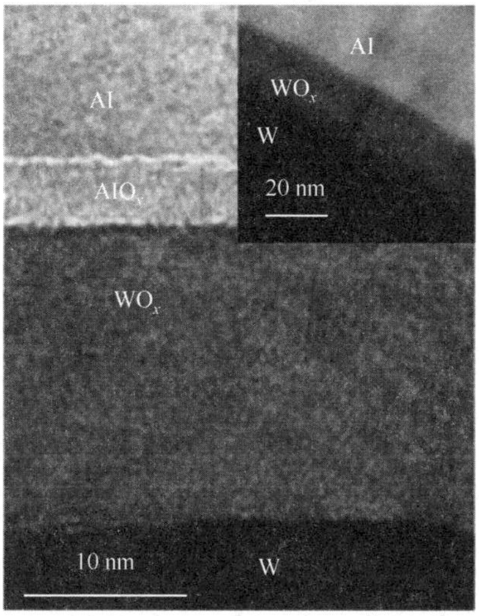

图 6.6.1　AlO_x/WO_x 双层器件（样品 A）的横截面 TEM 照片，内嵌图为 WO_x 单层样品（样品 B）[36]

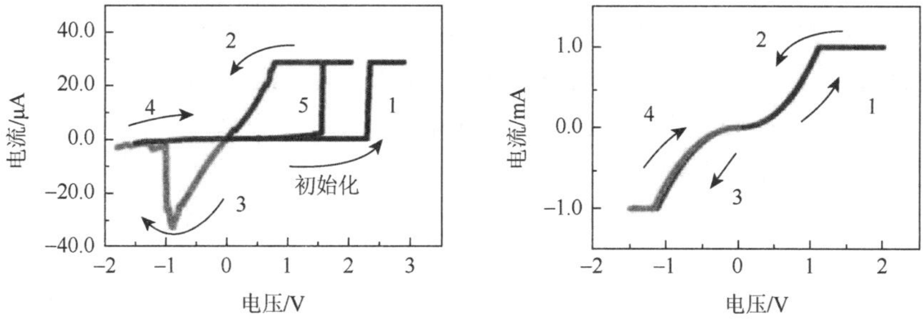

(a) 样品A的 I-V 曲线　　(b) 样品B的 I-V 曲线

图 6.6.2　样品 A 和 B 的 I-V 曲线[36]

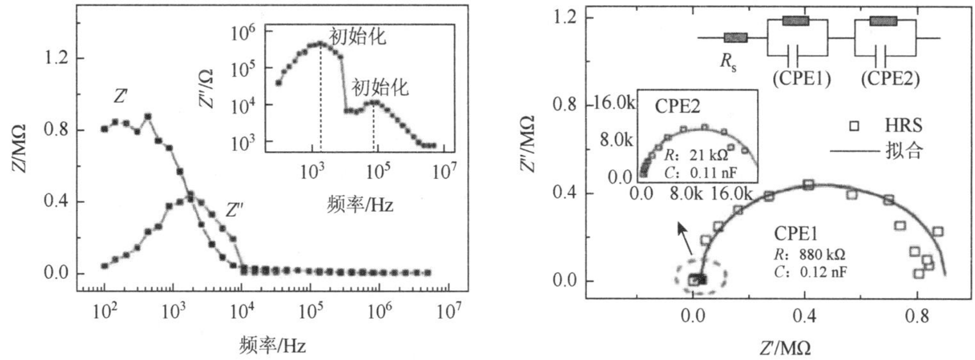

(a) 器件高阻态的复阻抗　　(b) 高阻态下的Nyquist图

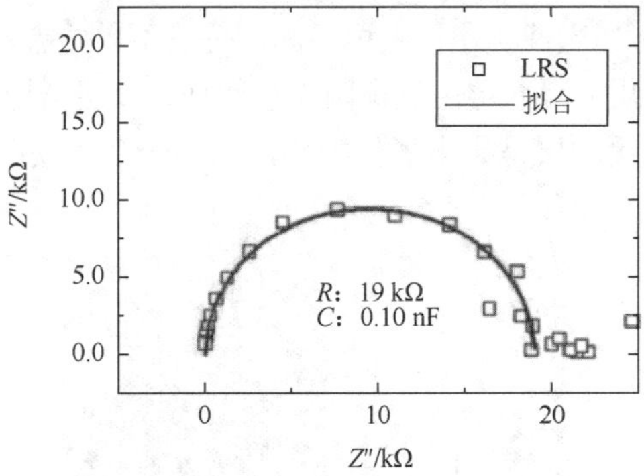

(c) 低阻态下的 Nyquist图

图 6.6.3 AlO_x/WO_x 双层器件复阻抗谱的测试结果[36]

另外，通过控制限制电流也可以降低功耗。在拟合和 Set 过程中，通常需要设置限制电流，以免在电流急剧增加的过程中使器件被破坏性击穿而失去阻变特性。限制电流 I_{CC} 可以控制开态电阻 R_{on} 的阻值。I_{CC} 设置得越大，形成的导电通道导电细丝越粗，R_{on} 就越小。但是需要注意的是，限制电流太低时会导致形成的 CF 太细，这对于数据保持特性是不利的，因此，存在一个最优工艺的权衡。

2. 操作算法提高 RRAM 读特性

通过电路技术可以提高 RRAM 读速度和读带宽。电流型灵敏放大器通常可以实现比电压型灵敏放大器更快地读出速度。为了避免对 RRAM 存储单元造成读干扰，位线电压在读操作期间必须钳位在一个安全的电压之下。在传统的钳位方法中，位线电压需要较长的调节时间才能稳定下来，严重影响了读取速度。为了克服这一问题，Qimonda 公司在 2006 年的一篇论文中提出用基于反馈调节的位线偏压方法来减少调节时间[37]。后来，台湾工业技术研究院等单位发现在不同温度和工艺条件下，位线偏压的波动非常显著，也可能影响读取速度，对此，他们在 2011 年 ISSCC 提出采用对工艺和温度敏感的动态位线偏压方案来减小位线偏压的波动从而防止读干扰，同时也加快了位线的预充电速度[38]。提高带宽通常的做法是提高并行性，即增加同时访问的 RRAM 单元个数，然后通过 DDR 等高速接口将数据输出，代表性的工作有索尼公司在 2011 年 ISSCC 提出的片上所有灵敏放大器 SA 同时工作的读出方法[39]以及美光和索尼公司在 2014 年 ISSCC 提出的交替页访问并结合 DDR 接口输出的读出方法[40]。

3. 工艺方法提高读/写参数一致性

电极材料对 RRAM 的阻变类型和性能参数有很重要的影响。报道称 Ti 和 TiN 电极可以改善 RRAM 阻变参数的一致性。Lin 等[41]发现在 ZrO_x/Pt 中使用 Ti 电极可以使 R_{on}、R_{off}、V_{Set}和 V_{Reset}变得集中，如图 6.6.4 所示，器件分别为 $Ti/ZrO_2/Pt$、$Pt/ZrO_2/Pt$ 和 $Al/ZrO_2/Pt$，R_{on}和 R_{off}为 0.3 V 读出。

人们常用电极的化学活性来解释电极对性能的影响。对于高活性的电极，很容易产生氧化物界面层，而该界面层对 RRAM 性能的影响往往很大。图 6.6.5 给出了一些常用元素形成氧化

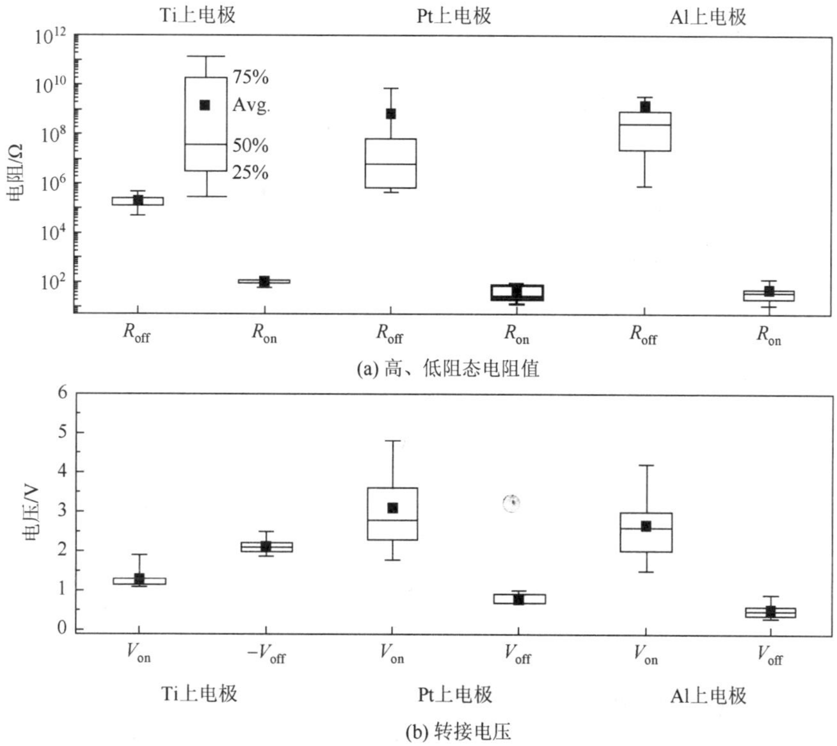

(a) 高、低阻态电阻值

(b) 转接电压

图 6.6.4　ZrO_x RRAM 不同电极阻变参数的比较[41]

物的吉布斯自由能[42]。随着金属活性的增加，越容易形成氧化物界面层，比如 Al 和 Ti 电极。同一种电极材料作用在不同 RRAM 介质上时，也呈现出不同的结果。

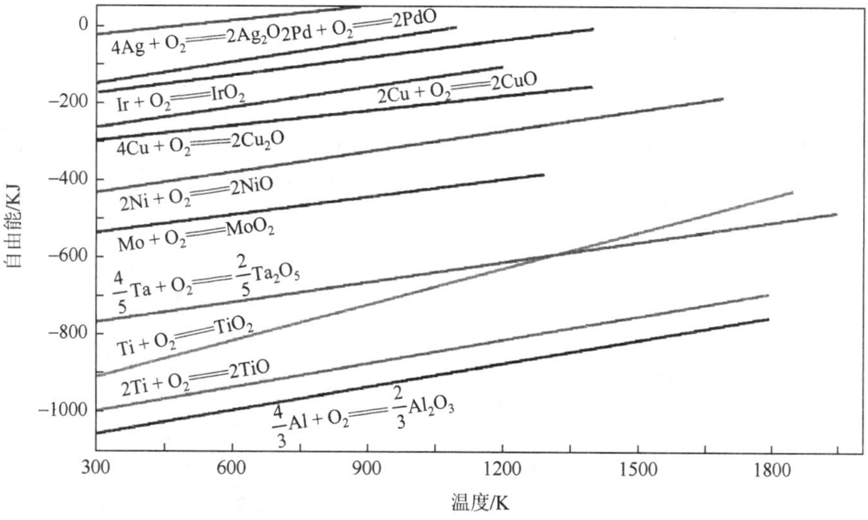

图 6.6.5　Ellinghan 图绘制的金属氧化物的标准生成自由能[42]

通过插入缓冲层，也能够使得 RRAM 的参数分散性得到改善。比如在 NiO 和电极之间插入一薄层 IrO_2[43]，图 6.6.6 给出了 Pt/NiO/Pt 和 Pr/IrO_2/NiO/IrO_2/Pt 进行 200 次擦写循环的 *I-V*

曲线，由图可见，加入 IrO_2 层以后，IrO_2/NiO 器件的 V_{Set}、V_{Reset}、R_{on} 和 R_{off} 变得更加均匀。

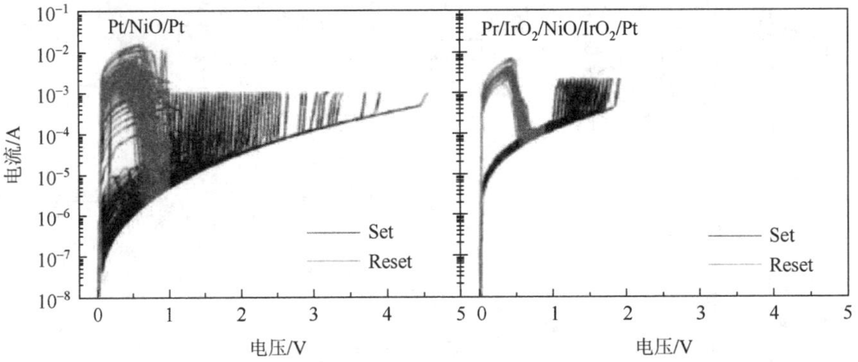

图 6.6.6　Pt/NiO/Pt 和 Pr/IrO_2/NiO/IrO_2/Pt 的 *I-V* 曲线（连续扫描 200 次）[43]

由于导电细丝是随机形成的，对 RRAM 的参数一致性有一定的影响。为了使导电细丝更加可控，人们提出了各种方法。Liu 等[44]制备了 Ag/ZrO_2/CuNC/Pt 结构（NC 指纳米晶，纳米晶材料是由纳米级尺寸的晶体所组成的材料。由于晶体极细，故晶界可占整个材料的 50%或更多），用 Cu 纳米晶嵌入下电极 Pt 的界面处，可以控制 CF 的生长和提高阻变的一致性。另外一个相似的做法是在 RRAM 介质中嵌入单个的 CF[45]，这种结构是基于传统的可编程金属单元，将 Cu 植入 HfO_x 介质中。传统的可编程金属单元器件有一个无限的离子源（一般是 Cu 或 Ag 电极）。相比于传统可编程金属单元，单 CF 器件显示出了更好的参数一致性。该器件通过固定 CF，形成有限 CF 源，抑制了 CF 形成的随机性，V_{Set}、V_{Reset}、R_{on} 和 R_{off} 的分布如图 6.6.7 所示。

6.6.2　保持特性失效模型及其改善方法

1. RRAM 保持特性失效模型

Wei 等[20]提出了一个氧离子扩散的模型来解释 RRAM 的保持特性，包括高阻态和低阻态的失效原因。如图 6.6.8 所示，其中，图 6.6.8（a）为低阻态 CF 周围氧离子扩散方向以及氧离

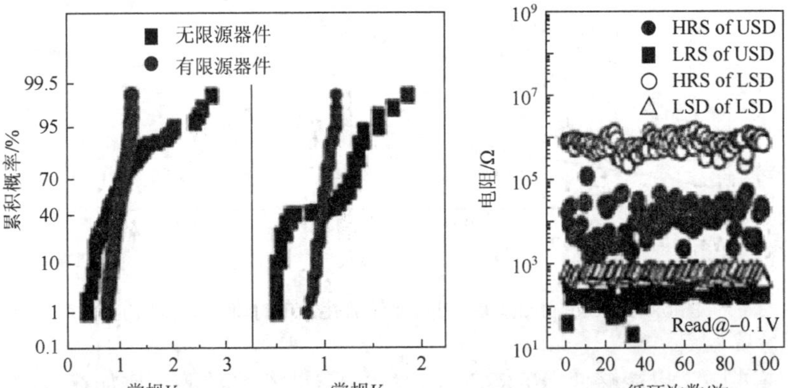

(a) 转变电压　　(b) 转变电阻

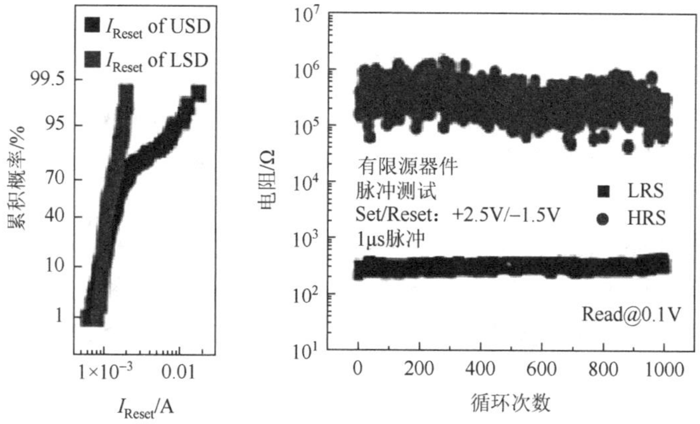

(c) Reset电阻 (d) LSD条件下的脉冲开关特性

图 6.6.7 采用有限源器件形成单 CF 和无限源器件的阻变参数均匀性比较[45]

子浓度和氧空位浓度的分布；图 6.6.8（b）为高阻态 CF 周围氧离子扩散方向以及氧离子浓度和氧空位浓度的分布，其中，N_o(O)是每单位体积的可移动的氧离子数，$N_o(V_o)$是每单位体积的氧空位的数目。以 Ta_2O_5/TaO_x 器件为例，主导阻变的 CF 由氧空位组成。低阻态的失效是由于氧离子的横向扩散。CF 中的氧空位的浓度较周围 $Ta_2O_{5-\delta}$ 介质中的要高，使得氧离子向 CF 内扩散，导致 CF 中氧空位浓度的降低。其结果是 CF 变细或断裂，同样读电压下电流降低，低阻态阻值变高，表明低阻态的退化。与低阻态相似，高阻态的退化可解释为在 CF 断裂的界面处（比如 CF 和上电极之间）氧空位浓度与周围的 $Ta_2O_{5-\delta}$ 相似，较 CF 中的低很多，容易发生从 CF 垂直向上的氧空位扩散，导致断裂处 CF 的连通，高阻态阻值降低，意味着高阻态的退化。

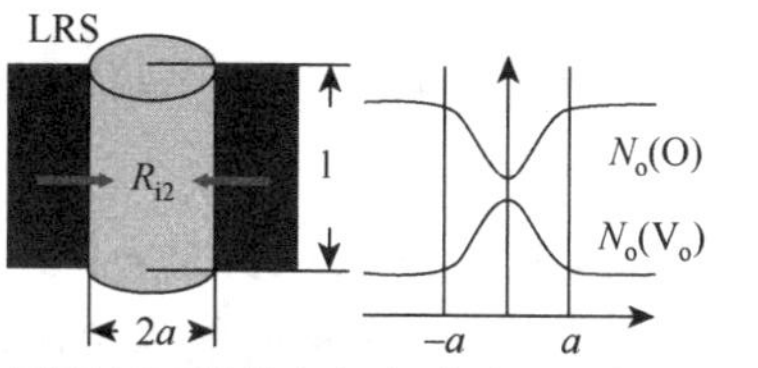

(a) 低阻态CF周围氧离子扩散方向以及氧离子浓度和氧空位浓度分布

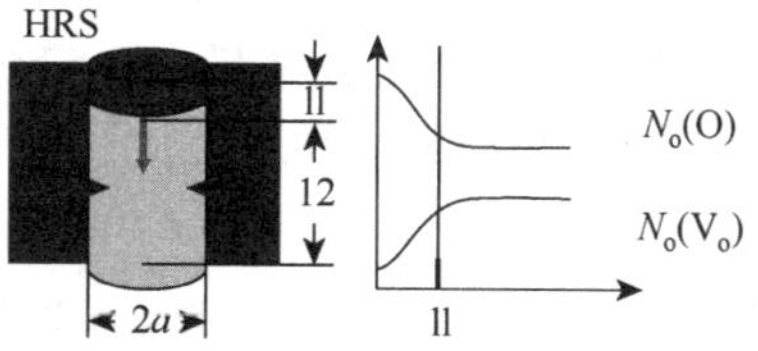

(b) 高阻态CF周围氧离子扩散方向以及氧离子浓度和氧空位浓度分布

图 6.6.8 RRAM 高阻态和低阻态氧离子浓度和氧空位浓度分布[20]

2. 通过形成高浓度的氧空位 CF 改善保持特性

要提高保持特性，CF 的粗细和氧空位的浓度都是非常重要的。通常认为 CF 的尺寸越大，低阻态保持特性越好，而 CF 越大，会使 RRAM 的功耗增加，这是一个矛盾。Ninomiya 等[46]提出氧空位浓度也是一个重要的因素，氧空位浓度越高，保持特性越好。构建高氧空位浓度的小尺寸 CF，可以同时解决保持特性和功耗问题。

3. 通过动态自适应写操作算法改善保持特性

编程算法对保持特性具有很大的影响。在大型的阵列中，RRAM 具有很大的写速度差异。如果为了顾及开关速度慢的单元的操作成功率而用统一的脉宽，速度快的单元就会被过操作，过操作会影响器件的可靠性。为了解决这一问题，Song 等[47]提出了 DSWM（dynamic self-adaptive write method，动态自适应的写操作算法），如图 6.6.9 所示，与传统的写验证阶梯脉冲序列编程方法不同，DSWN 的写激励可以在 Set/Reset 完成瞬间立即被切断，不管脉冲有多长，因而可以有效地控制速度较快的单元发生过操作。

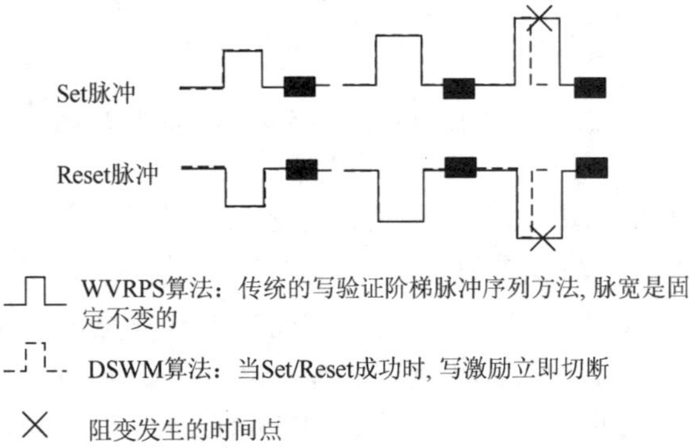

图 6.6.9 DSWM 与传统编程算法的比较[47]

6.6.3 耐久性失效模型及其改善方法

耐久性失效的机理可解释为氧空位活性的退化。Chen 等[48]首次根据耐久性失效的情况提出了三种失效类型。

失效类型Ⅰ：阳极氧化诱发界面反应。Set/Reset 过程中引起的阳极氧化作用，使电极界面形成氧化层，是导致耐久性退化的主导因素。氧化层的形成阻断电子和氧离子传输，并导致低阻态电阻值增加和高阻态电阻值的降低。

失效类型Ⅱ：产生的额外的氧空位导致 Reset 失败。在阻变过程中，电场致使 RRAM 中产生了额外的氧空位导电丝，可能会增大导电丝的尺寸及其粗糙程度，使高阻态和低阻态值均减小，最终使器件不能 Reset。

失效类型Ⅲ：氧离子耗尽导致的高阻值减小。在 Reset 过程中，复合氧空位所需的氧离子是必需的。复位过程中可能会导致氧离子不断消耗，使 Reset 过程中氧空位的复合率不断减小，从而高阻值也减小。

基于上述模型，失效类型Ⅰ可以通过提高限流的方法修复。提高限流可以破坏已形成的氧化层，从而增大存储窗口，耐久性被修复。对于失效类型Ⅱ，其退化主要发生于高阻态，而低阻态基本保持不变。通过增加复位功耗，打断多余的细丝，耐久性可以被适当修复。然而，对于失效类型Ⅲ，该模型预言耐久性无法修复。高阻值随着循环次数的增加而逐渐减小，这可能是氧空位不断增加而导致导电细丝越来越粗，同时，耗尽的氧离子无法得到补充。

基于上述的机制，与 RRAM 耐久性相关的参数以及各种解决方案总结如表 6.6.1 所示。在器件制备上，插入中间层以及掺杂的方法可能会提高耐久性。另外，在编程算法上，作者[48]提出一种改善耐久性的操作算法，即以三角波脉冲代替方波脉冲，可以降低在 Set 过程中的电流过冲。

表 6.6.1　RRAM 耐久性相关的参数以及各种解决方案[48]

解决方案	电极的稳定性	激活能	导电丝形状的控制	氧离子的存储	氧离子的消耗率
电极	+	n/a	n/a	+	n/a
掺杂	n/a	+	+	n/a	n/a
限流层*	n/a	n/a	+	n/a	+
缓冲层*	+	+	n/a	+	n/a
操作算法	n/a	n/a	+	n/a	+

注：+代表使用该方法可以提高耐久性；n/a 表示对参数无影响；*代表插入层，可以是缓冲层或者限流层。

需要注意的是，该耐久性失效模型[48]研究的是理想情况下的阻变行为，所基于的编程算法是单脉冲，且没有设置高低阻窗口的基准。而在实际应用中，写“1”和“0”需要设置基准来判断是否写成功。其循环次数也会受所设置窗口大小的影响。

参 考 文 献

[1] CHUA L. Memristor-the missing circuit element[J]. IEEE Transactions on Circuit Theory，1971，18（5）：507-519.

[2] PAN F，GAO S，CHEN C，et al. Recent progress in resistive random access memories：Materials，switching mechanisms，and performance[J]. Materials Science and Engineering：R：Reports，2014，83：1-59.

[3] 吕凤珍. 钙钛矿结构水热外延薄膜的非易失双极阻变特性研究[D]. 兰州：兰州大学，2017：10–11.

[4] LIU S Q，WU N J，IGNATIEV A. Electric-pulse-induced reversible resistance change effect in magnetoresistive films[J]. Applied Physics Letters，2000，76（19）：2749-2751.

[5] ZHUANG W W，PAN W，ULRICH B D，et al. Novel colossal magnetoresistive thin film nonvolatile resistance random access memory（RRAM）[C]//Digest. International Electron Devices Meeting. San Francisco，CA，USA. IEEE，2002：193-196.

[6] BECK A，BEDNORZ J G，GERBER C，et al. Reproducible switching effect in thin oxide films for memory applications[J]. Applied Physics Letters，2000，77（1）：139-141.

[7] TERABE K，HASEGAWA T，NAKAYAMA T，et al. Quantized conductance atomic switch[J]. Nature，2005，433（7021）：47-50.

[8] 潘峰，陈超. 阻变存储器材料与器件[M]. 北京：科学出版社，2014.

[9] KIM K H，GABA S，WHEELER D，et al. A functional hybrid memristor crossbar-array/CMOS system for data storage and neuromorphic applications[J]. Nano Letters，2012，12（1）：389-395.

[10] CHEN Y X，LI J F. Fault modeling and testing of 1T1R memristor memories[C]//2015 IEEE 33rd VLSI Test Symposium（VTS）. Napa，CA，USA. IEEE，2015：1-6.

[11] HUANG J J，LIN G L，KUO C W，et al. Room-temperature TiO_x oxide diode for 1D1R resistance-switching memory[C]//2009 International Semiconductor Device Research Symposium. College Park，MD，USA. IEEE，2009：1-2.

[12] HUANG J J，TSENG Y M，HSU C W，et al. Bipolar nonlinear Ni/TiO_2/Ni selector for 1S1R crossbar array applications[J]. IEEE Electron Device Letters，2011，32（10）：1427-1429.

[13] LINN E，ROSEZIN R，KÜGELER C，et al. Complementary resistive switches for passive nanocrossbar memories[J]. Nature Materials，2010，9（5）：403-406.

[14] JO S H，LU W. CMOS compatible nanoscale nonvolatile resistance switching memory[J]. Nano Letters，2008，8（2）：392-397.

[15] WASER R，DITTMANN R，STAIKOV G，et al. Redox-based resistive switching memories - nanoionic mechanisms，prospects，

and challenges[J]. Advanced Materials，2009，21（25-26）：2632-2663.

[16] 林殷茵，宋雅丽，薛晓勇. 阻变存储器：器件、材料、机理、可靠性及电路[M]. 北京：科学出版社，2014.

[17] SCHINDLER C，MEIER M，WASER R，et al. Resistive switching in Ag-Ge-Se with extremely low write currents[C]//2007 Non-Volatile Memory Technology Symposium. Albuquerque，NM，USA. IEEE，2007：82-85.

[18] TSUNODA K，FUKUZUMI Y，JAMESON J R，et al. Bipolar resistive switching in polycrystalline TiO_2 films[J]. Applied Physics Letters，2007，90（11）：113501.

[19] KWON D H，KIM K M，JANG J H，et al. Atomic structure of conducting nanofilaments in TiO_2 resistive switching memory[J]. Nature Nanotechnology，2010，5（2）：148-153.

[20] WEI Z，TAKAGI T，KANZAWA Y，et al. Demonstration of high-density ReRAM ensuring 10-year retention at 85℃ based on a newly developed reliability model[C]//2011 International Electron Devices Meeting. Washington，DC，USA. IEEE，2011：31.4.1-31.4.4.

[21] ASANUMA S，AKOH H，YAMADA H，et al. Relationship between resistive switching characteristics and band diagrams of $Ti/Pr_{1-x}Ca_xMnO_3$ junctions[J]. Physical Review B，2009，80（23）：235113.

[22] WEBSTER J. Resistive-switching memory[J]. Wiley Encyclopedia of Electrical and Electronics Engineering，2014，6：20-21.

[23] BANNO N，SAKAMOTO T，HASEGAWA T，et al. Effect of ion diffusion on switching voltage of solid-electrolyte nanometer switch[J]. Japanese Journal of Applied Physics，2006，45（4B）：3666-3668.

[24] SUN H T，LV H B，LIU Q，et al. Overcoming the dilemma between RESET current and data retention of RRAM by lateral dissolution of conducting filament[J]. IEEE Electron Device Letters，2013，34（7）：873-875.

[25] 陈超. 新型阻变存储器材料及其电阻转变机理研究[D]. 北京：清华大学，2013.

[26] LIU Q，SUN J，LV H B，et al. Real-time observation on dynamic growth/dissolution of conductive filaments in oxide-electrolyte-based ReRAM[J]. Advanced Materials，2012，24（14）：1844-1849.

[27] HO C，HSU C L，CHEN C C，et al. 9 nm half-pitch functional resistive memory cell with <1 μA programming current using thermally oxidized sub-stoichiometric WO_x film[C]//2010 International Electron Devices Meeting. San Francisco，CA，USA. IEEE，2010：19.1.1-19.1.4.

[28] GOVOREANU B，KAR G S，CHEN Y Y，et al. 10×10 nm^2 Hf/HfO_x crossbar resistive RAM with excellent performance，reliability and low-energy operation[C]//2011 International Electron Devices Meeting. Washington，DC，USA. IEEE，2011：31.6.1-31.6.4.

[29] TORREZAN A C，STRACHAN J P，MEDEIROS-RIBEIRO G，et al. Sub-nanosecond switching of a tantalum oxide memristor[J]. Nanotechnology，2011，22（48）：485203.

[30] CHOI B J，TORREZAN A C，NORRIS K J，et al. Electrical performance and scalability of Pt dispersed SiO_2 nanometallic resistance switch[J]. Nano Letters，2013，13（7）：3213-3217.

[31] CHENG C H，TSAI C Y，CHIN A，et al. High performance ultra-low energy RRAM with good retention and endurance[C]//2010 International Electron Devices Meeting. San Francisco，CA，USA. IEEE，2010：19.4.1-19.4.4.

[32] LEE M J，LEE C B，LEE D，et al. A fast，high-endurance and scalable non-volatile memory device made from asymmetric Ta_2O_{5-x}/TaO_{2-x} bilayer structures[J]. Nature Materials，2011，10（8）：625-630.

[33] GAO S，ZENG F，CHEN C，et al. Conductance quantization in a Ag filament-based polymer resistive memory[J]. Nanotechnology，2013，24（33）：335201.

[34] 刘明，等. 新型阻变存储技术[M]. 北京：科学出版社，2014.

[35] 缪向水，李祎，孙华军，等. 忆阻器导论[M]. 北京：科学出版社，2018.

[36] SONG Y L，LIU Y，WANG Y L，et al. Low reset current in stacked AlO_x/WO_x resistive switching memory[J]. IEEE Electron Device Letters，2011，32（10）：1439-1441.

[37] HONIGSCHMID H，ANGERBAUER M，DIETRICH S，et al. A non-volatile 2 Mbit CBRAM memory core featuring advanced read and program control[C]//2006 Symposium on VLSI Circuits，2006. Digest of Technical Papers. Honolulu，HI，USA. IEEE，2006：110-111.

[38] SHEU S S，CHANG M F，LIN K F，et al. A 4 Mb embedded SLC resistive-RAM macro with 7.2 ns read-write random-access time and 160 ns MLC-access capability[C]//2011 IEEE International Solid-State Circuits Conference. San Francisco，CA，USA. IEEE，2011：200-202.

[39] OTSUKA W，MIYATA K，KITAGAWA M，et al. A 4 Mb conductive-bridge resistive memory with 2.3 GB/s read-throughput and 216 MB/s program-throughput[C]//2011 IEEE International Solid-State Circuits Conference. San Francisco，CA，USA. IEEE，2011：210-211.

[40] FACKENTHAL R，KITAGAWA M，OTSUKA W，et al. 19.7 A 16 Gb ReRAM with 200 MB/s write and 1 GB/s read in 27 nm technology[C]//2014 IEEE International Solid-State Circuits Conference Digest of Technical Papers（ISSCC）. San Francisco，CA，USA. IEEE，2014：338-339.

[41] LIN C Y，WU C Y，WU C Y，et al. Effect of top electrode material on resistive switching properties of ZrO_2 film memory devices[J]. IEEE Electron Device Letters，2007，28（5）：366-368.

[42] LEE C B，KANG B S，BENAYAD A，et al. Effects of metal electrodes on the resistive memory switching property of NiO thin films[J]. Applied Physics Letters，2008，93（4）：042115.

[43] KIM D C，LEE M J，AHN S E，et al. Improvement of resistive memory switching in NiO using IrO_2[J]. Applied Physics Letters，2006，88（23）：232106.

[44] LIU Q，LONG S B，LV H B，et al. Controllable growth of nanoscale conductive filaments in solid-electrolyte-based ReRAM by using a metal nanocrystal covered bottom electrode[J]. ACS Nano，2010，4（10）：6162-6168.

[45] PARK J，JUNG S，LEE W，et al. Improved switching variability and stability by activating a single conductive filament[J]. IEEE Electron Device Letters，2012，33（5）：646-648.

[46] NINOMIYA T，WEI Z，MURAOKA S，et al. Conductive filament scaling of TaO_x bipolar ReRAM for improving data retention under low operation current[J]. IEEE Transactions on Electron Devices，2013，60（4）：1384-1389.

[47] SONG Y L，MENG Y，XUE X，et al. Reliability significant improvement of resistive switching memory by dynamic self-adaptive write method[C]//2013 Symposium on VLSI Technology. Kyoto，Japan. IEEE，2013：T102-T103.

[48] CHEN B，LU Y，GAO B，et al. Physical mechanisms of endurance degradation in TMO-RRAM[C]//2011 International Electron Devices Meeting. Washington，DC，USA. IEEE，2011：12.3.1-12.3.4.

第 7 章

铁电存储器

本章教学目标与要求

- 理解铁电材料特性和铁电存储器器件结构。
- 理解铁电存储器的存储机制。
- 掌握铁电存储器的工艺与集成。
- 熟悉铁电存储器的相关标准测试方法。
- 了解铁电存储器的应用场景。

本章知识架构

随着大数据、物联网、人工智能及 5 G 技术的飞速发展与深入应用，数据存储需求呈现爆炸式增长，对存储器的性能指标提出了更为严苛的要求，涵盖了高容量、高速率、低能耗、卓越的抗辐射能力、长久的使用寿命以及无可比拟的高可靠性等多维度特性。特别是在极端环境如太空探索、国防安全及航空领域，美国国家航空航天局等权威机构对存储器的标准设定了严苛门槛，如抗辐射能力需超越 1 Mrad（Si）、设计寿命至少 10 年、数据实时记录频率不低于 2 Hz，这意味着擦写循环次数需突破 10^{10}[1]次，以确保航天器运行状态的精确捕捉与时间同步。

传统半导体存储器，如 SRAM 与 DRAM，尽管应用广泛，却因其信息易失性与对电磁辐射的敏感性，在极端条件下的应用受到极大限制，阻碍了它们在深空探测、航空电子及国防科技等关键领域的全面推广。与此同时，非易失性存储器，如 EPROM 与 Flash，虽解决了数据保持问题，却面临写入速度慢、可擦写次数有限及能耗较高的挑战，难以胜任高速、高频次写入及低功耗的嵌入式系统需求，尤其是在片上系统等集成度高的应用场景中表现不佳。

鉴于此，全球技术领先国家的研究机构在积极投身于传统存储器性能优化的同时，也广泛探索并开发 FeRAM（铁电存储器）等新型存储器技术[2]，旨在克服现有存储技术的局限性，提供更为理想的数据存储解决方案。表 7.0.1 所示是传统半导体存储器与几种新型存储器的一些关键性能参数对比。

表 7.0.1　几种存储器的性能比较[3, 4]

特性	静态存储器（SRAM）	动态存储器（DRAM）	Flash 存储器（NAND）	电擦除可编程只读存储器（EEPROM）	磁存储器（MRAM）	铁电存储器（FeRAM）	相变存储器（PRAM）	电阻存储器（RRAM）
非挥发性	否	否	是	是	是	是	是	是
工艺节点/nm	45	36	22	180	65	180	45	30
单元尺寸（F^2）	140	6～30	4	40	8-20	12-22	4	4～8
读时间	＜1 ns	＜10 ns	105 ns	200 ns	35 ns	20～40 ns	12 ns	＜50 ns
擦写时间	＜1 ns	＜10 ns	106/105 ns	10 ms	35 ns	20～65 ns	100 ns	＜20 ns
写入次数	＞10^{16}	＞10^{16}	10^4	10^4	10^{12}	10^{12}	10^9	10^{12}
写入功耗/(J/bit)	5×10^{-16}	5×10^{-15}	＞2×10^{-16}	＞10^{-10}	2.5×10^{-12}	3×10^{-14}	6×10^{-12}	10^{-13}
写电压/V	1	2.5	15	12～24	1.8	1.3～3.3	3	0.6～1.25
读电压/V	1	1.8	1.8	1.8	＜1	0.7～1.5	＜1	0.2～1.25

由表 7.0.1 对比可看出，FeRAM 具有以下显著的综合优势[5]：

（1）同样作为非易失性存储器，FeRAM 写入速度是 EEPROM 和 Flash 的 100 倍以上；

（2）因 FeRAM 具有低工作电压、低电流及快速写入的特性，其功耗仅为 EEPROM 的千分之一；

（3）长寿命，即具有 10^{12} 以上的读写次数，是 EEPROM 的 10^8 倍；

（4）抗辐射能力强，因 EEPROM 和 Flash 是基于电子电荷存储信息的，在辐照能量下电荷极易发生变化，而铁电材料本身具有很强的抗辐照能力，因此 FeRAM 适合应用于高辐射环境下的深空探测等特殊应用场景。

鉴于 FeRAM 的上述优越特性，业界普遍视其为下一代主流存储器的有力候选者[5, 6]，多年来 FeRAM 持续成为研究热点，吸引着全球科研机构与半导体巨头的广泛关注与投资。当前，FeRAM 利用铁电薄膜材料集成传统的硅基半导体所形成的新一代非易失性存储器[7]，已逐渐走出实验室，实现了商业化应用的初步突破，如智能终端、现场可编程逻辑门阵列（FPGA）、智能仪表、智能卡以及物联网终端等多个领域，展现了其作为未来存储解决方案的巨大潜力。

7.1 铁电存储器的存储材料与类型

7.1.1 铁电存储器存储材料

铁电材料是一类具有非中心对称结构的极性晶体，在一定温度范围内（居里温度以下）具有自发极化特性，且其自发极化强度受外加电场的调控，其极化强度（P）对外加电场（E）的响应可形成电滞回线（P-E）的关系特性[8]，如图 7.1.1 所示，其中 P_s 为饱和极化强度，P_r 为剩余极化强度，E_c 为矫顽场。

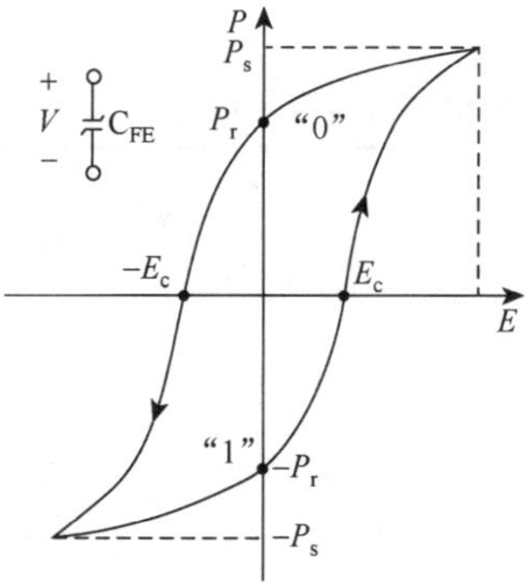

图 7.1.1 典型的铁电体电滞回线图

P-E 回线是铁电材料的宏观特征表现，判断一种材料是否具有铁电性，或铁电性能优越与否通常以 P-E 回线作为主要依据。由图 7.1.1 可看出，当外电场 E 为 0 时，铁电材料的极化强度 P 并不为 0，而是 $\pm P_r$（称为剩余极化强度），其所显示出的双稳态性质也是铁电材料能应用于存储器的基础。

最典型的铁电材料通常具有钙钛矿结构，如图 7.1.2 所示，它由 ABO_3 的立方结构构成，实际上，A、B 不一定是单一的元素，有可能是几种元素构成，但这些元素的原子百分比之和必须满足 ABO_3 的关系。比如 $PbZr_xTi_{1-x}O_3$（PZT）中的 A 表示 Pb^{2+}，B 表示 Ti^{4+}和 Zr^{4+}，而 Ti^{4+}和 Zr^{4+}的原子百分比之和应与铅大致相同；此外，离子 A（Pb^{2+}）处于立方体的角上，离子 B（Ti^{4+}或 Zr^{4+}）处于立方体的体心，O^{2-}处于立方体的 6 个面的中心。在完全正常时，一个晶胞内的正离子与负离子的总数是相等的。目前被发现的典型钙钛矿结构铁电材料有 $BaTiO_3$、$PbZr_xTi_{1-x}O_3$、$KMgF_3$ 等。除钙钛矿结构外，铁电材料还有铌酸锂型铁电体和层状铁电体（SBT、LBT）等结构类型。

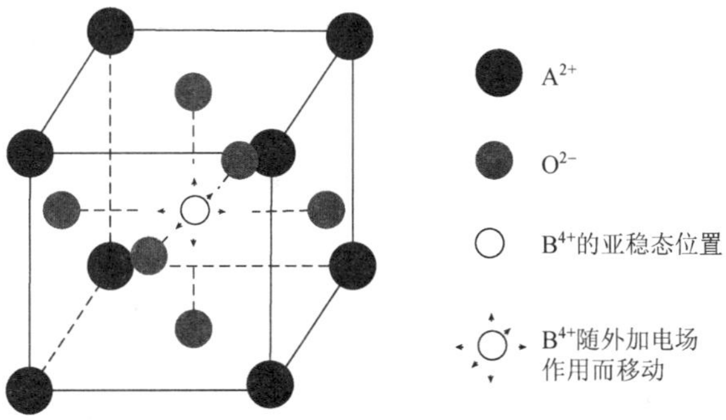

图 7.1.2　钙钛矿结构铁电材料晶胞示意图

受本征结构特性的影响，铁电材料通常同时具有压电性和热释电性，此外一些铁电材料还具有非线性光电效应、电光效应和光折变效应等。目前研究发现的铁电材料有 700 多种，而通常被研究的主要集中于在实际应用中具有很强铁电性的铁电氧化物，如 $BaTiO_3$、$BiFeO_3$ 和 PZT 等；至于在非氧化物铁电体系中，如硫化物（如 ZnCdTe）、硫的卤化物（如 SbSI）等在一些特殊应用领域也表现出潜在的应用前景。

除了自发极化特性之外，铁电材料还具有良好的力、热、光、电耦合特性，在 T_c 以上一般呈现顺电性，具有很高的相对介电常数（几十到几千）。除此之外，由于铁电材料的自发极化原理，普通剂量的辐射不可能改变原子位置，也不会影响铁电材料的非易失极化强度，因而具有良好的抗辐射能力，因此铁电材料在压力传感器、红外探测器、光波导和光显示等诸多领域也有着重要的用途。

7.1.2　铁电存储器存储单元类型

FeRAM 的存储单元器件结构按其基本工作模式分为两种类型[9, 10]：一种是破坏性读出，另一种是非破坏性读出。

破坏性读出 FeRAM 存储单元类似于用铁电薄膜取代常规 RAM 中的电容介质的结构，具体是先将铁电材料制备成为铁电薄膜，再将铁电薄膜制备成为铁电电容，通过将铁电电容的上、下极板分别接通不同的电压，便可将电容中间的铁电薄膜极化，从而达到存储信息的目的，因此铁电电容是 FeRAM 的核心部分[11]。该 FeRAM 结构利用铁电薄膜的极化反转来实现数据的写入与读取。

一般来说，在芯片制备工艺中，通常采用金属-铁电材料-金属的三层薄膜结构组成 MFM 型铁电电容，如图 7.1.3（a）所示，两层金属层为铁电电容的上、下极板，外部电路可以通过给上、下两个极板施加电压来将中间的铁电材料极化。

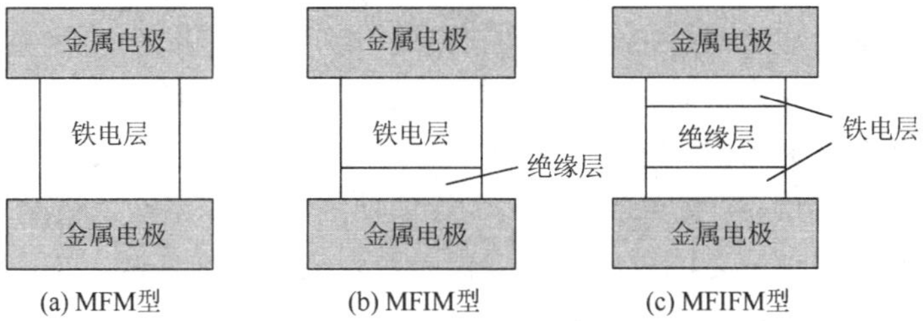

图 7.1.3　铁电电容结构示意图

但是，有时为了获得更加良好的电容特性，获取更小的漏电流和更稳定的界面状态等，MFM 型铁电电容可能就不是最好的选择，因此便有了针对该类型铁电电容的改进，比如向铁电电容中间加入绝缘材料，如 $A1_2O_3$ 等，于是就产生了如图 7.1.3（b）和 7.1.3（c）所示的两种类型的电容结构。其中 MFIM 型铁电电容是在下层金属极板和铁电层之间加入一层绝缘层，而 MFIFM 型铁电电容则是将中间的铁电层一分为二，再在两层铁电层之间加入一层绝缘层。

破坏性读出 FeRAM 存储单元主要有以下特点：①开关时间短，如 PZT 铁电材料固有的开关时间只有 ns 量级；②相反状态的极化差大，如面积为 1 μm^2 的铁电电容可以在位线上产生大于 100 mV 的电压差；③由于是破坏性读出过程，每次读出后必须把原来存储的数据回写。所以这类FeRAM在信息读取过程中伴随着大量的擦除/重写的操作，随着读写次数的增加FeRAM会发生疲劳失效等可靠性问题。这种基于破坏性读出工作模式的非易失性存储器，是当前 FeRAM 的主要研究方向，目前市场上的 FeRAM 全部都是采用这种工作模式。

铁电电容本身的特性可极大地影响 FeRAM 的特性，而电容特性主要由以下几个因素决定：铁电电容面积、铁电薄膜厚度、铁电材料的种类以及金属极板的材料等。其中，铁电电容面积直接影响铁电电容的饱和极化强度，也就是影响铁电电容在极化时所释放出的电荷量；铁电薄膜厚度、铁电材料的种类同样决定铁电电容的最大极化强度，同时也影响铁电材料的饱和极化电压 V_{Sat}；而金属极板的材料则会影响铁电材料与半导体工艺的匹配程度。一般来说，在 FeRAM 的设计之初就应该将上述几种因素确定，然后通过电路设计来对铁电电容进行匹配。

为了增加铁电材料在半导体工艺中的集成度，一些学者抛弃铁电电容的设计转而提出非破坏性读出 FeRAM，它是以铁电薄膜取代常规 MOS 场效应晶体管的栅介质层而构成的 FEFET（ferro-electric field effect transistor，铁电场效应晶体管）作为存储单元，如图 7.1.4 所示。该存储单元将成为下一代新的存储技术可能的替代产品，其具备存储密度高、非破坏性读取等优点。

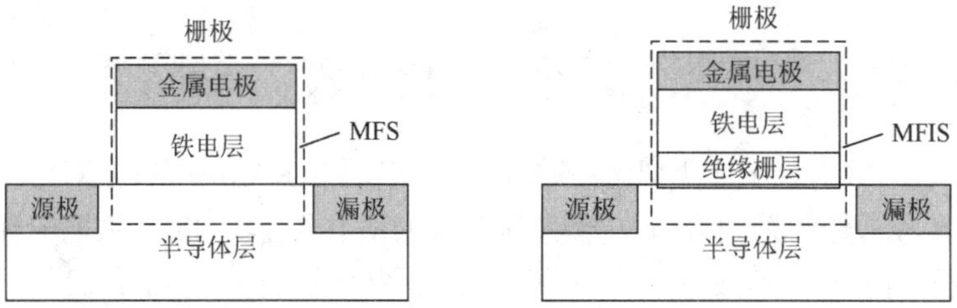

(a) MFS型晶体管纵面解剖图　(b) MFIS型晶体管纵面解剖图

图 7.1.4　不同结构的铁电场效应晶体管剖面图

FEFET 最初是以金属-铁电体-半导体结构组成 MFS 型晶体管作为基本存储单元，如图 7.1.4（a）所示，它是以铁电薄膜取代常规 MOS 场效应晶体管中的栅极二氧化硅层，通过栅极极化状态（$\pm P_r$）实现对源-漏电流的调制，使沟道导通或关闭，根据源-漏电流的相对大小来实现信息的存取。这一过程无需使栅极的极化状态反转，因此对所存信息的读出是非破坏性的，无须刷新。FEFET 提供了一种近乎理想的存储方式，极具研发前景。但是 MFS 型结构 FEFET 界面特性较差，缺陷较多，逐渐发展成金属层-铁电层-绝缘层-半导体层的 MFIS 结构，就是增加一层绝缘介质层夹在半导体基底和铁电薄膜之间以改善其界面特性，提高器件性能，如图 7.1.4（b）所示。基于非破坏性读出工作模式的 FEFET 是理想的存储方式，但迄今为止，这种 FeRAM 尚处于实验室研究阶段，还不能达到实用程度。

7.2　铁电存储物理机制

FeRAM 的存储原理是基于铁电薄膜的剩余极化，即当外加电场或电压撤去后，铁电薄膜仍存在着剩余极化电荷。ABO_3型钙钛矿铁电体属于典型的四方结构，如图 7.2.1 所示，其中，A^{2+}位于顶角，B^{4+}占据体心，坐落于面心。在居里温度以下由于自发畸变，B^{4+}相对晶胞中其他原子发生上下位移，产生净偶极矩，形成自发极化。外加电场也可使晶胞中的某种离子产生相对位移而极化，移去电场后，位移仍能保持。从原子水平来看，氧八面体中心的 B^{4+}相对于其他离子沿极轴正、负方向的偏移，对应的两种状态可用以代表二进制数字系统中的“1”和“0”状态[5]。

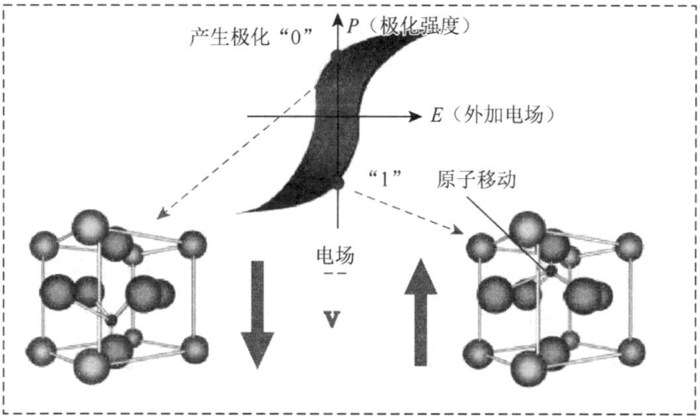

图 7.2.1　铁电薄膜电滞回线及存储机制

这种离子极化使铁电薄膜在宏观上表现为：极化强度与外电场之间产生非线性响应，得到电滞回线；反向电场超过矫顽场时发生极化反转：外电场 $E=0$ 时表现出正、负剩余极化（$\pm P_r$），如图 7.2.1 所示。因此，铁电存储单元不需外电场或电压的维持仍能保持原有的极化信息，这种双稳态操作，不同于需要维持电源才能保持原有信息的 DRAM。

7.3　铁电存储器存储单元

7.3.1　铁电存储器存储单元结构

FeRAM 存储单元结构与 DRAM 存储单元结构相似，主要有 2T2C（2 个晶体管和 2 个铁电电容）和 1T1C 结构[12]，如图 7.3.1 所示，其中，1T1C 结构所占用面积较 2T2C 缩小一半，是未来高密度 FeRAM 的发展方向，但 2T2C 结构由于采用两个极化方向总是相反的电容进行电荷比较，所以容差范围大，而且参考单元的铁电电容与寻址单元具有相同的疲劳速率，所以可靠性更高，是现在低密度 FeRAM 的主要结构。

以图 7.3.1（b）的 1T1C 结构为例，该结构中由铁电电容 C_{FE} 代替 DRAM 的存储电容，其上电极通过一个 MOS 管接 BL，下电极接 PL（板线），MOS 管的通断受 WL 控制。利用铁电

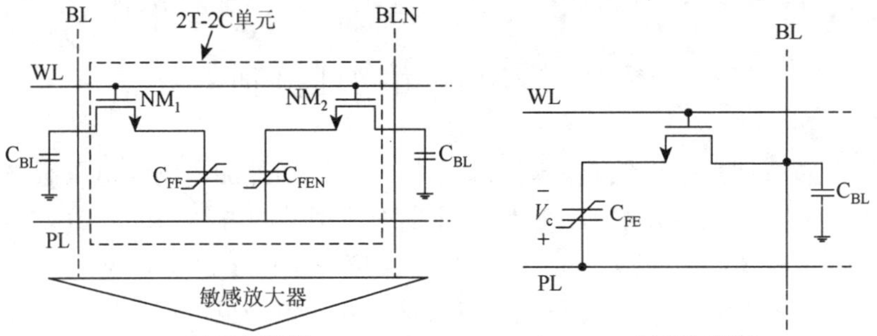

(a) 2T2C结构　(b) 1T1C结构

图 7.3.1　FeRAM 存储单元结构

薄膜的极化翻转来进行数据的写入与读出。铁电薄膜极化翻转后其状态发生了改变，需要进行重新写入，因此称为破坏性读出。

7.3.2　铁电存储器存储单元读写

1. 铁电存储器存储单元写操作

图 7.3.2 是对 FeRAM 的 1T1C 结构的存储单元进行写操作时的时序图以及写操作过程中铁电电容极化状态的变化示意图。PRE 为位线平衡信号，当 PRE 为高电压时，BL 上电压强制为零。进行写操作时，首先，PRE 上的电压降为零，并在 BL 上加相应电压表示待写入的数据，V_{CC} 表示“1”，0 表示“0”；然后，WL 电压升高，MOS 管导通，此时写“1”的铁电电容会被 + V_{CC} 极化，电容极化状态为负向饱和状态，接下来在 PL 上加一个 V_{CC} 的脉冲，于是，写“0”的铁电电容会被 $-V_{CC}$ 极化，电容极化状态为正向饱和状态；最后，PRE 上的电压再次上升至 V_{CC}，BL 放电，电压回零，WL 电压回零，MOS 管关闭，写操作过程结束。可以看出写入“1”的铁电电容，最后极化状态停留在 $-P_r$ 处，而写“0”的铁电电容，最后极化状态停留在 + P_r 处。

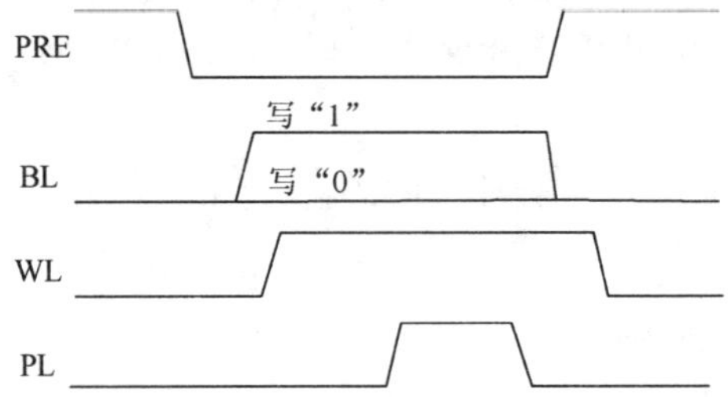

(a) 时序图[13]

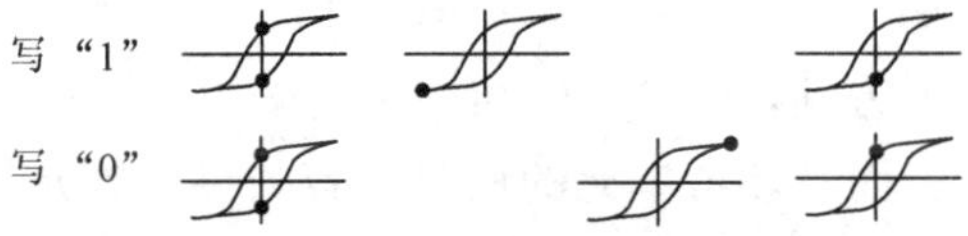

(b) 铁电电容极化状态变化示意图

图 7.3.2　FeRAM 的 1T1C 结构存储单元写操作

2. 铁电存储器存储单元读操作

图 7.3.3 是对 FeRAM 存储单元进行读操作时的时序图以及读操作过程中铁电电容极化状态的变化示意图。进行读操作时，首先，PRE 上的电压降为零，此时 BL 电压仍为零，WL 电压升高，MOS 管导通，紧接着 PL 的 V_{CC} 脉冲上升沿到达，这时无论原来铁电电容的存储信息是“0”或是“1”，铁电电容的极化状态都将达到正向饱和状态，同时铁电电容上的电荷将与位线电容 C_b 进行电荷再分配过程，从而使“0”存储单元和“1”存储单元在位线上产生不同的电压 V_0 和 V_1；然后，灵敏放大器开始工作，将 BL 上的电压与参考电压 V_{ref}（$V_0<V_{ref}<V_1$）进行比较后，将“0”存储单元和“1”存储单元的 BL 电压分别下拉至地电平（0 V）和上拉至供电电压 V_{CC}，此时从电容极化状态可以看出原本存“1”的存储单元的数据被破坏，而存“0”的存储单元数据被刷新；放大过程结束以后，PL 上 V_{CC} 的脉冲下降沿到达，原本存“1”的存储单元的电容将被 + V_{CC} 极化，电容极化状态再次为负向饱和状态，从而完成对读出过程中数据受到破坏的“1”存储单元的数据回写过程；最后，PRE 上的电压再次上升至 V_{CC}，BL 放电，电压回零，WL 电压回零，MOS 管关闭，读操作过程结束。可以看出，最终铁电电容的存储信息保存完好。

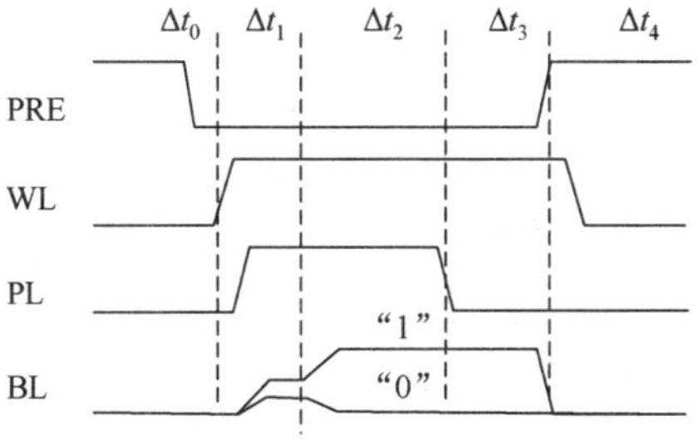

(a) 时序图

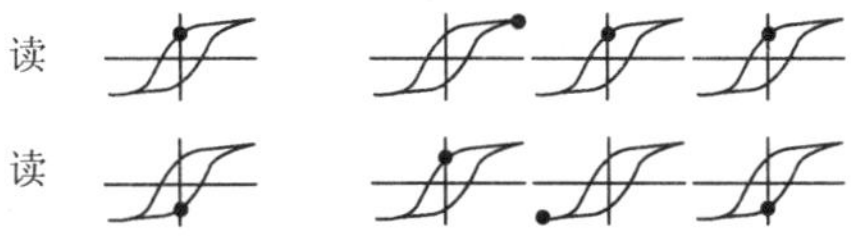

(b) 铁电电容极化状态变化示意图

图 7.3.3 FeRAM 存储单元读操作

下面说明铁电电容和位线电容之间进行电荷再分配的过程。如图 7.3.4 所示，若读出过程中“0”和“1”两个状态向正向饱和极化变化的曲线近似为直线，可得到两个状态变化过程中的近似铁电电容值，若定位线电压在两个状态下的分压值为 V_0 和 V_1，则

$$V_0 = \frac{C_0}{C_0 + C_b} V_{CC} \tag{7.2.1}$$

$$V_1 = \frac{C_1}{C_1 + C_b} V_{CC} \tag{7.2.2}$$

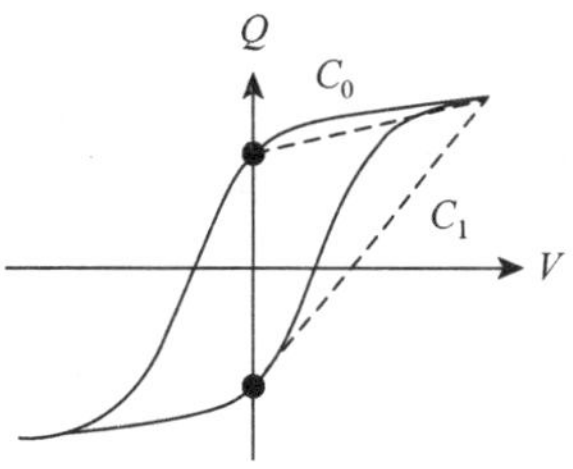

图 7.3.4 铁电电容极化强度变化的等效电容示意图

7.4 铁电存储器存储单元工艺与集成

FeRAM 工艺一般先制备 CMOS 器件，接着溅射铁电薄膜下电极，然后制备铁电薄膜和铁电薄膜上电极，再开出引线孔，将铁电电容和 CMOS 器件集成在一起，最后制备 Al 布线图形。因此，FeRAM 工艺中的 CMOS 工艺和铁电电容工艺的兼容性研究是制备 FeRAM 的重点。

铁电薄膜的制备工艺与传统集成电路工艺的集成问题是实现 FeRAM 发展的关键。在集成化过程中存在工艺温度的差异，以及可行的逻辑次序问题，这是因为在如今的工艺条件下，铁电电容工艺温度高于形成晶体管的工艺温度，却又低于常规某些工艺的温度，如低压化学气相沉积法生长 SiO_2 的温度。但这一问题可通过在常规工艺中引入一些新的工艺技术来解决，如采用低温生长 SiO_2 的等离子增强化学气相沉积法，采用耐熔金属硅化物多层互连结构克服高温退火对 CMOS 电路的冲击等。目前常采用 CMVP（capacitor-on-metal/ via-stacked-plug，金属/过孔堆叠式电容）结构，使铁电电容在工艺集成中尽可能地不影响 CMOS 电路。另外在集成化过程中，刻蚀、清洗、合金化等工艺都会对铁电薄膜的性能造成影响，甚至使铁电性能急剧退化，所以如何使铁电薄膜在集成化过程中避免性能退化已成为研究的热点。

7.4.1 铁电薄膜制备

铁电薄膜制备方法在过去几十年里迅速发展，到目前，人们已经能够采用多种方法制备性能优良的铁电薄膜。这些方法按机理不同可分为物理方法和化学方法。物理方法包括：磁控溅射、脉冲激光沉积和分子束外延等方法；化学方法包括：CVD（chemical vapor deposition，化学气相沉积）、MOCVD（metal organic chemical vapor deposition，金属有机化合物化学气相沉积）和溶胶-凝胶等方法。由于铁电薄膜大多是化学组成比较复杂的多组元氧化物薄膜，因此制备铁电薄膜要比制备一般的单或双组元薄膜更加困难。

在众多的制备方法中，目前最为广泛被应用于 FeRAM 铁电薄膜的制备方法主要有：磁控溅射法、MOCVD 和溶胶-凝胶法，这三种制备方法的优缺点如表 7.4.1 所示。磁控溅射和溶胶-凝胶技术已用于小批量商用 FeRAM 铁电薄膜的制造，但在薄膜的组分控制、均匀性及台阶覆盖性等方面，存在一些问题。脉冲激光沉积技术虽然能很好地控制薄膜的组分，但薄膜表面存在的小颗粒问题及大面积均匀薄膜的制备是需要努力解决的问题。MOCVD 比较适合于铁电薄膜的商业生产，但金属氧化物-源的选择、传输以及公害等仍需要进一步改进。

表 7.4.1 三种制备 FeRAM 铁电薄膜的制备方法比较[14, 15]

方法	优点	缺点
磁控溅射法	• 可大面积均匀成膜 • 可重复性好 • 沉积速率高 • 无残余物	• Pb 含量不稳定 • 台阶覆盖能力差
MOCVD	• 低温工艺 • 台阶覆盖能力好	• 均匀性差 • 可重复性差 • 沉积速率低 • 适用的气体源少 • 有机残余物

续表

方法	优点	缺点
溶胶-凝胶法	• 设备成本低 • 易大面积均匀成膜 • 可重复性好 • 能够较严格控制化学剂量比	• 台阶覆盖能力差 • 工艺温度高 • 有机残余物

当今世界上具有 FeRAM 工艺线的厂家中富士通、IBM（180 nm 工艺）以及 Rohm 公司采用磁控溅射技术制备 PZT 材料，该工艺可以满足 4～8 Mbit 容量的 FeRAM 研制的需要，而 TI 公司（130 nm 工艺）采用 MOCVD 设备制备 PZT 薄膜。

7.4.2 电极制备

衬底电极材料的选取同样会影响铁电薄膜制备。衬底电极材料的基本要求有：良好的附着力、不与沉积的铁电薄膜发生明显的化学反应、铁电薄膜在高温退火时衬底电极应能保持稳定、不易氧化且保持优良导电性等。

目前常用的电极主要分为两类：一类是金属电极，主要是 Pt、Au。由于它们与铁电薄膜的黏附性不是太好，常在 Pt(Au)/铁电薄膜界面有一层介电常数较低的界面层存在（也称钝化层或死层）。另一类是导电氧化物电极，包括 RuO_2、$SrRuO_3$、$LaNiO_3$ 等。这些氧化物电极不仅有良好的稳定性和导电性，还能极大减少铁电薄膜的疲劳特性以及减少界面层影响。$SrRuO_3$ 也是钙钛矿结构，其晶格常数与 PZT、$BiFeO_3$ 等铁电材料接近，二者形成的异质结构能减少晶格失配引起的应力效应等。

由于 Pt 金属衬底电极具有电阻率低、高温热处理化学性能稳定且不易氧化等优点，常作为衬底电极的首选材料。同时，为与 CMOS 工艺兼容，采用 Si 做衬底。为了防止铁电薄膜高温退火时金属材料与 Si 反应或发生渗透，在 Si 衬底上生长一层 SiO_2。此外，在 Pt 与 SiO_2 增加一层 Ti 作为黏附过渡层，同时具有扩散阻挡层作用，即衬底电极结构为 $Pt/Ti/SiO_2/Si$，这一衬底电极可使用磁控溅射法制备。

7.4.3 铁电薄膜刻蚀

铁电薄膜及其电极材料的刻蚀技术是 FeRAM 工艺集成中的关键技术之一。刻蚀的基本目标是在硅片上正确地复制掩膜图形[16]。金属电极材料（Pt、Ti、Ir、IrO_2）的刻蚀通常有剥离法和干法刻蚀，剥离法常局限于大尺寸图形的制备，干法刻蚀常采用氯基气体。

铁电薄膜的刻蚀主要分为湿法腐蚀和干法刻蚀两种，湿法腐蚀具有设备简单、易操作、可实现高选择比刻蚀、能消除等离子体损伤等优点，但侧向腐蚀很难实现小尺寸图形的刻蚀；而干法刻蚀可实现亚微米尺寸的刻蚀，但存在设备昂贵等问题。

7.4.4 阻氢层技术

CMOS 制备中，金属化时为了在铝和硅之间形成低阻欧姆接触，加热界面是必要的。这一

过程通常在 N_2、H_2 气氛环境中，在 450～500℃进行[16]。另外，在后续介质层（SiO_2 或磷硅玻璃）的淀积和孔的刻蚀中，也会遇到含有还原性 H_2 的气体。H_2 会使铁电薄膜的性质退化，主要表现为剩余强度降低，漏电流大[17]。

防止氢损伤的主要方法是采用致密的材料包裹铁电电容，阻挡氢对铁电电容的影响，即采用阻氢层[18]，可用作阻氢层的材料需满足以下条件：①为了阻止氢离子的渗透，需结构致密；②制备过程中不能产生氢离子；③台阶覆盖性好，可完全包裹铁电电容；④应力匹配，易刻蚀等。

7.5 铁电存储器性能测试

FeRAM 的电学特性表征主要有 *P-V*（极化强度–电压）特性曲线、*C-V*（电容–电压）特性曲线和 *I-V*（漏电流–电压）特性曲线。可基于 Agilent-B1500A 半导体分析仪测铁电电容的 *C-V* 特性曲线和 *I-V* 特性曲线、基于 TF Analyzer 2000E 铁电分析仪测 *P-V* 特性曲线。

以 FEFET 的 *C-V* 特性测试为例，FEFET 的半导体沟道的导电性由铁电薄膜在不同电场下的不同极化方向来实现调控，根据极化状态的不同可实现二进制数据存储的两个逻辑状态。在理想情况下，由于铁电层的电滞特性，使得 MFIS 型结构电容器的 *C-V* 曲线呈现出顺时针的回线形状，如图 7.5.1 所示，半导体层为 P 型硅。其中，左图为电容器在高频时的 *C-V* 曲线，右图为电容器低频时的 *C-V* 曲线。从图中可以看出，MFIS 型结构电容器的 *C-V* 曲线呈现出明显的三个区域：积累区、耗尽区和反型区。铁电层极化的影响，使得在进行不同方向电压扫描时，MFIS 型结构电容器平带电压出现平移，呈现在图上时表现为 *C-V* 曲线的平移，我们将平带电压偏移量（即 *C-V* 曲线的宽度）称为电容器的记忆窗口。*C-V* 特性对于 FEFET 来说是一个很重要的性能指标。

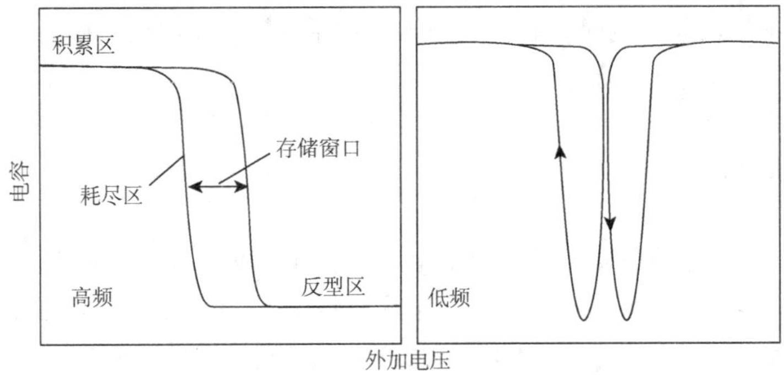

图 7.5.1 FEFET 的 MFIS 型结构电容器在高频和低频时的 *C-V* 特性曲线图

7.6 铁电存储器的应用

近几年来，随着美国瑞创公司以及日本富士通公司在商业化 FeRAM 市场应用方面的推广，FeRAM 的应用越来越广泛。FeRAM 主要应用于智能 IC 卡、游戏机、各种消费类电子、智能电网、汽车电子、医疗设备、工业控制等领域，在民品、深空探测以及国防建设中替代 EEPROM 和 SRAM + 后备电池等。下面列举几个 FeRAM 的主要应用领域及其优势。

1. 打印机墨盒

由于 FeRAM 具有响应速度快、断电即时保存数据、难破译等优势，其在墨盒市场的应用已越来越广。比如，在爱普生、佳能、惠普以及理光打印机的喷墨式记录头芯片中均使用了 FeRAM，用于存储打印机的存储墨盒 ID、加密 KEY、制造商、生产日期、有效期、墨水容量以及墨水余量等信息，具有很好的防破译功能。

2. 汽车电子

汽车电子应用需要快速、可靠、可多次擦写且功耗低的存储器，将 FeRAM 作为其数据收集与存储的器件是非常合适的选择。目前 FeRAM 主要覆盖的汽车电子应用包括[19]：安全气囊、ABS（防抱死刹车系统）、主动导航系统、自动平衡系统以及自动防夹车窗等，并已被应用在美日韩等发达国家的汽车黑匣子中。以汽车上的智能安全气囊［即汽车黑匣子（图 7.6.1）］设计为例，安全气囊模块的数据处于不断的更新中，且对写入次数要求很高。

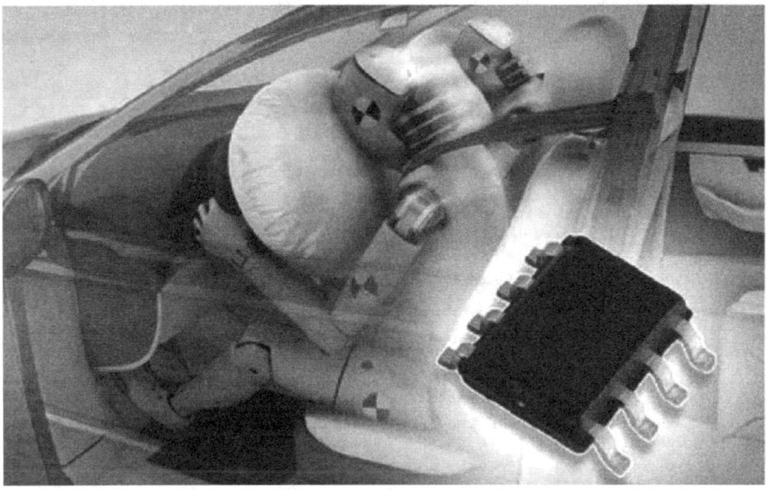

图 7.6.1　FeRAM 在智能安全气囊中的应用

目前现代、奔驰、奥迪等大品牌汽车制造商已经采用 FeRAM 来提高汽车电子系统的品质。

3. RFID

全球多家 RFID 厂商（富士通、TI、奥地利微电子、Assa Abloy、SMARTRAC 等）争相采用 FeRAM 技术应用于 RFID 领域[20]（图 7.6.2 是在物联网的基础技术 RFID 中的应用实例）。在 RFID 系统中，射频能量随读写距离增加呈指数下降，因此低功耗读写在 RFID 系统中至关重要。例如，FeRAM 在距离读写器 3 m 时，可在射频功率较低的情况下实现读写，而 EEPROM 却无法写入。基于 FeRAM 的 RFID 可被广泛应用于高价值资产跟踪、制造和维护历史数据记录收集的物联网以及智能交通、智能家居、智能物流、智能电力系统等。

图 7.6.2 FeRAM 在物联网的基础技术 RFID 中的应用

4. 航空航天

由于铁电材料天然的抗辐射能力，经过抗辐射加固的 FeRAM 可应用于高辐射环境的深太空探测、航空航天以及探月工程等领域，比如用于卫星系统可实现 10^{12} 以上的多次快速擦写，记录卫星飞行状况；应用于飞机黑匣子，提高了系统响应速度和可靠性。

除此之外，在医疗设备、计算机等领域 FeRAM 也被应用广泛，尤其在如智能电表计量领域、通信与网络、工业控制和医疗电子等民用领域。据估计，每年 FeRAM 的市场销售额在 30 亿～40 亿美元，并且还存在超过 10 亿美元的潜在市场，其中市场销售额正以每年 15% 左右的增长速度向前发展。

参 考 文 献

[1] STRAUSS K F，DAUD T. Overview of radiation tolerant unlimited write cycle non-volatile memory[C]//2000 IEEE Aerospace Conference. Proceedings. Big Sky，MT，USA. IEEE，2000：399-408.

[2] ASHOK K S. 先进半导体存储器：结构、设计与应用[M]. 北京：电子工业出版社，2005.

[3] MICHAEL L. Ferroelectrics-Applications[M]. Croatia：InTech，2011.

[4] SCOTT J F. 铁电存储器[M]. 朱劲松，等，译. 北京：清华大学出版社，2004.

[5] DAWBER M，RABE K M，SCOTT J F. Physics of thin-film ferroelectric oxides[J]. Reviews of Modern Physics，2005，77（4）：1083-1130.

[6] TAKASHIMA D. Overview and Trend of Chain FeRAM Architecture[J]. IEICE Transactions on Electronics，2001，E84C（6）：747-756.

[7] ARIMOTO Y. FeRAM and MRAM technologies[M]// SIMON M D. Electronic device architectures for the nano-CMOS era. Singapore：Pan Stanford，2009：211-240.

[8] SMOLENSKII G A. The physics of ferroelectric phenomena[M]. Leningrad：Nauka，1985：396.

[9] SINHAROY S. Integration of ferroelectric thin films into nonvolatile memories[J]. Journal of Vacuum Science & Technology A：Vacuum，Surfaces，and Films，1998，16（4）：1554-1561.

[10] LAMPE D R，ADAMS D A，AUSTIN M，et al. TdI18：Process integration of the ferroelectric memory FETs（FEMFETs）for ndro ferram[J]. Ferroelectrics，1992，133（1）：61-72.

[11] JIANG A Q，LIU X B，ZHANG Q. Nanosecond-range imprint and retention characterized from polarization-voltage hysteresis loops in insulating or leaky ferroelectric thin films[J]. Applied Physics Letters，2011，99（14）：142905.

[12] HIRANO H，HONDA T，MORIWAKI N，et al. 2-V/100-ns 1T/1C nonvolatile ferroelectric memory architecture with bitline-driven read scheme and nonrelaxtion reference cell[J]. IEEE Jouranal of Solid-State Circuits，1997，32（5），649-654.

[13] SHEIKHOLESLAMI A，GULAK P G. A survey of circuit innovations in ferroelectric random-access memories[J]. Proceedings of the IEEE，2000，88（5）：667-689.

[14] ISHIWARA H，OKUYAMA M，ARIMOTO Y. Ferroelectric Random Access Memories：Fundamentals and Applications[M]. Berlin，Heidelberg：Springer Berlin Heidelberg，2004.

[15] 王龙海. 用于嵌入式铁电存储器的集成铁电电容研究[D]. 武汉：华中科技大学，2006.

[16] QUIRK M，SERDA J. Semiconductor manufacturing technology（半导体制造技术）[M]. 韩郑生，等，译. 北京：电子工业出版社，2004.

[17] IKARASHI N，HOSOI N. Ti–O coordination at a Pb（Zr，Ti）O_3/Pt interface annealed in a hydrogen-containing ambient analyzed using spatially resolved electron energy-loss spectroscopy[J]. Journal of Applied Physics，1999，85（11）：7874-7878.

[18] JUNG D J，JEON B G，KIM H H，et al. Highly manufacturable 1T1C 4 Mb FRAM with novel sensing scheme[C]//International Electron Devices Meeting 1999. Technical Digest. Washington，DC，USA. IEEE，1999：279-282.

[19] HOLLABAUGH M. FRAM 存储技术进入汽车核心应用领域[J]. 今日电子，2007（9）：2.

[20] MARUYAMA K，TAKAISHI R，KIMURA M，et al. New ferroelectric material for embedded FRAM LSIs[J]. Fujitsu Scientific and Technical Journal，2007，43（4）：502-507.

第 8 章

相变存储器

本章教学目标与要求

- 理解相变材料特性和结构。
- 理解相变存储器的存储机制。
- 掌握相变存储器的工艺与集成。
- 熟悉相变存储器的相关标准测试方法。
- 了解相变存储器的应用场景。

本章知识架构

8.1　相变存储器存储单元材料与结构

8.1.1　相变存储器材料

最常用的相变材料是基于 Ge-Sb-Te 三元合金的硫系化合物。含 Te 的 GeTe-Sb_2Te_3 二元合金系列中，GeTe 热稳定性好，但晶化速度较慢；Sb_2Te_3 热稳定性很差，但晶化速度很快。因此，将 GeTe 和 Sb_2Te_3 组合在一起，通过调节组分可形成一系列非晶相稳定性且相变速度较快的 Ge-Sb-Te 合金，其中 $Ge_2Sb_2Te_5$ 应用范围最广。不含 Te 的 Ge-Sb 化合物经过掺杂改性也可用于可擦写光学存储。在 Ge-Sb 合金等非硫系化合物材料的研究中其也可表现出相变行为，因此仅考虑成分的组成并不足以筛选合适的相变材料。Domnic 等人根据相变材料的化学键特点提出了更复杂、更完备的相变材料图谱，如图 8.1.1 所示。通过相变材料离子化程度和化学键的轨道杂化趋势，预测化学计量变化过程中的相变材料物理性质的变化趋势[1]。晶态相变材料表现出较小的离子性和有限的电子轨道杂化，可形成特殊的共振键[2]；非晶态的无序性会抑制共振键的产生，因此相变材料在两相之间的光学和电学性质表现出巨大差异。

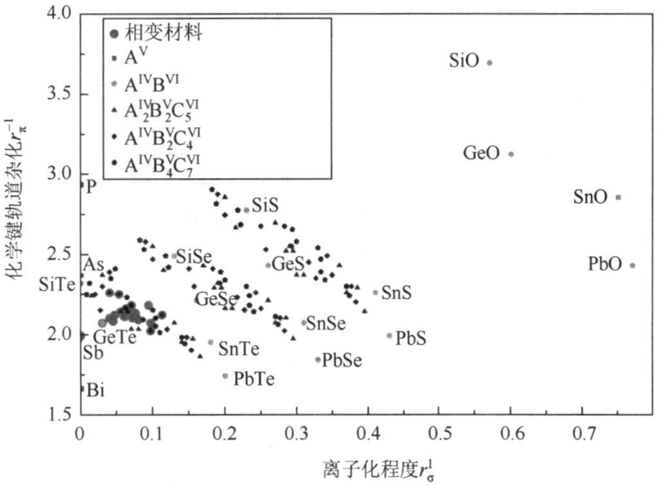

图 8.1.1　相变材料图谱[3]

下面介绍两种经典相变材料 GeTe 和 Sb_2Te_3 的结构和键合机理。GeTe 和 Sb_2Te_3 材料不仅为典型相变材料锗锑碲合金 GST 的结构提供参考，也是 GeTe-Sb_2Te_3 超晶格组元化合物，并且其晶体结构和晶化方式在相变材料中极具代表性。

图 8.1.2 为 GeTe 和 Sb_2Te_3 的晶态结构示意图[4]。晶态 GeTe 在室温常压下为畸变的岩盐结构，晶格沿[111]方向发生轻微的扭曲，其中 Ge 占据阳离子格点，Te 占据阴离子格点。晶格畸变使晶胞角小幅减小（约 2°），形成畸变八面体，其中，每个 Te 原子与 Ge 原子间化学键由四个等长化学键变为三个短化学键和一个长化学键，从而使 GeTe 具有极性。由于空间对称性被破坏，GeTe 的实际带隙扩大到 0.50 eV 左右。当温度升高，畸变消失，GeTe 会从扭曲的岩盐结构恢

复成正常的岩盐结构。为了保持材料体系稳定，GeTe 中通常会自发形成 8%～10%的 Ge 空位[5]。因此，实际制备的 GeTe 的化学计量比会偏离 1∶1。Sb_2Te_3 晶胞的空间群为 *R*-3 m，在晶胞中以五原子层的结构单元“Te-Sb-Te-Sb-Te”沿六方晶格的[001]方向错位堆叠。在单个结构单元中，Sb_2Te_3 同样可以看作变形的岩盐结构，其中 Sb 与 Te 处于类似的八面体环境中。根据化学计量比，Te 原子明显多于 Sb 原子，相邻的 Te 平面之间由于范德华力作用出现一层空位。因此 Sb_2Te_3 可以看作是 Sb、Te 和本征空位沿 *c* 轴有序排列组成的。改变 Sb 与 Te 的化学计量比还可以形成具有不同周期长度的结构单元。

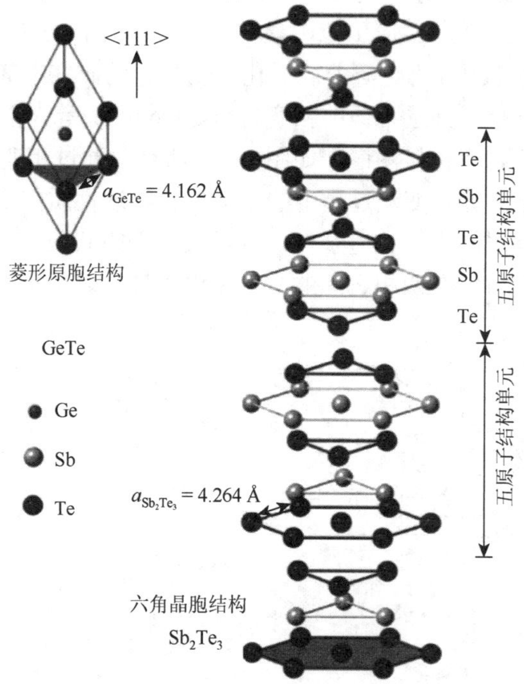

图 8.1.2 典型相变材料 GeTe 和 Sb_2Te_3 的晶态结构示意图[6]

而位于 GeTe-Sb_2Te_3 准二元线上的相变材料 GST 有三种典型的结构。低温沉积态的 GST 为非晶态，具有长程无序结构。随着退火温度的升高，GST 从非晶态到晶态会发生两次结构变化，如图 8.1.3 所示。GST 首先从非晶相变为亚稳态的立方相，此 GST 为畸变的岩盐结构，Te 原子占据阴离子格点，Ge、Sb 和空位随机占据阳离子格点[7]。由于晶格畸变，每个阳离子格点周围的 6 个键分化成 3 个较强的初级（共价键）键和 3 个较弱的次级键。当 GST 成分偏析，在局部形成 $Ge_{2+x}Sb_2Te_5$ 或 $Ge_2Sb_{2+x}Te_5$，过量的 Ge 原子和 Sb 原子并不会占据空位，而是以单质形式析出并聚集在晶界处[8]。随着温度进一步升高，Sb 原子和 Ge 原子向立方相的（111）平面聚集，并且空位层沿（111）方向变得有序，这种阳离子有序化导致晶格常数收缩但轴向比例 *c*/*a* 沿[111]方向伸长。当比率达到临界值时，会发生立方相到六方相的过渡。

在六边形结构中，阳离子有序排布促使 *c* 轴进一步收缩，GST 会从立方相转化为更稳定的六方相结构。此外，空位对晶态 GST 合金的相变过程和光电性能都起着重要的作用，比如，空位增强了载流子-声子散射，从而提高发热效率并抑制热导率[9-10]；空位湮灭极大地抑制了反

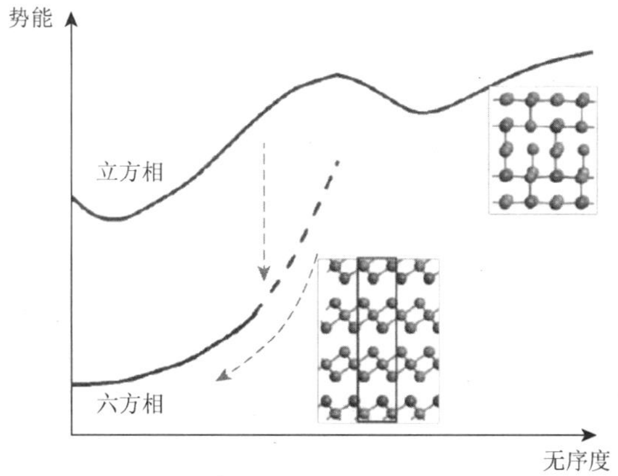

图 8.1.3　典型相变材料 GST 结构变化及转变路径示意图[9]

键状态，从而影响光学性质；空位的再分配可以促进相变发生，也可以导致电子性质的改变（如金属绝缘体转变现象[11]）。

由于 GST 和 GeTe 具有相似的晶态结构，二者非晶态下的短程结构可以互为参考。但目前对于 GST 和 GeTe 在非晶相中的结构尚无定论。早期扩展 X 射线吸收精细结构光谱分析认为，在非晶相的 GST 和 GeTe 中，大多数 Ge 原子是四面体配位结构，通过 Ge 原子在四面体配位结构中的伞状跳跃可以实现快速晶化[12]。但随着模拟计算能力的提升，第一性原理和分子动力学模拟得到的非晶模型表明，大部分 Ge 原子处于有缺陷的八面体配位中，仅有三分之一的 Ge 原子处于四面体配位结构[13]，并且这些四面体配位结构单元之所以能够稳定存在，是由于快速淬火过程在小区域内引入了单极性 Ge-Ge 键[14]。随着玻璃态的自发结构弛豫，这些单极性 Ge-Ge 键会和其他亚稳态的畸变一起逐渐减小甚至消失[15]。因此这些以 Ge 原子为中心的四面体结构不足以作为快速晶化的结构基础。相反，在非晶态 GST 中占主导的 Ge 原子八面体配位结构与晶态（立方相）相比更加明显，只是畸变更加明显[16]。从中短程结构片段来看，非晶体 GST 中以四元环最多，其中 80%以上为 ABAB 形式（A 为 Ge 或 Sb，B 为 Te）。在岩盐结构 GST 中，两个类似的 ABAB 正方形就可以结合形成一个立方体。因此，这些 ABAB 四元环和畸变的八面体配位结构可能是 GST 实现快速晶化的结构基础。但从热稳定性的角度分析，这种 ABAB 四元环和畸变的八面体配位结构会降低非晶态材料的热稳定性，并且这些畸变结构与玻璃态结构弛豫紧密相关，宏观上表现为明显的电阻漂移，会降低器件可靠性和一致性，对于器件优化和应用产生极大的负面影响。

晶态与非晶态相变材料在结构上的巨大差异使得能带结构具有明显的变化，从而导致其电学性质改变，如图 8.1.4（a）所示[17]。为了将非晶态相变材料的电学特性与其电子态相关联，通常以迁移率边为界限，将非晶态相变材料费米能级附近的电子态分为两部分：位于间隙边缘的局域态和价带（导带）内的扩展态。晶态相变材料大多数为 P 型非本征半导体[18]，费米能级在晶化过程中朝价带移动，或直接进入价带[19]。对于 GeTe，这是由于中性（或带负电）的本征缺陷的出现。随着温度升高，这些缺陷的数量增加，从而将费米能级拉向价带[20]。晶化过程中，几乎不需要额外的热激发，会自发出现 Ge 空位，多出的 Ge 原子将在晶界处聚集[21]。同理，Ge-Sb-Te 基相变材料的本征缺陷通常是阳离子亚晶格上的空位。晶化过程常常伴随着一些电学特性的变化。例如，随着退火温度增加，电阻温度系数随温度变化的斜率由负变正。由于莫斯-布尔斯坦频移，电学带隙可能会超过光学带隙，活化能增量超过带隙增量。与此同时，退火温度增大会使晶粒体积增大，晶界散射所占比重变化，导致相变材料的载流子浓度和迁移率进一步增加[22]。

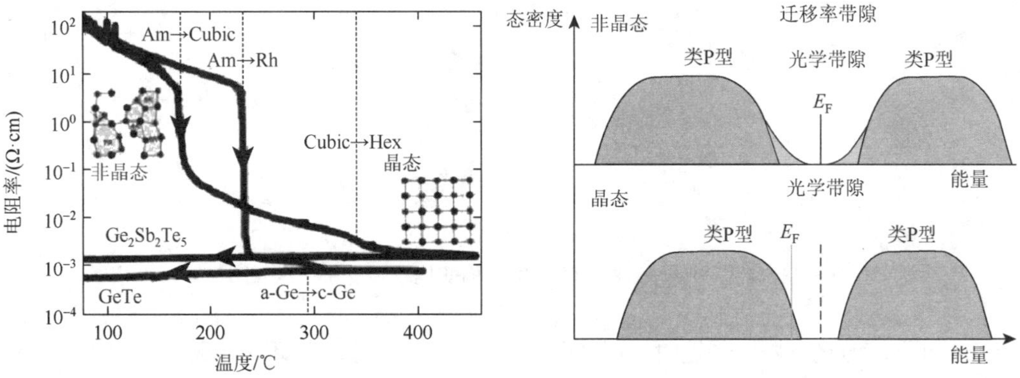

(a) 升温和降温过程中典型相变材料GeTe和GST的电阻温度曲线

（b）非晶态和晶态的态密度示意图[17]

图 8.1.4　GeTe 和 GST 的特性图

8.1.2　相变存储器材料的电学特性

图 8.1.5 为相变材料的 *I-V* 特性曲线。晶态相变材料的电流和电压关系为线性关系，非晶态相变材料的电流和电压关系更复杂。在小电场下，非晶态相变材料以热激发载流子输运为主，电导率为激活能的指数函数，而激活能约为光学间隙的一半。随着电场增大，在实际的非晶态相变材料中会发生两种电导转换，即存储转换和阈值转换。

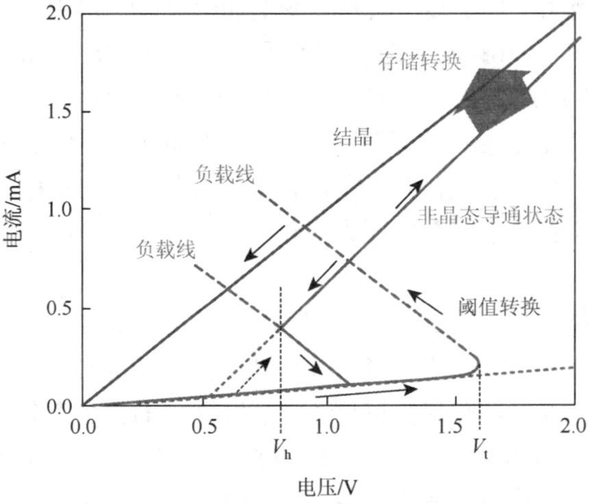

图 8.1.5　相变材料的 *I-V* 特性曲线[23]

存储转换指相变材料由于焦耳热而发生的非晶态到晶态的转变，在撤去电场（或电流）后，相变材料停留在低电阻状态。阈值转换则有明显的电场依赖性：相变材料在达到阈值电压以后开启，此时电导率大大增加；当电场小于保持电压时恢复关断状态，电导率迅速降低。阈值转换是非晶态相变材料的特有现象，不涉及结构变化。由于阈值转换特性的存在，相变材料可以在达到阈值电压时大量产生焦耳热，迅速完成晶化过程。非晶态相变材料的输运机制有多种模型：Emin[24]认为强场下晶格畸变导致的极化达到极限，此时载流子退局域化使材料变得高度导电；而 Ielmini 等[25]认为非晶态相变材料的输运符合普尔–弗伦克尔（Poole-Frenkel）模型，即在低电场区间，主要是热激发载流子输运过程，随着电场增大，外电场降低了陷阱态间的势垒，增加了载流子在陷阱态跃迁的概率，使得阈值电场下直接隧穿成为可能，导致电导率骤增。另外还有基于外电场的载流子激发模型、基于外电场的形核模型等。

8.1.3　相变存储器存储单元结构

PRAM（phase change random access memory，相变存储器）是一种极具潜力的下一代新型存储器，被视作是最有潜力替代主流存储器的重要竞争者之一。相比传统的存储器，PRAM 在速度、集成度等方面具有显著优势。同时由于使用材料的不同结构属性存储信息，具有抗辐射、良好的尺寸微缩特性，目前尚未看到显著的物理尺寸限制。

PRAM 使用相变材料作为功能材料，通过焦耳热使相变材料在晶态与非晶态之间进行可逆转变，利用晶态与非晶态之间的巨大电阻窗口进行数据存储。PRAM 具有存储速度快（工作速度约为 30 ns）、耐久性好（预计可长达 10^{12} 个循环）、存储密度高、可实现多值存储等优点，器件性能可以满足从第三级存储到片外存储器的技术区间。

相变存储的理论研究和工艺开发更加成熟、商品化进程更快，被认为是最有应用前景的存储类存储器。相变存储技术在 20 世纪 60 年代由 Ovshinsky 首次提出[26]，其工作原理基于相变材料独特的物理特性实现。相变材料具有晶态与非晶态两种稳定的固体相，二者可以在合适的激励下实现快速且稳定的可逆转换，如图 8.1.6 所示。由晶态转换为非晶态的过程被称为 Reset（复位），

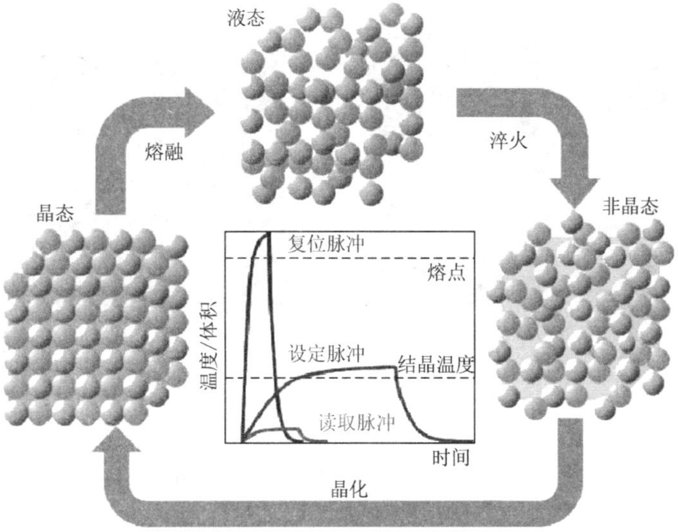

图 8.1.6　相变过程示意图

采用强而短的激励将材料加热到其熔点以上并将其变成液体，随后快速骤冷将液体冻结成非晶态；反之，施加强度适中且持续时间长的激励信号，将非晶态相变材料加热到晶化温度以上、熔点以下的温度区间内，使相变材料逐渐重结晶的过程被称为 Set（设定）。通常晶态相变材料具有较高的光反射率和较低的电阻率，而非晶态相变材料则具有较低的光反射率和较高的电阻率。由于相变前后光学和电学性质都发生显著变化，而且相变过程既可以用光控制也可以用电控制。因此，相变存储技术既可以用于光存储，又可以用于电存储。

基于电学性质变化的 PRAM 多采用有限接触的金属-相变材料-金属的垂直结构，使得 PRAM 极易进行三维集成。根据接触孔的实现方式，相变存储单元结构可分为两种：接触最小结构和体积最小结构，如图 8.1.7 所示。前者的典型代表是最常见的 mushroom 结构，通过限制加热器尺寸来调控相变材料与电极的接触面积。这种结构工艺简单，尤其适合使用物理气相沉积的方式制备相变材料。通过改进加热器的接触方式，从而改进器件性能。后者也称为限制结构，通过下沉通孔实现相变材料与电极的接触。调节通孔的尺寸即可改变相变材料与电极的接触尺寸，而介质材料和电极材料的选择可以进一步提高器件的热效率和结晶速度。因此典型的限制结构器件可以进一步降低 Reset 电流。

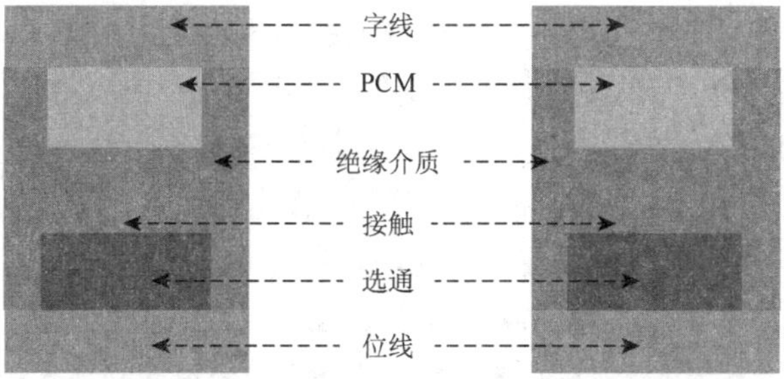

mushroom结构　　限制结构

(a) mushroom结构和限制结构剖面示意图

(b) mushroom结构电镜图[27]

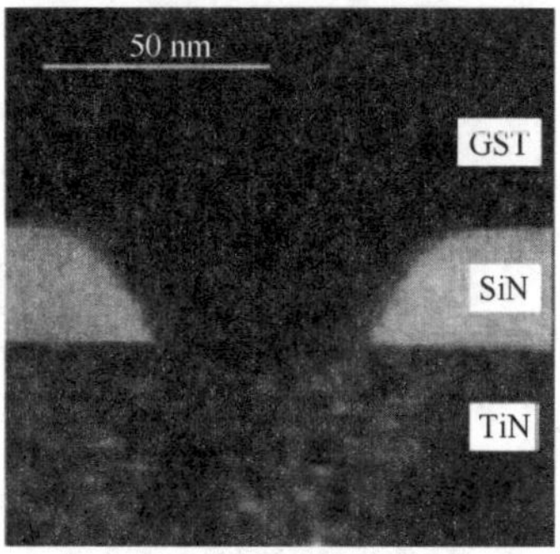

(c) 限制结构电镜图[28]

图 8.1.7　典型 PRAM 结构

8.2　相变存储物理机制

PRAM 利用相变材料在晶态和非晶态之间的阻态差异进行数据存储，前者的电阻率通常比后者低 3～4 个数量级。如图 8.2.1 所示，在写操作（Set）时，施加一个幅值小、时间长的脉冲，材料从长程无序的非晶态变为长程有序的晶态，此时器件进入低阻状态，即存储“1”。由于写操作时间取决于相变材料的结晶速度，该操作通常决定 PRAM 的写速度性能。而由于结晶过程在低温下（<120℃）发生得非常缓慢，PRAM 技术为非易失技术，具有数年的数据保持能力。

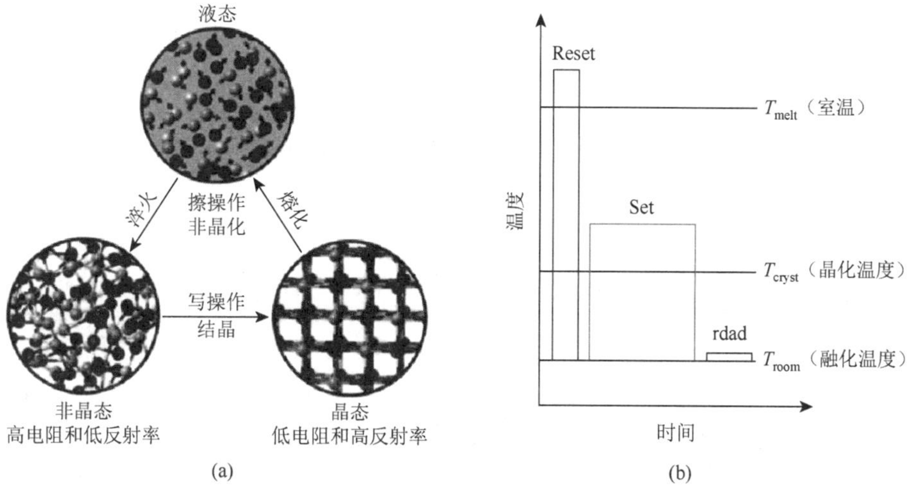

图 8.2.1　PRAM 开关行为的原子结构变化与擦写脉冲形状[29]

擦操作（Reset）时，当施加一个幅值大、时间短的脉冲，将单元中心区域温度升高到熔化温度以上，进行淬火快速冷却使得材料进入非晶态，此时器件变为高阻状态，即存储“0”。擦操作要求很高的电流和功耗，故要求选通器件能够输运足够高的电流和功耗，占据面积不会比 PRAM 单元大很多。

8.3　相变存储器器件结构与集成

1968 年，Ovshinsky 在硫系合金材料 AsSiGeTe 中证实了可逆的开关行为，进一步调控 As 元素组分，器件表现出“不寻常的记忆现象”[30]。然而，硫系合金应用于 PRAM 器件时，速度非常慢且需要极高的操作电流，没有表现出商业上的应用潜力。接下来的二十年里，PRAM 技术在固态存储上进展缓慢。直到 2000 年初，快速晶化（<100 ns）材料，如 $Ge_2Sb_2Te_5$ 和 Ag-与 In-掺杂的 Sb_2Te 材料的发掘重新激发了人们对 PRAM 技术的研究兴趣[31]。这一发现促进了研究者们对阻碍 PRAM 发展中的两大短板——晶化速度慢和操作电流高的研究，并对器件性能进行了大幅度的改善，使其在固态存储的应用成为可能。

然而，在对 PRAM 的研究中，能否高密度集成是该技术能否商业化的决定性因素，因为高密度集成可以带来显著的容量与成本优势。为了提高集成密度，研究者们主要展开了四种研究方案。

（1）降低 PRAM 擦电流，其优化途径分为：降低底电极与功能层材料 $Ge_xSb_yTe_z$（GST）的接触面积[32]；增加加热区域的电阻率，从而提高加热效率；对器件结构进行改良，通过限制 GST 体积来提高热效率；最小化热损失，通过优化器件热环境来实现[33]。

（2）多值 PRAM 单元开发，其难点在于阻漂导致读窗口减小，需要开发阻漂小的相变材料，或者设计对阻漂免疫的感应方案[34]。

（3）选址器件结构改进，例如将 MOS 晶体管换成垂直的 BJT（bipolar junction transistor，双极型晶体管）或二极管，使得写电流最大化及单元面积最小化。

（4）通过三维堆叠提高集成密度，通常可采用 3D Xpoint 架构和 VNAND-like 架构。

其中，方案（1）和方案（2），主要针对 PRAM 单元本身的优化对存储密度提升空间，接下来对方案（3）和方案（4）中通过选址器件革新实现存储架构革新的发展现状进行详细介绍。

如图 8.3.1 所示，根据选址器件的不同，PRAM 阵列主要的架构有：MOS 晶体管选址的平面阵列、垂直二极管选址的平面阵列、3D Xpoint 架构的三维堆叠阵列以及 VNAND-like 架构的三维阵列。从图中理想单元尺寸可以看出，从左往右 PRAM 阵列的集成密度提高，但成本降低。

单元架构	平面阵列（MOS晶体管）	平面阵列（垂直二极管）	堆叠阵列(3D-Xpoint)	VNAND-like阵列
理想单元尺寸	$6F^2$	$4F^2$	$4F^2/n$	$4F^2/n$
单元结构	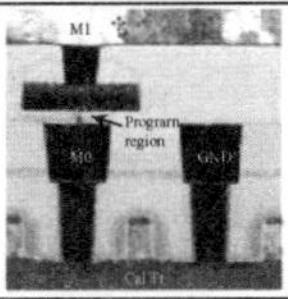	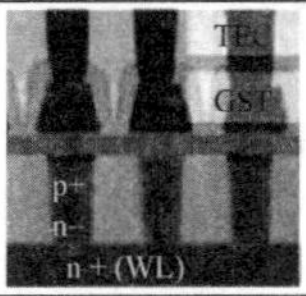	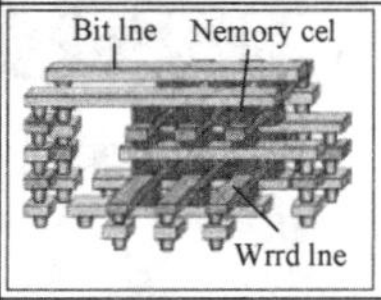	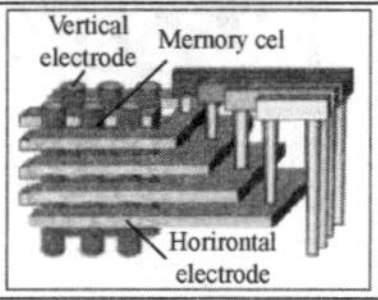
产品	—	三星，82 nm 512 Mbit（2010）	英特尔，20 nm 128 Gbit（2017）	—

图 8.3.1 采用不同选址器件的 PRAM 阵列结构[35]

最初 PRAM 采用 MOS 晶体管选址，晶体管为三端器件，集成时会在芯片上占据额外面积，故单元尺寸大（图 8.3.2）。由于晶体管提供驱动电流的能力会随单元尺寸降低急剧下降，为了提供足够高的驱动电流，实际单元尺寸通常为 15～20 F^2。此外，该器件结构只适用于平面阵列，无法进行三维堆叠。晶体管选址的 PRAM 器件适用于片上系统或嵌入式应用，因为该结构存储器的整合仅仅需要在逻辑器件的制程上增加很少的掩模版，有明显成本优势[36]。但极低的集成密度大大限制了 PRAM 器件的应用场景。

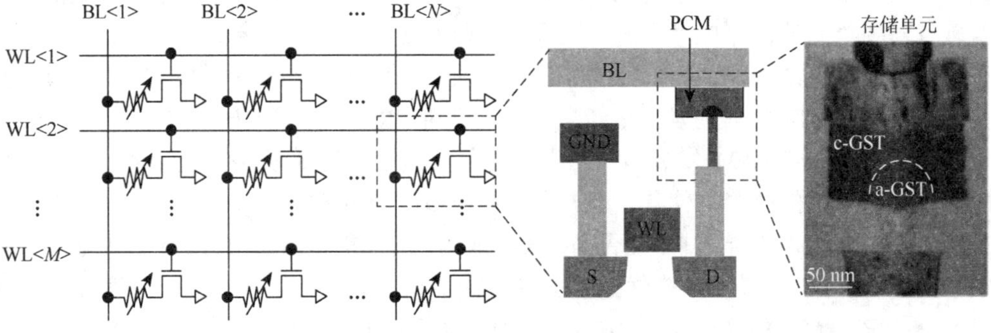

图 8.3.2 MOS 晶体管选址的 PRAM 阵列[37]

随后，占据面积更小的 BJT 被作为选址器件引入（图 8.3.3）。首个用于验证相变存储技术可行性的 4 Mbit 测试芯片采用 BJT 选址，将器件尺寸降低到 5～8 F^2，技术节点采用 180 nm[38]。

之后，同样为 BJT 选址，90 nm 技术节点的 256 Mbit 多值的 PRAM 被商业化[39]。发展到这一阶段，PRAM 的性能已经可以替代 NOR Flash。2012 年，美光公司大规模量产 45 nm 技术节点 1 Gbit 容量的相变存储芯片，并成功用到无线应用当中，标志着 PRAM 技术走向成熟。这一产品采用 BJT 选址，单元尺寸为 5.5 F^2，编程 1 bit 耗费 10 pJ 量级的能量，选址时间为 85 ns，读吞吐量为 266 MB/s，写吞吐量为 9 MB/s[40]。

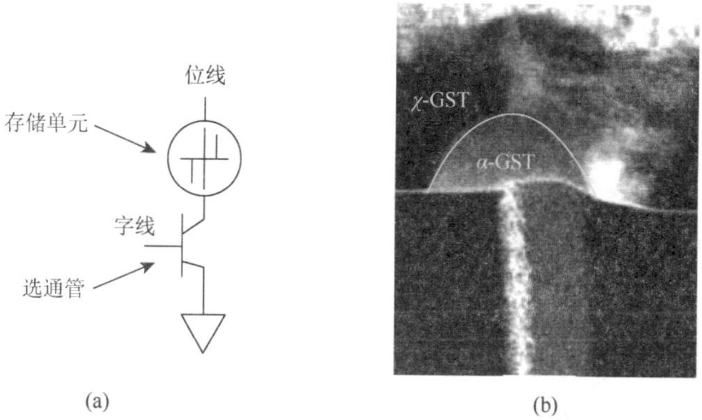

图 8.3.3 BJT 选址的 PRAM 单元结构[39]

为了进一步减小选址器件的尺寸，工业界将三端的晶体管替换成两端的二极管。两端器件集成时可以与相变单元垂直堆叠，占据同一块区域，将器件尺寸降低为 4 F^2。2006 年，IEDM 会议上三星公司报道了采用硅 PN 结二极管选址的 512 Mbit 相变存储芯片，其中，技术节点为 90 nm，单元尺寸为 5.8 F^2，远低于晶体管选址的存储阵列[40]。图 8.3.4 展示了阵列截面以及芯片规格参数。三星公司随后在 2010 年大规模量产了该芯片。但由于二极管基于硅 PN 结，外延生长多晶硅通常需要 700℃以上高温，且 P 型离子注入掺杂与激活也需要高温，远高于三维工艺的热限制，故只能制备平面阵列，无法三维堆叠来进一步提高集成密度。

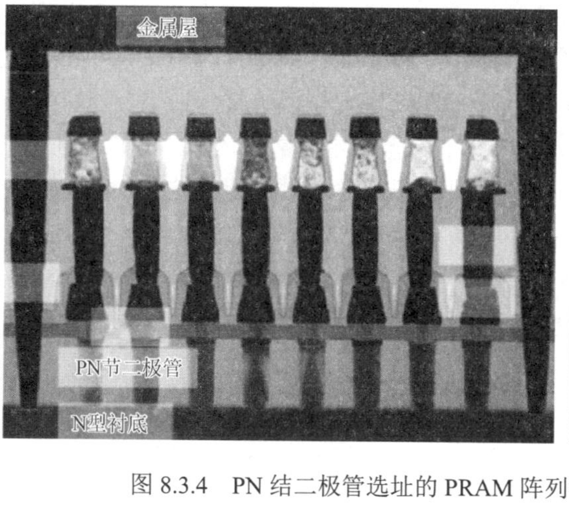

存储容量	32 Mbit×16 = 512 Mbit
技术节点	90 nm
电源电压	1.8 V
单元尺寸	0.047 μm^2(5.8 F^2)
字线间距 位线间距	216 nm 216 nm
外围电路晶体管	dual gox (33 Å/62 Å) single N-poly-Si
单元开关器件	vertical P-N diode
存储介质	N-doped $Ge_2Se_2Tes_5$
互连	triple metal (3-level铝电极)

图 8.3.4 PN 结二极管选址的 PRAM 阵列截面图与芯片规格参数[41]

到此时 PRAM 芯片被用在手机中替代 NOR Flash，这是有史以来基于非电荷存储机制实现的最大容量的固态存储。然而，随着智能手机时代的到来，存储容量的需求飞速增长，由于NAND Flash可以匹配高密度存储的需求，NOR Flash的“原位执行”架构逐渐让位于其“存储与下载”架构，PRAM的发展机会也在接下来的几年里快速下降。与此同时，基于相变存储的固态存储原型产品也被提出，并进行了大量的工业级测试，表现出了相对于闪存固态存储的显著性能提升，但由于密度不够，高成本难以降到足够低，尚无正式投入生产的产品[42]。

为进一步提高相变存储集成密度，工业界和学术界积极开发3D PRAM。其中，将传统二维阵列往三维方向上堆叠的相变存储技术3D Xpoint被英特尔和美光公司研制成功，并于2017年4月量产128 Gb存储芯片[43]。如图8.3.5（a）所示，这一架构将存储密度提高到4 F^2/n。“TechInsights”对该芯片进行了切片剖析，如图8.3.5（b）所示，存储单元为相变单元$GeSb_2Te_4$，选通管为新型两端薄膜器件——基于Se-As-Ge-Si硫系合金的器件，结构简单易微缩。该芯片设计节点为20 nm，制造在206.5 mm^2的芯片上，单元的面积效率为大约50%。作为首个大容量高密度量产的新型非易失性存储器，3D Xpoint技术引发了工业界的研究热潮。

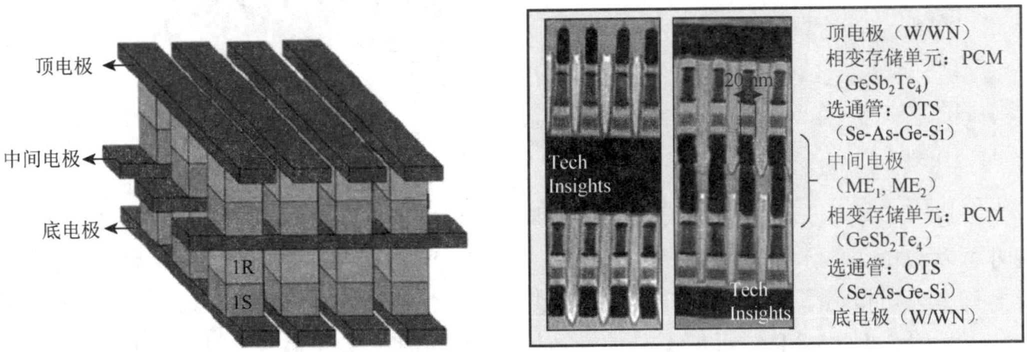

(a) 示意图　　(b) 截面图

图8.3.5　3D Xpoint架构的PRAM器件[44]

为了进一步降低位成本，采用VNAND-like架构的PRAM也被提出[45]。该架构为多层堆叠、一次刻蚀的深孔垂直结构，其需要的关键掩模版数量随着堆叠层数的增加而很快饱和，显著降低了成本。但该技术存在可靠性风险：①读写寿命受限于相变材料与沟道多晶硅的相互渗透，且为了避免读写串扰，晶体管电阻需要远小于相变单元电阻；②在制备工艺上，深孔架构只能采用原子层沉积进行保形覆盖沉积，而硫系材料通常组分复杂，沉积保形好且成分可控的硫系材料的原子层沉积技术仍需要开发。目前该架构还需要通过单元结构和材料上的创新来克服可靠性问题，离商业化还有一定距离。

8.4　相变存储器性能测试

Reset脉冲参数的测试采用安捷伦B1500半导体分析测试仪配合CascadeM150探针台进行，测试系统如图8.4.1所示。测试前使用废弃探针刮开样品电极上的覆盖层，然后将待测样品放置于探针台上，将两根探针分别接在待测单元的上电极和公用的底电极上。测试步骤如下：

（1）采用直流扫描模块，将底电极上探针接地，在上电极施加脉冲信号，从 10 nA 开始逐渐增大扫描电流，直到单元发生相变，此时单元处于 Set 状态；

（2）采用脉冲信号模块对低阻态单元施加脉冲信号；

（3）采用直流扫描模块读取同一单元的电阻值，判断其阻态；

（4）逐渐增大脉冲信号幅值并重复步骤（2）和步骤（3），直到该单元重新回到高阻态；

（5）将脉冲信号幅值与对应的电阻导出，可得到该单元对应的 *R-V* 曲线。

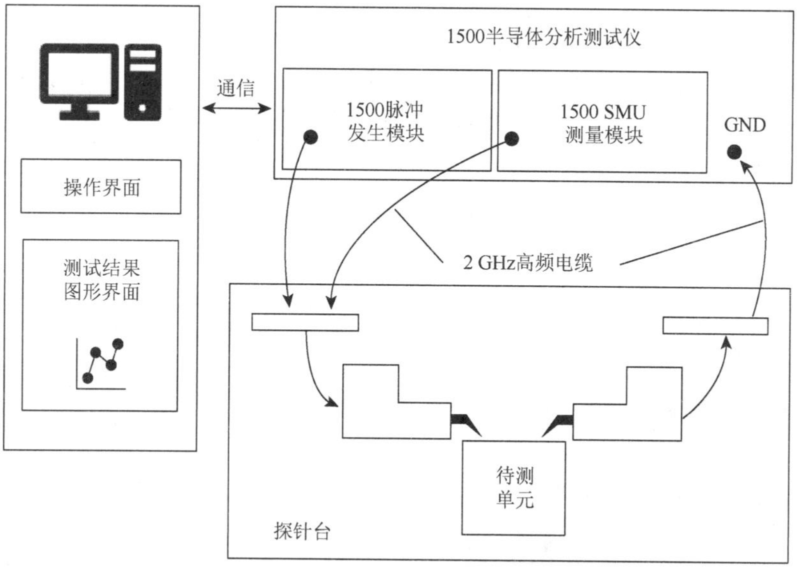

图 8.4.1　Reset 脉冲参数测试系统

用于 Reset 电压测试的样品采用通孔结构，如图 8.4.2 所示。顶电极和底电极采用磁控溅射方法制备 TiW 合金薄膜。绝缘支撑层使用 100 nm 厚的 SiO_2，通过紫外线刻和Ⅲ～Ⅳ族反应耦合等离子刻蚀形成限制结构通孔，孔径 4 μm。再使用紫外线刻以刻蚀孔为中心，形成 100 μm×100 μm 的材料区域，使用磁控溅射将相变材料和顶电极一次性沉积完成，防止相变材料表面直接暴露在空气中氧化，同时避免多次光刻破坏接触界面。

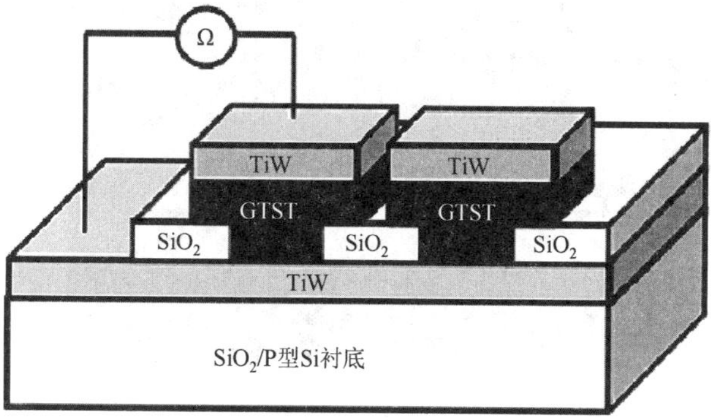

图 8.4.2　电学测试使用的通孔结构器件示意图

8.5 相变存储器的应用及发展

8.5.1 相变存储器应用

3D Xpoint 架构被公认为目前集成密度最高的存储架构（4 F^2/n），其结构为字线与位线垂直交叉向上堆叠，交叉点集成存储器单元。存储器单元由 PRAM 相变单元与选通管连接组成，其中，相变单元存储数据，选通管寻址。尽管早在 1954 年就被提出，3D Xpoint 架构的 PRAM 阵列却在 2017 年英特尔量产之后才首次被大规模商业化应用[46]。其主要问题在于：①阵列中大规模存在的漏电流串扰；②阻止漏电流串扰的选通管器件开发过程中驱动电流难以匹配。

2009 年，英特尔公司的 Der Chang Kau 等人提出了一种新型的双向阈值开关器件（Ovonic threshold switch，OTS）作为选通器件，与相变单元垂直集成，嵌入交叉点阵的阵列当中，如图 8.5.1 所示。尽管报道时只实现了单层阵列，但基于薄膜的 PRAM + OTS 与主流的金属化方

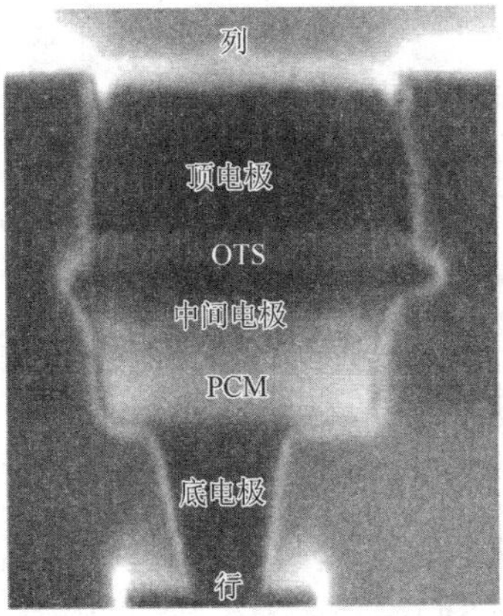

(a) 3D Xpoint结构

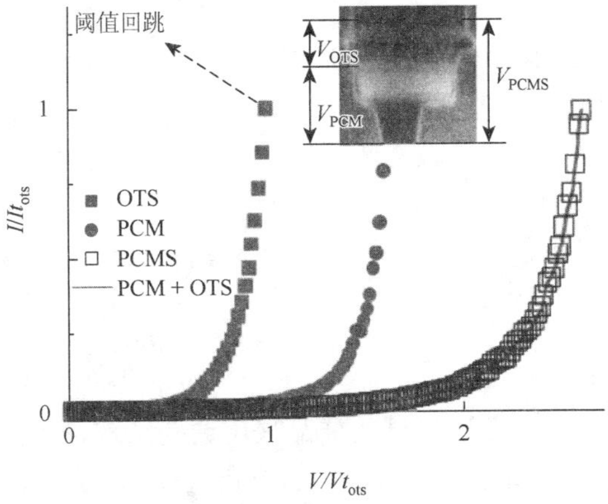

(b) 电学特性

(c) 阵列结构

图 8.5.1 3D Xpoint 架构[47]

案兼容，具有实现多层堆叠的能力，且这一后端技术完全可以在 CMOS 电路上方堆叠来实现较高的阵列效率并减小芯片尺寸。2015 年英特尔公司就联合具有存储器生产线的美光公司宣布对 3D Xpoint 技术进行合作量产。2017 年基于这一技术堆叠两层的产品释出，性能和容量均处于 DRAM 和 NAND Flash 中间，这是该架构的 PRAM 的首次大规模量产。

2018 年海力士公司在 IEDM 会议上发布了自主研发的低成本、两层堆叠、基于 2 nm 光刻技术的 3D Xpoint 产品原型，用于构建 128 Gbit 容量的 PRAM，该工作验证了高速度和高容量[48]，是自上述商业化产品出来之后离商业化最近的产品原型。

目前研究 PRAM 的机构很多，除了几家主要的存储设备厂商之外，还有 IBM、惠普实验室以及加州大学等，他们研究的方向和成果主要有以下方面。

（1）研究 PRAM 替代计算机系统的主存。与传统非易失性存储器相比，PRAM 具有字节可寻址的特性，其写延迟约为 DRAM 的 10 倍，其存储密度和能耗比 DRAM 具有巨大的优势，使 PRAM 可以在部分场合下替代传统主存的 DRAM。国内外对于这个方向的研究相对较多，资料也比较丰富，如 IBM 就在研究用 PRAM 替代基于 DRAM 的主存系统，使用 PRAM 和 DRAM 构建新的主存系统之后，得到了 3 倍的系统加速。密歇根大学和英特尔公司在合作研究使用 PRAM 替代 Flash-DRAM 混合主存来节省服务器能耗。

（2）研究 PRAM 替代硬盘。PRAM 的随机读写性能能够有效地解决大规模科学计算中小粒度随机 I/O 对磁盘访问所造成的 I/O 瓶颈，所以用 PRAM 取代传统硬盘来存储数据将具有巨大的优势和潜力。微软基于 PRAM 作为存储介质构建了一个并行的文件系统 BPFS 以及支持该文件系统的架构。经过模拟验证，基于 PRAM 的 BPFS 比基于磁盘的传统文件系统运行速度显著提高[49]。加利福尼亚大学圣地亚哥分校的 Joe 等人基于 PRAM 实现了一个事务接口的高性能存储系统 NV-heaps，比 BerkeleyDB 的系统性能高 32 倍，并且提升了系统的可靠性。

（3）研究 PRAM 替代 Flash。Flash 和 PRAM 都是新型非易失性存储器，没有机械装置，可随机读写。但是和 PRAM 以及传统存储器相比，Flash 的读写性能不佳，特别是具有写入前需要整块擦除的缺陷，导致 Flash 只能通过一系列更加复杂的技术（如读写均衡技术）优化才能替代存储系统的部分功能，所以和 PRAM 相比，Flash 并不是一个好的存储介质替代品。密歇根大学研究过一个以 Flash 作为缓存的硬盘系统，通过使用 PRAM 替代其中的 Flash 部件，将吞吐率提高了 65%。

（4）研究 PRAM 存储检查点信息。目前 PRAM 的单位存储成本相比硬盘较高，简单使用 PRAM 来存储海量数据显然不够经济，研究 PRAM 替代部分传统硬盘的功能则具有显著的优势和可行性。惠普实验室和宾夕法尼亚大学研究使用 PRAM 来降低存储系统的检查点开销，他们设计了一个混合的检查点机制，引入 PRAM 作为计算节点的本地存储设备，存储检查点信息。该系统经过模拟实验，将检查点开销从 65%降到了 4%以下，并且如果每 10 s 作一次检查点检查，PRAM 的使用寿命将延长为 30 年，这对存储可靠性来说是非常可观的提高。

（5）研究 PRAM 应用于嵌入式系统。PRAM 以其高性能、低能耗以及对环境更大的耐受力（没有机械部件）在嵌入式领域具有很大的应用优势。德国宇航中心研究 PRAM 在航天器等领域的嵌入式应用；美光公司生产的 PRAM 已经在市场中有了一些应用实例。

8.5.2 相变存储器的发展

早在 1973 年，Neale 等人就已经制备出基于半导体非晶-晶态转变的 256 bit 存储阵列[50]，但受限于制备工艺水平，当时制备的 PRAM 器件性能劣化严重，远远无法满足商业化需求，因此基于电学性质存储信息的 PRAM 发展缓慢。相比之下，光学相变存储技术发展迅速，早在 1990 年日本松下公司开发出最早的相变光盘，包括 CD、DVD、RE-BD 等[51]。在 1990 年到 2000 年期间，光学相变存储技术的大规模应用促使具有快速晶化特性的硫系合金材料迅速发展，并应用于电学相变存储器件，有效提高了编程速度，且降低了编程电流[52]。但直到 2005 年，意法半导体首次推出 4 Mbit 容量的电学相变存储阵列。2006 年，三星电子将存储阵列的容量扩大到 512 Mbit。2008 年到 2009 年，英特尔公司与恒忆半导体合作提出具有垂直集成结构的相变存储单元，增大存储容量的同时降低器件功耗，并陆续推出基于 90 nm 工艺的 128 Mbit 的 PRAM 芯片和基于 45 nm 工艺的 1 Gbit 的 PRAM 芯片[53]。三星于 2011 年发布了基于 58 nm 工艺的 512 Mbit 的 PRAM 芯片，次年又发布了基于 20 nm 工艺的 8 Gbit 的 PRAM 芯片[54]。同年，美光公司推出基于 45 nm 工艺的 1 Gbit 的 PRAM 芯片。2015 年，IBM 在 64 Kbit 相变存储阵列上首次实现了三值存储（TLC）并完成了超过 106 次循环[55]。同年，英特尔和美光公司联合发布了采用 3D Xpoint 架构的存储器技术，并于 2018 年应用于英特尔公司旗下的傲腾存储器[56]，该产品声称密度比传统 DRAM 高 10 倍，速度是 NAND Flash 的 1000 倍。

尽管 PRAM 已经进入芯片级测试和商品化阶段，并且表现出优异的性能，但仍然面临着巨大的技术挑战。为了有效地实现 PRAM 相对于现有技术的性能优势，存储单元必须在产品的使用寿命内可靠地工作。基于 PRAM 的功能定位，在操作性能提升的同时，需要实现比 NAND Flash 更强的可靠性。而电阻漂移和读噪声导致较高的误码率以及热接触退化导致的循环劣化等器件可靠性问题已成为 PRAM 亟待解决的一大痛点，同时也是产业界与科研领域的一大研究热点。

1. 相变存储器可靠性问题以及可靠性优化

PRAM 的可靠性问题有许多种，目前的研究主要集中在器件失效问题和误码问题两方面。

根据器件失效发生的方式，PRAM 常见的失效过程可以分为数据保持失效、循环失效、Reset 读操作扰动和临近单元热串扰，如图 8.5.2 所示。其中数据保持失效和循环失效是 PRAM 失效的两个最主要方式。

在 PRAM 的众多失效问题中，数据保持失效是 PRAM 中被研究最多的可靠性机制，它与相变材料的微观结构紧密相连。数据保持失效主要是由于相变材料自发的结构弛豫，在器件中

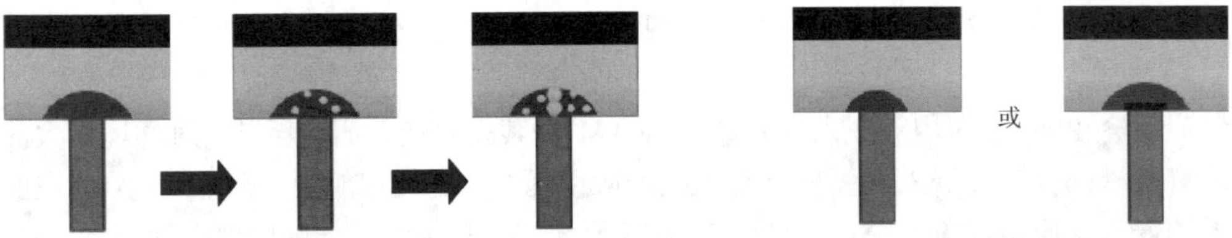

(a) Reset保持失效　　(b) 循环失效

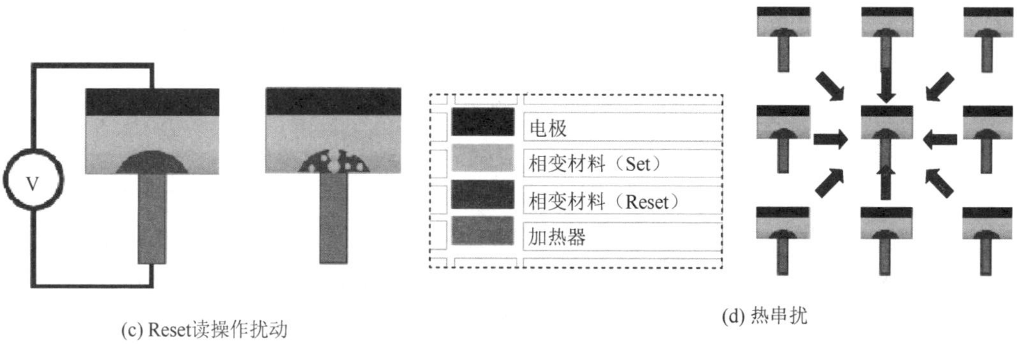

图 8.5.2　PRAM 的典型失效方式

表现为单元电阻随时间发生变化。一旦不同存储状态的电阻区间发生交叠，就可能导致存储信息错误。由于晶态结构相对稳定，数据保持失效主要是非晶态相变材料的结构不稳定造成，在器件中表现为 Reset 电阻随时间发生明显变化。

Reset 电阻随时间变化可以分为高阻漂移和结晶失效两个过程，如图 8.5.3 所示。在单元达到 Reset 状态后，电阻会由于电阻漂移现象而增大，并且电阻值越高，漂移现象越明显。显然，电阻漂移对于单值存储的 PRAM 影响不大，但在高密度存储广泛采用的多值操作中将大大增加存储单元的误码率。随着时间的进一步推移，非晶态开始结晶，电阻下降。最终，电阻将下降到一个重置单元与一个设置单元之间的界限以下，数据将丢失。

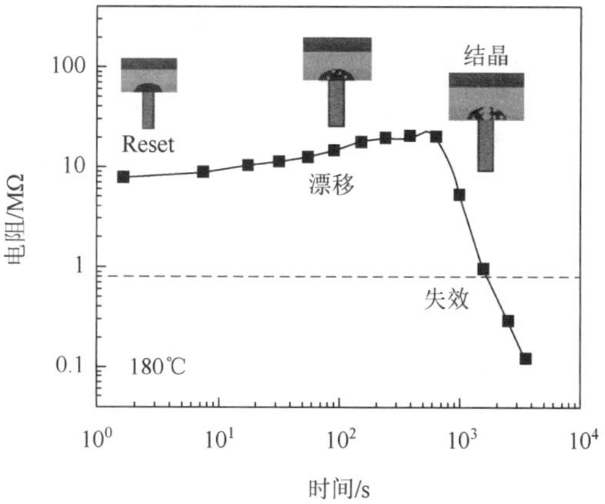

图 8.5.3　PRAM 电阻随时间变化的典型曲线[57]

循环失效主要有器件结构破坏和热性能退化两种原因。由于相变材料在非晶态与晶态下存在较大的密度差异，在循环操作过程中的体积变化会在晶态区域与非晶态区域的边界处形成微小的空洞，多次循环后相变材料中空洞移动并富集，会在电极界面处分层或形成空隙，加热器与相变材料接触变差。从热性能角度分析，PRAM 的发热电阻由相变材料电阻和接触电阻等附加电阻耦合构成。因此 PRAM 热性能退化可以分为两部分：一方面是相变材料本身热稳定性改变，例如多次操作后相变材料的成分偏析使得材料的非晶化势垒增大，难以进行 Reset 操作，导致器件失效；另一方面，多次循环操作后器件的热接触条件发生变化，如相变材料与电极的互相浸润与扩散，会导致金一半接触界面深度扩大，接触势垒变缓，接触势垒和接触电阻都会改变，导致 Reset 操作产生的焦耳热不足以产生足够大的非晶区域，最终导致器件失效。此外，应力弛豫和静电释放等过程也可能导致器件失效。

随着神经网络的发展，相变存储单元的多值存储应用需求迅速增加，许多神经网络设计要求器件实现上千个存储态的准确读写，这要求 PRAM 的单个存储态具有足够小的电阻窗口。而噪声问题则极大地限制了 PRAM 在神经网络和多值存储方面的应用。Fantini 等[58]首次测量到纳米级 PRAM 中的 1/*f* 噪声，其中非晶态的归一化电流谱密度 S_I/I^2 比 $Ge_2Sb_2Te_5$（GST）中的晶态高两个数量级。实验中观察到在足够低的电压下，PRAM 的 S_I/I^2 相对于外加电压保持相对恒定，但与器件的电阻成比例。除了 1/*f* 噪声外，随机电报噪声在 PRAM 的中间电阻状态下也有典型的表现。但目前关于 PRAM 的噪声研究仍处于实验观测阶段，并且尚无公认的物理模型支持理论分析。

目前 PRAM 可靠性优化主要通过提升相变材料的热稳定性和结构稳定性实现，大致可分为三种思路：含 Te 系列材料的化学计量比调控、掺杂以及不含 Te 材料系列的开发。

Ge-Sb-Te 体系相变材料的化学计量比调控会对相变性能产生显著影响。富 Ge 的 Ge-Sb-Te 合金在结晶过程伴随着局部相分离，如图 8.5.4（a）所示，晶界处析出的 Ge 颗粒会干扰材料的结晶过程，使得材料的结晶温度升高，如图 8.5.4（b）所示，从而提高了非晶热稳定性。富 Sb 的 Ge-Sb-Te 合金结晶速度更快，这是由于 Sb 含量高的相变材料往往表现出生长主导的晶化过程。例如，$Ge_1Sb_6Te_1$ 合金的结晶时间可以低至 20 ns，如图 8.5.4（c）所示，而结晶温度明显高于 $Ge_2Sb_2Te_5$。当 Ge 和 Sb 含量同时增大，对应着 Te 原子的平均配位数减少，因此被称为“Te-poor”系列。Boniardi 等[59]研究了“Te-poor”系列 Ge-Sb-Te 合金，发现 Te 含量的降低会导致合金的刚度增加，因此很可能会提高非晶态稳定性。但随着 Te 含量的降低，材料的迁移率带隙减小，在存储单元中表现为 Reset 电阻降低，导致较小的电阻窗口。同时，迁移率带隙的减小还导致阈值开关电压和保持电压的减小。此外，Te 含量的降低使材料的电阻和热阻降低，导致器件功耗增大，如图 8.5.4（d）所示。

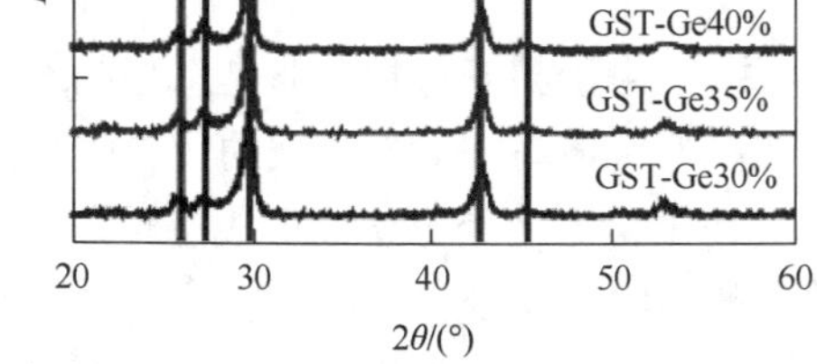

(a) 富Ge的Ge-Sb-Te合金在结晶过程中发生分相

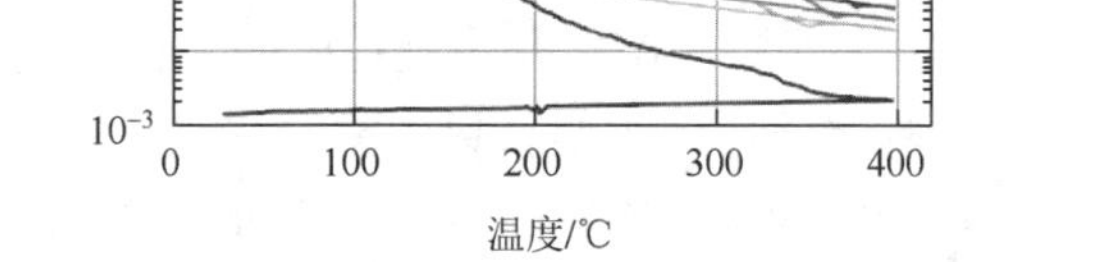

(b) 富Ge的Ge-Sb-Te合金的晶化温度随Ge含量增加而升高[60]

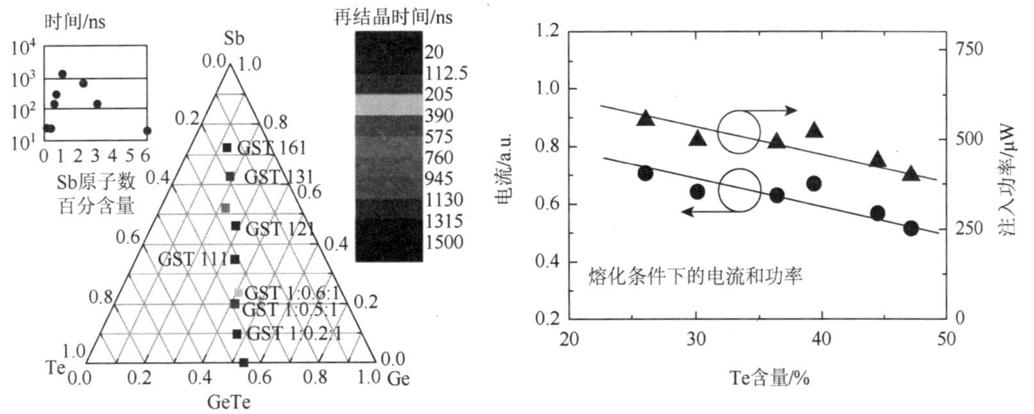

(c) 调节Sb含量对Ge-Sb-Te合金结晶速度的影响　　(d) Te含量降低导致材料的功耗增大[61]

图 8.5.4　改变化学计量比对于 Ge-Sb-Te 相变材料性能的影响

轻元素（N、C 和 O）掺杂通过干扰结晶过程增强材料的热稳定性，进而改善 PRAM 的保持特性。2%浓度N掺杂的GeTe相变存储器件高阻态在150℃条件下的数据保持时间超过10年。这是由于掺杂的 N 原子在晶界处富集并阻碍了晶粒生长，使结晶温度升高并增大结晶活化能，从而提高 GeTe 的非晶热稳定性。掺 C 量达 5%可以使 GST 的 Reset 电流减小的 50%以上，同时降低热导率，增大开态电阻，如图 8.5.5（a）所示；含 C 量达到 25%可以使 GST 的结晶温度提高到约 400℃，图 8.5.5（c）所示。如果在掺 C 的同时进行 Ti 扩散处理，可以进一步提升存储单元的热稳定性，图 8.5.5（b）所示。在 $Ge_2Sb_2Te_5$ 中掺 O 与掺 C 的效果类似，都是可以增加材料电阻和热阻降低 Reset 电流。此外，介电材料的掺杂与复合可以有效提高相变材料的电阻率和热阻率，从而降低编程电流。通过共溅射在 Ge-Sb-Te 中添加 Si 或 SiO_2 可以有效降低 Reset 电流，并大幅提升非晶热稳定性。

根据材料中原子成键方式，一些非 Ge-Sb-Te 体系的材料同样具有相变特性。Ga-Sb-Ge 材料体系具有 80 ns 的 Set 速度，循环次数达到 10^9，阿伦尼乌斯公式外推数据保持力在 220℃下数据保持十年以上。通常，相变材料的结晶温度越高，结晶势垒越大，相变材料热稳定性更高，

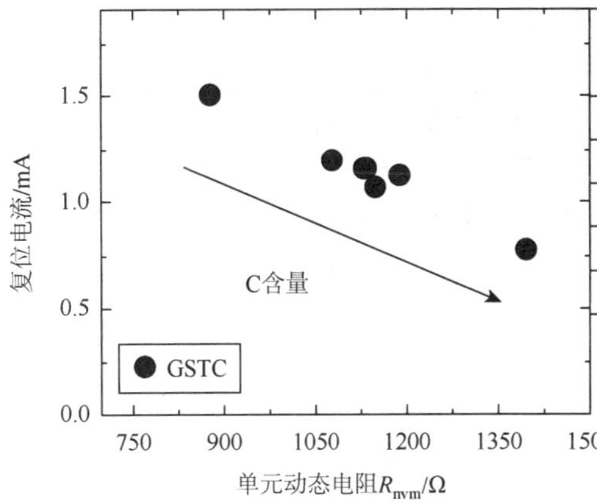

温度/℃	$\kappa_{GST}/\kappa_{GST-C3.7\%}$
85	2.4
135	2.3
185	2.0
265	3.0
284	3.0

(a) Reset电流、开态电阻和热导率变化[62]

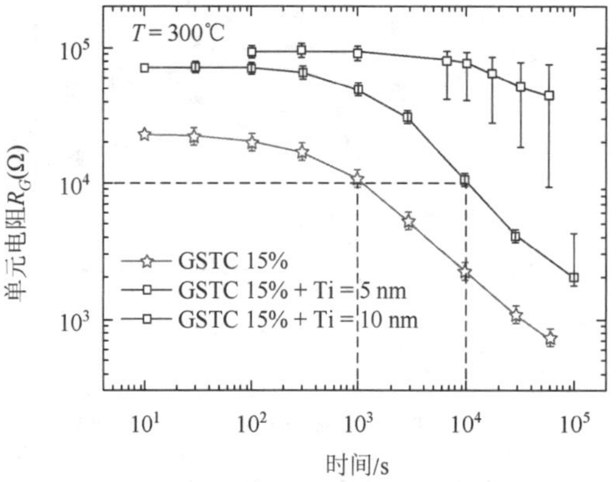

(b) 掺C同时进行Ti扩散可以进一步提升GST热稳定性

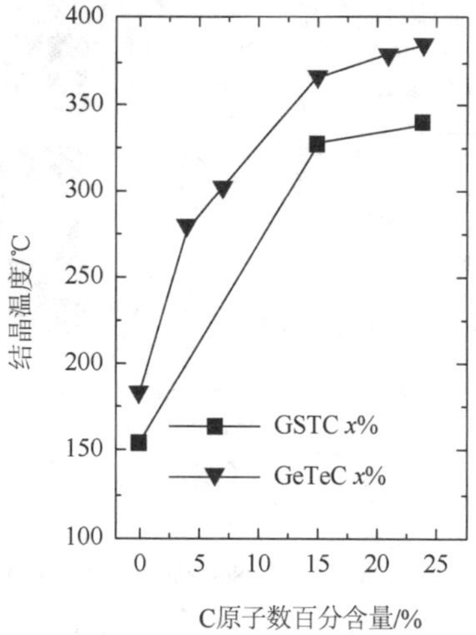

(c) 掺C提升相变材料的晶化温度[63]

图 8.5.5 相变材料的 C 掺杂改性

但同时会导致结晶速度变慢。另有一种相变材料的优化方式，即将相变材料制备成超晶格结构，利用超晶格结构特有的物理特性改进相变材料的性能。

2. 3D Xpoint 阵列中的漏电流问题

图 8.5.6 为 3D Xpoint 阵列中的漏电流串扰示意图。从图中可以看到，当绿色标示的字线和位线被选中时，操作电流流过图中蓝线标示的路径，与此同时，红色标示的漏电流流经所有与选中单元共享字线的单元，并通过它们共享的金属线回到被选中位线上。

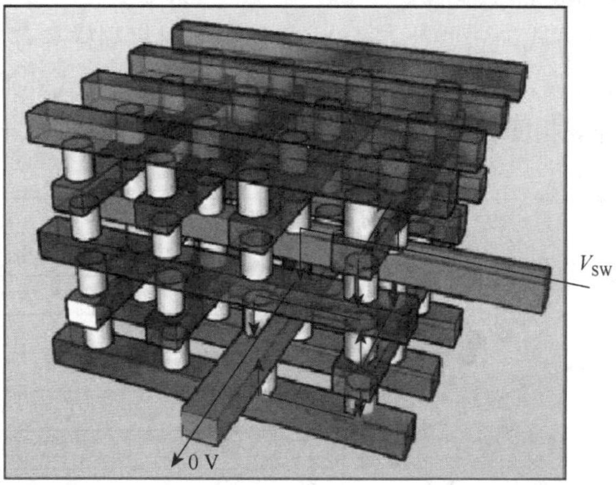

扫码看彩图

图 8.5.6 3D Xpoint 阵列中的漏电流串扰[64]

图中仅标出了两条漏电流通路实例，实际上，与操作单元共享字线的每一个单元均可以形成多条漏电流通路。漏电流串扰引发如下严重问题：①单元读错误；②读裕度降低，限制阵列尺寸；③写裕度降低，限制阵列尺寸；④巨大的功耗。

对单元进行读操作时，当选中高阻态单元，如图 8.5.7 所示单元 1，而漏电流旁路上的单元 2、3、4 均为低阻态的时候，由于单元 1 与单元 2、3、4 为并联关系，读出的电流会超过高阻态对应的参考电流，造成读错误。尤其是，每一条漏电流通路均与被选中通路形成并联关系，读电流的大小会随漏电流通路数量累积，增加读错误发生的几率。

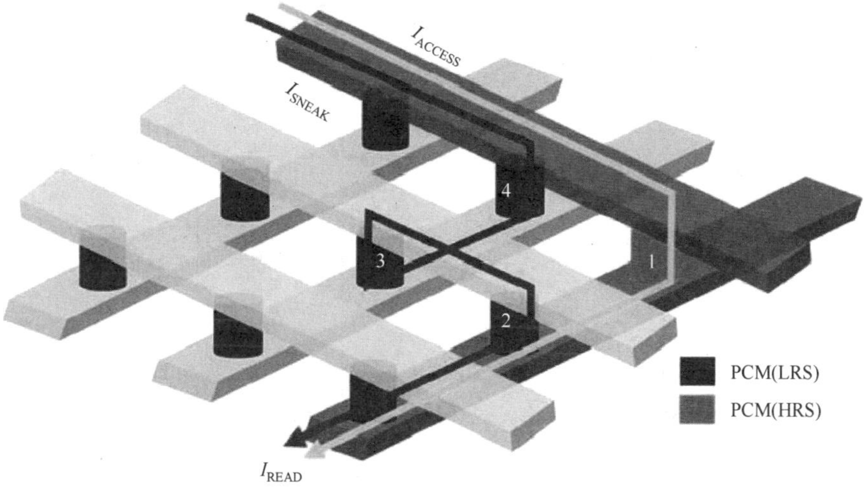

图 8.5.7 漏电流读串扰导致读错误发生[65]

对阵列进行读操作时，灵敏放大器会将输出电流转化为输出电压信号 V_{out}，读裕度（read margin）的表达式及要求为：

$$\Delta V_{margin} = \left|V_{out}(\mathrm{HRS}) - V_{out}(\mathrm{LRS})\right|$$

其中，V_{out}(LRS)和 V_{out}(HRS)分别为选中单元处于低阻态和高阻态时在感应电阻上读出的电压信号。随着阵列尺寸增大，漏电流数量增加，读裕度损耗成倍数增加。

对阵列进行写操作时，工业上经常采用低功耗的 $V/2$ 操作方案，如图 8.5.8 所示，选中单元字线置于 V_{write} 电平，位线接地，其余字线、位线均置于 $V_{write}/2$ 电平。与选中单元共享字线和位线的单元均承受电压 $V_{write}/2$，被称为半选中单元。操作过程中写电流（$I_{word\text{-}line}$）沿着选中的字线进行输运，漏电流会从半选中的单元中流走造成损耗，导致输运到选中单元上的电流 I_{select} 不足以对 PRAM 单元进行 Reset 操作，离电压源最远端的单元遭受最严重的电流损耗。增加 $I_{word\text{-}line}$ 可以补偿漏电流造成的电流损耗，但会造成两个问题：①最近端的单元承受最严重的漏电流串扰；②Cu 互连线上的电离现象。在漏电流影响下，为保证最远端单元成功操作以及最近端单元不被误操作，写裕度窗口受限，可实现的最大阵列尺寸减小。最远端与最近端器件操作上的差异性也为阵列引入了系统层级的差异。

另外，庞大的漏电流通路数量造成高功耗。图 8.5.9 中蓝线为操作电流通路，红色虚线为漏电流旁路，当阵列的位线数目为 n 时，每形成一条操作电流路径，将形成（n–1）条漏电流路径。一方面，PRAM 器件要求高 Reset 电流，导致漏电流功耗损失非常大，且产生强的热效应，增加整个芯片的热负担，增加芯片热设计的难度。另一方面，当对 PRAM 芯片进行高速的高带宽并行操作时，漏电流通路的数量成倍数增加，限制带宽。

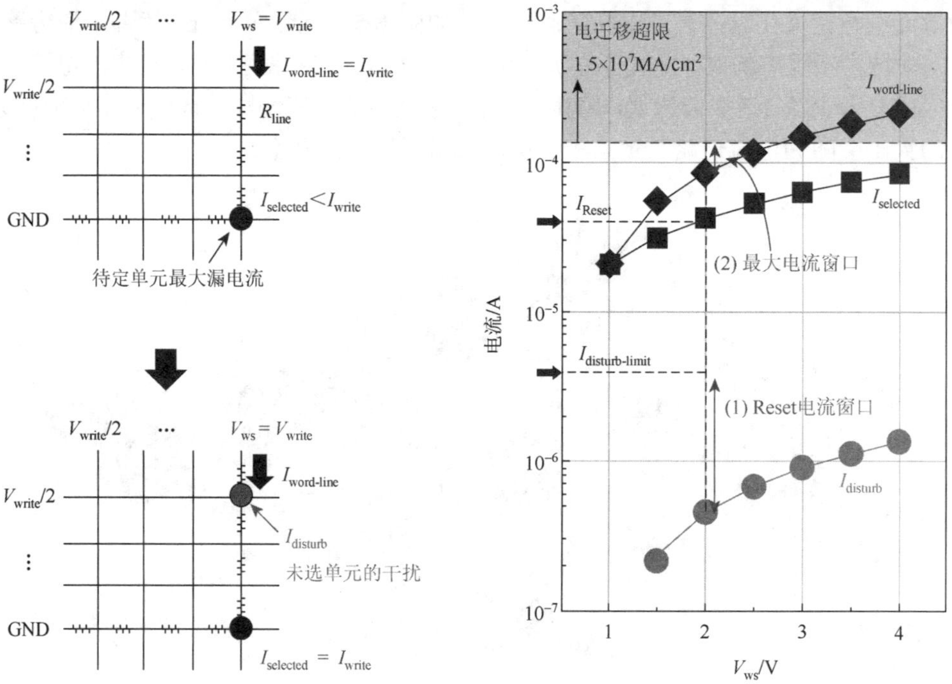

(a) 阵列进行写操作

(b) 漏电流造成的写裕度降低[66]

图 8.5.8 写操作的漏电流问题

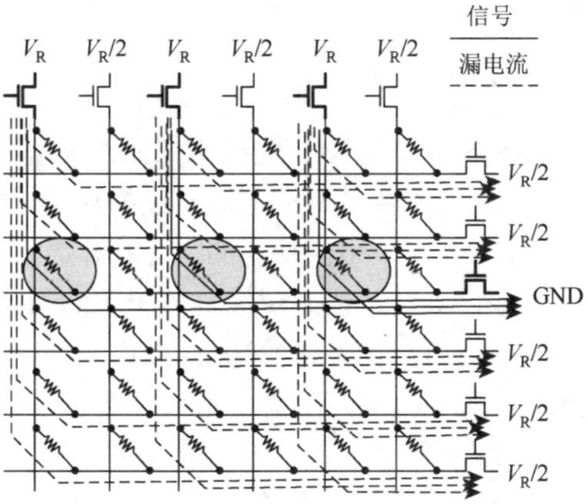

扫码看彩图

图 8.5.9 漏电流串扰造成功耗损失[67]

参 考 文 献

[1] Lencer D，Salinga M，Wuttig M. Design rules for phase-change materials in data storage applications[J]. Advanced Materials，2011，23（18）：2030-2058.

[2] SHPORTKO K，KREMERS S，WODA M，et al. Resonant bonding in crystalline phase-change materials[J]. Nature Materials，2008，7（8）：653-658.

[3] LENCER D，SALINGA M，GRABOWSKI B，et al. A map for phase-change materials[J]. Nature Materials，2008，7（12）：972-977.

[4] DA SILVA J L F，WALSH A，LEE H. Insights into the structure of the stable and metastable $(GeTe)_m(Sb_2Te_3)_n$ compounds[J]. Physical Review B，2008，78（22）：224111.

[5] DERINGER V L，LUMEIJ M，STOFFEL R P，et al. Mechanisms of atomic motion through crystalline GeTe[J]. Chemistry of Materials，2013，25（11）：2220-2226.

[6] ZHOU X L，KALIKKA J，JI X L，et al. Phase-change memory materials by design：a strain engineering approach[J]. Advanced Materials，2016，28（15）：3007-3016.

[7] YAMADA N. Erasable phase-change optical materials[J]. MRS Bulletin，1996，21（9）：48-50.

[8] PRIVITERA S，RIMINI E，BONGIORNO C，et al. Crystallization and phase separation in $Ge_{2+x}Sb_2Te_5$ thin films[J]. Journal of Applied Physics，2003，94（7）：4409-4413.

[9] KIM J，JHI S H. Disorder-induced structural transitions in topological insulating Ge-Sb-Te compounds[J]. Journal of Applied Physics，2015，117（19）：195701.

[10] SIEGERT K S，LANGE F R L，SITTNER E R，et al. Impact of vacancy ordering on thermal transport in crystalline phase-change materials[J]. Reports on Progress in Physics，2015，78（1）：013001.

[11] ZHANG W，THIESS A，ZALDEN P，et al. Role of vacancies in metal–insulator transitions of crystalline phase-change materials[J]. Nature Materials，2012，11：952-956.

[12] KOLOBOV A V，FONS P，FRENKEL A I，et al. Understanding the phase-change mechanism of rewritable optical media[J]. Nature Materials，2004，3（10）：703-708.

[13] CARAVATI S，BERNASCONI M，KÜHNE T D，et al. Coexistence of tetrahedral- and octahedral-like sites in amorphous phase change materials[J]. Applied Physics Letters，2007，91（17）：171906.

[14] DERINGER V L，ZHANG W，LUMEIJ M，et al. Bonding nature of local structural motifs in amorphous GeTe[J]. Angewandte Chemie（International Ed），2014，53（40）：10817-10820.

[15] RATY J Y，ZHANG W，LUCKAS J，et al. Aging mechanisms in amorphous phase-change materials[J]. Nature Communications，2015，6：7467.

[16] HIRATA A，ICHITSUBO T，GUAN P F，et al. Distortion of local atomic structures in amorphous Ge-Sb-Te phase change materials[J]. Physical Review Letters，2018，120（20）：205502.

[17] NOÉ P，VALLÉE C，HIPPERT F，et al. Phase-change materials for non-volatile memory devices：from technological challenges to materials science issues[J]. Semiconductor Science and Technology，2018，33（1）：013002.

[18] WEŁNIC W，BOTTI S，REINING L，et al. Origin of the optical contrast in phase-change materials[J]. Physical Review Letters，2007，98（23）：236403.

[19] SUBRAMANIAM D，PAULY C，LIEBMANN M，et al. Scanning tunneling microscopy and spectroscopy of the phase change alloy $Ge_1Sb_2Te_4$[J]. Applied Physics Letters，2009，95（10）：103110.

[20] EDWARDS A，PINEDA A，SCHULTZ P，et al. Electronic structure of intrinsic defects in crystalline germanium telluride[J]. Physical Review B，2006，73（4）：045210.

[21] MATSUNAGA T，MORITA H，KOJIMA R，et al. Structural characteristics of GeTe-rich $GeTe$-Sb_2Te_3 pseudobinary metastable crystals[J]. Journal of Applied Physics，2008，103（9）：093511.

[22] SIEGRIST T，JOST P，VOLKER H，et al. Disorder-induced localization in crystalline phase-change materials[J]. Nature Materials，2011，10（3）：202-208.

[23] LENCER D，SALINGA M，WUTTIG M. Design rules for phase-change materials in data storage applications[J]. Advanced Materials，2011，23（18）：2030-2058.

[24] EMIN D. Current-driven threshold switching of a small polaron semiconductor to a metastable conductor[J]. Physical Review B，2006，74（3）：035206.

[25] IELMINI D，ZHANG Y G. Analytical model for subthreshold conduction and threshold switching in chalcogenide-based memory devices[J]. Journal of Applied Physics，2007，102（5）：054517.

[26] OVSHINSKY S R. Reversible electrical switching phenomena in disordered structures[J]. Physical Review Letters，1968，21（20）：1450-1453.

[27] RAOUX S，WUTTING M. Phase change materials：science and applications[M]. Cham：Springer International Publishing，2009.

[28] BREITWISCH M，NIRSCHL T，CHEN C F，et al. Novel lithography-independent pore phase change memory[C]//2007 IEEE Symposium on VLSI Technology. Kyoto，Japan. IEEE，2007：100-101.

[29] ZHANG W，MAZZARELLO R，MA E. Phase-change materials in electronics and photonics[J]. MRS Bulletin，2019，44（9）：686-690.

[30] OVSHINSKY S R. Reversible electrical switching phenomena in disordered structures[J]. Physical Review Letters，1968，21（20）：1450-1453.

[31] CHEN M，RUBIN K A，BARTON R W. Compound materials for reversible，phase-change optical data storage[J]. Applied Physics Letters，1986，49（9）：502-504.

[32] KANG M J，PARK T J，KWON Y W，et al. PRAM cell technology and characterization in 20 nm node size[C]//2011 International Electron Devices Meeting. Washington，DC，USA. IEEE，2011：3.1.1-3.1.4.

[33] AHN C，FONG S W，KIM Y，et al. Energy-efficient phase-change memory with graphene as a thermal barrier[J]. Nano Letters，2015，15（10）：6809-6814.

[34] IELMINI D，LACAITA A L，MANTEGAZZA D. Recovery and drift dynamics of resistance and threshold voltages in phase-change memories[J]. IEEE Transactions on Electron Devices，2007，54（2）：308-315.

[35] BURR G W，SHENOY R S，VIRWANI K，et al. Access devices for 3D crosspoint memory[J]. Journal of Vacuum Science & Technology B，2014，32（4）：040802.

[36] LI L，LU K L，KWONG K C，et al. Comparison of PN diodes and FETs as Phase Change Memory（PCM）driving devices[C]//2008 9th International Conference on Solid-State and Integrated-Circuit Technology. Beijing，China. IEEE，2008：928-931.

[37] ATHMANATHAN A，STANISAVLJEVIC M，PAPANDREOU N，et al. Multilevel-cell phase-change memory：a viable technology[J]. IEEE Journal on Emerging and Selected Topics in Circuits and Systems，2016，6（1）：87-100.

[38] GILL M，LOWREY T，PARK J. Ovonic unified memory-a high-performance nonvolatile memory technology for stand-alone memory and embedded applications[C]//2002 IEEE International Solid-State Circuits Conference. Digest of Technical Papers. San Francisco，CA，USA. IEEE，2002：202-459.

[39] BEDESCHI F，FACKENTHAL R，RESTA C，et al. A multi-level-cell bipolar-selected phase-change memory [C]//2008 IEEE International Solid-State Circuits Conference - Digest of Technical Papers. San Francisco，CA，USA. IEEE，2008：428-625.

[40] VILLA C，MILLS D，BARKLEY G，et al. A 45 nm 1 Gb 1.8 V phase-change memory[C]//2010 IEEE International Solid-State Circuits Conference -（ISSCC）. San Francisco，CA，USA. IEEE，2010：270-271.

[41] OH J H，PARK J H，LIM Y S，et al. Full integration of highly manufacturable 512 Mb PRAM based on 90 nm technology[C]//2006 International Electron Devices Meeting. San Francisco，CA，USA. IEEE，2006：1-4.

[42] KWON J B. Exploiting storage class memory for future computer systems：a review[J]. IETE Technical Review，2015，32（3）：218-226.

[43] BOURZAC K. Has Intel created a universal memory technology?[J]. IEEE Spectrum，2017，54（5）：9-10.

[44] YOON K J，KIM Y，HWANG C S. What will come after V-NAND：vertical resistive switching memory?[J]. Advanced Electronic Materials，2019，5（9）：1800914.

[45] KINOSHITA M，SASAGO Y，MINEMURA H，et al. Scalable 3-D vertical chain-cell-type phase-change memory with 4F2 poly-Si diodes[C]//2012 Symposium on VLSI Technology（VLSIT）. Honolulu，HI，USA. IEEE，2012：35-36.

[46] GOODWIN W E P. Electric connecting device：US2667542[P]. 1954-01-26.

[47] KAU D，TANG S，KARPOV I V，et al. A stackable cross point phase change memory[C]//2009 IEEE International Electron Devices Meeting（IEDM）. Baltimore，MD，USA. IEEE，2009：1-4.

[48] KIM T，CHOI H，KIM M，et al. High-performance，cost-effective 2 nm two-deck cross-point memory integrated by self-align scheme for 128 Gb SCM[C]//2018 IEEE International Electron Devices Meeting（IEDM）. San Francisco，CA，USA. IEEE，2018：37.1.1-37.1.4.

[49] LEE K W，PARK H K，JUNG S O. A read voltage modulation technique for leakage current compensation in cross-point OTS-PRAM[C]//2020 IEEE International Symposium on Circuits and Systems（ISCAS）. Seville，Spain. IEEE，2020：1-5.

[50] NEALE R G，ASELTINE J A. The application of amorphous materials to computer memories[J]. IEEE Transactions on Electron

Devices，1973，20（2）：195-205.

[51] OHTA T，YAMADA N，YAMAMOTO H，et al. Progress of the phase-change optical disk memory[J]. MRS Online Proceedings Library，2011，674（1）：11.

[52] HUDGENS S，JOHNSON B. Overview of phase-change chalcogenide nonvolatile memory technology[J]. MRS Bulletin，2004，29（11）：829-832.

[53] KAU D，TANG S，KARPOV I V，et al. A stackable cross point phase change memory[C]//2009 IEEE International Electron Devices Meeting（IEDM）. Baltimore，MD，USA. IEEE，2009：1-4.

[54] KANG M J，PARK T J，KWON Y W，et al. PRAM cell technology and characterization in 20 nm node size[C]//2011 International Electron Devices Meeting. Washington，DC，USA. IEEE，2011：3.1.1-3.1.4.

[55] WU J Y，KHWA W S，LEE M H，et al. Greater than 2-bits/cell MLC storage for ultra high density phase change memory using a novel sensing scheme[C]//2015 Symposium on VLSI Technology（VLSI Technology）. Kyoto，Japan. IEEE，2015：T94-T95.

[56] HADY F T，FOONG A，VEAL B，et al. Platform storage performance with 3D XPoint technology[J]. Proceedings of the IEEE，2017，105（9）：1822-1833.

[57] JIA Y C，LIN X N，WANG W，et al. A data retention model for phase-change memory by the Monte Carlo approach[C]//2012 IEEE 11th International Conference on Solid-State and Integrated Circuit Technology. Xi'an，China. IEEE，2012：1-3.

[58] FANTINI P，PIROVANO A，VENTRICE D，et al. Experimental investigation of transport properties in chalcogenide materials through 1/*f* noise measurements[J]. Applied Physics Letters，2006，88（26）：263506.

[59] BONIARDI M，REDAELLI A，TORTORELLI I，et al. Electrical and thermal behavior of tellurium poor GeSbTe compounds for phase change memory[C]//2012 4th IEEE International Memory Workshop. Milan，Italy. IEEE，2012：1-3.

[60] SOUSA V，NAVARRO G，CASTELLANI N，et al. Operation fundamentals in 12Mb Phase Change Memory based on innovative Ge-rich GST materials featuring high reliability performance[C]//2015 Symposium on VLSI Technology（VLSI Technology）. Kyoto，Japan. IEEE，2015：T98-T99.

[61] BONIARDI M，REDAELLI A. Phase Change Memory：Device scaling and challenges for material engineering in the GeSbTe compound system[J]. Microelectronic Engineering，2015，137：1-4.

[62] HUBERT Q，JAHAN C，BERNARD M，et al. A new insight on IRESET reduction of carbon-doped GST based PCM[C]//2013 IEEE International Conference on Solid State Devices and Materials. Fukuoka，Japan. IEEE，2013：550-551.

[63] PERNIOLA L，NOÉ P，HUBERT Q，et al. Ti impact in C-doped phase-change memories compliant to Pb-free soldering reflow[C]//2012 International Electron Devices Meeting. San Francisco，CA，USA. IEEE，2012：18.7.1-18.7.4.

[64] KIM S G，LEE J C，HA T J，et al. Breakthrough of selector technology for cross-point 25-nm ReRAM[C]//2017 IEEE International Electron Devices Meeting（IEDM）. San Francisco，CA，USA. IEEE，2017：2.1.1-2.1.4.

[65] ZHOU J T，KIM K H，LU W. Crossbar RRAM arrays：selector device requirements during read operation[J]. IEEE Transactions on Electron Devices，2014，61（5）：1369-1376.

[66] KIM S，ZHOU J T，LU W D. Crossbar RRAM arrays：selector device requirements during write operation[J]. IEEE Transactions on Electron Devices，2014，61（8）：2820-2826.

[67] ZAMBELLI C，OLIVO P. Resistive RAM technology for SSDs[M]//Solid-State-Drives（SSDs）Modeling. Cham：Springer International Publishing，2017：99-122.

第 9 章

磁随机存储器

本章教学目标与要求

- 理解磁随机存储器的工作原理。
- 掌握不同磁随机存储器器件结构和读/写操作。
- 熟悉磁随机存储器的结构材料特性和工艺技术。
- 熟悉磁随机存储器的相关性能表征手段。
- 了解磁随机存储器的不同应用和技术发展趋势。

本章知识架构

随着半导体工艺的发展，高密度的存储需求促使器件特征尺寸不断缩小，当技术节点下潜至 45 nm 以下，现有的存储技术都面临着更加严峻的挑战，其缺陷也将被进一步放大。

长期以来，研究人员一直在尝试设计 Flash 的非易失性存储器替代品，目标是将 SRAM、DRAM 和 Flash 的最佳属性结合在一起，实现高密度、高速读写、非易失性和低功耗等指标。这样的存储器将消除多应用中对多个存储器的需求，通过避免多个存储器之间的数据传输来提高系统性能和可靠性，并降低总体系统成本。MRAM（磁随机存储器）是目前具有这种特性的存储器中最有希望的竞争者，它结合了非易失性、相对较高的读写速度、较低的功耗以及无限的耐用性[1, 2]。

关于磁存储的研究可追溯到 1856 年，威廉·汤姆林和开尔文发现了金属材料中的磁电阻效应，即在非磁性金属中，电阻通常较小，即使在很强的磁场下，非磁性金属的电阻变化也不到 0.1%，但是在磁性材料中，电阻率的变化接近 3%，特别是磁性材料中，电阻随磁场和电流夹角的变化而变化，这被称为各向异性磁电阻，这一特性之后被应用于制作磁性传感器与硬盘读取磁头，这也开创了人类关于磁存储研究的先河。1984 年，阿瑟·波姆和詹姆斯·多顿在霍尼韦尔公司工作期间，开发了第一台 MRAM，之后关于 MRAM 的研究都基于此基础。

9.1　磁随机存储器概述

9.1.1　磁随机存储器概念

MRAM 通过磁电阻性质来存储数据，采用不同的磁化方向所产生不同的磁阻来记录数据“0”和“1”，只要外部的磁场方向不变，则磁化的方向也就不会变，相对应的磁阻也不变，数据便能一直保持。并且，磁性结构具备非易失性的特性，如果将具有磁电阻特性的结构应用于存储器中，便能解决传统存储器的缺点，增强计算机等设备的稳定性。根据此概念生产的设备即为 MRAM。

9.1.2　磁随机存储器优缺点

MRAM 相比于市面上的其他存储器有无可比拟的优势，被誉为最理想的存储器，但受限于目前的技术水平，对于 MRAM 的研究和应用还不算成熟，这就导致如今的 MRAM 也有其缺点。以下将详细介绍 MRAM 的优缺点。

1. 磁随机存储器优点

（1）从 MRAM 的材料角度来说，MRAM 作为存储颗粒并不是传统的半导体材料，而是以金属材料为主，所以其抗辐射能力远远比传统的存储器强。

（2）图 9.1.1 从速度、耐久性、密度和价格四个方面综合对比了 2018 年已经商业化的 MRAM 产品和其他成熟的 DRAM、NAND Flash 和 NOR Flash 产品的性能指标，从图 9.1.1（a）的雷达图可明确发现，目前商业化的 MRAM 在速度和耐久性上性能突出，只是稍逊 DRAM，但远远超越了 Flash。而在价格和密度上，依旧存在短板，图 9.1.1（b）和图 9.1.1（c）分别对这两项性能进行了更为详细的数据分析。归纳而言，现阶段的 MRAM 产品在速度和可靠性的性能指标上已经可以满足市场需求，但想要取代同类产品，需要考虑如何实现高密度集成与降低单位密度价格。

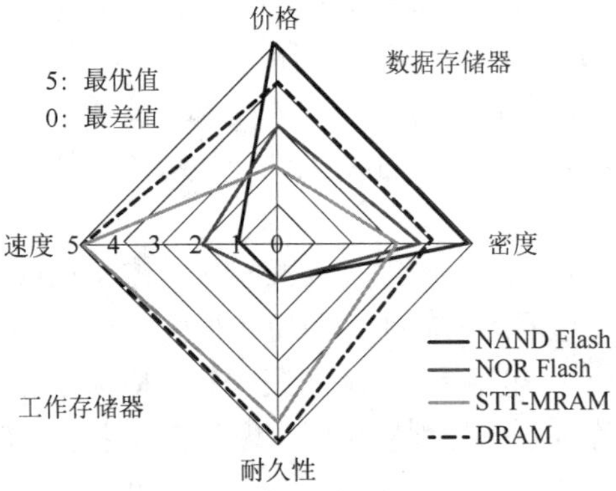

(a) 主流商业存储器性能雷达图

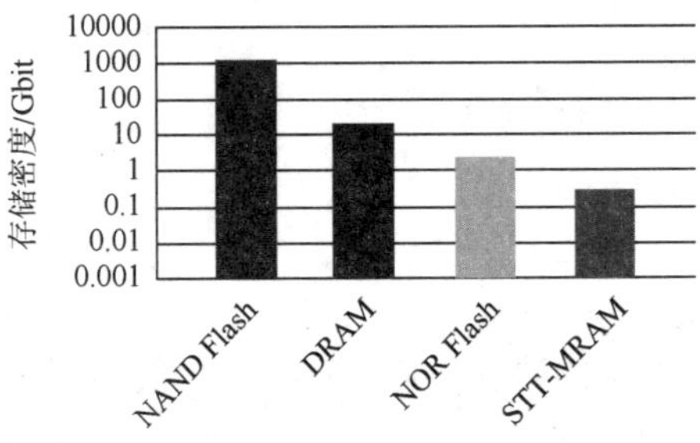

(b) 主流商业存储器密度对比

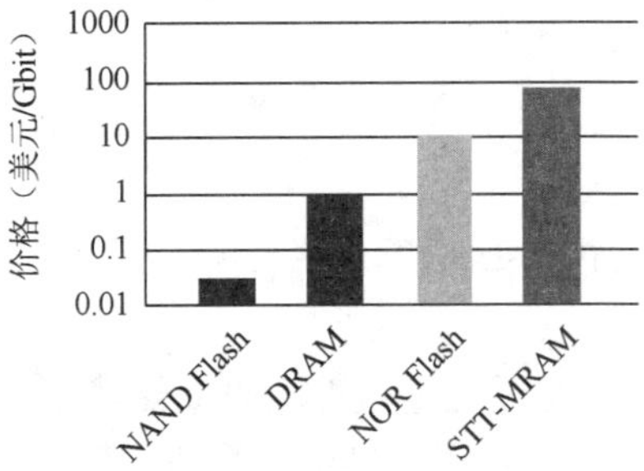

(c) 主流商业存储器每Gbit价格对比

图 9.1.1 2018 年 MRAM 商业化产品与主流商业存储器性能对比[3]

综上可知，MRAM 兼具三种传统存储器的多个优势，因此是最有潜力成为新世纪最理想的存储器。从结构来说，MRAM 具有高度的集成性，可以将多个存储器的功能集成到同一芯片中，从而可以满足各种对存储器的要求，这样不仅降低了成本，还可以减少管脚，降低系统的复杂度，更加方便简洁。

2. 磁随机存储器缺点

（1）因为当前对于 MRAM 的研究远不如 DRAM 和 SRAM，仅处于研究起步期，技术尚不成熟，特别是在当前嵌入式 MRAM 中，不仅在集成技术能力方面，成本也是作为是否能成为通用存储器量产的标志，要实现成本与功能的平衡，是当前 MRAM 面临的一个竞争力方面的挑战，但现如今也有量产的 MRAM，如 Everspin 公司就量产了 MRAM 和 STT-MRAM（自旋转移力矩磁随机存储器）[4]。

（2）MRAM 本身具有写入功能的缺陷，因早期的 MRAM 一般是通过磁场的写入方式，但因当时工艺偏差，写入的磁场范围有限这就导致很容易产生误写的情况，这也导致了写入速度的下降和写入功耗的增加。但值得高兴的是这一问题已逐渐通过其他结构（Toggle MRAM 和 TAS MRAM）被解决。

（3）可靠性问题，随着移动端设备越来越小，对 MRAM 的尺寸也提出了越来越短的要求。很早之前 AyazArif Khan 和 Georgios Panagopoulos 等人研究发现 MRAM 会随着尺寸的减小出现寿命随之降低的问题，且写入的错误率也会增加，这就导致其可靠性之后也需要研究，并需要提出相应的解决方案。

9.2　磁随机存储器工作原理

一般来说，MRAM 的存储单元用的是 MTJ（magnetic tunnel junction，磁隧道结），MTJ 是用两层磁性薄膜中间夹住一层氧化镁（MgO）。这两层磁性薄膜中有一层的磁矩是固定不动的，称为参考层；而另一层的磁矩可以翻转，叫作自由层。当两层磁性薄膜的磁矩方向变为平行时，电流可以轻松由参考层出发，通过自由层，此时存储的信息是“1”；当两层磁性薄膜的磁矩方向变为反平行时，电流则难以通过自由层，此时存储的信息是“0”。

除了电荷性质外，电子还具有内禀自旋角动量。通过在半导体器件中引入自旋特性，发展了新一代器件——自旋电子器件。这种新器件利用了自旋相关效应（载流子自旋与材料磁性之间的相互作用），可以与标准半导体工艺兼容，同时具有功耗低、非易失性好、数据处理速度快、集成度高等优点。MRAM 作为一种新型的自旋电子器件，通过某些特定方式改变电子自旋方向，实现 MTJ 高低阻值的切换，从而实现数据信息的写入，同时，磁化方向不改变，断电后也不会改变电子自旋方向，实现了非易失性与低功耗的目标。

9.3　磁随机存储器的结构与读写

MTJ 作为 MRAM 的核心，其结构如图 9.3.1 所示，其基本组成为磁性材料/绝缘层/磁性材料，其中，一层磁性材料中电子的自旋方向被固定，称作参考层，另一层磁性材料中电子的自旋方向可变，称作自由层，两层中间由一层 0.5～2 nm 的绝缘层分隔，称为势垒层。

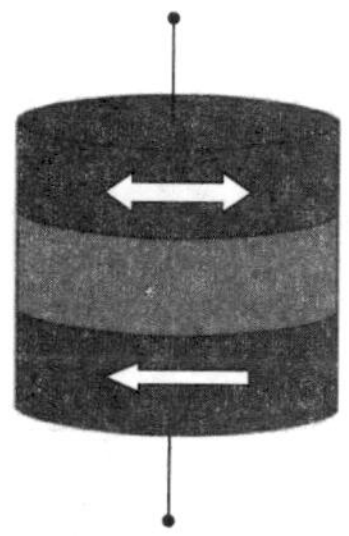

图 9.3.1　MTJ 典型结构

当两个磁层的磁矩方向平行时，电流可以轻松由参考层出发，通过自由层，这使得 MTJ 处于低阻态，这代表存储的信息是“0”，如图 9.3.2（a）所示；当两个磁层的磁矩方向反平行时，电流则难以通过自由层，这使得 MTJ 处于高阻态，这代表存储的信息是“1”，如图 9.3.2（b）所示。这种磁阻随着器件磁性状态变化而变化的现象叫作 TMR（tunneling magneto-resistance，隧穿磁阻）效应[5]，这个效应最早于 1975 年被 Julliere 发现，其原理是：磁层中自旋向上与自旋向下的电子在费米能级附近分布不均，当自由层和参考层磁化方向一样的时候，两个磁层中多数电子的自旋方向一样，隧穿概率比较高，隧穿电流也较大，导致 MTJ 呈现低阻态，相反，如果方向为反平行，MTJ 则呈现高阻态。

基于 MTJ，在实际应用中总共出现了两种 MRAM 器件[6]，一种是利用磁场写入的磁场驱动型 MRAM，其通过电流产生磁场，使得 MRAM 的自由层在磁场的方向下磁矩平行或者反平行于固定层，这样完成数据“0”和“1”的写入；另一种是全电流写入的电流驱动型自旋转移力矩 MRAM，其通过流过 MTJ 中电流的自旋传递扭矩直接改变自由层的磁矩，因此被称为 STT-MRAM。

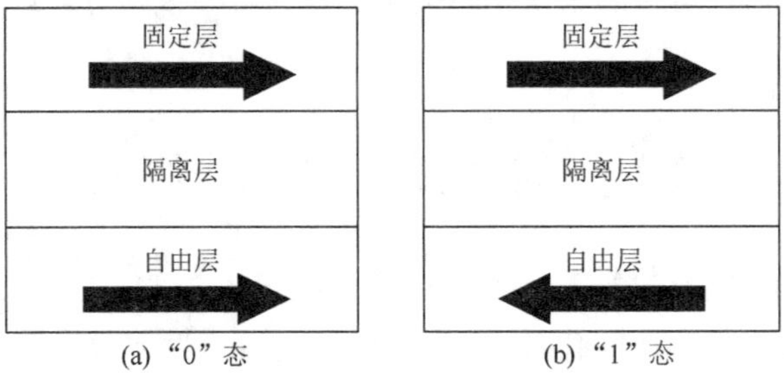

图 9.3.2　MRAM 两种状态

9.3.1　磁场驱动型磁随机存储器

1. *磁场驱动型磁随机存储器存储单元结构*

磁场驱动型 MRAM 的存储单元由字线、写字线（专门用于写数据）、位线、MOS 管和 MTJ 组成，MTJ 一端连着位线，另一端连着三极管的漏极，这样源极、漏极、MTJ、位线与字线组成一个回路。MTJ 位于写字线和位线的交叉处，写字线和位线分别沿着自由层易磁化轴方向与难磁化轴方向，其结构如图 9.3.3 所示[7]。

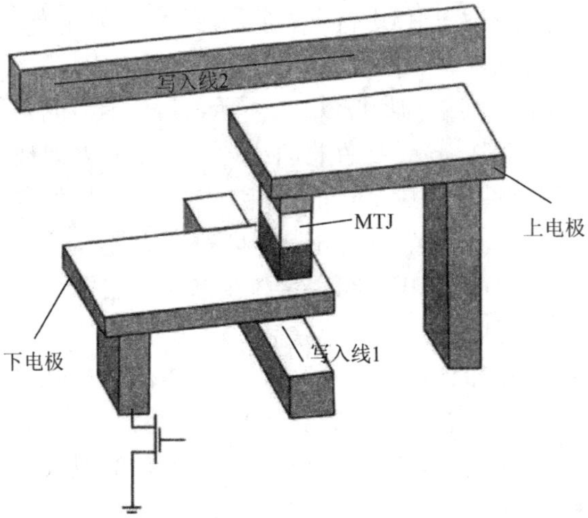

图 9.3.3　磁场驱动型 MRAM 存储单元结构图

由这些存储单元组成一个 MRAM 存储阵列，通过对进入 MRAM 的地址进行解码，分别对应每条字线和位线的操作：对数据的写入和读出以及程序的运行。

2. *磁场驱动型磁随机存储器存储单元的读写*

1）写入

当写字线和位线有电流通过时，会分别产生相互垂直的两个磁场，由于写字线与位线中电流产生的磁场只是自由层矫顽力的一半，从而，任何一个单独的磁场都不能使存储单元中自由层的磁矩发生翻转，但自由层中写字线和位线交叉的地方同时受到来自位线和写字线上的磁场的影响，此处自由层的磁矩发生翻转，最终达到与参考层的磁矩平行或者反平行的效果。当两个磁层的磁矩方向平行时，MTJ 处于低阻态，代表此时存储的信息是“0”；当两个磁层的磁矩方向反平行时，MTJ 处于高阻态，代表此时存储的信息是“1”。总而言之，MRAM 通过写字线和位线的电流产生磁场，磁场使自由层磁矩发生翻转的方式，将数据写入其内部。

2）读出

MRAM 数据的读出是通过检测存储单元中阻态的高低得出的。若经过地址译码，某个存储单元中的数据被选中，就会有小电流从位线经过 MTJ 再流经打开的 MOS 管，这样就会在 MTJ 两端产生电压差，根据电压差的大小就可以确定 MTJ 的阻态，进而就可以读出所存储的数据是“1”还是“0”。这样的读取方式跟 DRAM 所用的电荷存储不同，电荷会因为读取而被减少，而这种读取方式是非破坏型的，可以无限次读取。

以上就是磁场驱动型 MRAM 的写入和读出操作，从其工作原理可以得知，磁场驱动型 MRAM 存在以下难点。

（1）写入速度慢。当一个数据要写入到存储单元时，只有较大电流产生的磁场才能影响 MTJ 自由层磁矩并使其发生翻转，但是电流从小到大是需要时间的，较慢的变化速度导致翻转速度变慢，从而限制了数据写入存储单元的速度，并且研究表明如果存储单元的尺寸越小，则使自由层磁矩发生翻转的磁场也就要越大，那么就需要更大的电流，这样数据写入速度会变得更慢。

（2）功耗大。当一个数据要写入到存储单元时，需要产生较大的电流来产生磁场进而影响 MTJ 自由层磁矩，使其发生翻转。电流越大，产生的功耗就越大，导致整个芯片的功耗也越大。同样地，存储单元的尺寸越小，要使自由层磁矩发生翻转的磁场也就越大，那么就需要更大的电流，因此功耗就进一步提高。

（3）工艺限制导致产生读写错误。因为所允许写入电流产生的磁场范围有限，如果工艺存在偏差，会导致出现数据错误的情况。为了使错误减少，需要更加复杂的存储单元结构，同时增加了制备的工艺的难度，导致成本大大增加。

（4）存储单元容量受到限制。因为内部构造的原因，写入电流产生的磁场不能影响其他的存储单元，这就要求每个存储单元之间的距离不能太小，否则会出现相邻存储单元交叉影响的问题，这就限制了 MRAM 存储阵列中存储单元的密度，导致其相同面积下 MRAM 的容量受到限制。

9.3.2　电流驱动型磁随机存储器

1. 电流驱动型磁随机存储器存储单元结构

电流驱动型 MRAM 是利用自旋极化电流来修改 MTJ 自由层磁矩方向的存储器，其存储单元基本结构如图 9.3.4 所示[8]，核心依旧是 MTJ，但是 MTJ 各层的厚度不一样，参考层厚一些，隔离层与自由层薄一些。MTJ 一端连着位线，另一端连着三极管的漏极，与第一代 MRAM 不同的是，主要是通过流过 MTJ 的电流来改变自由层的磁矩。

电流流过参考层与自由层时，电流将会被极化，产生自旋极化电流，其中的自旋电子会将自己的自旋动量传递给自由层的磁矩，使自由层的磁矩获得自旋动量后改变其原来的方向，这被

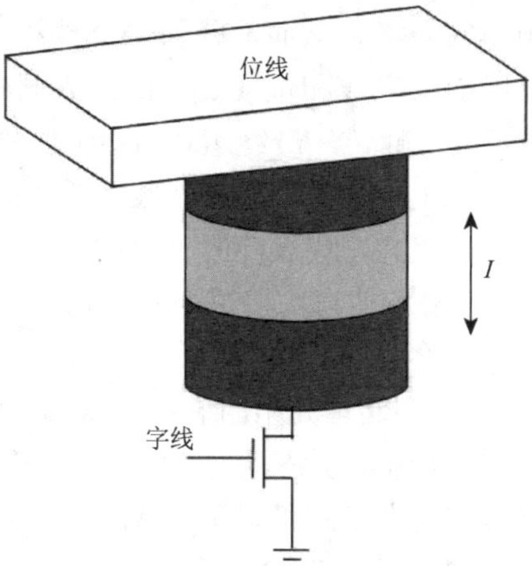

图 9.3.4 电流驱动型 MRAM 存储单元结构图

称作自旋转移力矩。为了使自由层的磁矩能够被自旋动量扭转，所以自由层必须要薄。如果电流通过比较厚的参考层后，电流中的电子会被自旋极化，因参考层比较厚，它的平衡状态不会发生改变，只会使通过它的电子的自旋方向与参考层的磁矩方向一致。而且为了保证电子在穿过非磁性隔离层之后还能保持之前的自旋极化方向，隔离层一般也比较薄。自由层比较薄，其饱和磁化强度比较小，平衡状态容易被打破，来自隔离层的自旋极化电子能够用其自旋动量将自由层的磁矩扭转，导致自由层的磁矩能够根据自旋电子的极化方向自由地变化，以下是具体的读/写操作。

2. 电流驱动型磁随机存储器存储单元读/写

1）写“1”

对于电流驱动型 MRAM 而言，因写入的方式与磁场驱动型 MRAM 不同，所以其写数据“1”与写数据“0”的方式是不同的，先介绍写“1”操作。

如图 9.3.5 所示[9]，电流的方向是从参考层到自由层，所以自旋电子的方向是从自由层到参考层。自旋电子从自由层到达参考层时，自旋电子与参考层的磁矩发生耦合作用，使自旋方

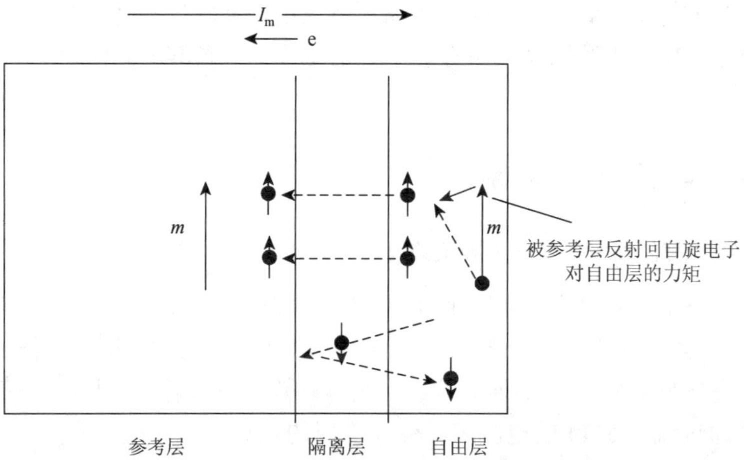

图 9.3.5 MTJ 平行态到反平行态的翻转

向平行于参考层磁矩的电子通过，而方向反平行于参考层磁矩的电子被反射回去，参考层起到一个“滤波”的作用，形成自旋电流。因为参考层比较厚，所以反射电子的自旋磁矩并不能使参考层的磁矩发生翻转，参考层保持本来的磁矩方向，而反射回去的自旋电子通过非磁性隔离层到达自由层，并且与自由层的磁矩发生耦合作用，使自由层的磁矩逐渐向着与参考层相反的方向靠拢，最终使自由层的磁矩与参考层的磁矩呈反平行状态，MTJ 的电阻较大，完成写“1”操作。

2）写“0”

如图 9.3.6 所示，电流的方向是从自由层到参考层，所以自旋电子的方向是从参考层到自由层。当自旋电子通过参考层时，自旋方向与参考层方向一致的电子通过，而自旋方向与参考层方向相反的电子被反射，这样，电流会沿着参考层的方向极化，当自旋电子通过非磁性隔离层到达自由层时，自旋电子与自由层的磁矩发生耦合作用，电子的自旋方向会与自由层的磁矩磁化强度之差产生一个力矩，这个就是自旋转移力矩。因为自由层的厚度较薄，所以磁化强度较弱，磁化方向就会被这个力矩改变，最终自由层的磁矩方向与参考层的磁矩方向一样，这就实现了写“0”操作。

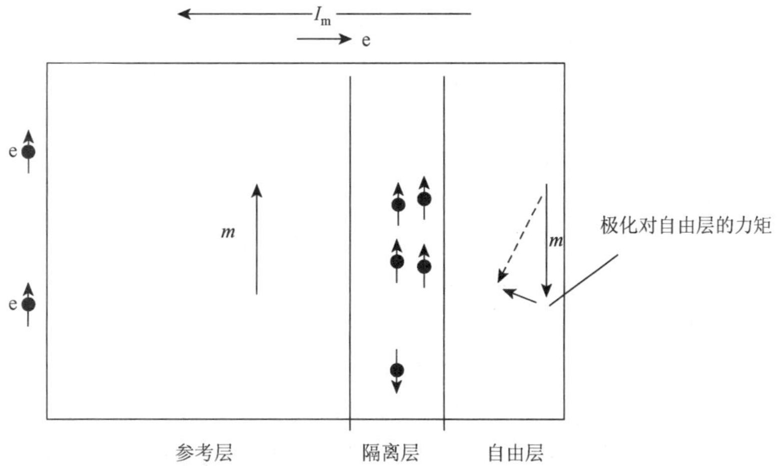

图 9.3.6　MTJ 反平行态到平行态的翻转

3）读出

电流驱动型 MRAM 的读出操作与磁场驱动型 MRAM 的大概一致，是通过检测存储单元阻态的高低得出的。若经过地址译码，某个存储单元中的数据被选中，就会有小电流从位线经过 MTJ 再流经打开的 MOS 管，这样，在 MTJ 两端就会产生电压差，根据电压差的大小就可以确定 MTJ 的阻态，进而读出所存储的数据是“1”还是“0”。这样的读取方式跟 DRAM 所用的电荷存储不同，电荷会因为被读取而减少，而这种读取方式是非破坏型的，可以无限次读取。

以上就是电流驱动型 MRAM 的写入和读出操作，从其工作原理可以得知，电流驱动型 MRAM 具有以下特点。

（1）从结构来看，电流驱动型 MRAM 省略了字线，结构相对简单，工艺也简单，使得成本低。

（2）存储密度高，因为电流驱动型 MRAM 省略了字线，所以空间变小，空间的利用率更高。同时，相同的面积下可以容纳更多的存储单元，容量更大。

（3）写信息准确，速度快。因为电流驱动型 MRAM 并不是通过磁场来进行数据的写入，不需要电流强度的改变，写入速度变快，损耗小，写入的信息准确。

（4）无交叉影响，电流驱动型 MRAM 是全电流写入模式，依靠的是其内部电子的自旋转移力矩，不会因为磁场而影响到相邻的存储单元，所以不需要担心交叉影响。

9.4 磁随机存储器的工艺与集成

近年来，国内外已经有了很多关于 MRAM 的研究进展。产业方面，在 2004 年，IBM 已经成功地制成 16 Mbit 的 MRAM 演示器件。美国的 Motorola 及 Freescale 公司于 2006 年已推出 4 Mbit 的 MRAM 标准器件进入市场。2006 年，美国 Grandis 公司的 Huai 等分别在以 Al_2O_3 和 MgO（001）为势垒层的 MTJ 中实现了自旋转移力矩诱导磁化反转[10]。2008 年，日本东芝公司 M. Nakayama 博士成功制备出基于以 CoFeB/MgO/CoFeB 为材料的 MTJ 的 STT-MRAM，容量为 1 kbit，磁阻变化率约为 9%[11]。2011 年，东芝公司与韩国的 Hynix 公司准备一起对 STT-MRAM 的技术进行深入的研发，这两家著名公司一致认为 STT-MRAM 是非常具有发展潜力的下一代非易失性存储器之一。2012 年 11 月，STT-MRAM 因为美国 EverspinTechnologies 制备出了 64 Mbit 的产品而进一步迈入了实用阶段。2013 年 12 月，东芝公司在 IEDM 2013 的会议上公布了一种新型的单纯依靠 STT-MRAM 进行运算和存储的计算架构，这种新型的架构很大程度上提高了处理速度、降低了功耗。

2004 年 4 月，Yuasa 等用分子束外延的方法制备的基于单晶 Fe(001)/MgO(001)/Fe(001)的 MTJ 在室温下的 TMR 值为 88%，在 20 K 的低温下达到 146%。2005 年 2 月，David D. Djayaprawira 等用磁控溅射法制备出基于 CoFeB/MgO/CoFeB 的 MTJ，经过 360℃退火处理后测得室温下的 TMR 值高达 230%[12]。2007 年 5 月，Lee 等用溅射的方法制备的基于 CoFeB/MgO/CoFeB 的 PSV 型 MTJ 在室温下的 TMR 值则达到了 500%，在温度为 5 K 的低温下达到 10%，这是在各种 MTJ 实验研究中测得的最大的 TMR 值，更是达到了 Butler 和 Mathon 等当初的理论预言值。

9.4.1 磁隧道结材料与性能要求

MTJ 的性能（TMR 值、临界翻转电流密度、功耗等）与 MTJ 的材料及其几何参数密切相关。由上节可知，基本的 MTJ 的结构为两层铁磁层中间夹着一层绝缘层构成的三明治结构，由于电流在通过两个铁磁层（自由层和参考层）之后会被极化，因此自由层和参考层又被称为自旋极化层。

1. 绝缘层

绝缘层材料影响着势垒高低，对电子隧穿有很大的影响，从而影响 MTJ 的 TMR 值。用于 MTJ 的绝缘层材料主要是 Al_2O_3 和 MgO 等[13]。最初的绝缘层材料是 Al_2O_3，但经实验证明，

以 Al_2O_3 为绝缘层的 MTJ 的 TMR 值最大只能达到 70%～80%，主要是因为 Al_2O_3 是不相干的隧穿过程，对所有的电子都一视同仁。而进一步研究表明，MgO 比 Al_2O_3 更适合作为 MTJ 的势垒层，因为 MgO 是相干的隧穿过程，具有高自旋过滤效应，当电子通过 MgO 时，具有不同自旋取向的电子所遇到的势垒的高度会不同。所以用 MgO 作为势垒层的 MTJ 可以大大提高 TMR 值，有实验表明，以 MgO 绝缘层的 MTJ 的 TMR 值在室温下可以达到 600%。

2. 自旋极化层

典型自旋极化层材料的主要参数如表 9.4.1 所示。最初的软磁材料主要是 Co、Fe、Ni 以及它们的合金 CoFe、FeNi 等，但是这些材料的矫顽力都比较大，磁矩方向的翻转需要较大的翻转电流或者翻转磁场。随后人们研究发现非晶态铁磁材料（如 CoFeB）相对而言具有较小的矫顽力和较大的自旋极化率，因此，CoFeB 是目前应用最多的自旋极化层材料。

表 9.4.1　典型自旋极化层材料的主要参数

自旋极化层材料	自旋极化率	饱和磁化强度/(A/m)	居里温度/K
Co	0.34	1.44×10^6	1388
Fe	0.4	1.7×10^6	1043
CoFeB	0.65	1.6×10^6	＞1300

自旋极化层常用材料包括以下几种。

（1）铁磁合金。铁磁合金是最常用的自旋极化层材料之一，常见的铁磁合金包括镍铁合金（如 NiFe）和铁钴合金（如 FeCo）等。这些合金具有较高的磁矩和磁导率，能够有效地实现自旋极化。

（2）Heusler 合金。Heusler 合金是一类具有特殊晶体结构的多元合金，它们通常由三个元素组成，包括过渡金属、主族金属和贵金属。Heusler 合金具有优异的磁性和电学性能，被广泛应用于 MRAM 的自旋极化层。常见的 Heusler 合金有 Co_2MnSi 和 Co_2FeAl 等。

（3）其他材料。除了铁磁合金和 Heusler 合金，还有一些其他材料被用作自旋极化层，如铁钌合金（如 FeRu）和铁铂合金（如 FePt）等。这些材料具有特殊的磁性和结构性质，适用于特定的 MRAM 设计。

自旋极化层中的自由层一般采用软磁材料，因为软磁材料矫顽力小，容易被磁化。软磁材料主要是平均原子磁矩较大的一些过渡金属，它们的饱和磁化强度比较大，意味着退磁场大，有利于减小 pMTJ（pendicular magnetic tunnel junction，垂直磁隧道结）的临界翻转电流密度，因为 pMTJ 相比较于传统的 MTJ 具有密度更大、能耗更低以及热稳定性更高的优势[14]。

3. 性能影响因子

对 MTJ 的性能有影响的主要参数有自旋极化层的厚度、饱和磁化强度、垂直各向异性常数、自旋极化率以及阻尼因子等，具体影响如下所述。

（1）当自旋极化层太厚时，自旋极化层的形状各向异性占主导，自旋极化层表现为面内各向异性，现有研究表明自旋极化层表现出垂直磁各向异性的典型厚度是 1.2 nm，且膜层的厚度太薄也会导致工艺上的困难。

（2）自旋极化层的饱和磁化强度越大，则退磁场越大，有利于减小 pMTJ 的临界翻转电流密度。

（3）自旋极化层的垂直各向异性常数越大越好，因为垂直各向异性常数越大，薄膜的垂直磁各向异性越好，所制备的 MTJ 密度越大，功耗越低，热稳定性越好。

（4）自旋极化层的自旋极化率越大越好，因为自旋极化率越大，MTJ 的 TMR 值越大，信噪比越高。

（5）自旋极化层的阻尼因子越低越好，因为阻尼因子越低，所需要的翻转电流越小，则翻转越快。

9.4.2 磁隧道结关键制备工艺技术

非易失性 MRAM 芯片组件通常在半导体晶圆厂的后端工艺生产，其关键工艺步骤包括以下方面[15]。

1. 底部电极的形成

经由传统图案化与镶嵌工艺形成的底部电极层（图 9.4.1）需要抛光至平坦，并为 MTJ 堆栈沉积提供超光滑的表面。在这个步骤中，测量和控制底部电极的平滑度对组件性能至关重要，必须控制和监控金属电极的最终高度，同时也必须毫无缺陷。

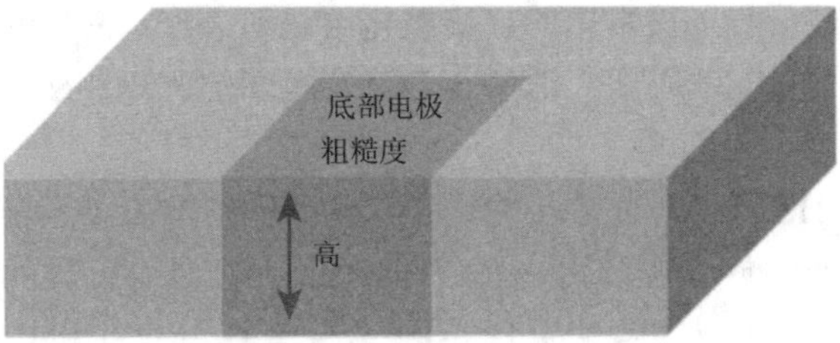

图 9.4.1 MRAM 底部电极

2. MTJ 堆栈沉积

MRAM 使用单个一体化的机台进行物理气相沉积，可以精确地沉积 20～30 个不同的金属层和绝缘层，每个金属层和绝缘层的厚度通常在 0.2～5.0 nm 之间，图 9.4.2 是一个典型的 MRAM 堆栈沉积范例，必须精确测量和控制每一层的厚度、均匀性、粗糙度和化学计量。作为绝缘层的 MgO 膜是 MTJ 的核心和关键层，需要以 0.01 nm 的精度进行沉积，以重复实现目标电阻面积乘积和 TMR 特性。电阻面积乘积和 TMR 值是决定组件性能、良率和可靠性的关键参数，甚至只有几个缺失的原子也会对其造成严重影响，这解释了为什么量测在 MRAM 制造中如此重要。

3. 磁退火

沉积后的堆栈退火确定了参考层（Mg 下方的界面）和 MgO 穿遂障壁的晶体取向。通常，

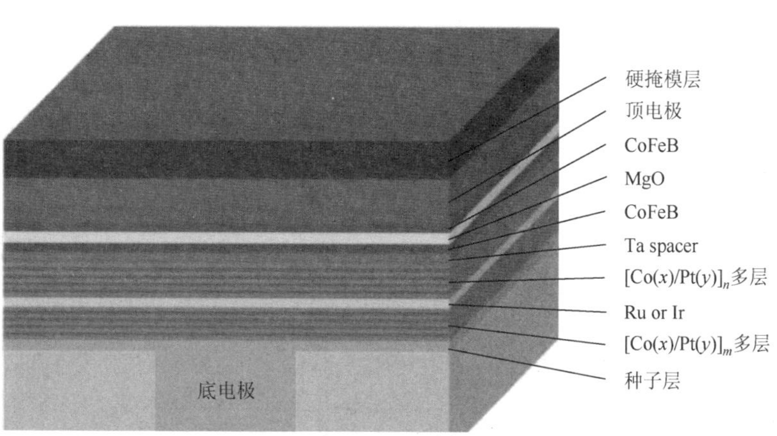

图 9.4.2 典型的 MRAM 堆栈沉积范例

MTJ 在高温下在磁场中退火，以改善材料和界面质量并确定磁化方向。在此步骤之后，为了进行工艺控制需要对 MTJ 的电特性和磁特性进行监控，这些是制造 MRAM 芯片的关键在线量测步骤。

4. MTJ 柱图案化

MRAM 单元通常是直径约 20～100 nm 的圆形柱。从光罩到光阻，从光阻到 MTJ 迭层的图案转移需要精确控制，从而使组件正常运作。透过非透明的 MTJ 堆栈进行微影迭对图案对准是一个挑战。离子束蚀刻必须保证支柱蚀刻后完好无损，并且在 MTJ 底部电极上停止蚀刻的同时，不会在其侧壁留下金属再沉积。蚀刻腐蚀、损坏和沿 MgO 暴露层的金属再沉积是关键问题，必须在此步骤中进行监控。监视和控制最终 MTJ 柱的高度和形状（主要是在 MgO 接口）以及柱的直径对于实现均匀的单元图案至关重要，这反过来又使 MRAM 单元的开关分布最小化。最后，封装层覆盖了所有内容，以保护 MTJ 组件，该层必须毫无缺陷，并且其厚度必须满足规格要求，如图 9.4.3 所示。

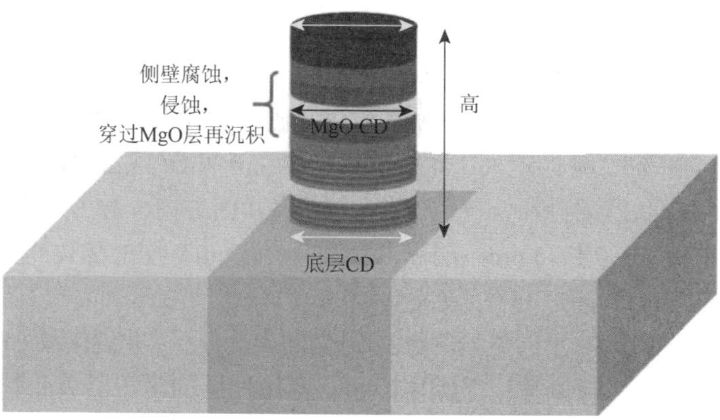

图 9.4.3 蚀刻的 MRAM 柱（在封装层之前）

5. 顶部电极的形成

顶部电极的形成与底部电极非常相似，其关键是图案对准。在最终结构中使用双重镶嵌工艺、CD、形状、轮廓和深度以及任何类型的缺陷都很重要。

9.5 磁随机存储器性能测试

9.5.1 巨磁阻结构的磁学表征

在研究中可利用 VSM（vibrating sample magnetometer，振动样品磁强计），如理研电子社制 VSM-HT800 测量表征样品的磁学性质，如图 9.5.1 所示。VSM 是一种灵敏度高、应用最广的磁性测量仪器，被测量样品通常要求尺寸较小，样品在被磁场磁化后，在远处可以近似地看作一个磁偶极子。当样品按一定方式振动时，就等同于磁偶极场在振动。于是，放置在样品附近的检测线圈内就有磁通量的变化，产生正比于磁化强度的感应电动势。

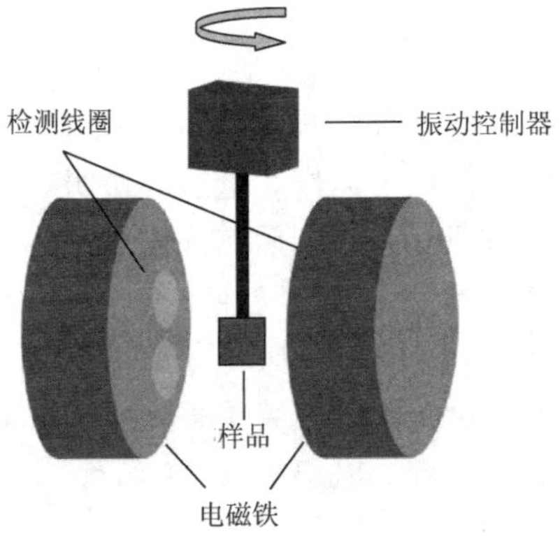

图 9.5.1 VSM 装置简图

此测量方式可随着样品需求作适当的调整，且具有相当高的灵敏度，可测量的磁化量变化为 10^{-5} erg/Oe 数量级，磁场最大可加至 15000 Oe。

如利用 VSM 对 Ni-NiO-Ni 基多层薄膜结构进行磁学性质分析时，为使样品磁化饱和，施加磁场从−5～5 kOe，图 9.5.2 是未退火 Au(20 nm)-Ni(5 nm)-NiO(3 nm)-Ni(1 nm)-$Co_{83}Pt_{17}$(15 nm)多层结构的典型 *M-H* 回线。测量时，外加磁场为垂直膜面方向，*M-H* 回线显示出双台阶的磁滞回线，说明在±250 Oe，Ni（5 nm）层和 $Co_{83}Pt_{17}$（15 nm）层的磁化相反。

M-H 回线分析过程如下：

当沿着垂直膜面方向施加正向磁场（此处定义向上为正），并逐渐增加磁场强度，当磁场增加至 2000 Oe 时，自由层与参考层都磁化饱和，两磁性层的磁矩沿着正场方向排列，此时，在多层膜间游走的电子中与磁矩方向平行的电子受到散射的概率较小，整体呈现较低电阻态。然而，当磁场从饱和磁场逐步减少至反向，并逐渐增加磁场强度时，Ni 自由层磁矩翻转并与参考层磁矩反平行，所有电子在膜层间受到散射的概率较大，因而呈现较高电阻态。若持续增

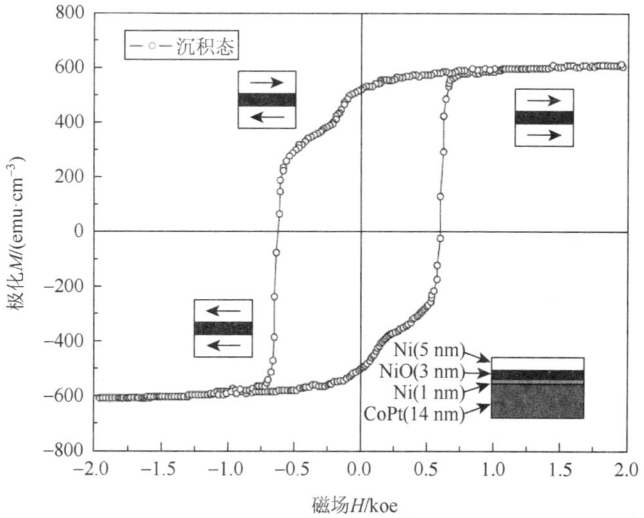

图 9.5.2　未退火 Au(20 nm)/Ni(5 nm)/NiO(3 nm)/Ni(1 nm)/$Co_{83}Pt_{17}$(15 nm)多层结构的典型 *M-H* 回线

加反向磁场，直至参考层的磁矩也翻转到负场方向，此时自由层与参考层又呈平行排列（两磁矩都朝下），巨磁阻多层膜电阻态回到较低电阻态，反之亦然。从 *M-H* 回线可以预测结构中的电流垂直平面巨磁阻效应。

9.5.2　巨磁阻结构的磁阻效应表征

在研究中，通常使用磁力显微镜（如型号 Seiko Instruments Inc. SPI-4000）系统加上导电金属探针构成的可加磁场的导电原子力显微镜系统，以观察巨磁阻结构的磁阻效应。

如图 9.5.3 所示，导电探针对样品表面扫描检测时，对样品表面的每一行都进行两次扫描：第一次扫描采用轻敲模式，得到样品在这一行的高低起伏并记录下来；然后采用抬起模式，让导电探针抬起一定的高度（通常为 10～200 nm），并按样品表面起伏轨迹进行第二次扫描，由于探针被抬起且按样品表面起伏轨迹扫描，故第二次扫描过程中针尖不接触样品表面（不存在针尖与样品间原子的短程斥力），且与其保持恒定距离（消除了样品表面形貌的影响），使用导电探针作为上电极构成导电回路对进行微加工工艺的样品进行电学性质和磁阻效应测量。

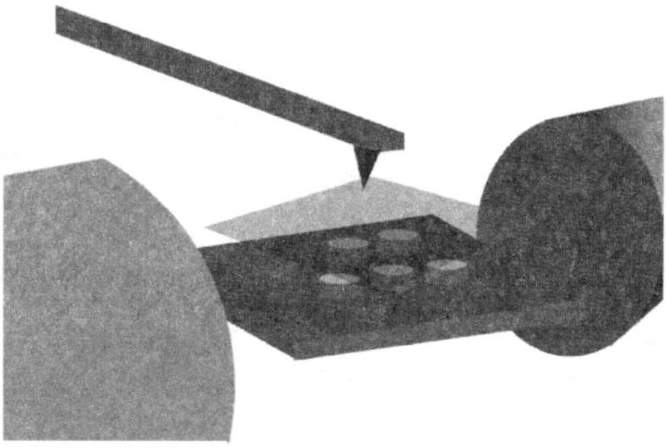

图 9.5.3　使用导电探针表征巨磁阻结构样品示意图

使用电磁铁向样品施加外部磁场，可利用 Keithley236 电流源表施加电流和电压，Keithley2000 电流表和 Keithley2182 电压表进行测量。样品的引线使用直径较小的（如 0.05 mm）银线和电烙铁。电流大小为 100 μA，施加磁场从–500 Oe 变化到 500 Oe。

9.6 磁随机存储器的应用及发展

9.6.1 磁随机存储器的应用

MRAM 因其面积小、功耗低、抗辐射等优异特性表现出了强大的市场潜力，足以替代当前各个领域设备中的存储器，目前主要在移动设备、云存储、大数据中心、汽车电子和工业等领域被广泛应用。

如图 9.6.1 展现了 STT-MRAM 目前可能的商业应用场景，可以细分为两大市场——独立式存储和嵌入式存储，同时也有了部分成熟的商业化产品问世，如 2006 年，飞思卡尔（Free Scale）公司开售第一款 MRAM 芯片 Toggle，容量是 4 Mbit，制程是 180 nm。随后，飞思卡尔公司集资成立独立公司 Everspin 负责 MRAM 产品线，到 2016 年，Everspin 成功推出 256 Mbit 容量的商业化产品。随后在 2019 年，Everspin 成功推出 1 Gbit 容量的 STT-MRAM。此外，SK 海力士，东芝等存储器厂商近期也分别报道推出了 4 Gbit 容量的 STT-MRAM 实验室产品。

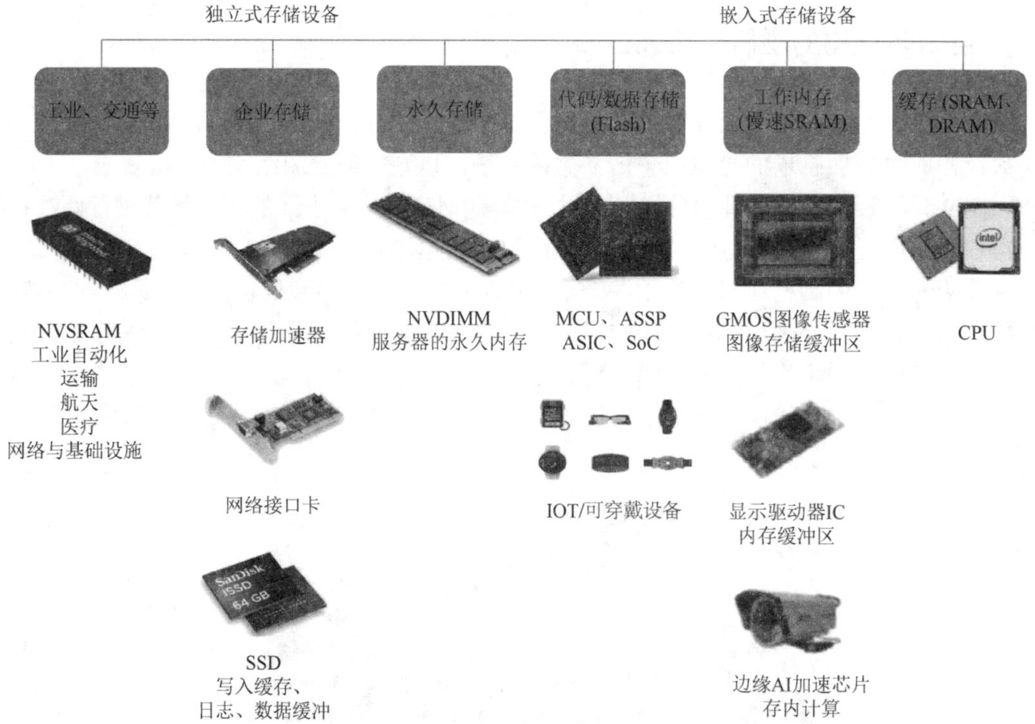

图 9.6.1 STT-MRAM 的商业应用场景[16-18]

以汽车电子为例，随着自动驾驶技术研究的发展，车载系统对于数据存储的需求正在大幅增长，因为自动驾驶辅助技术对数据的实时性具有很高的要求，出于对读写速度与成本的考量，MRAM 成为了首选的存储器，并且也是车载辅助系统中智能气囊、娱乐系统、导航系统、行车记录系统和电池管理系统等的首选存储器。

另外，航空航天与军事等领域通常对存储设备的可靠性、寿命和精密度等要求均极高，MRAM 的抗辐射性和高稳定性为这类特殊的场景应用提供了保障；且如今在航天与军事领域的嵌入式正变得越来越庞杂，需要更多的内存，这就使得功耗进一步增加，而低功耗的 MRAM 进一步加持了其对航天与军事领域的适配度。

并且，MRAM 作为理想的快速、节能和高耐用性的内存，在需要频繁记录数据（页数、设置）的商业打印机领域，也已逐渐成为 EEPROM 或 NOR 型闪存的默认选择。

总之，MRAM 以其独特的优势特性正逐渐取代各个领域中的传统存储器，是能够引起未来移动电子设备革新的潜在对象。但 MARM 的商业化道路依旧艰辛，还有诸多问题亟需解决。

9.6.2　磁随机存储器技术的发展

目前，数家芯片制造商和研究机构正致力于开发新一代 MRAM 存储器技术——STT-MRAM。STT-MRAM 技术利用电子自旋的磁性特性，在芯片中提供非挥发性储存的功能。它可以在单一元件中，结合数种常规存储器。历经多年的探索发展，STT-MRAM 已具备了 SRAM 的速度与 Flash 存储器的稳定性及耐久性，因此备受市场的关注和追捧，但其目前仍面临制造和测试等诸多挑战。

1. STT-MRAM 的结构原理

STT-MRAM 元件使用自旋极化电流来翻转电子的自旋结构，这种效应可在 MTJ 或自旋阀中来实现。STT-MRAM 元件使用的是 STT-MTJ，使电流通过薄磁层产生自旋极化电流，然后将该电流导入较薄的磁层，经由该磁层将角动量传递给薄磁层，进而改变其旋转。

常规 STT-MRAM 元件使用平面 MTJ（iMTJ）结构，如图 9.6.2 所示。

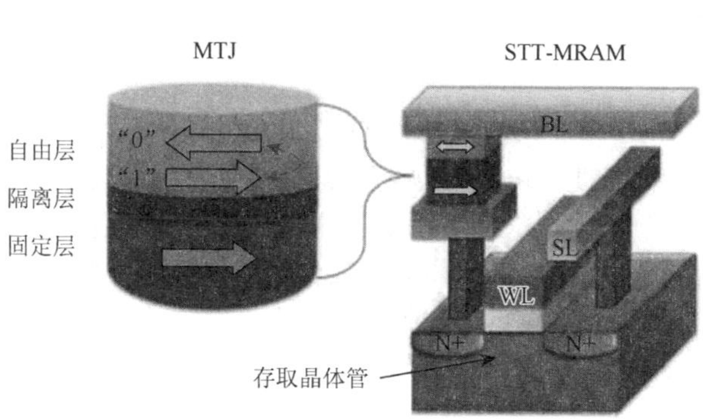

图 9.6.2　iMTJ STT-MRAM 架构图

有些 STT-MRAM 元件则使用垂直 MTJ（pMTJ）结构，如图 9.6.3 所示，该结构中磁矩垂直于硅基板的表面。与 iMTJ STT-MRAM 相比，pMTJ STT-MRAM 不仅更具可扩展性，并且也更具成本竞争力。因此，pMTJ STT-MRAM 将是未来替代 DRAM 和其他储存技术的更佳方案。

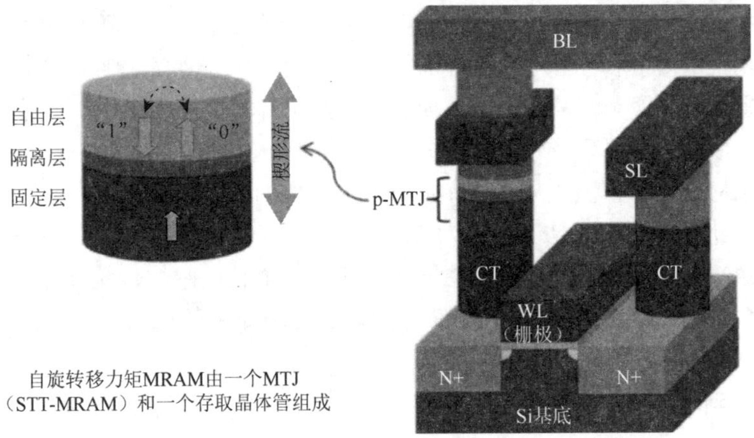

图 9.6.3 pMTJ STT-MRAM 架构图

2. 机遇与挑战

相较于其他形式的 MRAM，STT-MRAM 具有更高的密度、更低的功耗、更低的成本和可进一步扩展的能力，这些高性能特性足以使其挑战现有的 DRAM 和 SRAM 等成为未来重要的存储器技术。并且，预计 STT-MRAM 可以扩展至 10 nm 以下制程，并挑战 Flash 的更低成本。

目前 STT-MRAM 的发展脚步毫无减缓的迹象，并瞄准两大应用领域：嵌入式存储器和独立存储器。其中，在嵌入式存储器领域，STT-MRAM 适用于取代 28 nm 或 22 nm 及以下的嵌入式 NOR Flash（有研究认为要在 28 nm 以下制程范围来扩展嵌入式 NOR Flash 将极其困难，甚至认为28 nm或22 nm将成为这种Flash的极限，原因在于过高的成本将限制其市场接受度）。除了这个优点之外，STT-MRAM 还可以替代或增强微控制器、微处理器或片上系统中的 SRAM。

尽管 STT-MRAM 技术看起来极具优势，但其技术和产业化复杂度也是极具挑战的，这也注定了其发展历程会比预期的时间要长得多。例如，由于 MRAM 具有旋转的特性，施加的电流会改变电子的旋转方向，STT-MRAM 也容易出现变化，这可能会存在一些可靠性问题，因此，STT-MRAM 面临的最大挑战是所谓的读取干扰。另一个问题在于制程，现如今业界已实现 22 nm 制程的 MRAM，而 STT-MRAM 技术可以从二十几纳米节点扩展到十几纳米节点，这点是毫无疑问的。然而是否可以持续扩展到 7 nm 或者 5 nm，则还有待观察，这对芯片制造商对其系列晶圆设备和测试设备更新升级均提出了更高的要求。

3. 新一波的储存浪潮来袭

MRAM 的低功耗及持久性等特性使其在许多应用中拥有极高灵活性，根据调查，车用市场以及物联网等市场都是 MRAM 成长动能最高的领域。许多专家都预言，MRAM 将带来下一波储存浪潮。

目前，MRAM 有三个主要的应用市场：①作为嵌入式存储器，特别是嵌入或整合在微控制器中；②高密度的 MRAM 适用于作为系统暂存存储器、加速 NAND Flash；③作为 SRAM 应用的替代品，未来，甚至很可能取代 DRAM。

MRAM 很适合用作企业客户的关键性任务应用程序，可解决功率损耗和档案遗失等问题，因为这些问题一旦发生都可能严重影响客户端的使用状况。此外，MRAM 和其他的下一代存储器还都被视为是最适合用于机器学习的储存技术。如今，机器学习系统多半使用的是传统的存储器，这对于功率的消耗非常严重。根据研究，机器学习过程很大一部分的功率消耗是在简单的数据移动过程中，而不是实际的运算过程中。针对机器学习的过程，任何性能的提升，都有助于改善机器学习的能力。因此，与现有的 DRAM 产品相比，任何功耗的降低和技术的持久稳定性都将有助于提升机器学习的整体效能，而 MRAM 的低功耗和持久性都使其非常适合用于机器学习。

参考文献

[1] BHATTI S，SBIAA R，HIROHATA A，et al. Spintronics based random access memory：a review[J]. Materials Today，2017，20（9）：530-548.

[2] WOLF S A，AWSCHALOM D D，BUHRMAN R A，et al. Spintronics：a spin-based electronics vision for the future[J]. Science，2001，294（5546）：1488-1495.

[3] SHIN J S. Dynamic catch-up strategy，capability expansion and changing windows of opportunity in the memory industry[J]. Research Policy，2017，46（2）：404-416.

[4] BREW J，GILL M. Nonvolatile Memory Technologies with Emphasis on Flash：a comprehensive guide to understanding and using Flash memory devices[J]. Wiley：IEEE. 2008.

[5] TEHRANI S. Status and outlook of MRAM memory technology（invited）[C]//2006 International Electron Devices Meeting. San Francisco，CA，USA. IEEE，2006：1-4.

[6] LU N C C，GERZBERG L，MEINDL J D， et al. Scaling limitations of monolithic polycrystalline-Silicon resistors in VLSI static RAM's and logic[J]. IEEE Transactions on Electron Devices，1982，29（4）：682-690.

[7] BOEUF F，ARNAUD F，BOCCACCIO C，et al. 0.248/spl mu/m/sup 2/ and 0.334/spl mu/m/sup 2/ conventional bulk 6T-SRAM bit-cells for 45 nm node low cost-general purpose applications[C]//Digest of Technical Papers. 2005 Symposium on VLSI Technology，2005. Kyoto，Japan. IEEE，2005：130-131.

[8] YAMAOKA M，OSADA K，ISHIBASHI K，et al. 0.4-V logic-library-friendly SRAM array using rectangular-diffusion cell and delta-boosted-array voltage scheme[J]. IEEE Journal of Solid-State Circuits，2004，39（6）：934-940.

[9] YANG F L，HUANG C C，HUANG C C， et al. 45 nm node planar-SOI technology with 0.296 /spl mu/m/sup 2/ 6T-SRAM cell[C]//Digest of Technical Papers. 2004 Symposium on VLSI Technology，2004. Honolulu，HI，USA. IEEE，2004：8-9.

[10] ZHAO S，CHATTERJEE A，TANG S，et al. Transistor optimization for leakage power management in a 65 nm CMOS technology for wireless and mobile applications[C]//Digest of Technical Papers. 2004 Symposium on VLSI Technology，2004. Honolulu，HI，USA. IEEE，2004：14-15.

[11] LEOBANDUNG E，NAYAKAMA H，MOCUTA D，et al. High performance 65 nm SOI technology with dual stress liner and low capacitance SRAM cell[C]//Digest of Technical Papers. 2005 Symposium on VLSI Technology. Kyoto，Japan. IEEE，2005：126-127.

[12] KARL E，WANG Y，NG Y G，et al. A 4.6 GHz 162 Mb SRAM design in 22 nm tri-gate CMOS technology with integrated active VMIN-enhancing assist circuitry[C]//2012 IEEE International Solid-State Circuits Conference. San Francisco，CA，USA. IEEE，2012：230-232.

[13] 曾晓洋，薛晓勇，温亮. 嵌入式存储器架构、电路与应用[M]. 北京：科学出版社，2020：15.

[14] SINGH R，BHAT N. An offset compensation technique for latch type sense amplifiers in high-speed low-power SRAMs[J]. IEEE Transactions on Very Large Scale Integration（VLSI）Systems，2004，12（6）：652-657.

[15] NA T，WOO S H，KIM J， et al. Comparative study of various latch-type sense amplifiers[J]. IEEE Transactions on Very Large Scale Integration（VLSI）Systems，2014，22（2）：425-429.

[16] SLAUGHTER J M，NAGEL K，WHIG R，et al. Technology for reliable spin-torque MRAM products[C]//2016 IEEE International Electron Devices Meeting（IEDM）. San Francisco，CA，USA. IEEE，2016：21.5.1-21.5.4.

[17] AGGARWAL S，ALMASI H，DEHERRERA M，et al. Demonstration of a reliable 1 Gb standalone spin-transfer torque MRAM for industrial applications[C]//2019 IEEE International Electron Devices Meeting（IEDM）. San Francisco，CA，USA. IEEE，2019：2.1.1-2.1.4.

[18] CHUNG S W，KISHI T，PARK J W，et al. 4 Gbit density STT-MRAM using perpendicular MTJ realized with compact cell structure[C]//2016 IEEE International Electron Devices Meeting（IEDM）. San Francisco，CA，USA. IEEE，2016：27.1.1-27.1.4.

第 3 部分

应用技术篇

第 10 章

典型应用系统

本章教学目标与要求

- 了解新型存储器不同应用和技术发展趋势。

本章知识架构

10.1 嵌入式存储器的发展、设计与应用

在传统的冯·诺依曼计算机体系架构中，计算和存储一般在物理上是独立的两个组件，计算主要在微处理器内核中进行，而数据主要存储在主存储器（内存）和辅助存储器（外存）中。随着处理器技术和 SoC（system on chip，片上系统）的发展，出现了一种与微处理器内核、各种逻辑/混合 IP 模块等集成在同一芯片上的嵌入式存储器，这里的“嵌入式”也指“片上”，表示与微处理器内核处在同一芯片上，因此上述内存和外存属于片外分立式存储器。与分立式存储器相比，嵌入式存储器能够极大缩短计算和存储之间的物理距离，减少数据传输延迟，提升系统性能并降低功耗。

10.1.1 嵌入式存储器的发展

在早期，半导体行业里占据主流的是一些垂直整合制造厂商，每家公司各自独立地发展专属工艺、IP 和相关芯片。由于此时集成电路系统的集成度不高、系统运算速度慢和功耗性能等要求低，分立式存储器被大量使用，且能够应对各种应用挑战。20 世纪 80 年代末至 90 年代初，晶圆代工模式兴起，行业细分导致出现第三方 IP 独立供应商，芯片集成度的大幅增加又对分立式存储器提出新的挑战，即集成度和工艺上允许集成更多的存储器。而存储器的运行速度远远落后于微处理器速度导致性能差异日益加剧，使用频率明显不同[1]，如图 10.1.1 所示。

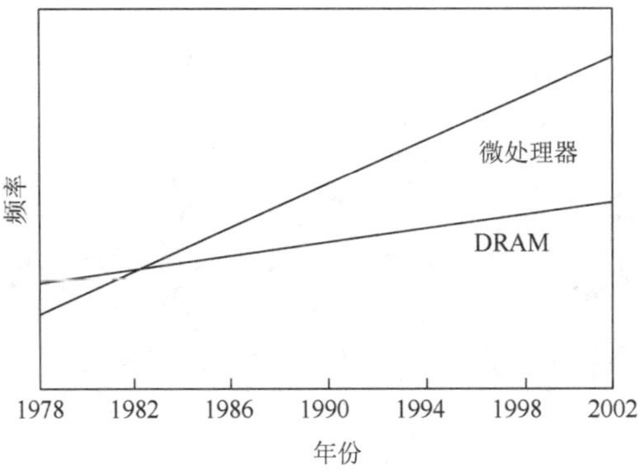

图 10.1.1 微处理器与 DRAM 随时代变迁发展的关系

片内存储器因具有接口简单灵活、总线带宽大和板级延迟小的优势，更主要的是能节省系统空间，开始成为集成电路设计工程师的首选，此时的嵌入式存储器主要是 SRAM 和 DRAM 两种形成。比如，第三方 IP 供应商 Artisan 以其灵活的商务模式和便携式软件集成特点，成为标准单元库和嵌入式 SRAM 的主要供应商。到 90 年代中期，英特尔开始将片外高速缓冲器集成到 CPU 中，此行为导致当时一大批分立式片外高速缓冲器厂商倒闭，同时也标志着嵌入式存储器成为主流厂商的选择。如今，几乎每一颗 SoC 芯片中都包含多种嵌入式存储器，半导体行业协会统计的嵌入式储存器在 SoC 中芯片中所占面积比重的变化趋势如图 10.1.2 所示。在 1999 年，每块 SoC 芯片中存储器平均面积占比仅为 20%，到 2005 年上升到 70%，2011 年

接近 90%，而 2014 年后嵌入式存储器占芯片面积提高到了 94%以上。由此可见，嵌入式存储器对芯片系统的影响越来越大。

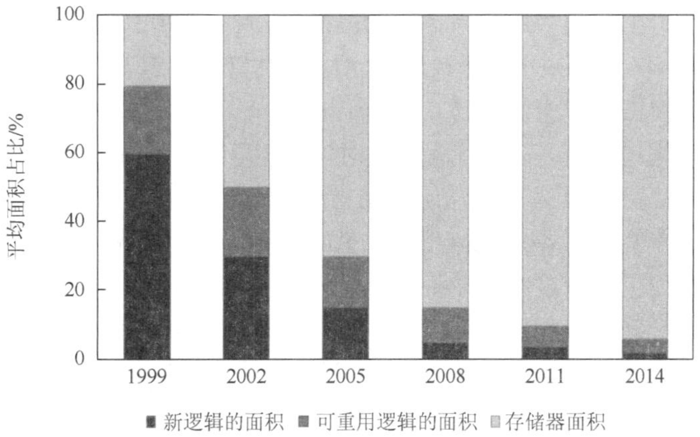

图 10.1.2 嵌入式存储器在 SoC 芯片中所占面积比重

图 10.1.3 为英特尔公司生产的 Sandy Bridge 处理器架构示意图，该处理器包含有四个核心，每个核心配备有一个 32 kbit 指令缓存、一个 32 kbit 数据缓存和独立的 256 kbit 二级缓存，此外所有核心共享 8 Mbit 的三级缓存，从图中可以看到缓存占据处理器相当大一部分面积。

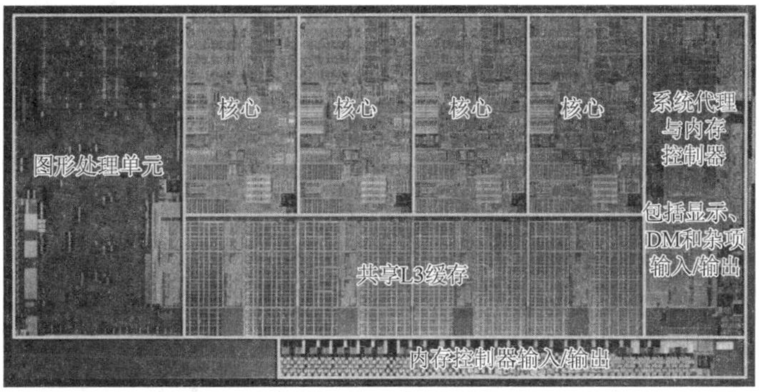

图 10.1.3 英特尔公司生产的 Sandy Bridge 处理器架构示意图

嵌入式存储器按照断电后数据是否丢失可以分为两类：一类是易失性存储器，比如简单的 SRAM 和嵌入式 DRAM；另一类是非易失性存储器，比如 ROM、EEPROM 和嵌入式 Flash 存储器，主要用于保存固定数据和程式。

对于嵌入到逻辑电路中的存储器来说，其最重要的指标在于它与逻辑工艺的兼容性。在逻辑芯片中，嵌入式 SRAM 是最常用的一种，它可以用作片上缓冲器、高速缓冲存储器、寄存器堆等。除了使用某些特殊结构的场合，一般选用与逻辑工艺有很好兼容性的标准 6 T SRAM。为了追求高性能，微处理器的高速缓存一般使用与处理器逻辑工艺相同的 SRAM 制作，这些 SRAM 单元通常比商用 SRAM 芯片单元面积大，而这也是 CPU 中缓存占据较大面积的原因之一。为了提高存储密度，可以用第 2 章中讲到的带多晶硅电阻负载的 4T 存储单元替代 6T SRAM

单元，但其代价是工艺复杂度提高。总之，嵌入式 SRAM 受到面积和成本因素限制，主要运用在一些高速、小容量场景。

SRAM 单元由 6 个晶体管组成，而同为易失性存储器的 DRAM 只由 1 个晶体管加电容构成，面积有相当优势，因此很多厂商考虑将 DRAM 嵌入芯片中。但是，DRAM 工艺与常规逻辑工艺差异很大。第一，为了减小漏电流，DRAM 晶体管的沟道长度要比最小线宽大得多（比如 0.25 μm 工艺中栅极长度可能设计到 0.35～0.40 μm），而在逻辑工艺中，晶体管一般采用最小栅极尺寸来获得短沟道长度，从而优化电路时序，并尽可能地降低沟道长度波动导致的时钟偏移；第二，DRAM 工艺通常采用单功函数栅材料（比如 N 型），而逻辑制造工艺采用双功函数栅极材料，N 型器件使用 N 型多晶硅栅，P 型器件使用 P 型多晶硅栅；第三，在器件栅介质层材料厚度、芯片外围电路密度和质量控制上，两者要求也都不一样。因此，想将 DRAM 工艺与逻辑工艺完全整合在一起相当困难，在制造嵌入式 DRAM 时面临着选择哪种工艺的问题：是基于逻辑工艺制造存储器，还是基于 DRAM 工艺制造逻辑电路。

嵌入了 DRAM 的专用集成电路要比相同管芯尺寸的纯逻辑电路成本高 40%左右，且其中的逻辑电路要比采用同样尺寸的逻辑工艺制作的纯逻辑电路慢 10%～30%；另外，嵌入式 DRAM 还需要添加内建自测结构和一些额外的测试电路，这些都提高了生产成本。由于存在以上缺点，因此嵌入式 DRAM 并不适用于每个设计，其主要在一些图形、网络和数据存储方面有应用，例如图形控制器采用嵌入式 DRAM 来提高吞吐量，网络控制器使用大容量嵌入式 DRAM 缓冲器来替换嵌入式 SRAM 等。虽然，目前许多存储器制造商如三星公司、东芝公司等都为专用集成电路提供了嵌入式 DRAM 技术，同时许多逻辑工艺制造商也提供了含有嵌入式存储器宏和 IP 核的芯片，但是主流的设计还是没有将嵌入式 DRAM 纳入必备选项。

针对系统断电后需要继续保存一些程序和数据的需求，考虑将非易失性存储器集成在芯片中。早期使用的是一次性可编程 ROM，它与标准逻辑工艺完全兼容，可扩展性强，缺点是仅能进行一次编程。随后，EEPROM 和嵌入式 Flash 存储器出现，尤其是后者的制造工艺与 CMOS 逻辑工艺基本相同，且能实现大容量存储。嵌入式 Flash 有浮栅型和硅-氧化物-氮化物-硅型，按照栅极结构又可分为三种单元结构：单晶体管器件结构、分裂栅器件结构和选择晶体管加存储晶体管的两个器件结构[2]。近年来，智能电子产品市场的飞速发展推动了嵌入式 Flash 存储器应用在各种微控制器和 SoC 中，并向汽车电子、工业控制和医疗产品等日常生活各个方面扩展。

10.1.2 嵌入式 SRAM 的设计与应用

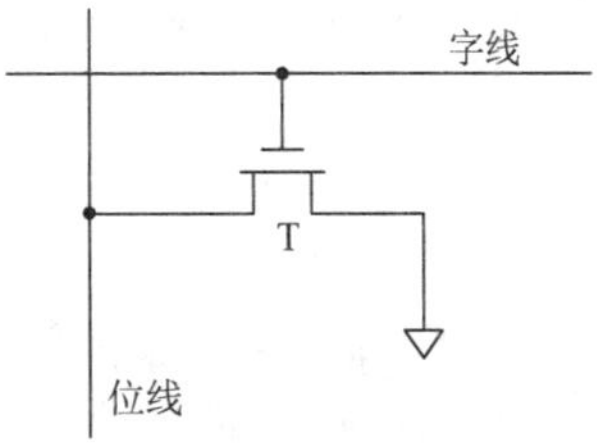

图 10.1.4 1T SRAM 存储单元电路结构示意图

目前主流的 6T SRAM 存储单元虽然与标准逻辑工艺兼容可用于嵌入式存储器，但其存储密度低，因此 Mosys 公司提出了一种 1T SRAM 存储单元[3]，其电路结构如图 10.1.4 所示，其由一个电容和一个晶体管组成。

图 10.1.5 为采用 P 沟道器件的 1T SRAM 存储单元剖面图，该单元包含一根位线、一根字线和一个接触孔。不像普通 SRAM 存储单元那样需使用复杂的互联线结构，1T SRAM 存储单元可以较容易地按比例缩小，同时采用 MOS 结构做存储电容式单元可以利

用标准的逻辑工艺来制造。这种单元结构最大的优点是面积较小，大约只有 6T SRAM 存储单元的三分之一到四分之一。

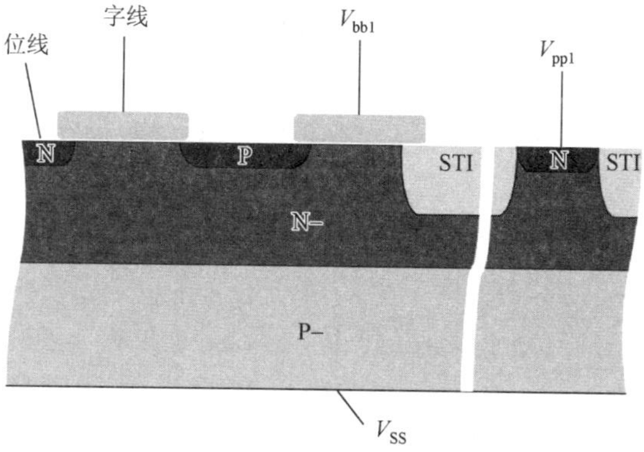

图 10.1.5 采用 P 沟道器件的 1T SRAM 存储单元剖面图

但是，与正常的 SRAM 相比，简单的 1T SRAM 存储单元也存在一些缺点。由于使用了 MOS 电容来等效 DRAM 中的存储电容，其电容电荷存储量要小得多，并且是高度非线性的，因而要使用专门的线性偏置电路进行补偿。并且，单管单元和 MOS 电容存储的电荷量较少会使软错误率上升，这同样需要使用特殊的电路技术来解决。

1T SRAM 存储单元的独特结构设计，同样也带来了一些优势。在标准的 DRAM 中，数据以电荷形式存储在电容中，并转化为位线电压再经读出放大器放大后输出。位线上的电压正比于单元电容与位线电容的比值，因此，要缩小单元尺寸，位线长度必须尽量短，从而尽量减小位线电容。DRAM 位线大多用多晶硅制成，读出延时主要来自这里。而 1T SRAM 使用金属位线来提高读写速度，并且缩短字线以进一步减小存储器周期，其存储速度甚至可以和许多高速 SRAM 相比拟。比如，采用标准 0.25 μm 逻辑工艺，使用一层多晶硅和四层金属，就可以制作出频率高于 220 MHz 的存储器。另外，该电路使用较短的字线还可以减小选中的存储器单元数，降低软错误率。

1T SRAM 采用的是多存储体系结构，其用较短的位线和字线阵列连接多个独立的小存储体，从而使多个存储体同时进行并行操作，即每个存储体均可独立完成读、写或刷新操作而不受其他存储体的影响。此外，由于使用的是标准逻辑工艺，采用多层金属布线可以很方便地实现多个存储体与接口电路之间的互连。Mosys 公司最早将 1T SRAM 产品化，并使用在任天堂的 Game Cube 和 Wii 游戏机中且大获成功，后来他们对该结构做了进一步改进，主要是提升先进工艺下电容的品质。由于 1T SRAM 设计容量较大且需要定制服务，其一般应用在需要高密度 SRAM 的产品中，而在分布式模块结构中较少使用到这种嵌入式存储器。

寄存器文件又称为寄存器堆，是 CPU 中多个寄存器组成的阵列，通常由快速 SRAM 实现。这种 SRAM 具有专门的读端口和写端口，可以进行多路并发访问不同的寄存器。寄存器堆主要用于内存与 CPU 运算部件之间的数据暂存，需要多路并发对数据进行读、写操作，所以一般采用多端口 SRAM 实现。

传统的 6T SRAM 存储单元由于读约束和写约束影响，在多个端口同时执行读、写操作时，容易发生读破坏，造成存储单元内的数据发生翻转。在 2.4.1 小节中，一种 8T SRAM 存储单元被提出，它由于读、写约束分开，不同端口在进行读/写操作时并不会影响到其他端口，即多个端口不能同时进行写操作，因此其特别适合于多端口寄存器堆。但是，单个 8T SRAM 存储单元一共有 2 根字线（1 根写字线和 1 根读字线）和 3 根位线（2 根写位线和 1 根读位线），比单个 6T SRAM 存储单元多了 1 根字线和 1 根位线。当存在 N 个写端口、M 个读端口时，8T SRAM 存储单元一共需要（$3N+8M$）条连线，这会严重影响寄存器堆阵列的布局布线，导致线路阻塞。因此，对于应用在寄存器堆中的 SRAM 来说，存储单元既需要读、写操作分开，又要字线和位线的数目足够少。

图 10.1.6 为一个 2×2 的 5W9R（5 个写端口、9 个读端口）寄存器堆存储阵列结构示意图[4, 5]。它采用的是 5W9R 存储单元，读端口采用了与 8T 单元一样的读端口，每个读端口有 1 根字线和 1 根位线；写端口却采用传输门的写操作方式，每个字端口只有 1 根字线和 1 根位线。因此，对于一个 2×2 的 5W9R 阵列来说，它一共有 28 根字线和 28 根位线，相比于一个 2×2 的 5W9R 单端 8T 阵列，其少了 10 根位线，从而有效地降低了存储阵列的布线阻塞。

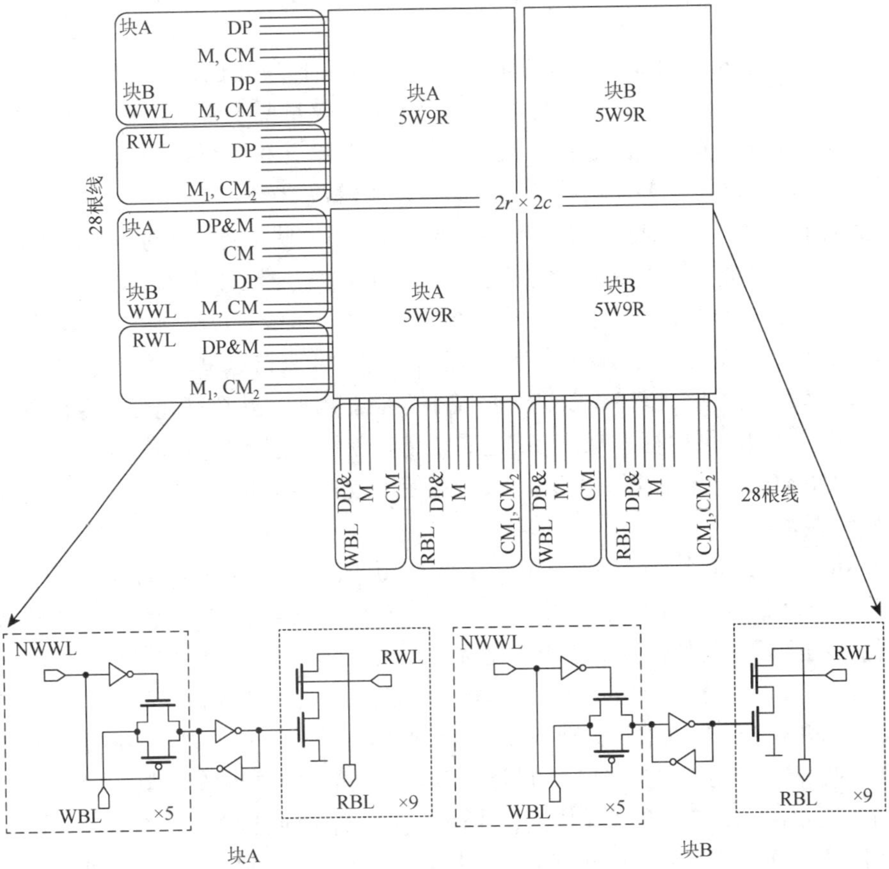

图 10.1.6　一个 2×2 的 5W9R 寄存器堆存储阵列结构示意图

10.1.3　嵌入式 DRAM 的设计与应用

早期从事嵌入式 DRAM 技术开发的厂商有东芝公司，它使用 dRAMASIC 工艺设计并制造出一款无沟道结构、72 K 门及容量 1 Mbit 的 DRAM，该芯片的面积为 14.95 mm^2，存储单元尺寸为 3.6 μm×8.2 μm，使用的是平面电容。dRAMSIC 工艺是在 HC^2MOS 双阱工艺基础上发展而来，相比于后者多了三道光刻。在芯片设计时，将 DRAM 存储阵列置于一个单独分开的 P 阱区，从而能提高逻辑电路开关噪声的抗噪性，并降低衬底电压变化带来的影响。此外，芯片中嵌入式 DRAM 和逻辑电路部分各自拥有独立的电源端口和地线端口，以避免相互干扰。

目前，一种使用 D^2RAM（双端口交错 DRAM）结构的嵌入式 DRAM 存储器被开发出[6]，它具有随机存取速度快（读/写周期短）的优势。实现这一性能的关键因素是使用了 D^2RAM 结构、两级流水操作和放大前写技术。图 10.1.7 为传统 1T1C DRAM 存储单元电路及其一级流水操作示意图和 D^2RAM 结构的存储单元电路及其两级流水操作示意图，可以看到后者的存储单元由一个电容 C 和两个 MOS 晶体管 T_1、T_2 组成，其中晶体管 T_1 的栅极和源极分别连接着字线 WL_a 和位线 BL_a，晶体管 T_2 的栅极和源极分别连接着字线 WL_b 和位线 BL_b，整个单元具有对称性。

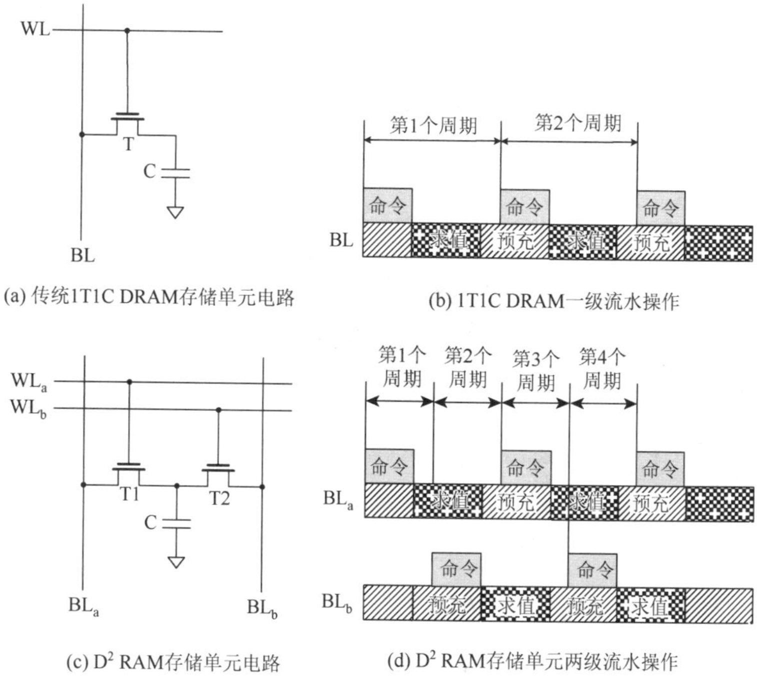

(a) 传统1T1C DRAM存储单元电路　　(b) 1T1C DRAM一级流水操作

(c) D^2 RAM存储单元电路　　(d) D^2 RAM存储单元两级流水操作

图 10.1.7　存储单元电路及流水操作图

在图 10.1.7（a）传统的 1T1C DRAM 存储单元中，由于电路只包含一个晶体管和一个电容，位线的预充电操作和通过位线对存储单元进行的数据读、写操作必须是顺序执行的。而在图 10.1.7（c）D^2RAM 结构中，可以依据命令对双端口位线（位线 BL_a 和位线 BL_b）进行交替访问。具体来说，如图 10.1.7（d）两级流水操作示意图所示，在某一个周期，当 a 端口位线 BL_a 处于求值（读、写）状态时，b 端口位线 BL_b 可以同时进行预充电操作；反之，当 a 端口位线 BL_a 在执行预充电时，b 端口位线 BL_b 可以同时进行求值操作，因此这种交错的位线操作方式，可以节约一半 DRAM 的随机存取周期。由于 D^2RAM 采用两级流水结构，随机访问频率可以达到很高，对于读操作，从地址输入到数据输出需要两个时钟周期；对于写操作，则是写命令和数据同时出现。另外，读操作和写操作时位线、字线和内部数据总线均处于激活状态。

在存储阵列结构上，D^2RAM 使用开放式位线结构，其对应的读出放大器要比传统折叠位线读出放大器节省一半的面积。如果再对存储电容的形状重新设计，则相比于 DRAM 单元面积可进一步缩小到 1/1.8。

在传统的 1T1C DRAM 读写电路中，数据经灵敏放大器放大后会重新写入到位线和存储单元中，因此相邻的未被选中的位线数据须被锁存起来，以避免受到正在进行数据回写的位线影响。而 D^2RAM 存储器使用了放大前写技术，可以保护未选中的位线不受写位线噪声的影响。在放大前写技术中，未选中的位线数据被保存，且写操作的时间也比读操作时间短。比如，采用了两级流水操作和放大前写技术后，存储器的随机存周期在最差情况下小于 8 ns，典型值小于 6.5 ns，为传统 DRAM 存储器随机存周期的 1/6 左右。

除了通过对嵌入式 DRAM 的电路结构进行改进来提升其性能外，基于先进制造工艺提出新的嵌入式 DRAM 架构也成为一个研究热点。目前，提出了 HMC（hybrid memory cube，混合内存立方体）架构，它由混合内存立方体联盟主导，其成员包括美光、海力士和三星等主要内存制造商以及阿尔特拉、安谋、IBM 和微软等开发商。HMC 架构使用硅通孔、3D 封装和先进的 CMOS 工艺实现[7]，其系统架构如图 10.1.8 所示。

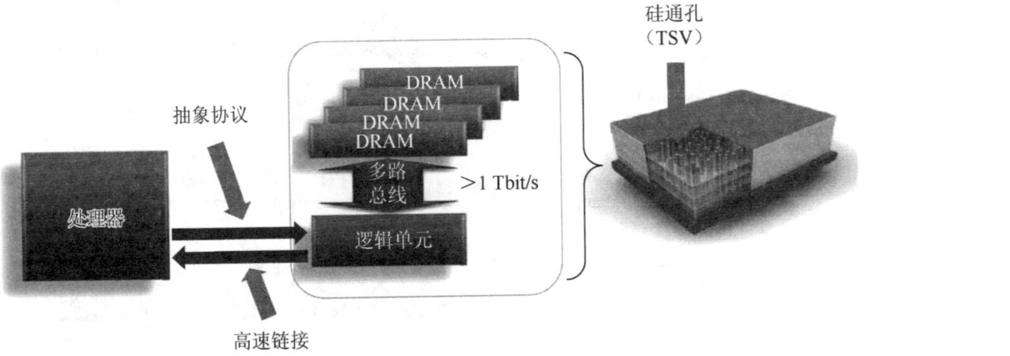

图 10.1.8 HMC 系统架构示意图

在该架构中，DRAM 存储器涉及的逻辑电路部分，比如行列译码器、灵敏放大电路和刷新控制电路等，被设计在一个高性能逻辑芯片上。多个存储单元阵列晶片被制造出来，并堆叠在逻辑电路芯片上，两者之间使用硅通孔技术连接，即通过垂直方向上的数千根连线来减小信号传输距离，从而降低延迟，提高嵌入式 DRAM 的运行速度和带宽。图 10.1.9 为美光公司公布的 4 GB HMC 1.1 内部结构示意图[8]，它由 1 个逻辑层和 8 个 DRAM 存储阵列层组成，然后又被分为 16 个分区。1 个 3D 堆栈包含 16 个垂直拱顶，每个垂直拱顶在逻辑层中均有对应的内存控制器，再通过 32 个数据硅通孔将内存控制器连接到 DRAM 分区。因此，在 4 GB HMC 1.1 中，每个内存控制器负责 1 个拱顶包含的 8 层 DRAM。另外，4 个垂直拱顶组成 1 个象限，它们共用同一个外部链接。图 10.1.9 所示架构的每层 DRAM 芯片容量为 4 Gbit，8 层 DRAM 对应的总容量为 32 Gbit（或 4 GB），因而每个垂直拱顶的容量为 256 MB。

其中，每层 DRAM 分为 16 个分区，每个分区又可以看成由 2 个块组成，因此该芯片包含的总块数为

$$\text{总块数}_{\text{HMC1.1}}=8\text{层数}\times 16\text{分区/层}\times 2\text{块数/分区} \tag{10.1.1}$$

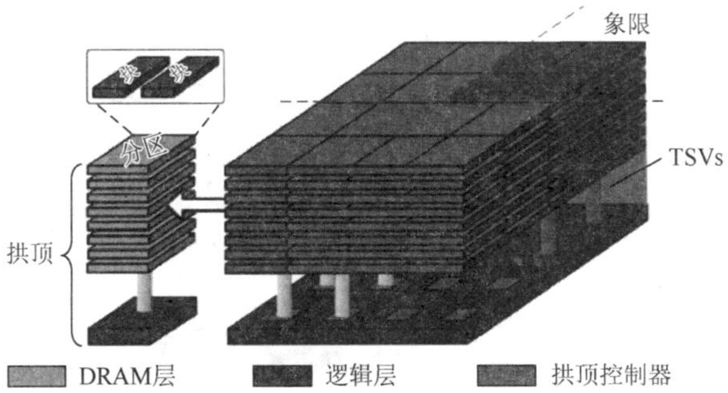

图 10.1.9　4 GB HMC 1.1 内部结构示意图

HMC 接口通过高速串行化/解串行化电路实现基于包的通信协议，与基于同步总线接口的传统 JEDEC 协议相比，它具有更高的原始链路带宽。在该协议中，数据包被分割为 16 字节元素，称为 flits。通信时，数据包载荷大小为 1～8 个字节元素一个 flits（16 bit）到八个 flits（256 bit），为了确保数据的完整性和进行适当的流量控制，每个数据包必须携带一个 8 字节的表头和一个 8 字节的表尾，因此每次请求/响应还需多花费一个字节元素 flit。如表 10.1.1 所示为用字节元素 flits 表示的每个 HMC 事务数据花销量大小。HMC 使用两个或四个外部链接与其他 HMC 相连。每个独立链接连接一个象限，而该象限又通过内部连接到其他象限。因此，访问象限中的本地拱顶将比访问其他象限中的拱顶延迟更低。此外，每个外部链路都是一个 16（全宽）或 8 通道（半宽）连接，其支持全双工串行通信，可配置速度为 10 Gbit/s、12.5 Gbit/s 或 15 Gbit/s。

表 10.1.1　HMC 读写操作时请求/响应数据大小

类型	读操作		写操作	
	请求	响应	请求	响应
数据大小	空	1～8 flits	1～8 flits	空
开销	1 flit	1 flit	1 flit	1 flit
总数据大小	1 flit	2～9 flits	2～9 flits	1 flit

在 HMC 架构中，DRAM 操作遵循分页关闭策略。当引用内存时，读出放大器预充电并关闭 DRAM 对应行单元。HMC 架构的页面大小（即行大小）为 256 bit，小于 DDR4 的 512～2048 bit。由于 HMC 架构由很多块组成，保持行开启会消耗很多功耗，因此它采用了分页关闭策略。该策略和较小的页面会降低由低时域通道和高漏失率导致的功耗，此外在每个拱顶中，DRAM 数据总线的粒度大小为 32 bit。

对于 HMC 架构的地址映射，每次请求指令的头部包含有一个 34 位地址字段（对应于 16 GB 可寻址内存）。然而，由于当前硬件不支持 16 GB 容量，因此该地址字段的最高两位可以忽略不计，具有不同字组大小的 4 GB HMC 1.1 地址映射如图 10.1.10 所示。HMC 架构采用了一种

低阶交错策略将内存字组映射到拱顶和块，每个字组长度为 16 bit，因而图 10.1.10 中最低 4 位地址可以忽略掉。接下来地址位数确定 HMC 架构访问的最大字组大小，图 10.1.10（a）表明默认最大字组的映射大小为 128 bit，接着紧随字组地址的四位地址用来确定一个拱顶，之后又一个四位地址用于标定所选中拱顶中的某一个块。因此，连续的字组先分布在不同的拱顶中，再分散到不同的块中。另外，对于地址映射方案用户可以通过改变比特位置进行微调。

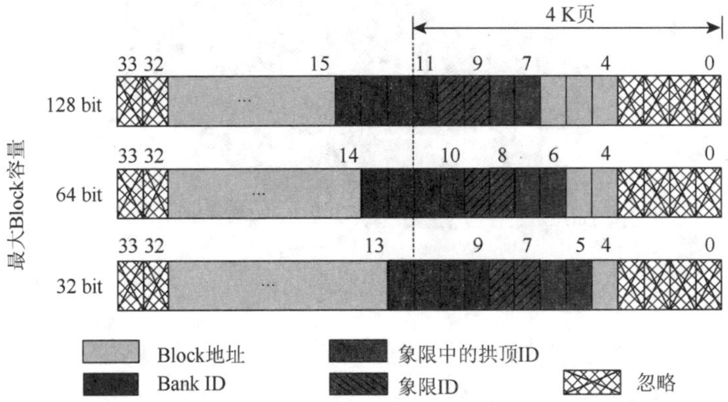

图 10.1.10 具有不同字组大小的 4 GB HMC 1.1 地址映射

HMC 架构除了具备基本的数据读取能力外，还可以进行一些简单的运算操作，比如算术运算、布尔运算、比较运算和按位运算，其中，数据的读取主要在 HMC 架构的嵌入式 DRAM 中进行。总之，采用 3D DRAM 封装技术的 HMC 架构展示了一种新的地址空间映射关系和相关性能特征，有助于最大程度地优化编译器和数据布局算法来提高其应用潜力。

10.2 “存算一体”和“类脑计算”——新型存储器在类脑神经形态计算中的应用

人工智能是引领新一轮科技革命、产业变革、社会变革的战略性技术，它是多学科融合的结晶，信息处理量剧增是其基本特征，因此，它对计算机信息处理技术提出了更高的要求，冯·诺依曼结构计算机的“内存墙”瓶颈日益凸显[9]，其主要解决方法之一是采用内存计算[10]，实现存算一体。人脑具有大规模并行计算、自适应、自学能力强且能耗极低的特点，实现人脑神经模拟、构建神经形态计算芯片引起越来越多的关注。

10.2.1 神经形态计算

人类大脑是由大量计算单元（神经元）与存储单元（突触）构成的高密度网络，以极低功耗运行。大脑大约有 10^{11} 个神经元和 10^{15} 个突触，人脑神经元间的突触连接如图 10.2.1 所示，神经元由许多部分组成，可通过轴突和树突与其他神经元相连构成网络。轴突的功能是将信息输送出去，树突的功能是接收其他神经元信息的输入。突触是前一个神经元的轴突末梢与后一个神经元之间的通讯节点，中间具有一层薄膜，其功能是将峰电位的电信号转化为化学信号，而后再重新将化学信号转化为电信号。突触的权重会随大脑对新信息的适应而增强或减弱，即突触可塑性。突触可塑性将影响大脑学习与记忆，对突触可塑性的模拟是神经形态计算的核心。

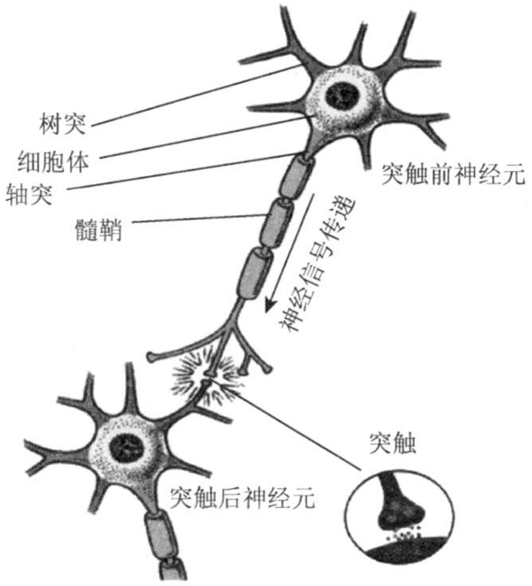

图 10.2.1　人脑神经元间的突触连接示意图[11]

人工神经网络是以人脑神经元网络为参考建立起来的一种神经形态计算模型。传统的人工神经网络是利用非线性电路、逻辑门阵列和大规模集成电路来模拟神经元和突触的功能及更高级的模式识别、智能控制等认知功能，但这些基于 CMOS 电路制作单个人工神经元或突触，往往需要使用几十个晶体管，难以兼顾集成度与性能。基于摩尔定律的 CMOS 技术已经接近其尺寸缩小极限，新型纳米器件应用于人工神经网络得到越来越多的关注，特别是新型存储器具有结构简单、功耗低、可微缩性、集成度高等优点，逐渐成为大规模神经网络硬件实现的研究重点。研究表明，RRAM[12]、FeRAM[13]、PRAM[14]、MRAM[15]都可以作为人工神经网络的基本单元。

10.2.2　阻变存储器神经元功能实现

1. 神经元工作机制

神经元是生物体信息传递的单元，其工作机制包括以下两个过程。

（1）当神经元细胞未受到刺激时，细胞膜内外两侧存在外正内负的电压差，即静息电位。静息电位是一切生物电产生和变化的基础，其形成原因来自细胞膜两侧各种钠、钾离子浓度的不同，以及不同状态下细胞膜对于各种离子的通透性不同。在静息状态下，细胞膜对钾离子通透性大，而对钠离子通透性很小，对氯离子则几乎没有通透性。因此，在细胞静息期，钾离子外流是静息电位形成的基础，它的外流使细胞内的正电荷减少而细胞外正电荷增多，从而形成细胞膜外高内低的电位差，推动钾离子外流的动力是膜内外离子浓度差。随着钾离子的外流，细胞膜内外两侧的电场阻止钾离子外流，从而形成动态平衡。这种稳定的电位差称为钾离子的电位。

（2）当细胞受到刺激时，部分钠离子通道开放，使细胞膜两侧电位差减小，产生一定程度的去极化，当膜电位减小到一定程度时，所有钠离子通道开放，使电位急剧上升，形成动作电位上升部分，即去极化。之后，钠离子通道逐渐失活关闭，而钾离子通道被激活开放，钾离子外流，使得膜电位迅速下降，形成动作电位下降部分，即复极化。最后，通过钠离子和钾离子泵的调节，电位恢复到静息电位，为下一次兴奋作准备。

动作电位的产生与传播是神经元的重要生理功能，任何神经元模型或者电路都要能够产生出尽量接近动作电位的波形，包括去极化和复极化两个部分。此外，在这种模拟中，还要尽量遵从动作电位的一些基本原则，如全或无、不能叠加、无衰减性传播等。

2. 基于阻变存储器的神经元电路

神经元通过利用其钠离子和钾离子通道开闭产生兴奋和传递兴奋，当一个神经元细胞受到树突信号的激发，一旦超过某阈值，其导电通道电导将会改变，并驱使神经冲动不断传导，人工神经元电路可以近似地模拟这种阈值激发行为。

2012 年，惠普实验室利用 RRAM 率先设计并制造出神经元电路，这个神经元电路被称为 Neuristor，能够模拟神经元 all-or-noting 阈值激发和多种周期性激发的功能，并且该电路不含任何晶体管[16]。如图 10.2.2 所示，Neuristor 利用两个 RRAM 以及分别和它们相并联的电容来模拟神经元的钠离子和钾离子通道。在施加在器件上的有效电流驱动下，局部的热积累使材料温度超过了转化温度，导致两个电极间导电通道的形成。这种 RRAM 的动态电阻转变行为与 Hodgkin-Huxley 模型[17]中离子通道功能上的相似性暗示前者非常适合在电学上模拟神经冲动，进而构建人工神经元器件。

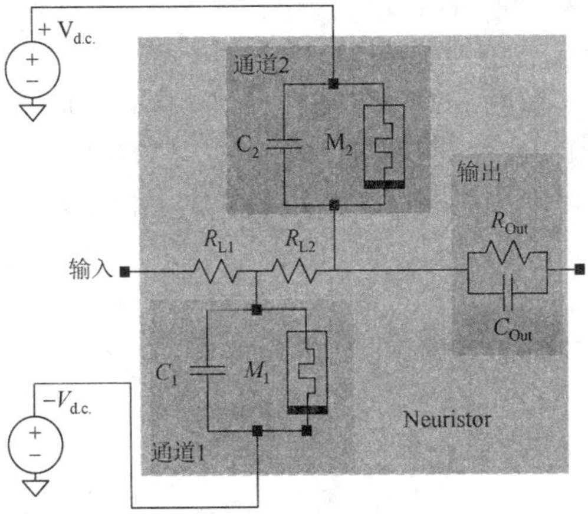

图 10.2.2　基于 RRAM 的神经元电路图[16]

在 Neuristor 神经元电路中，利用四个状态变量来描述电路的状态，包括离子通道导通能力 μ_1 和 μ_2，以及电容贮存电荷 q_1 和 q_2。两个相反极性的电压源通过负载电阻 R_{L2} 和电离子通道相连接实现供能。电路通过输入电阻 R_{L1} 和输出电抗（R_{out}，C_{out}）实现信号的传输。如图 10.2.3（a）所示，通过输入两个幅值不同的激励来模拟 all-or-nothing 神经冲动响应。通过检测四个变量的变化和每个节点的电压和电流，对于超过阈值和未超过阈值两个脉冲信号有不同的输出电压响应。超过阈值的响应为 0.33 V，未超阈值响应仅为 0.028 V（可以忽略）。这说明，神经元电路已经具有了两个重要的生物学性质，即信号增益和阈值激发。

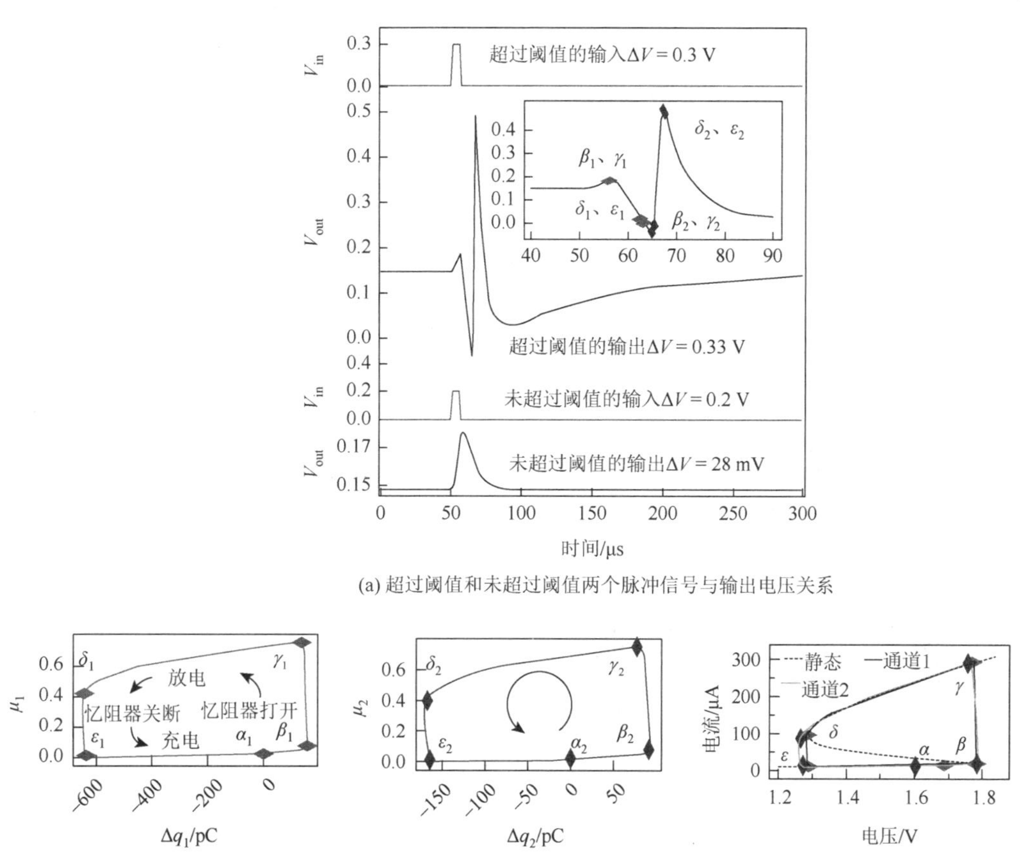

(a) 超过阈值和未超过阈值两个脉冲信号与输出电压关系

(b) 通道1中变量μ和q的相位图

(c) 通道2中变量μ和q的相位图

(d) 在all-or-nothing过程中，两个通道的相位图

图 10.2.3　all-or-nothing 相应过程及其相应的电路状态变化[16]

如图 10.2.3（b）～（c）所示，两个神经元通道中 μ 和 q 的相位图展示了神经冲动产生连续过程，记 Δq 为当前电荷和初始电荷的差值。两个通道均在逆时针方向存在五个状态。在初始态，$\Delta q=0$。在 α 状态，两个通道分别由两个直流源充电，当通道被激发而偏离初始态，通道电容充电，直到电压在 β 状态超过阈值。此时，金属通道半径突然增加，RRAM 阻值突然减小，这一过程模拟了 Hodgkin-Huxley 模型中离子通道的打开，状态同时转变为 γ。从 γ 到 δ 状态，电容不断通过 RRAM 放电，且在 δ 处通道半径突然减少，电阻跳变回高阻，模拟了离子通道的闭合过程。当 M_1 变成高阻，电容 C_1 继续充电回到初始态。神经元电路工作时，（$\beta-\gamma$）和（$\delta-\varepsilon$）过程的时间为 1 ns，而（$\gamma-\delta$）放电过程持续 5 μs，（$\varepsilon-\alpha$）充电过程持续 100 μs。

类比生物神经元兴奋过程中钠离子和钾离子通道的作用，将两个在时间上有补偿的忆阻器通道状态变化叠加，如图 10.2.3（d）所示。输入脉冲先给通道 1（钠离子通道）充电，使 α_1 到 β_1，当其状态转化为 ε_1 时，其输出信号为极化效应。此时，通道 2（钾离子通道）开始充电，当其到达 ε_2 状态时，输出端产生去极化效应。

上述 Neuristor 电路可以模拟信号在神经元的整合与传输，还可以作为放大器对输入信号进行放大处理。配合无源的忆阻器突触，Neuristor 神经元可以作为动力元件来驱动突触的状态变化，构建真正的无晶体管的忆阻神经网络。

10.2.3 阻变存储器突触功能实现

RRAM 能根据流经的电荷量改变自身阻值，并非易失性地记住阻值的变化状态，这一点与突触随前后神经元活动刺激而改变自身的突触权重的特点极为类似。单个忆阻器可用于模拟神经突触，取代之前复杂 CMOS 突触电路，在器件数量、能耗和效率方面能够实现大幅优化。

突触是神经元之间的联结部位，突触权重或突触效能指突触前后神经元之间的联结强度，联结强度不是固定的，能够根据前后神经元活动的情况发生变化，这一特性称为突触可塑性。突触可塑性是大脑记忆和学习的神经生物学基础，是人工神经电路的基本特性，也是人工电子突触器件需要实现的首要功能。

早在 1949 年，Hebb 就提出神经元细胞 A 的轴突重复或持续地兴奋神经元细胞 B，在这两个神经元细胞或其中一个细胞上必然有某种生长或代谢过程的变化，使细胞 A 对 B 激活的效率有所增加[18]。随着神经科学的发展，Hebbian 理论被不断完善，其中时序依赖突触可塑性（spike-timing-dependent plasticity，STDP）已在昆虫到人脑的不同神经环路中都有发现，被认为是 Hebbian 学习理论的第一法则。STDP 指突触前神经元活动和突触后神经元活动在时间上的先后顺序能够影响长时程突触调节的形式和幅度。较为常见的四种 STDP 形式如图 10.2.4 所示。

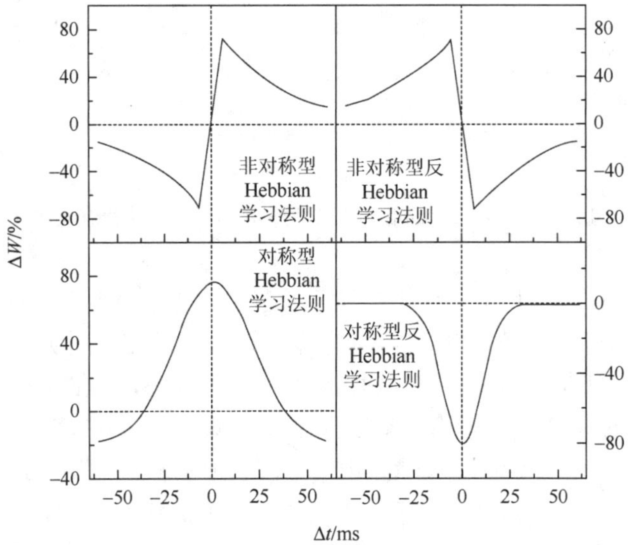

图 10.2.4 四种活动时序依赖突触可塑性 Hebbian 学习法则示意图[18]

1. 非对称型 Hebbian 学习法则

对于兴奋性神经元之间的突触联结，当突触前神经元活动先于突触后神经元活动时（$\Delta t > 0$，Δt 为突触前后脉冲刺激的时间间隔），发生 LTP（long-term potentiation，长时程突触增强），突触连结强度增强，即突触权重增加；当突触前神经元活动晚于突触后神经元活动时，发生 LTD（long-term depression，长时程突触抑制），突触权重降低。约 80%的突触间联结变化都是基于此类学习法则。

2. 非对称型反 Hebbian 学习法则

对于兴奋性神经元与抑制性神经元之间的突触联结，突触前神经元活动先于突触后神经元活动将导致 LTD，而突触前神经元活动晚于突触后神经元活动将导致 LTP。

3. 对称型 Hebbian 学习法则

当 Δt 接近 0，即突触前后神经元活动接近同步时，LTP 发生；当 Δt 远离 0，即突触前后神经元活动不同步时，LTD 发生。这种学习法则在神经肌肉接点处常见。

4. 对称型反 Hebbian 学习法则

对于新皮质层中多刺星状神经元间的突触，任何 Δt 都将导致 LTD。

以上非对称型学习法则 LTP 和 LTD 的发生与前后神经元活动的时序以及时间差大小有关，而对称型学习法则与时序无关，只与时间差有关。生物实验结果证实，不同的 STDP 窗口形式源于复杂的神经皮层活动机制导致的不同神经元电位刺激，在大脑信息处理机制中也各有其功能作用，并在神经计算学和人工神经网络中得到应用。

除 STDP 外，SRDP（spike-rate-dependent plasticity，频率依赖突触可塑性）是另一个基本的学习机制，突触权重可以通过控制突触前脉冲频率来改变，高于特定频率阈值的高频突触前脉冲将引起突触后反应增强，而低于特定频率阈值的低频突触前脉冲会导致这种反应的抑制[19]。BCM 理论认为[20]，当突触后神经元保持在某个频率活动时，不会引起突触调节，这一频率极低，可以认为神经元一直处于静息状态；当在某个中等频率活动时，会诱导长时程抑制；而在高频率下活动时，则会诱导长时程突触增强。

基于氧空位迁移的 RRAM 能够展现出良好的电阻渐变特性，可用于突触可塑性的功能实现。Yin 等[21]采用 Ni/Nb-$SrTiO_3$/Ti 阻变存储单元模拟突触可塑性，将 Ni/Nb-$SrTiO_3$/Ti 阻变存储单元的 Ti 电极和 Ni 电极分别视为突触前和突触后。编译的突触前和突触后脉冲波形如图 10.2.5（a）所示，叠加脉冲实际上建立了时间间隔 Δt 和脉冲幅值之间的关系。首先将忆阻器置于高阻态（I_{HRS}），当施加在 Ti 电极端的突触前脉冲先于施加在 Ni 电极端的突触

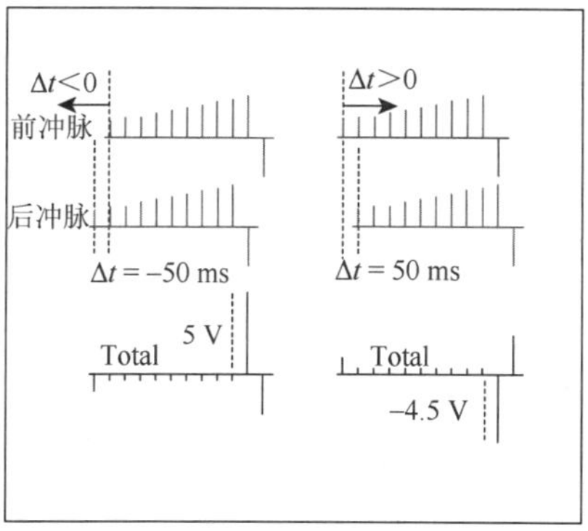

(a) 脉冲对叠加示意图

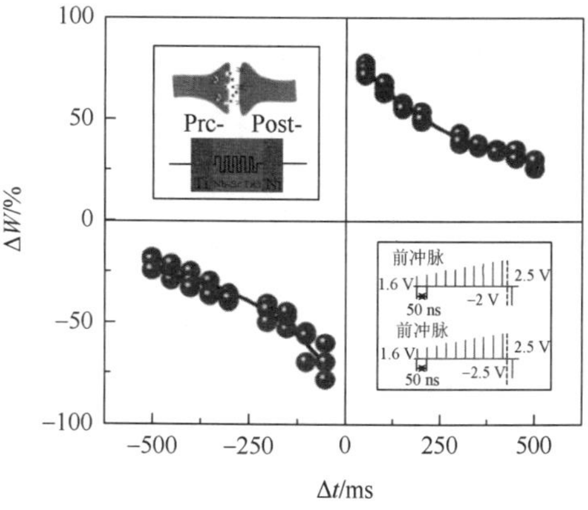

(b) 器件电流变化与脉冲时序的关系

图 10.2.5　STDP 的实现[21]

后脉冲，叠加之后的脉冲相对于 Ni 电极是正向脉冲，导致器件电流增加（I_{LTP}），电流的增加比例由 $\Delta W=(I_{LTP}-I_{HRS})/I_{LTP}\times100\%$ 计算得到，如图 10.2.5（b）的第一象限。将忆阻器置于低阻态（I_{LRS}），当施加在 Ti 电极端的突触前脉冲滞后于施加在 Ni 电极端的突触后脉冲，叠加之后的脉冲相对于 Ni 电极是负向脉冲，导致器件电流减小（I_{LTD}），电流的降低比例由 $\Delta W=(I_{LTD}-I_{LRS})/I_{LRS}\times100\%$ 计算得到，如图 10.2.5（b）的第三象限。最终 Ni/Nb-$SrTiO_3$/Ti 阻变存储单元实现了突触的 STDP 规则。

除了 Nb-$SrTiO_3$ 基 RRAM，还有很多电子突触器件都是基于氧空位迁移原理来实现突触可塑性功能，例如 WO_x[22]、AlO_x[23]、HfO_x[24]、Ta_2O_5[25]、WO_{3-x}[26]、InGaZnO[27]、PCMO[28]和 Cu_2O[29] 基等 RRAM。

另一类通过电化学反应产生 Ag^+或 Cu^{2+}在介质层迁移引起器件阻变的 RRAM 器件同样可以表现出突触行为。日本国立材料科学研究所 Hasegawa 研究组[30-33]系统研究了 Ag_2S、Cu_2S 和 Ag/Ta_2O_5/Pt 原子开关中 Ag 或 Cu 导电丝的形成与断开过程中的电导量子化现象，每一步施加电脉冲使器件的电导变化为一个原子接触电导 G_0，这种特性有利于对突触权重进行精确调节。他们还发现控制连续脉冲的间隔时间可以实现对大脑长短期记忆的模拟，如图 10.2.6 所示。脉冲间隔时间较长时，器件的电导增大并在短时间内衰退，类似于大脑的短期记忆；脉冲间隔时间较短时，器件的电导增大并且具有稳定的保持特性，类似于大脑的长期记忆。

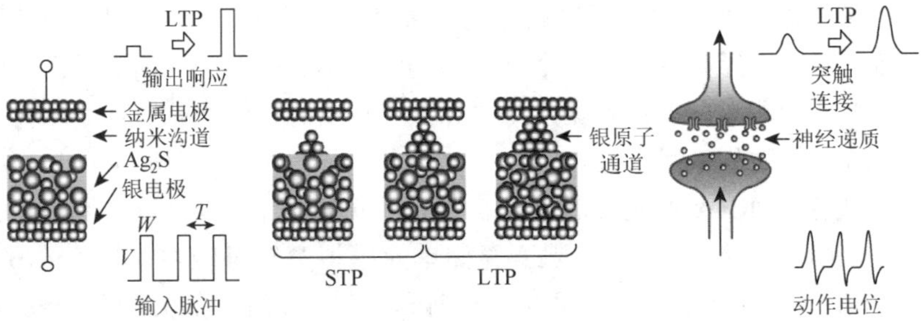

(a) Ag_2S原子模拟突触原理示意图

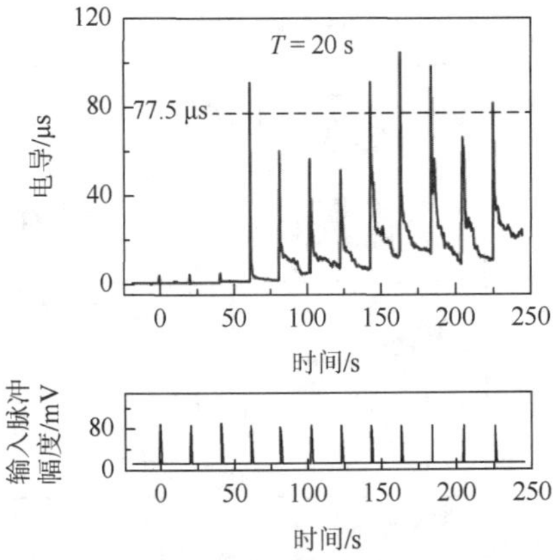

(b) 脉冲间隔为20 s时，短期记忆，器件电导增大并在短时间内衰退

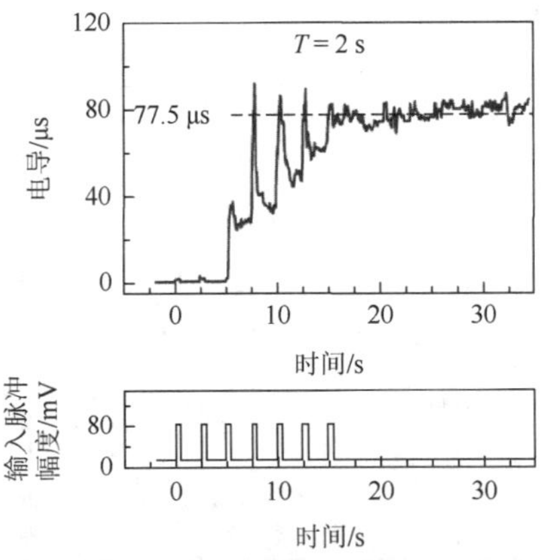

(c) 脉冲间隔为2 s时，长期记忆，器件电导增大并具有稳定保持特性

图 10.2.6 Ag_2S 器件的长短期记忆[30]

近几年，国内一些科研人员也深入开展了忆阻突触器件的相关研究。华中科技大学缪向水团队[34, 35]成功制备出 $Ge_2Sb_2Te_5$、AgInSbTe 等新型存储器突触，展现出高速、低功耗、电阻精确渐变调控的优点，并成功实现了 STDP、SRDP 以及长短期记忆等突触特性，并利用这些突触器件设计了相应突触阵列实现了复杂神经网络功能。清华大学潘峰团队[36]利用 MEH-PPV/PEO-Li*聚合物/电解液双层膜忆阻器模拟实现了突触 SRDP 功能。东北师范大学刘益春团队[20]利用非晶 InGaZnO 忆阻器突触器件实现了非线性传输特性、突触可塑性、长时/短时可塑性、经验式学习行为等多种神经突触学习记忆功能。清华大学施路平团队[37]设计新型脉冲编程操作方法在同一个氧化铁忆阻器突触中同时实现了 STDP 和 SRDP 功能，并进一步提出一种由忆阻器突触构成的类生物周期性网络，通过植入学习算法，使这种新网络架构能够学习和识别变化时域模式以及复杂动态模式。北京大学康晋峰团队与斯坦福大学 Wong 团队[38, 39]合作，利用 CMOS 微纳制造工艺制备了集成硅基纳米柱状三极管选通器和过渡金属氧化物忆阻器件的 1T1R 垂直突触器件，并在此基础上制备了一种高速、低操作电流、渐变特性好、鲁棒性好的 3D 垂直多层忆阻突触器件。相比传统的单层器件，该器件可以有效地减小电阻值波动带来的负面影响，在图像分类的模拟测试中成功地提高了识别准确率。

10.2.4　基于新型存储器的人工神经网络

现今主流的人工神经网络主要包括基于软件实现的神经网络和以 CMOS 为主体的硬件神经网络。前者已得到充分发展并实现了商业化应用，但受到操作速度的限制网络难以进一步扩大；后者比前者在速度上有明显的优势，但过高能耗和集成度问题限制了其自身进一步的发展。

新型存储器的器件尺寸可以缩小到 10 nm 以下、循环擦次数可达到 10^{12}，开关速度可以降到几纳秒甚至是几百皮秒，单元功耗也可以降到皮焦级别，并且具有多值存储和三维集成等特点，这些优点使基于新型存储器的神经网络在运算速度、能耗和集成度等方面都展现出优势，已成为人工智能领域的一个研究热点。合适的模拟人工神经元和突触的器件是推动人工神经网络发展的新动力。从本章前面小节的介绍中可以发现新型存储器可以较好地模拟神经元和突触的功能，也取得了较多的相关成果。

在基于新型存储器的人工神经网络研究方面，也取得了一系列的成果。Strukov 等[40]于 2013 年报道了基于 $Pt/TiO_{2-x}/Pt$ 的 RRAM 阵列构成的单层人工神经网络，由 20 个忆阻器神经突触、10 个输入端和 2 个输出端组成，可实现模式分类功能。它有两种工作模式：一种是利用外部训练方式，通过前端软件对突触权重复调节，然后将最终权重导入到电路中；另外一种是利用内部训练方式，直接在 RRAM 网络上进行突触权重的更新。由于规模有限，该人工神经网络可以实现两类模式分类。

图 10.2.7 为外部训练方法的过程和结果。训练过程在前端计算机软件中完成，通过建立和实际 RRAM 阵列相似的模型，根据所需要的精度，通过仿真模拟不断对阵列进行训练，最后将所得的阵列突触权重导入实际的忆阻器阵列中。

图 10.2.8 为内部训练方法的过程和结果。对于内部学习，训练过程直接在硬件中进行，所有 RRAM 的电导或者说突触权重不断并行地进行调整。当指定模式输入到网络中，输出和期望值 d 进行比较，每个权重都必须进行一定程度的增加或者减弱。

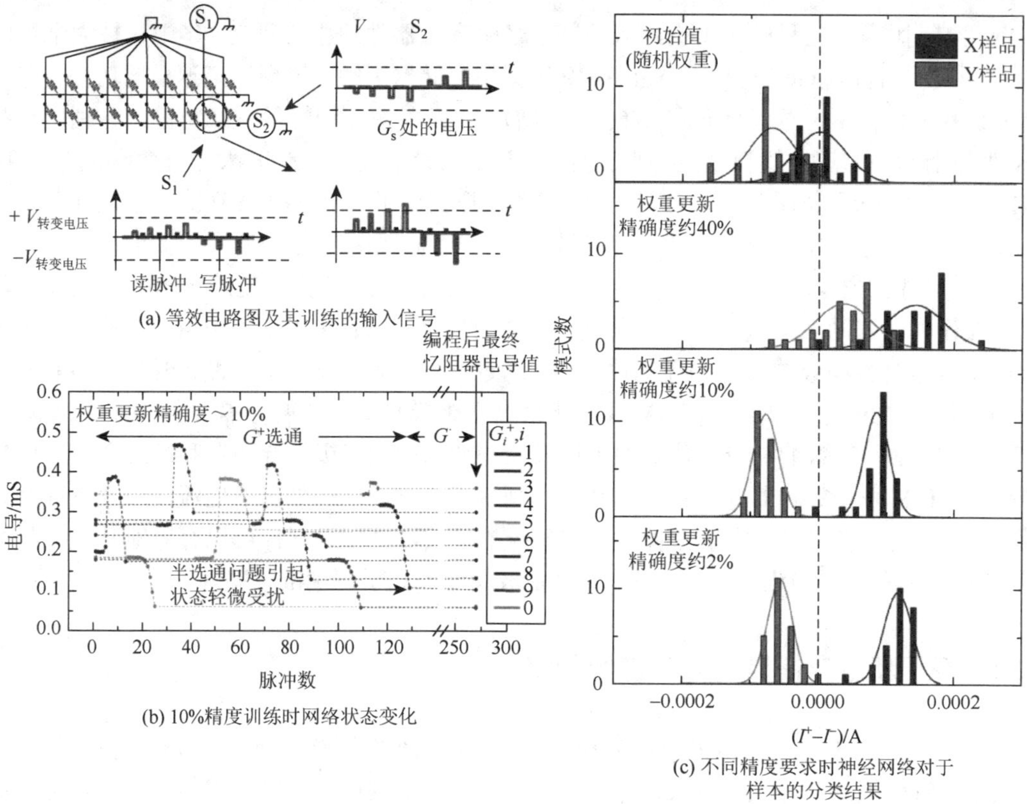

(a) 等效电路图及其训练的输入信号

(b) 10%精度训练时网络状态变化

(c) 不同精度要求时神经网络对于样本的分类结果

图 10.2.7　外部训练方法的过程和结果[40]

韩国 Lee 团队搭建了可以进行视觉图像和脑电波信号识别的基于新型存储器和 CMOS 电路的混合神经网络。图 10.2.9 为神经网络图像识别硬件系统。该系统由 CIS（CMOS image sensor，CMOS 图片传感器）、SPU（signal processing unit，信号处理单元）、忆阻器网络阵列和 CMOS 输出神经元组成[41]。通过 CIS 来捕获图像信号并进行相应信号编码，利用 FPGA（field programmable gate array，现场可编程门阵列）构成的 SPU 转换成通过 CIS 来捕获图像信号并进行相应信号编码，利用 FPGA 构成的 SPU 转换成神经信号，根据神经网络学习法则调整网络阵列中突触连接的权重，最后利用 CMOS 输出神经元来输出学习和训练信号，可以实现数字图像 0～9 的识别。

图 10.2.10 为脑电波模式识别忆阻器混合神经网络系统。该系统主要包含两个功能模块：一个模块是基于软件的脑电波信号捕获模块，可以用来捕获脑电波信号，处理并抽象出这些信号的主要特征，产生一系列 32 位的输出信号；另一个模块是单层神经网络，包含 32 个 CMOS 输入神经元、192 个忆阻器突触以及 6 个输出神经元，控制部分由 FPGA 实现[42]。利用该系统实现了三个语音脑电波信号的特征捕获和分类识别。

在未来，构建基于新型存储器的硬件人工神经网络系统，发展超大海量图像等数据对象的高效自动化模式自主学习、自动匹配等关键技术和方法，实现大规模图像等目标的自动分析与判别将在大数据时代的人工智能中发挥举足轻重的作用。

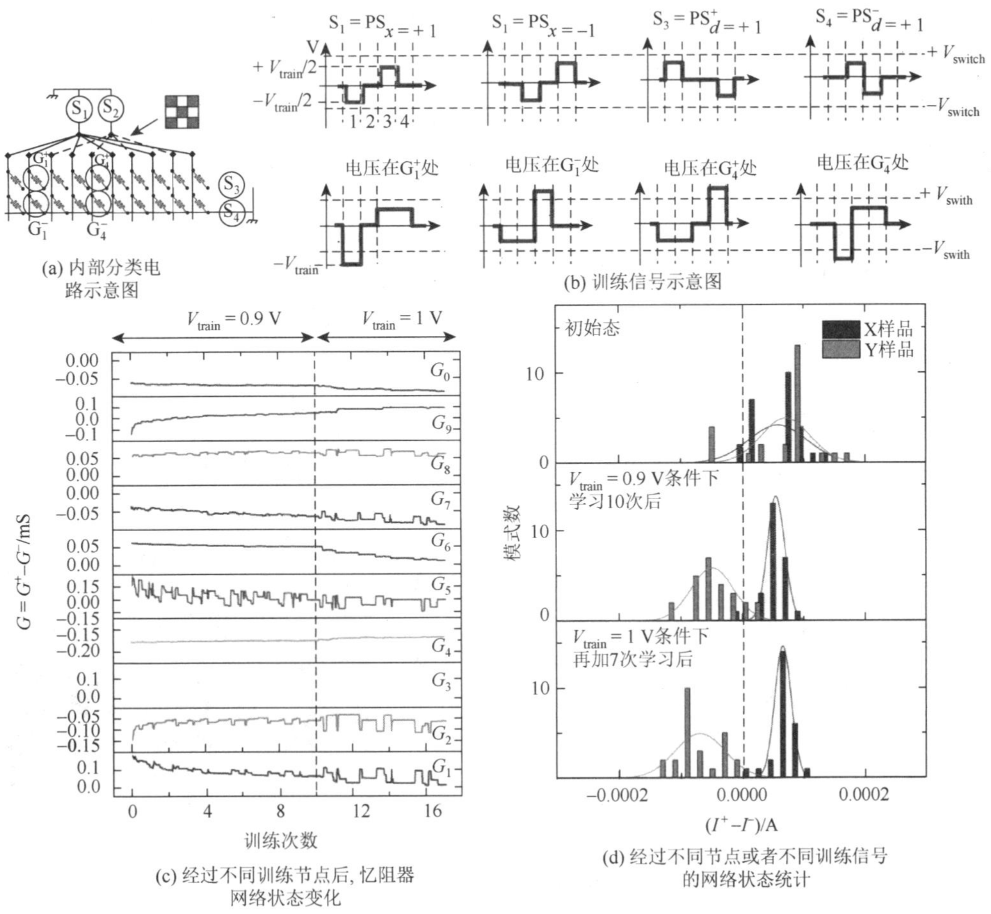

(a) 内部分类电路示意图

(b) 训练信号示意图

(c) 经过不同训练节点后，忆阻器网络状态变化

(d) 经过不同节点或者不同训练信号的网络状态统计

图 10.2.8 内部训练方法的过程和结果[40]

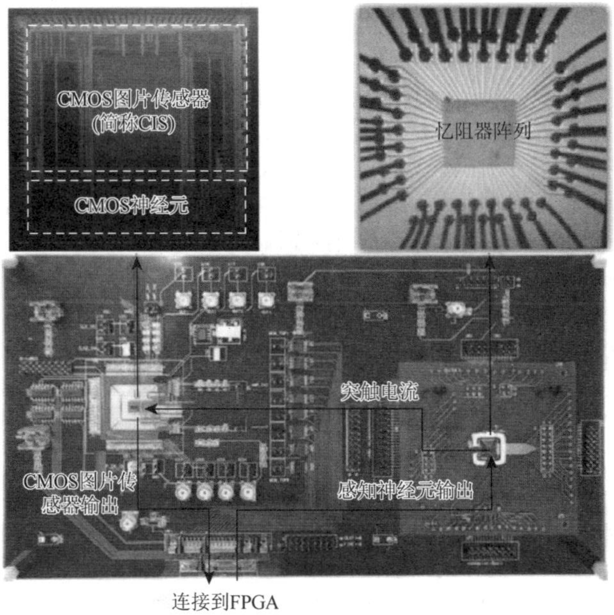

图 10.2.9 神经网络图像识别硬件系统[41]

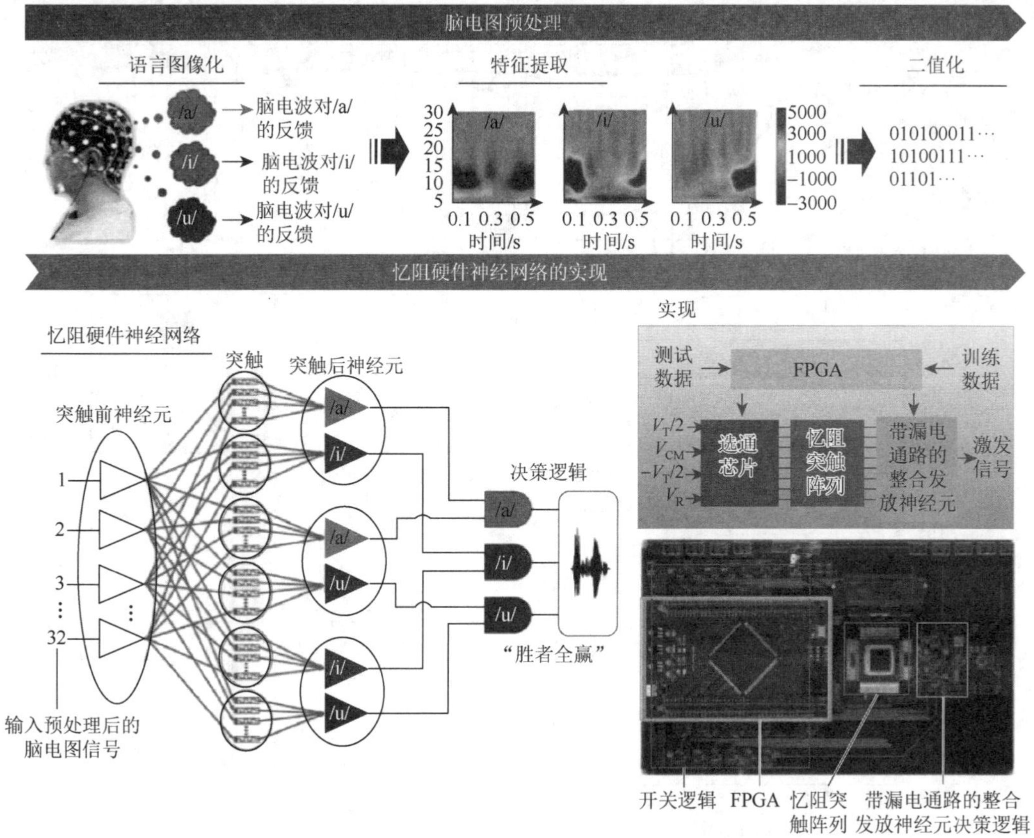

图 10.2.10　脑电波模式识别忆阻器混合神经网络系统[42]

参考文献

[1] 薛霆，李红. 嵌入式存储器发展现状[J]. 中国集成电路，2007，16（10）：83-86.

[2] 陈相银，霍宗亮，刘墣，等. 嵌入式闪存器件技术进展[J]. 微纳电子技术，2013，50（5）：269-275，305.

[3] LEUNG W，HSU F C，JONES M E. The ideal SoC memory：1T-SRAM/sup TM/[C]//Proceedings of 13th Annual IEEE International ASIC/SOC Conference. Arlington，VA，USA. IEEE，2000：32-36.

[4] IKEDA Y，SUMITA M. A 32-bit 64-word 9-read，7-write ported，noise and process variation-tolerant and wide-voltage-range-operative register file using 130 nm technology[C]//Proceedings of 2004 IEEE Asia-Pacific Conference on Advanced System Integrated Circuits. Fukuoka，Japan. IEEE，2004：164-167.

[5] 曾晓洋，薛晓勇，温亮. 嵌入式存储器架构、电路与应用[M]. 北京：科学出版社，2020：81.

[6] AGATA Y，MOTOMOCHI K，FUKUSHIMA Y， et al. An 8-ns random cycle embedded RAM macro with dual-port interleaved DRAM architecture（D/sup 2/RAM）[J]. IEEE Journal of Solid-State Circuits，2000，35（11）：1668-1672.

[7] JEDDELOH J，KEETH B. Hybrid memory cube new DRAM architecture increases density and performance[C]//2012 Symposium on VLSI Technology（VLSIT）. Honolulu，HI，USA. IEEE，2012：87-88.

[8] HADIDI R，ASGARI B，MUDASSAR B A，et al. Demystifying the characteristics of 3D-stacked memories：a case study for hybrid memory cube[C]//2017 IEEE International Symposium on Workload Characterization（IISWC）. Seattle，WA，USA. IEEE，2017：66-75.

[9] SHIRINZADEH S，DRECHSLER R. In-Memory computing：synthesis and optimization[M]. Cham：Springer International Publishing，2020.

[10] WANG Z R，WU H Q，BURR G W，et al. Resistive switching materials forinformation processing[J]. Nature Reviews Materials，2020，5：173-195.

[11] 李莹莉. 基于 PCNE 的电子突触可塑性仿真研究[D]. 武汉：华中科技大学，2017.

[12] JO S H，CHANG T，EBONG I，et al. Nanoscale memristor device as synapse in neuromorphic systems[J]. Nano Letters，2010，10（4）：1297-1301.

[13] BOYN S，GROLLIER J，LECERF G，et al. Learning through ferroelectric domain dynamics in solid-state synapses[J]. Nature Communications，2017，8：14736.

[14] SURI M，BICHLER O，QUERLIOZ D，et al. Phase change memory as synapse for ultra-dense neuromorphic systems：application to complex visual pattern extraction[C]//2011 International Electron Devices Meeting. Washington，DC，USA. IEEE，2011：4.4.1-4.4.4.

[15] LEQUEUX S，SAMPAIO J，CROS V，et al. A magnetic synapse：multilevel spin-torque memristor with perpendicular anisotropy[J]. Scientific Reports，2016，6：31510.

[16] PICKETT M D，MEDEIROS-RIBEIRO G，WILLIAMS R S. A scalable neuristor built with Mott memristors[J]. Nature Materials，2013，12（2）：114-117.

[17] HODGKIN A L，HUXLEY A F. A quantitative description of membrane current and its application to conduction and excitation in nerve[J]. Bulletin of Mathematical Biology，1990，52（1/2）：25-71.

[18] HEBB D O. The organization of behavior：a neuropsychological theory[M]. New York：Wiley，1949.

[19] RACHMUTH G，SHOUVAL H Z，BEAR M F，et al. A biophysically-based neuromorphic model of spike rate- and timing-dependent plasticity[J]. Proceedings of the National Academy of Sciences of the United States of America，2011，108（49）：E1266-E1274.

[20] Gerstner W，Kistler W M. Spiking neuron models：single neurons，populations，plasticity[M]. Cambridge，UK：Cambridge University Press，2002.

[21] YIN X B，TAN Z H，YANG R，et al. Single crystalline $SrTiO_3$ as memristive model system：From materials science to neurological and psychological functions[J]. Journal of Electroceramics，2017，39（1）：210-222.

[22] CHANG T，JO S H，LU W. Short-term memory to long-term memory transition in a nanoscale memristor[J]. ACS Nano，2011，5（9）：7669-7676.

[23] WU Y，YU S M，WONG H S，et al. AlOx-based resistive switching device with gradual resistance modulation for neuromorphic device application[C]//2012 4th IEEE International Memory Workshop. Milan，Italy. IEEE，2012：1-4.

[24] Yu S M，Gao B，Fang Z，et al. A low energy oxide-based electronic synaptic device for neuromorphic visual systems with tolerance to device variation[J]. Advanced Materials，2013，25（12）：1774-1779.

[25] TSURUOKA T，HASEGAWA T，TERABE K，et al. Conductance quantization and synaptic behavior in a Ta_2O_5-based atomic switch[J]. Nanotechnology，2012，23（43）：435705.

[26] YANG R，TERABE K，LIU G Q，et al. On-demand nanodevice with electrical and neuromorphic multifunction realized by local ion migration[J]. ACS Nano，2012，6（11）：9515-9521.

[27] WANG Z Q，XU H Y，LI X H，et al. Synaptic learning and memory functions achieved using oxygen ion migration/diffusion in an amorphous InGaZnO memristor[J]. Advanced Functional Materials，2012，22（13）：2759-2765.

[28] PARK S，KIM H，CHOO M，et al. RRAM-based synapse for neuromorphic system with pattern recognition function[C]//2012 International Electron Devices Meeting. San Francisco，CA，USA. IEEE，2012：10.2.1-10.2.4.

[29] CHOI S J，KIM G B，LEE K，et al. Synaptic behaviors of a single metal–oxide–metal resistive device[J]. Applied Physics A，2011，102（4）：1019-1025.

[30] OHNO T，HASEGAWA T，TSURUOKA T，et al. Short-term plasticity and long-term potentiation mimicked in single inorganic synapses[J]. Nature Materials，2011，10（8）：591-595.

[31] LI Y，ZHONG Y P，XU L，et al. Ultrafast synaptic events in a chalcogenide memristor[J]. Scientific Reports，2013，3：1619.

[32] LI Y，XU L，ZHONG Y P，et al. Associative learning with temporal contiguity in a memristive circuit for large-scale neuromorphic networks[J]. Advanced Electronic Materials，2015，1（8）：1500125.

[33] DONG W S，ZENG F，LU S H，et al. Frequency-dependent learning achieved using semiconducting polymer/electrolyte composite

cells[J]. Nanoscale，2015，7（40）：16880-16889.

[34] DENG L，LI G Q，DENG N，et al. Complex learning in bio-plausible memristive networks[J]. Scientific Reports，2015，5：10684.

[35] CHEN B，WANG X P，GAO B，et al. Highly compact（4 F_2）and well behaved nano-pillar transistor controlled resistive switching cell for neuromorphic system application[J]. Scientific Reports，2014，4：6863.

[36] GAO B，BI Y J，CHEN H Y，et al. Ultra-low-energy three-dimensional oxide-based electronic synapses for implementation of robust high-accuracy neuromorphic computation systems[J]. ACS Nano，2014，8（7）：6998-7004.

[37] ALIBART F，ZAMANIDOOST E，STRUKOV D B. Pattern classification by memristive crossbar circuits using ex situ and in situ training[J]. Nature Communications，2013，4：2072.

[38] CHU M，KIM B，PARK S，et al. Neuromorphic hardware system for visual pattern recognition with memristor array and CMOS neuron[J]. IEEE Transactions on Industrial Electronics，2015，62（4）：2410-2419.

[39] PARK S，CHU M，KIM J，et al. Electronic system with memristive synapses for pattern recognition[J]. Scientific Reports，2015，5：10123.

[40] ALIBART F，ZAMANIDOOST E，STRUKOV D B. Pattern classification by memristive crossbar circuits using ex situ and in situ training[J]. Nature Communications，2013，4：2072.

[41] MYONGLAE C，BYOUNGHO K，SANGSU P，et al. Neuromorphic hardware system for visual pattern recognition with memristor array and CMOS neuron[J]. IEEE Transactions on Industrial Electronics，2015，62（4）：2410-2419.

[42] SANGSU P，MYONGLAE C，JONGIN K，et al. Electronic system with memristive synapses for pattern recognition[J]. Scientific Reports，2015，5：10123.